工业和信息化高职高专
"十三五"规划教材立项项目

高等职业院校
机电类"十三五"规划教材

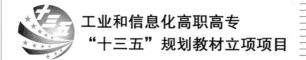

模具概论

（第3版）

Introduction to Mold (3rd Edition)

◎ 苏伟 朱红梅 主编
◎ 杨伟峰 姜庆华 副主编
◎ 李玉青 主审

人民邮电出版社
北京

精品系列

图书在版编目（CIP）数据

模具概论 / 苏伟，朱红梅主编. -- 3版. -- 北京：
人民邮电出版社，2016.8
高等职业院校机电类"十三五"规划教材
ISBN 978-7-115-42512-6

Ⅰ. ①模… Ⅱ. ①苏… ②朱… Ⅲ. ①模具－高等职
业教育－教材 Ⅳ. ①TG76

中国版本图书馆CIP数据核字(2016)第110183号

内 容 提 要

　　本书依据"现代学徒制"的职业教育理念，针对模具初学者在学习模具技术过程中的常见问题，按照模具设计与制造的工艺路线，由浅入深，系统介绍了模具的成形设备、典型模具的结构，着重介绍了模具设计和制造基础知识、基本要求及模具生产过程管理等内容，对读者系统学习模具相关知识具有启发和指导意义。

　　本书适合作为高等职业院校机械类"模具基础"课程的教材，也适合作为培训学校的教学用书。

　◆ 主　　编　苏　伟　朱红梅
　　　副 主 编　杨伟峰　姜庆华
　　　主　　审　李玉青
　　　责任编辑　李育民
　　　责任印制　焦志炜
　◆ 人民邮电出版社出版发行　　北京市丰台区成寿寺路 11 号
　　　邮编　100164　电子邮件　315@ptpress.com.cn
　　　网址　http://www.ptpress.com.cn
　　　北京九州迅驰传媒文化有限公司印刷
　◆ 开本：787×1092　1/16
　　　印张：21.25　　　　　　　2016 年 8 月第 3 版
　　　字数：501 千字　　　　　　2024 年 8 月北京第 9 次印刷

定价：49.80 元
读者服务热线：(010)81055256　印装质量热线：(010)81055316
反盗版热线：(010)81055315

Foreword

第3版
前 言

随着我国模具行业的迅猛发展，模具制造技术日益受到人们的关注和重视。模具制造技术广泛地应用于航空航天、机械、电子、汽车、电器、仪器仪表和通信等领域。模具是现代制造业的基础工艺装备，对国民经济和社会的发展有着重要的推动作用。

作者于2009年编写了《模具概论》一书，2012年第一次修订本书后出版《模具概论（第2版）》，受到了更多高职高专院校的欢迎。随着模具技术的发展及国家"中国制造2025"的提出，很多新技术、新方法、新工艺、新材料在模具行业广泛使用，为了更好地满足广大高职高专院校学生对模具知识学习的需求，作者结合近几年的教学改革实践和广大读者的反馈意见，在保留原书特色的基础上，对教材进行了第二次全面的修订，修订的主要内容如下。

对本书第2版中部分章节所存在的问题进行了校正和修改。

增加了塑料挤出相关知识，包括挤出成形模具、中空吹塑成形模具、橡胶模具、玻璃模具和陶瓷模具结构及特点，模具先进制造技术等内容，使读者掌握模具制造的前沿技术。对模具装配与调整和部分章节的内容进行了梳理，通过修订，全书的知识体系更趋合理。

进一步贴近"模具工"职业资格考试要求，补充了大量有针对性的习题。

在本书的修订过程中，注重以满足岗位技能需求为出发点，吸取近年来模具专业教学改革的经验，降低了知识的理论深度，修订后的教材，强调了内容的实用性和典型性，注意新技术、新工艺、新设备和新方法的引入，精选在生产中常用和经过实践的案例，使内容贴近生产实际。全书每章设有学习目标、本章小结和思考与练习题，便于学生理解、复习及巩固所学知识。在内容安排上符合教学基本要求，适合3年制高职高专院校使用。

本书的教学目标是培养学生掌握模具的基础知识，了解现代模具技术的发展方向，初步形成应用现代模具技术解决实际生产问题的能力。本书"素材列表"中所列相关资源下载请登录人民邮电出版社教学服务与资源网（www.ptpedu.com.cn）。

本书按最新的国家标准及行业标准规定的要求编写，参考教学时数为64学时，各章教学参考学时如下。

章次	课程内容	学时		章次	课程内容	学时	
		讲授	实训			讲授	实训
绪论		1		第6章	模具设计及制造的基本要求	6	
第1章	模具的基本概念	3		第7章	典型模具零件的加工工艺	8	
第2章	模具的成形设备及工艺基础	8	2	第8章	模具的装配与调整	6	2
第3章	模具的基本结构及功能	8	2	第9章	模具生产过程中的管理	4	
第4章	典型模具设计	6		合计		56	8
第5章	模具的制造	6	2				

　　本书由吉林化工学院苏伟和朱红梅担任主编，吉林化工学院杨伟峰和唐山工业职业技术学院姜庆华担任副主编，参与编写工作的还有吉林化工学院赵秋植、吴迪、韩吉。具体编写任务如下：苏伟负责编写绪论、第1章和第4章4.2节，朱红梅负责编写第2章和第8章，杨伟峰负责编写第3章，姜庆华负责编写第6章，赵秋植编写第4章4.1节和第7章，吴迪编写第5章和附表A、附表B，韩吉编写第9章，本书由长春职业技术学院李玉青担任主审。在此，向所有关心和支持本书出版的人表示衷心的感谢！

　　由于编者水平有限，书中难免存在一些缺点和错误，恳请专家、广大读者批评指正。

编　者

2016 年 5 月

素 材
列 表

相关素材请登录 www.ptpedu.com.cn。

表 1   PPT 课件

素材类型	功能描述
PPT 课件	供老师上课用

表 2   动画

序号	名 称	序号	名 称	序号	名 称
1	塑料的组成及性能	13	注射模具的组成	25	简单推出机构——活动镶件及凹模推出机构
2	塑料的分类	14	双分型面注射模的工作原理	26	简单推出机构——推件板推出机构
3	注射成型原理	15	侧向分型与抽芯注射模的工作原理	27	简单推出机构——多元推出机构
4	压缩成型原理	16	带有活动镶块的注射模的工作原理	28	点浇口流道的推出机构
5	压注成型原理	17	其他典型注射模的工作原理	29	斜导柱固定在定模、侧滑块安装在动模
6	挤出成型原理	18	推出机构的结构组成	30	斜导柱固定在动模、侧滑块安装在定模
7	气动挤出成型原理	19	推出机构的结构分类	31	斜导柱与侧滑块同时安装在定模
8	注射机的分类方式 1	20	二次推出机构	32	斜导柱与侧滑块同时安装在动模
9	注射机的分类方式 2	21	推出机构的导向与复位原理	33	斜导柱的内侧抽芯
10	注射机的分类方式 3	22	顺序推出机构	34	认识弯销侧向抽芯机构
11	注射模具的种类及应用	23	简单推出机构——推杆推出机构	35	认识斜滑块侧向抽芯机构
12	单分型面注射模的工作原理	24	简单推出机构——推管推出机构	36	认识斜导槽侧向抽芯机构

续表

Contents

目 录

绪 论

　　模具是工业生产的基础工艺装备，是制造各种金属和非金属零件的一种重要生产工具。在产品竞争和不断更新的年代，要使产品不断降低成本，并具有价格优势，采用模具成形技术来制造产品是非常重要的途径之一。

　　模具成形的零件加工方法实质是一种少切削、无切削、多工序重合的生产方法。采用模具成形的工艺代替传统的切削加工工艺，可以提高生产效率、保证零件质量、节约材料、降低生产成本，从而取得很高的经济效益。

一、模具工业在国民经济中的地位

　　模具工业是国民经济发展的重要基础工业之一，也是一个国家加工行业发展水平的重要标志。德国把模具称为"金属加工中的帝王"，把模具工业视为"关键工业"；美国把模具称为"美国工业的基石"，把模具工业视为"不可估量其力量的工业"；日本把模具称为"促进社会富裕繁荣的动力"，把模具工业视为"整个工业发展的秘密"。我国将模具工业视为整个制造业的"加速器"，称之为"一切工业之母"。

　　机械、电子、汽车等国民经济的支柱产业需要大量的模具，据统计 70%以上的汽车、拖拉机、电动机、电器、仪表零件，80%以上的塑料制品，70%以上的日用五金及耐用消费品零件都是采用模具生产。在工业化国家中，从 20 世纪 70 年代起，模具工业总产值就开始超过了机床工业总产值，并开始从机床工业或机械工业中分离出来；到 20 世纪 80 年代末，模具工业彻底摆脱从属地位而发展成为独立的国民经济基础产业。在我国，据模具工业协会统计，从 1997 年开始，我国模具工业总产值已开始超过了机床工业总产值。在现代化工业生产中，60%~90%的工业产品需要使用模具加工，许多新产品的开发和生产在很大程度上都依赖于模具生产，特别是汽车大型覆盖件模具、电子产品的精密塑料模具和冲压模具等。由此可见，利用模具生产零件的方法已成为现代工业进行成批生产或大量生产的主要技术手段，这对于保证制件质量、缩短试制周期、抢先占领市场，以及产品更新换代和新产品开发都具有决定性的意义。

　　模具技术水平的高低，在很大程度上决定着产品的质量、效益和新产品的开发能力，已成为衡量一个国家产品制造水平高低的重要标志。

二、模具工业的发展趋势

当前，整个工业生产的发展特点是产品品种多、更新快、市场竞争激烈。为了适应用户对模具制造的短交货期、高精度、低成本的迫切要求，模具将有如下发展趋势。

（1）模具日趋大型化。随着模具制造的零件日渐大型化和高生产率要求，模具工业将更多地采用"一模多腔"技术。

（2）模具的精度将越来越高。10 年前，精密模具的精度一般为 5 μm，现在已达到 2～3 μm，使用超精加工技术后，将使加工精度提高到 1 μm 以内。超精加工技术和集电、化学、超声波、激光等技术于一体的复合加工将得到发展，兼备两种以上工艺特点的复合加工技术在今后的模具制造中将具有广阔的发展前景。

（3）多功能复合模具将进一步发展。新型多功能复合模具除了冲压成形零件外，还担负着叠压、攻丝、铆接和锁紧等组装任务，这种多功能模具生产出来的是成批的组件，如触头与支座的组件、各种微小件、电器及仪表的铁芯组件等。

（4）随着热流道技术的日渐推广应用，热流道模具在塑料模具中的比重将逐步提高。由于采用热流道技术的模具可提高制件的生产率和质量，并能大幅度节约制件的原材料，因此，热流道技术的应用在国外发展很快，已十分普遍。许多塑料模具厂所生产的塑料模具已有一半以上采用了热流道技术，有的工厂使用率甚至已达 80% 以上，效果十分明显。目前，热流道模具在我国已有部分企业采用，使用率达到 20%～30%。随着热流道技术的进一步推广以及热流道元器件价格的日趋合理，该技术必将得到推广。

（5）随着塑料成形工艺的不断改进与发展，气辅模具及适应高压注射成形等工艺的模具将随之发展。气体辅助注射成形技术可改善塑件的内在和外观质量，具有注射压力低、制品变形小、易于成形壁厚差异较大的制品等优点，而且可以节约原料及提高制件生产率，从而大幅度降低成本。高压注射成形可减小树脂收缩率，增加塑件尺寸的稳定性。

（6）模具标准化程度将不断提高。模具标准化及模具标准件的应用能极大地影响模具制造周期。目前，模具标准件的使用覆盖率已达 30% 以上。使用模具标准件不但能缩短模具制造周期，而且能提高模具质量和降低模具制造成本，因此，模具标准件的应用必将日渐广泛。

（7）快速经济模具的前景十分广阔。现在是多品种小批量生产的时代，这种生产方式占工业生产的比例将达 75% 以上。可见，一方面是制品使用周期短，另一方面花样变化频繁，要求模具的生产周期越短越好，开发快速经济模具越来越引起人们的重视。

（8）模具高速扫描及数字化系统将在逆向工程中发挥更大作用。高速扫描仪和模具扫描系统可以提供从模型到实物扫描到加工出所需模型的诸多功能，大幅度缩短了模具的研制周期。将快速扫描系统安装在数控铣床或加工中心上，可以实现快速数据采集，并自动生成数控加工程序及不同格式的 CAD 数据，用于模具制造业的"逆向工程"。目前，模具高速扫描及数字化系统已应用于汽车、摩托车及家电制造业。未来几年，该技术必将在模具生产中发挥越来越重要的作用。

（9）随着以塑代钢、以塑代木的进一步发展，塑料模的比例不断提高，同时，由于机械零件的复杂程度和精度的不断提高，对塑料模的要求也将越来越高。

（10）模具技术含量不断提高，中、高档模具比例不断增大，产品结构调整将导致模具市场走势不断的变化。

三、中国模具工业的发展情况

近年来，我国模具制造技术不断发展，模具的加工手段从一般的机械加工、精密加工发展到广泛应用数控机床加工。我国模具工业总产值从有资料统计开始，逐年递增。2014 年我国模具工业总产值达到 1.8 万亿元，已居世界之首。但我国模具自主独立技术及模具工业总体技术水平仍与世界发达国家有较大差距。

在我国，人们已经越来越认识到模具在制造中的重要基础地位，许多模具企业都非常重视技术发展，加大了用于技术进步的投资力度，将技术进步视为企业发展的重要动力。此外，许多研究机构和大专院校开展了模具技术的研究和开发。

1. 冲模技术

以汽车覆盖件模具为代表的大型冲压模具的制造技术已取得很大进步，东风汽车公司模具厂、一汽模具中心等模具厂家已能生产部分轿车覆盖件模具。这些模具厂家在设计制造方法和技术手段方面不断改善，在轿车模具国产化方面迈出了可喜的步伐。1953 年，长春第一汽车制造厂成立了冲压模具车间，并于 1958 年开始制造汽车覆盖件模具。多工位级进模和多功能模具是我国重点发展的精密模具品种。目前，国内已可制造具有自动冲切、叠压、铆合、计数、分组、转子铁芯扭斜和安全保护等功能的铁芯精密自动叠片多功能模具。生产的电机定转子双回转叠片硬质合金级进模的步距精度可达 20 μm，寿命达到 1 亿次以上。其他的多工位级进模，如用于集成电路引线框架的 20～30 工位的级进模，用于电子枪零件的硬质合金级进模和空调器散热片的级进模，也已达到较高的水平。

2. 塑料模具技术

近年来，塑料模具发展很快，在国内模具工业产值中所占的比例不断扩大。电视机、空调、洗衣机等家用电器所需的塑料模具基本上可在国内生产。质量达 10～20 t 的汽车保险杠和整体仪表板等塑料模具和多达 600 腔的塑封模具我国已可自行生产。在精度方面，塑料尺寸精度可达 IT6～IT7 级，型面的粗糙度达到 R_a0.05～0.025 μm，塑料模具使用寿命达 100 万次以上。我国在塑料模具的设计制造中，CAD/CAM 技术得到了较快的普及，CAE 软件已经在部分厂家应用。热流道技术得到了广泛应用，气辅注射技术和高效多色注射技术也已开始成功应用。

3. CAD/CAE/CAM 技术

目前，国内已有相当多的模具企业厂家普及了计算机绘图，并陆续引进了高档 CAD/CAE/CAM，UG、Pro/Engineer、I-DEAS、Euclid-IS 等著名软件在中国模具工业中的应用已相当广泛。一些厂家还引进了 Moldflow、C-Flow、DYNAFORM、Optris 和 MAGMASOFT 等 CAE 软件，并成功应用于塑料模、冲压模和压铸模的设计中。

近年来，我国自主开发的 CAD/CAE/CAM 系统也有很大发展。例如，华中理工大学模具技术国家重点实验室开发的注塑模、汽车覆盖件模具和级进模 CAD/CAE/CAM 软件，上海交通大学模具 CAD 国家工程研究中心开发的冷冲模及精冲研究中心开发的冷冲模和精冲模 CAD 软件，北京机电研究所开发的锻模 CAD/CAE/CAM 软件，北航华正软件工程研究所开发 CAXA 软件，吉林汽车覆盖件成形技术所独立研制的商品化覆盖件冲压成形分析 KMAS 软件等在国内模具行业中拥有不少的用户。

4. 快速成形/快速制模技术

快速成形/快速制模技术在我国得到了重视和发展，许多研究机构致力于这方面的研究开发，并不断取得新成果。清华大学、华中理工大学、西安交通大学和北京隆源自动成形系统有限公司等单位都自主研究开发了快速成形技术与设备，生产出分层物体（LOM）、立体光固化（SLA）、熔融沉积（FDM）和选择性烧结（SLS）等类型的快速成形设备。这些设备已在国内应用于新产品开发、精密铸造和快速制模等方面。

快速制模技术也在国内多家单位开展研究，目前研究较多的有电弧喷涂成形模具技术和等离子喷涂制模技术。中、低熔点合金模和树脂冲压模制造技术已获得成功应用，硅橡胶模也应用于新产品的开发中。

5. 其他相关技术

近年来，国内一些钢铁企业相继引进和装备了一些先进的工艺设备，使模具钢的品种规格和质量都有了较大的改善。在模具制造中，较广泛地采用了新的钢材，如冷作模具钢 D2、D3、A1、A2、LD、65Nb 等；热作模具钢 H10、H13、H21、4Cr5MoVSi、45Cr2NiMoVSi 等；塑料模具钢 P20、3Cr2Mo、PMS、SMI、SMII 等。这些模具材料的应用在提高质量和使用寿命方面取得了较好的效果。国内一些单位对多种模具抛光方法进行研究，并开发出专用抛光工具和机械。花纹蚀刻技术和工艺水平提高得较快，在模具饰纹的制作中被广泛应用。

高速铣削加工是近年来发展很快的模具加工技术。国内已有很多公司引进了高速铣床，并开始广泛应用。

四、中国模具工业和技术的发展前景

1. 巨大的市场需求将推动中国模具工业的调整和发展

汽车、摩托车行业的模具需求占国内模具市场的一半左右。2016 年，我国汽车产量将达到 2 500 万辆，汽车保有量预计达到 4 亿辆，预计到 2020 年汽车年产量将达 4 000 万辆。汽车、摩托车行业的发展将会大大推动模具工业的高速增长，特别是汽车覆盖件模具、塑料模具和压铸模具的发展。例如，目前我国汽车行业塑料件市场用量在 250 万吨左右，可见其发展空间十分广阔。

家用电器行业的发展对模具的需求量也很大。其他发展较快的行业，如电子、通信和建筑材料等行业对模具的需求，都将对中国模具工业和技术的发展产生巨大的推动作用。

早在 1989 年，在国务院颁布的《关于当前产业政策要点的决定》中，模具被列为机械工业技术改造序列的首位。1997 年以来，又相继把模具及其加工技术和设备列入《当前国家重点鼓励发展的产业、产品和技术目录》和《鼓励外商投资产业目录》。经国务院批准，从 1997 年开始对部分模具企业实行了增值税返还 70% 的优惠政策。国家对模具工业采取的所有这些优惠政策都对其发展提供有力支持。

2. 我国模具工业与国外的差距

（1）产需矛盾：工业发展水平的不断提高、工业产品更新速度的加快，对模具的要求越来越高。尽管改革开放以来，模具工业有了较大发展，但无论从数量还是质量上仍满足不了国内市场的需要，目前满足率只能达到 70% 左右，见表 0-1。造成产需矛盾突出的原因，一是专业化、标准化程度低，除少量标准件外购外，大部分工作量均需模具厂去完成。加工企业管理体制上的约束，造成模具制造周期长，不能适应市场要求的问题。二是设计和工艺技术落后，如模具 CAD/CAM 技术采用不普遍，加工设备数控化率低等，亦导致模具生产效率不高、周期长，见表 0-2。

表 0-1　　　　　　　　　　　　　　模具制造精度

模 具 种 类	国　　外	国　　内
塑料模型腔精度	$0.005\sim0.01$ mm，R_a $0.10\sim0.050$ μm	$0.02\sim0.05$ mm，R_a 0.20 μm
压铸模型腔精度	$0.01\sim0.03$ mm，R_a $0.20\sim0.10$ μm	$0.02\sim0.05$ mm，R_a 0.40 μm
冷冲模尺寸精度	$0.003\sim0.005$ mm，R_a 0.20 μm	$0.01\sim0.02$ mm，R_a $1.60\sim0.80$ μm
锻模精度	$0.02\sim0.03$ mm，R_a 0.40 μm 以下	$0.05\sim0.10$ mm，R_a 1.60 μm
级进模步距精度	$0.002\ 3\sim0.005$ mm	$0.003\sim0.01$ mm

表 0-2　　　　　　　　　　　　　　模具生产周期

模 具 种 类	国　　外	国　　内
中型压铸模	$1\sim2$ 个月	$3\sim6$ 个月
中型塑料模	约 1 个月	$2\sim4$ 个月
高精度级进模	$3\sim4$ 个月	$4\sim5$ 个月
汽车覆盖件模	$6\sim7$ 个月	12 个月

（2）产品结构、企业结构：模具按国家标准分为 10 大类，其中冲压模、塑料模是模具用量的主要部分。按产值统计，我国目前冲压模约占 50%，塑料模约占 34%。国外先进国家对塑料模的发展很重视，塑料模比例一般占产值的 40% 左右。国内模具中，大型、精密、复杂、长寿命模具比例低，约占产值的 25%，国外为产值的 50% 以上。我国模具生产企业结构不合理，模具自产自配比例高达模具商品化率的 70%～90%。模具生产能力主要集中在各主机厂的模具分厂（或车间），国外 70% 以上的模具生产是商品化的。即使是专业模具厂，我国也大多数是"大而全""小而全"，而国外大多数是"小而专""小而精"，生产效率和经济效益俱佳。

（3）产品水平。衡量模具产品水平，主要有模具加工的制造精度和表面粗糙度、加工模具的复杂程度、模具的使用寿命和制造周期等。国内与国外模具产品水平仍有很大差距，见表 0-3。

表 0-3　　　　　　　　　　　　　　模具寿命

模 具 种 类		国　　外	国　　内
压铸模	锌、锡压铸模	（100～300）万次	（20～30）万次
	铝压铸模	100 万次以上	20 万次
	铜压铸模	10 万次	（5 000～1）万次
	黑色金属压铸模	（0.8～2）万次	1 500 次
塑料模	非淬火钢模	（10～60）万次	（10～30）万次
	淬火钢模	（160～300）万次	（50～100）万次
冷冲模	合金钢制模总寿命	（500～1 000）万次	（100～400）万次
	硬质合金制冲模总寿命	2 亿次	6 000 万次～1 亿次
	刃磨	（500～1 000）万次/刃磨一次	（100～300）万次/刃磨一次

续表

模　具　种　类		国　　外	国　　内
锻模	普通锻模	2.5 万次	（0.8～1）万次
	精锻模	（1～1.5）万次	（0.3～0.8）万次
	玻璃模	（30～60）万次	（10～30）万次

（4）工艺装备水平：我国机床工具行业已可提供比较成套的高精度模具加工设备，如：加工中心、数控铣床、数控仿形铣床、电加工机床、坐标磨床、光曲磨床、三坐标测量机等，但在加工和定位精度、加工表面粗糙度、机床刚性、稳定性、可靠性、刀具和附件的配套性方面，我国的模具加工设备和国外相比仍有较大差距。

3. 中国模具技术的发展方向

虽然我国的模具工业和技术在过去的 10 多年中得到了快速发展，但与国外工业发达国家相比仍存在较大差距，尚不能完全满足国民经济高速发展的需求。

未来的 10 年，中国模具工业和技术的主要发展方向包括：

（1）提高大型、精密、复杂、长寿命模具的设计制造水平；

（2）在模具设计制造中广泛应用 CAD/CAE/CAM 技术；

（3）大力发展快速制造成形和快速制造模具技术；

（4）在塑料模具中推广应用热流道技术、气辅注射成形和高压注射成形技术；

（5）提高模具标准化水平和模具标准件的使用率；

（6）发展优质模具材料和先进的表面处理技术；

（7）逐步推广高速铣削在模具加工中的应用；

（8）进一步研究开发模具的抛光技术和设备；

（9）研究和应用模具的高速测量技术与逆向工程；

（10）开发新的成形工艺和模具。

同时我们也应看到，目前我国技术含量低的模具已供过于求，市场利润空间狭小，而技术含量较高的中、高档模具还远不能适应国民经济发展的需求，大部分高档模具仍有一部分依靠进口。2014年我国模具进出口总额达 75.08 亿美元。2015 年上半年我国模具进出口总额达 36.4 亿美元。同比上年下降 0.43%。其中进口总额为 12.55 亿美元，同比下降 6.76%，出口总额为 23.85 亿美元，同比增长 3.25%。这表明我国模具行业发展的潜力仍然巨大。

思考与练习

简答题

1. 简述模具工业的发展趋势。

2. 简述我国模具工业和技术的发展方向。

Chapter 1

第1章

| 模具的基本概念 |

【学习目标】

1. 理解模具的概念。
2. 理解模具的功能和作用。
3. 掌握模具的分类方式。
4. 学会模具的制造特点。
5. 了解模具零件的标准化情况。

6. 了解常用模具材料的性能。
7. 学会模具材料的选用。
8. 学会常用模具材料的热处理方法。
9. 学会模具材料的选用。

　　模具是现代工业的重要工艺装备。随着现代工业技术的迅速发展，模具加工逐渐成为机械加工中的重要手段之一。本章主要学习模具的基本知识，从而为学习模具技术奠定基础。

　　本章主要介绍模具的基本定义、功能和作用，了解模具的分类和制造特点。模具标准化的意义，常见模具材料、性能和选用原则，模具材料的热处理方法。

1.1 模具的概念及分类

|1.1.1　模具的概念及作用 |

1. 模具的概念

　　在工业生产中，用各种压力机和装在压力机上的专用工具，通过压力把金属或非金属材料制成所需形状的零件或制品，这种专用工具统称为模具。用模具成形制造出来的零件通常称为"制件"。使用模具生产的产品在日常生活中随处可见，雪糕和月饼都是由简单的模具制成，如图 1-1 所示。再如，日常生活中的塑料制品，如手机壳、儿童玩具、塑料盆、水杯子、塑料凳等，金属制品有勺子、叉子、锅、钢盆、电脑零件、汽车零部件、武器等，都与模具有着密切的联系。

（a）雪糕

（b）雪糕模具

图1-1　雪糕和制作雪糕的模具

2．模具的功能和作用

模具在工业生产中使用极为广泛，采用模具生产零部件，具有高效、节材、成本低、保证质量等一系列优点，是当代工业生产的重要手段和工艺发展方向。

在工业生产中，产品的更新换代少不了模具。试制新产品，少不了模具。如果模具供应不及时，很可能造成停产；如果模具精度不高，产品质量就得不到保证；如果模具结构及生产工艺落后，产品产量就难以提高。模具成形方法在现代工业的主要部门，如汽车、拖拉机、电器、电机、仪器仪表等行业中得到广泛应用。有60%～90%的零部件需用模具加工，如螺钉、螺母、垫圈等标准件。高精度、高效率、长寿命的冲模、塑料注射模，可成形加工几十万件、甚至几千万件产品零件，例如一副硬质合金模具可冲压硅钢片零件（E型片、电机定转子片）上亿片。可见没有模具就无法实现大批量生产，并且，推广工程塑料、粉末冶金、橡胶、合金压铸、玻璃成形等工艺也全部需要用模具来完成批量生产。因此，模具既是发展和实现切削技术不可缺少的工具，也是工业生产中应用极为广泛的主要工艺装备。

3．模具的特点

随着科学技术的发展，模具广泛应用于机械、电气产品、电子产品、仪器仪表、家用电器、汽车和武器等产品的生产中。与传统加工方法相比，有着独特的特点。

（1）制件的互换性好：在模具的使用寿命范围内，制件可实现完全互换。

（2）生产效率高：采用模具成型加工，制件的生产效率高。高速冲压可达1 800次/分钟，常用冲模200～600次/分钟，塑件可在1～2分钟内成形。采用高效滚锻工艺和滚锻模，可进行连杆锻件连续滚锻成形。

（3）消耗低、绿色环保：模具生产制件的方式是一种改变材料形状少、无切削的加工方法，是一种绿色环保的加工方法。

（4）社会效益高：模具是高技术含量、高附加值的社会产品，其价值和价格主要取决于模具材料、加工、外购件的劳动与消耗费用及模具设计与试模等费用。经管模具的一次性投资较大，但使用后，其模具的用户及产品用户受益无法比拟。

1.1.2 模具的种类及制造特点

1. 模具的分类

在工业生产中，模具的用途广泛、种类繁多，常见的分类方式有：按模具结构形式分为冲模、塑料模具、锻模和压铸模等。冲模又分为单工序模、复合模、级进模等；塑料模具可分为单分型面注射模和双分型面注射模等。按模具使用对象可分为电工模、汽车模、机壳模、玩具模等。按工艺性质划分，冲模分为冲孔模、落料模、拉深模、弯曲模。塑料模具分为压缩模、压注模、注射模、挤出模、吹塑模等。采用综合归纳法，将模具分为 10 大类，各大类按其使用对象、材料、功能和模具制造方法及工艺性质等，再分成若干小类和品种，见表 1-1。

表 1-1　　　　　　　　　　　模具分类及用途

模具类别		模具小类和品种	适用对象和成形工艺性质
金属板材成形模具	冲模	冲裁模（少、无废料冲模、整修模、光洁冲模、深孔冲模、精冲模等）、单工序模（冲孔模、落料模、弯曲模、拉深模、成形模等）、复合冲模、级进冲模、汽车覆盖件冲模、硅钢片冲模、硬质合金冲模、微型冲件用精密冲模	使用金属（黑色金属和非黑色金属）板材，通过冲裁模和精冲模，或根据零件不同的生产批量、冲件精度，采用单工序模、复合模或级进模等相应的工艺方法，成形加工为合格的冲件
金属体积成形模具	粉末冶金成形模具	成形模、手动模（实体单向、双向手动压模、手动实体浮动压模）、机动模（大型截面实体浮动压模、极掌单向压模、套类单向、双向压模、浮动压模）、整形模（手动和机动模、径向整形模、带外台阶套类全整形模，带球面件整形模等）、无台阶实体件自动整形模、轴套拉杆式半自动整形模、轴套通过式自动整形模、轴套全整形自动模、带外台阶与外球面轴套自动全整形模等	主要用于铜基、铁基粉末制品的压制成形，包括机械零件、电器元件（如触头等）、磁性零件、工具材料、易热零件、核燃料制件的粉末压制成形
	压铸模	热压室压机用压铸模、冷压室压机用压铸模、铝合金压铸模、铜合金压铸模、锌合金压铸模、黑色金属压铸模等	金属零件产品如汽车、摩托车汽油机缸体，变速箱体等非黑色金属零件（锌、铝、铜），通过注入模具型腔的液态金属，加压成形
	锻模	压力机用锻模、摩擦压力机用锻模、平锻机用锻模、辊锻机用锻模、高速锤机用锻模、开（闭）式锻模、校正模、压边模、切边模、冲孔模、精锻模、多向锻模、胎模、闭塞锻模等，冷镦模、挤压模、拉丝模等	采用非黑色金属、黑色金属的板材或棒材、丝材，经锻、墩、挤、拉等工艺成形加工成合格零件、毛坯和丝材
	铸造金属形模	易熔型芯用金属形模、低压铸造用金属形模、金属浇注用金属形模等	液态金属或石蜡等易熔材料，经注入模具型腔成形为金属零件毛坯、铸造用型芯、工艺品等

续表

模具类别		模具小类和品种	适用对象和成形工艺性质
非金属材料制品成形模具	塑料成形模具	塑料注射模（立式、卧式、角式注射机用模具，无浇道模具，电视机壳、录音机壳、洗衣桶壳、汽车保险杠、录像或录音机盒注射模等）、压缩模（含压胶模）、挤塑模（含传递模）、挤出模（异型材、管材、薄膜挤出模）、发泡模、吹（吸）塑模、塑封模、滚塑模等	使用热固性和热塑性的塑料，通过注射、压缩、挤塑、挤出、发泡、吹塑和吸塑等成形加工为合格塑件，该塑件也具有板材和体积成形两种成形工艺
	玻璃制品成形模具	注压成形模、吹—吹法成形瓶罐模、压—吹法成形瓶罐模、玻璃器皿模具等	用于玻璃瓶、罐、盒、桶，以及工业产品零件的成形加工
	橡胶制品成形模具	压胶模、挤胶模、注射模、橡胶轮胎模（整体和活络模）、O形密封圈橡胶模等	汽车轮胎、O形密封圈及其他零件，与硫化机配套，成形加工为合格的橡胶零件
	陶瓷模具	压缩模、注射模等	建筑用的陶瓷构件、陶瓷器皿，及工业生产用陶瓷零件的成形加工
通用模具与经济模具		组合冲模、薄板冲模、叠层冲模、快换冲模、环氧树脂模、低熔点合金模等	适用于产品试制，多品种、少批量生产

2. 模具的制造特点

模具生产制造技术集中了机械加工的精华，既是机电结合加工，也离不开模具钳工的操作，其特点如下。

（1）模具生产的工艺特点：一套模具制出后，通过它可以生产出数十万件零件或制品。但是制造模具自身，只能是单件生产，其生产工艺有以下特点。

① 制造模具零件的毛坯，通常用木模、手工造型、砂型铸造或自由锻造加工而成。大毛坯的精度较低，加工余量较大。

② 加工模具零件，除用普通机床加工外，如车床、万能铣床、内外圆磨床和平面磨床等，还需要用高效、精密的专用加工设备和机床等加工，如成形磨削机床、电解加工机床、数控电火花线切割机床、电火花穿孔机床和仿型刨床等。

③ 加工模具零件多用通用夹具，以画线和试切法保证尺寸的精度。为降低成本，很少用专用的夹具加工。

④ 一般模具多用配合加工的方法，精密模具应考虑工作部分的互换性。

⑤ 模具生产的专业厂家，为使模具从单件生产转化成批量生产，通常都实现了零部件和工艺技术及其管理的标准化、通用化和系列化。

（2）模具制造的特点：

① 模具制造对工人的技术等级要求较高；

② 模具生产周期一般较长，成本较高；

③ 制造模具的过程中，同一工序的加工往往内容较多，因而生产效率较低；

④ 模具在加工中，某些工作部分的位置和尺寸，应经过试验才能确定；

⑤ 装配后，模具必须试模和调整；

⑥ 模具生产是典型的单件生产，因此，其生产工艺、管理方式、模具制造工艺等都有独特的适应性与规律。

1.2　模具标准化及标准件

工业较为发达的国家，对标准化工作都十分重视，因为标准化能给工业带来质量、效率和效益。模具是工业产品，其标准化工作同样十分重要。中国模具标准化工作起步较晚，模具标准化落后于生产，更落后于世界上许多工业发达的国家。日本、美国、德国等发达国家的模具标准件的生产与供应，已形成了完善的体系。中国目前已有约 3 万家模具生产单位，模具生产有了很大发展，但与工业生产要求相比，尚有差距，其中一个重要原因就是模具标准化程度和水平不高。

1.2.1　模具标准化

1. 模具标准化的意义

（1）提高使用性能和质量。实现模具零部件标准化，可使 90% 左右的模具零部件实现大规模、高水平、高质量的生产，要比单件和小规模生产的零部件质量和精度要高很多。如国标模架的位置公差可控制在 0.008/100 的精度水平。专业化生产的标准零部件的结构日渐完善和先进，为提高模具质量、使用性能和可靠性，提供了坚实的保证。

（2）节约工时和原材料，缩短生产周期。模具零部件标准化、规模化和专业化生产，可大量节约原材料，大幅度提高原材料的利用率，原材料利用率可达 85%～95%。如对于塑料注射模的生产工时，可节约 25%～45%，即相对于单件生产，可缩短 $\frac{1}{3}\sim\frac{2}{5}$ 的生产周期。目前，在工业发达国家，中小型冲模、塑料注射模、压缩模等模具标准件使用覆盖率已达 80%～90%；大型模具配件标准化程度也很高。除特殊模具外，其零部件基本上都实现了准标准化。

（3）现代化生产技术需要标准化。实行模具的 CAD/CAM，采用软件绘图，实现计算机管理和控制。模具标准化是模具科学化、优化设计和制造的基础。

（4）可有效降低生产成本，简化生产管理和减少企业库存，是提高企业经济、技术效益的有力措施和保证。

模具标准化和标准件的专业化生产是模具工业建设的产业基础，对整个工业建设有着重大的经济和技术意义。

2. 模具技术标准及依据

模具技术标准是模具企业必须遵守的行业或专业规范，也是一种社会规范。模具技术标准多为推荐性标准，为非强制执行的行业规范，即企业可参照执行，但参照执行的唯一方法为：根据国家发布的标准为基础，制定企业标准，而企业标准的质量指标须高于或等于国标，其产品结构须比国标规定的结构更优越、更先进。全国模具标准化技术委员会自 1983 年 9 月成立以来，其组织制定的国家标准和行业标准有 90 多项，300 余标准号。一些使用量大、使用面广的模具基本上都制定了标准。

3. 模具技术标准分类及标准体系

模具技术标准共分 4 类：模具产品标准（含标准零、部件标准等）、模具工艺质量标准（含技术条件标准等）、模具基础标准（含名词术语标准等）和相关标准。

标准体系表是计划与规范性的文件。它是由全国模具标准化技术委员会制订、审查，由标准化管理部门审查批准，并编入国家标准体系表，作为其一部分，是其一个支体系。

模具体系表主要是计划或规划制订的标准项目及项目系列；是制订模具标准项目年度计划的依据。未列入标准体系表的项目，除经批准外，一般不能列入年度计划。因此，模具标准体系表必须具有科学性、实践性和严格的计划性。

模具体系表分 4 层。第 1 层：模具；第 2 层：模具类别（10 大类）、模具名称；第 3 层：每类模具须制定的标准类别，包括：基础标准、产品标准、工艺与质量标准、相关标准共 4 类标准的名称；第 4 层：在每类模具及其标准类别下，列出具体须制订的模具标准项目系列及其名称。

（1）模具基础标准包括：冲模、塑料注射模、压铸模、锻模等模具的名词术语；模具尺寸系列；模具体系表等。

（2）模具产品标准包括：冲模、塑料注射模及锻模、挤压模的零件标准；模架标准和结构标准；锻模模块结构标准等。

（3）工艺与质量标准包括：冲模、塑料注射模、拉丝模、橡胶模、玻璃模、锻模、挤压模等模具的技术要求标准；模具材料热处理工艺标准；模具表面粗糙度等级标准；冲模、塑料注射模零件和模架技术条件、产品精度检查和质量等级标准等。

（4）相关标准包括：模具用材料标准，它包括塑料模具用钢、冷作模具钢、热作模具钢等标准。

| 1.2.2　模具标准件

在标准化的基础上，使标准文件中规定的每项标准均成为社会产品和人的实践行为，即组织生产为标准件，并转化为工业产品，实现商品化，以供企业或用户选购使用。

标准件的生产须具备的条件如下。

（1）要有一定的生产规模，并能产生规模效益，其效益指标反映在质量和创利两方面。冲模模架的规模生产量，必须在保证精度、质量的条件下，达到经济产量或以上的生产规模，方能产生规模效益。

（2）保证标准件稳定的质量，须采取措施保证标准件的使用互换性和稳定的可靠性，因此，标准件生产工艺管理须规范和科学，须采用保证高精、高效的生产装备。

（3）销售服务须完善，其基本条件是在保证一定库存的基础上，实现无库存管理，保证用户定量、定期获得供应。建立合作伙伴关系。

1.3　常用模具材料及热处理

模具直接关系到产品的质量、性能、生产率及成本，而且模具的质量和使用寿命与制造模具的材料及工艺有着密切的关系。因此，学习模具材料，了解模具材料的主要性能指标显得尤为重要。

1.3.1　常用模具材料

模具零件种类繁多，功能各异，故选用的材料品种也很多。随着新材料的不断问世，模具材料也不断更新。根据工作条件的不同，模具材料可分为金属在常温（冷态）下成形的材料，称为冷作模具钢；在加热状态下成形的材料，称为热作模具钢。目前模具所用材料有各种碳素工具钢、合金工具钢、铸铁、硬质合金等。

（1）碳素工具钢为高碳钢，含碳量为 0.7%～1.4%，主要牌号有 T7、T7A、T8、T8A、T10、T12、T12A 等。这类钢切削性能良好，淬火后有较高的硬度和良好的耐磨性，但其淬透性差，淬火时须急冷，变形开裂倾向大，回火稳定性差，热硬性低。适用于制造尺寸小，形状简单的冷作模具。

（2）合金工具钢是在碳钢的基础上加入一种或几种合金元素冶炼而成的钢。常用合金工具钢有低合金工具钢与高合金工具钢。

① 低合金工具钢含有一定的合金元素，与碳素工具钢相比，经淬火后有较高的强度和耐磨性、淬透性好、热处理变形小、回火稳定性好等特点。模具中常用的牌号有 CrWMn、9Mn2V、9SiCr、GCr15、5CrMnMo、5CrNiMo 等，适合于各种类型的成形零件。5CrMnMo 钢除具有 9Mn2V 钢的特性外，其耐磨性和韧性较好，适用于大型的成形设备加工。

② 高合金工具钢由于合金元素的增加，其淬透性、耐磨性显著增加，热处理变形小，广泛用于承载大、冲击多、工件形状复杂的模具。一般高合金工具钢常做成模具钢。常用的冷作模具钢有 Cr12、Cr12MoV，热作模具钢的材料有 3Cr2W18、3Cr2W8V 等。

（3）高速钢目前常用的有钨系高速钢（WC）W18Cr4V 和钼系高速钢（MoC）W6Mo5 Cr4V2。高速钢具有良好的淬透性，在空气中即可淬硬，在 600℃左右仍保持高硬度、高强度和良好的韧性、耐磨性。高速钢含有大量粗大的碳化物，且分布不均匀，不能用热处理的方法消除，必须反复锻造打碎粗大碳化物，使其均匀地分布在基体上。高速钢淬火后有大量残余奥氏体存在，需经多次回火，使其大部分转变为马氏体，并使淬火马氏体析出弥散碳化物，从而提高硬度，减少变形。回火时应避开 300℃左右的回火脆性区。高速钢适用于制造冷挤压模、热挤压模。

（4）铸铁的主要特点是铸造性能好，容易成形，铸造工艺与设备简单。铸铁具有优良的减震性、耐磨性和切削加工性。除灰铸铁可用在制造冲模的上、下模座外，还可以代替模具钢制造模具主要工作部分的受力零件。

（5）硬质合金是以金属碳化物做硬质相，以铁族金属作为粘结相，用粉末冶金方法生产的一种多相组合材料。常用硬质合金有钨钴（YG）、钨钴钛（YT）和万能硬质合金（YW）3类。钨钴类强度较高，韧性好，钨钴钛类则具有较好的热硬性和抗氧化性。制造模具主要采用钨钴类硬质合金。随着含钴量的增加，硬质合金承受冲击载荷的能力逐渐提高，但硬度和耐磨性下降。因此，应根据模具的工作条件合理选用。硬质合金可用于制造高速冲模、冷热挤压模等。

（6）无磁模具钢是在强磁场中不被磁化，与磁性材料没有吸引力。主要用于制造压制成形磁性材料和磁性塑料的模具，由于没有磁力，所以便于脱模。无磁模具钢具有稳定的奥氏体组织，其磁导率要求等于 1.05～1.10（Gs/Oe），具有较高的硬度和耐磨性。常用的有 1Cr18Ni9Ti（渗氮）、7Mn15Cr2Al3V2WMo 和 5Cr21Mn9Ni4N 等。应用较多的是 7Mn15Cr2Al3V2WMo。7Mn15Cr2Al3V2WMo 经时效处理后硬度可达 48HRC 左右。

（7）新型模具钢具有较高的韧性、冲击韧度和断裂韧度，较好的高温强度、热稳定性及热疲劳性的特点，可提高模具的寿命。常用国内外新型模具钢特点及应用，见表 1-2；国内外合金工具钢牌号对照，见表 1-3；K 类与 G 类硬质合金牌号近似对照，见表 1-4；碳素工具钢牌号近似对照见表 1-5。

表 1-2　　　　　　　　　　　　　新型模具钢

钢　号	特点及应用
3Cr3Mo2V(HM1)	高温强度、热稳定型及热疲劳性都较好，用于高速、高载、水冷条件下工作的模具，提高模具寿命
5Cr4Mo3SiMnVA1(CG2)	冲击韧度高，高温强度及热稳定性好，适用于高温、大载荷下工作的模具，提高模具寿命
6Cr4Mo3Ni2WV(CG2)	高温强度、热稳定性好，适用于小型热作模具，提高模具寿命
65Cr4W3Mo2VNb(65Nb)	高强韧性，是冷热作模具钢，提高模具寿命
6W8Cr4VTi(LM1) 6Cr5Mo3W2VSiTi(LM2)	高强韧性，冲击韧度和断裂韧度高，在抗压强度与 W18Cr4V 钢相同时，高于 W18Cr4V 钢。用于工作在高压力、大冲击下的冷作模具，提高模具寿命
7Cr7Mo3V2Si(LD)	高强韧性，用于大载荷下的冷作模具，提高模具寿命
7CrSiMnMoV (CH-1)	韧性好，淬透性高，可用于火焰淬火，热处理变形小，适用于低强度冷作模具零件
8Cr2MnWMoVSi(8Cr2S)	预硬化钢，易切削，提高塑料模寿命
Y55CrNiMnMoV(SM1)	预硬化钢，用于有镜面要求的热塑性塑料注射模
Y20CrNi3A1MnMo(SM2) 5CrNiMnMoVSCa(5NiSCa)	用于形状复杂、精度要求高、产量大的热塑性塑料注射模
4Cr5Mo2MnVSi(Y10) 3Cr3Mo3VNb(HM3)	用于压铸铝镁合金
4Cr3Mo2MnVNbB(Y4)	用于压铸铜合金
120Cr4W2MoV	用于要求长寿命的冲裁模

表1-3　　　　　　　　　国内外合金工具钢牌号对照表

序号	中国 GB	国际标准化组织 ISO	日本 JIS	韩国 KS	美国 ASTM	美国 UNS	德国 DIN	德国 W-Nr.	英国 BS	法国 NF	俄罗斯 ГOCT	瑞典 SS	意大利 UNI
1	9SiCr	—	—	—	—	—	90CrSi5	1.2108	—	—	9XC	2092	—
2	8MnSi	—	—	—	—	—	~C75W	1.1750	BW1A	—	—	—	—
3	Cr06	—	—	—	—	—	140Cr3	1.2008	—	130Cr3	X05	—	—
4	Cr2	100Cr2	SKS8 SUJ2	STS8	1.3	T61203	100Cr6	1.2067	BL1 BL3	Y100C6	X		—
5	9Cr2	—	—	—	—	—	90Cr3	1.2056	BL3	—	9X1		—
6	W	—	~SKS21	~STS21	F1	T60601	120W4	1.2414	BF1		B1	2705	—
7	4CrW2Si	—	~SKS41	—	—	—	—	—	—	—	4XB2C	—	—
8	5CrW2Si	~45WCrV2	—	—	S1	T41901	~45WCrV7	1.2542	BS1	~45WCrV8	5XB2C	~2710	~45WCrV8KU
9	6CrW2Si	~60WCrV2	—	—	—	—	~60WCrV7	1.2550	—	(~55WC20)	6XB2C	—	55WCrV8KU
10	Cr12	210Cr12	SKD1	STD1	D3	T30403	X210Cr12	1.2080	BD3	X200Cr12	X12		X205Cr12KU
11	Cr12MoV	—	SKD11	STD11	—	—	X165CrMoV12	1.2601	—	—	X12M	2310	—
12	Cr12Mo1V	160CrMoV12	—	—	D2	T30402	X155CrMoV12-1	1.2379	BD2	X160CrMoV12	—	—	X155CrVMo12-1KU
13	CroMo1V	100CrMoV5	SKD12	STD12	A2	T30102	X400CrMoV5-1	1.2363	BA2	X100CrMoV5	—	2260	X100CrMoV5-1KU
14	9Mn2V	90MnV2	—	—	02	T31502	90MnCrV8	1.2842	B02	90MnV8	—	—	90MnVCr8KU
15	CrWMn	105WCr1	SKS31	STS31	—	—	105WCr6	1.2419	—	105WCr5	XBГ	—	107WCr5KU
16	9CrWMn	95MnWCr1	SKS3	STS3	01	T31501	100MnCrW4	1.2510	B01	90MnWCrV5	9XBГ	2140	95MnWCr5KU
17	5CrMnMo	—	—	—	—	—	~40CrMnMo7	1.2311	—	—	5XГM	—	~35CrMo8KU
18	5CrNiMo	55NiCrMoV2	SKT4	STF4	L6	T61206	55NiCrMoV6	1.2713	BH22	55NiCrMoV7	5XГM	~2550	55NiCrMoV7KU
19	3Cr2W8V	30WCrV9	SKD5	STD5	H21	T20821	X30WCrV9-3	1.2581	4/5	X30WCrV9	3X2B8φ	2730	X30WCrV9-3KU
20	8Cr34Cr3Mo	—	—	—	—	—	—	—	—	—	8X3	—	—
21	3SiV	—	—	—	H10	T20810	~X32CrMoV3-3	1.2365	BH10	~32CrMoV12-28	3X3M3φ	—	30CrMoV12-27KU
22	4Cr5MoSiV	35CrMoV5	SKD6	STD6	H11	T20811	X38CrMoV5-1	1.2343	BH11	X38CrMoV5	4X5MφC	—	X37CrMoV5-1KU
23	4Cr5MoSiV1	40CrMoV5	SKD61	STD61	H13	T20811	X40CrMoV5-1	1.2344	BH13	X40CrMoV5	4X5Mφ1C	—	X40CrMoV5-1-1KU
24	4Cr5W2VSI	—	—	—	—	—	—	—	—	—	4X5B2φC	—	—
25	3Cr2Mo	35CrMo2	—	—	P20	T51620	~35CrMo4	1.2330	BP20	35CrMo8	—	2234	—
26	—	210CrW12	—	—	—	—	X210CrW12	1.2436	—	210CrW12-1	X	2312	X215CrW12-1KU
27	—	30WCrV5	SKD4	STD4	—	—	X30WCrV5-3	1.2567	—	X32WCrV5	—	—	X20WCrV5-3KU
28	—	—	SKD62	STD62	H12	T20812	X37CrMoW5-1	1.2606	BH12	X35CrWMoV5	—	—	—

注："～"表示成分与之接近的钢。

表 1-4　　　　　　　　　　　K 类与 G 类硬质合金牌号近似对照

国际标准化组织 ISO	中国 YB	日本 JIS	美国 JIC	德国 DIN	英国 BHMA	俄罗斯 ГOCT
K 类硬质合金						
K01	YG3X	K01	C4	H3	930	BK3M
K10	YG6A YD10	K10	C3	H1	741	BK6M
K20	YG6	K20	C2	G1	560	BK6
K30	YG8	K30	C1	—	280	BK8 BK10
K40	YG15	K40	C1	G2	290	BK15
G 类硬质合金						
G05	YG6X YD10	—	—	—	—	BK6
G10	YG6 YD10	E1	—	G1	—	BK6B
G15	YG8C	—	—	—	—	BK8B
G20	YG11C	E2	—	G2	—	BK10
G30	YG15	E3	—	G3	—	BK15
G40	YG20 YG20C	E4	—	G4	—	BK20
G50	YG25	E5	—	G5	—	BK25
G60	YG30	—	—	G6	—	BK30

表 1-5　　　　　　　　　　　　碳素工具钢牌号近似对照

序号	中国 GB	国际标准化组织 ISO	日本 JIS	韩国 KS	美国		德国		英国 BS	法国 NF	俄罗斯 ГOCT	瑞典 SS	意大利 UNI
					ASTM	UNS	DIN	W-Nr.					
1	T7	TC70	SK7	STC7	—	—	C70W2	1.1620	—	(C70E2U)	y7	1770	C70KU
2	T8	TC80	SK5 SK6	STC5 STC6	W1A-8	T72301	C80W2	1.1625	—	(C80 E2U)	y8	1778	C80KU
3	T8Mn	—	SK5	STC5			C85WS	1.1830			y8T		
4	T9	TC90			W1A-8 1/2	T72301				C90E 2U	y9		C90KU
5	T10	TC105	SK3 SK4	STC3 STC4	W1A-9 1/2	T72301	C105W2	1.1645	BW1B	(C105E2U)	y10	1880	C100KU
6	T11	~TC105	SK3	STC3	W1A-10 1/2	T72301	C110W2	1.1645	—	~C105E 2U	y11	—	—
7	T12	TC120	SK2	STC2	W1A-11 1/2	T7230	C125W2	1.1663	BW1C	C120E3U	y12	1885	C120KU
8	T13	TC140	SK1	STC1			C13W2	1.1673	—	~C 140E3U	y13	—	C140KU

续表

序号	中国 GB	国际标准化组织 ISO	日本 JIS	韩国 KS	美国		德国		英国 BS	法国 NF	俄罗斯 ГОСТ	瑞典 SS	意大利 UNI
					ASTM	UNS	DIN	W-Nr.					
9	T7A	—	—	—	—	—	C70W1	1.1520	—	C70E2U	y7A	—	—
10	T8A	—	—	—	—	T72301	C80W1	1.1525	—	C80E2U	y8A	—	C80KU
11	T10A	—	—	—	—	T72301	C105W1	1.1545	—	C105E2U	y10A	1880	C100KU
12	T12A	—	—	—	—	T72301	C110W1	1.1550	—		y12A	1885	C120KU
13	T13A	—	—	—	—	—	C125W1	1.1560	—		y13A	—	—

注：“～”表示成分与之接近的钢。

1.3.2　模具材料的主要性能指标

各种模具的工作条件不同，对模具材料的性能要求也不同。为了使所选用的模具材料满足模具的使用要求，应对模具材料的性能及其影响因素有比较全面的了解。

1. 强度

强度是表征材料变形抗力和断裂抗力的性能指标。

评价冷作模具材料塑性变形抗力的指标主要是常温下的屈服点 σ_s 或屈服强度 $\sigma_{0.2}$；评价热作模具材料塑性变形抗力的指标则为高温屈服点或高温屈服强度。为了确保模具在使用过程中不发生过量塑性变形失效，模具材料的屈服点必须大于模具的工作应力。热作模具的加工对象是高温软化状态的坯料，故所受的工作应力要比冷作模具小得多。但热作模具与高温坯料接触的部分会受热而软化，因此，模具的表面层须有足够的高温强度。

反映冷作模具材料的断裂抗力指标是室温下的抗拉强度、抗压强度和抗弯轻度等。在考虑热作模具的断裂抗力时，还应包括断裂韧度的因素。

影响强度的因素较多。钢的含碳量与合金元素含量，晶粒大小，金相组织，碳化物的类型、形状、大小及分布，残留奥氏体量，内应力状态等都对强度有显著影响。

2. 硬度与热硬性

硬度是衡量材料软硬程度的性能指标。作为成形用的模具应具有足够的硬度，才能确保使用性能和使用寿命。如冷作模具一般硬度在 52～60HRC 范围内，而热作模具硬度一般在 40～52HRC 范围内。

硬度实际上是一种综合的力学性能，因此，模具材料的各种性能要求，在图样上一般只通过标注硬度来表示。

热硬性是指模具在受热或高温条件下保持高硬度的能力。多数热作模具和某些冷作模具应具有一定的热硬性，才能满足模具的工作要求。

钢的硬度和热硬性主要取决于钢的化学成分、热处理工艺以及钢的表面处理工艺。

3. 耐磨性

零件成形时材料与模具型腔表面发生相对运动，使型腔表面产生了磨损，从而使模具的尺寸精度、

形状和表面粗糙度发生变化而失效。耐磨性指标可采用常温下的磨损量或相对耐磨性表示。磨损是一种复杂的过程，在模具中常遇到的磨损形式有：磨料磨损、粘着磨损、氧化磨损和疲劳磨损等。

影响磨损的因素很多，除模具工作过程的润滑情况以外，还在很大程度上取决于在模具材料的化学成分、组织状态、力学性能等。如模具的表面硬度越高，耐磨性一般也越好；钢的组织中，马氏体的耐磨性较好，下贝氏体的耐磨性最好。另外，钢中碳化物的性质、数量和分布状态对耐磨性也有显著的影响。

4. 韧性

韧性是材料在冲击载荷作用下抵抗产生裂纹的一个特性，反映了模具的脆断抗力，常用冲击韧度 α_k 来评定。冷作模具材料因多在高硬度状态下使用，在此状态下 α_k 值很小，很难相互比较，因而常根据弯曲挠度的大小，比较其韧性的高低。工作时承受巨大冲击载荷的模具，须把冲击韧度作为一项重要的性能指标。如通常要求锤锻模具用钢 α_k 值不应低于 30J/cm，而压力机模具用钢的冲击韧度可低于锤锻模用钢，有时还需考虑其断裂韧度。

韧性不是单一的性能指标，而是强度和塑性的综合表现。影响韧性的因素主要是钢的成分、组织和冶金质量。碳含量愈低，杂质愈少，钢的韧性愈高；细晶粒组织、板条状马氏体组织、下贝氏体杂质和高温回火组织都具有高的韧性。

5. 疲劳性能

模具工作时承受着机械冲击和热冲击的交变应力，热作模具在工作过程中，热交变应力会更明显地导致模具热裂。受应力和温度梯度的影响，往往在型腔表面形成浅而细的裂纹，它的迅速传播和扩展会导致模具失效。

影响疲劳抗力的因素取决于钢的化学成分及组织的不均匀性，如钢中化学成分不均匀或存在非金属杂物、气孔、显微裂纹等均可导致钢的疲劳抗力降低，因为在交变应力的作用下，首先在这些薄弱地区产生疲劳裂纹并发展成为疲劳破坏。

6. 耐热性

热作模具、部分成形模具或冷作模具等，由于工作温度较高，通常需要考虑模具材料的耐热性。当模具工作温度升高时，在常温下各种起强化作用的介稳组织要转变为稳定组织（如马氏体分解、碳化物聚集长大等），这将导致材料的强度、硬度等力学性能指标下降，同时氧化情况也趋于加重。因此，保证耐热性的关键是模具的组织应有较好的热稳定性。高温材料的热稳定性常以 600～700℃时的屈服强度表示，它与钢的回火稳定性有关。因此加入某些合金元素提高钢的再结晶温度、增加钢中基体组织和碳化物的稳定性都能增加钢的耐热性。

7. 耐蚀性

部分塑料模和压铸模在工作时，受到被加工材料的腐蚀，从而加剧模腔表面磨损。所以这些模具材料应具有相应的耐腐蚀性。合金化或进行表面处理是提高模具钢耐蚀性的主要方法。

1.3.3 模具材料的选用

模具材料的选用要综合考虑模具的工作条件、性能要求、材质、形状和结构。

1. 模具材料的一般性能要求

模具材料的性能包括力学性能、高温性能、表面性能、工艺性能及经济性能等。各种模具的工作条件不同，对材料性能的要求也各有差异。

（1）对冷作模具要求具有较高的硬度和强度，以及良好的耐磨性，还要具有高的抗压强度和良好的韧性及耐疲劳性。

（2）对热作模具除要求具有一般常温性能外，还要具有良好的耐蚀性、回火稳定性、抗高温氧化性和耐热疲劳性，同时还要求具有较小的热膨胀系数和较好的导热性，模腔表面要有足够的硬度，而且既要有韧性，又要耐磨损。

（3）压铸模的工作条件恶劣，因此，一般要求具有较好的耐磨、耐热、抗压缩、抗氧化性能等。

2. 模具材料选用原则

（1）模具材料应满足模具的使用性能要求。主要从工作条件、模具结构、产品形状和尺寸、生产批量等方面加以综合考虑，确定材料应具有的性能。凡形状复杂、尺寸精度要求高的模具，应选用低变形材料；承受大载荷的模具，应选用高强度材料；承受大冲击载荷的模具，应选用韧性好的材料。

（2）模具材料应具有良好的工艺性能。一般应具有良好的可锻性、切削加工与热处理等性能。对于尺寸较大、精度较高的重要模具，还要求具有较好的淬透性、较低的过热敏感性以及较小的氧化脱碳和淬火变形倾向。

（3）模具材料要考虑经济性和市场性。在满足上述两项要求的情况下，选用材料应尽可能考虑到价格低廉、来源广泛、供应方便等因素。

常用模具钢的性能和特点，见表 1-6。

表 1-6　　　　　　　　　　常用模具钢的性能和特点

钢　种	性能特点	用途
10、20	易挤压成形、渗碳及淬火后耐磨性稍好、热处理变形大、淬透性低	工作载荷不大、形状简单的冷挤压模、陶瓷模
45	耐磨性差、韧性好、热处理过热倾向小、淬透性低、耐高温性能差	工作载荷不大、形状简单的型腔模、冲孔模及锌合金压铸模
T7A、T8A	耐磨性差、热处理变形小、淬透性低	工作载荷不大、形状简单的冷冲模、成形模
T10A、T12A	耐磨性稍好、热处理变形大、淬透性低	
40Cr	耐磨性差、韧性好、热处理变形小、淬透性较好、耐高温性能差	用于锌合金压铸模
9Mn2V、GCr15	耐磨性较好、热处理变形小、淬透性较好	工作载荷不大、形状简单的冷冲模、胶木模
CrWMn	耐磨性较好、热处理变形小、淬透性较好	工作载荷较大、形状较复杂的成形模、冷冲模
9SiCr		用于冲头、拉拔模
60Si2Mn	韧性好、热处理变形较小、淬透性好	用于标准件上的冷镦模
Cr12	耐磨性好、韧性差、热处理变形小、淬透性好、碳化物偏析严重	用于载荷大、形状复杂的高精度冷冲模
Cr12MoV	耐磨性好、热处理变形小、淬透性好、碳化物偏析比 Cr12 小	用于载荷大、形状复杂的高精度冷冲模、冷挤压模以及冷镦模
5CrMnMo、5CrNiMo	韧性较好、热处理变形较小、淬透性较好、回火稳定性较好	用于热锻模、切边模

续表

钢　种	性　能　特　点	用　途
3Cr2W8V	热硬性高、热处理变形小、淬透性较好	用于热挤压模、压铸模
W18Cr4V、W6Mo5Cr4V2		用于冷挤压模、热态下工作的热冲模

1.3.4　模具热处理

　　热处理在模具制造中起着重要作用，无论模具的结构及类型、制作的材料和采用的成形方法如何，都需要用热处理使其获得较高的硬度和较好的耐磨性，以及其他综合要求的力学性能。一般说来，模具的使用寿命及其制件的质量，在很大程度上取决于热处理。因此，在模具制造中，选用合理的热处理工艺尤为重要。模具热处理可分为模具预处理和模具最终处理两大类。此外，模具经过机械加工后，有的应进行中间去应力处理，有的模具使用一段时间后也应进行恢复性处理。

1. 普通热处理

　　普通热处理包括退火、正火、淬火、回火等工艺过程。

　　（1）退火是将钢加热到一定温度后保温一定时间，并随之缓慢冷却下来的一种工艺操作方法。其目的在于降低钢的硬度，提高塑性，改善加工性能，细化晶粒，改善组织，消除内应力，为以后的热处理工艺做准备。

　　退火的方法有完全退火、球化退火和去应力退火。完全退火的目的是细化晶粒，消除热加工造成的内应力，降低硬度；球化退火可降低钢材硬度，提高塑性，改善切削性能，为淬火做好准备；去应力退火的目的是在加热状态下消除铸造、锻造、焊接时产生的内应力，去应力退火也称低温退火。

　　（2）正火是将钢加热到 A3 线或 ACM 以上 40℃～60℃，达到完全奥氏体化和奥氏体均匀化后，一般在自然流通的空气中冷却。通过正火细化晶粒，钢的韧性可以显著提高。

　　（3）淬火工艺的要求是通过加热和快速冷却的方法，使工件在一定的截面部位上获得马氏体或下贝氏体，回火后达到要求的力学性能。目的是为了提高工件的硬度、耐磨性和其他力学性能。

　　（4）回火是淬火的后续工序，是将淬火工件加热到低于临界点以下某一温度，保温一定时间，然后进行冷却。其目的一是改变工件淬火组织，得到一定的强度、韧性的配合；二是为了消除工件淬火应力和回火中的组织转变应力。

2. 表面热处理

　　表面热处理主要是化学表面处理法，包括渗碳、渗氮、渗硼、多元共渗、离子注入等。

　　（1）渗碳是为增加低碳钢、低碳合金钢的含碳量，在适当的媒体剂中加热，将碳从钢表面扩散渗入，使表面层成为高碳状态，是一种淬火硬化的方法。

　　（2）渗氮是向钢体表面渗入氮原子，以提高表层的硬度、耐磨性、疲劳强度以及耐蚀性的化学热处理方法，也称氮化。常用的有气体氮化、软氮化法等。

　　（3）渗硼是将金属材料置于含硼的介质中，经过加热与保温，使硼原子渗入其表面层，形成硼化物的工艺过程。常用的渗硼有固体、液体和气体渗硼 3 种方式。

（4）多元共渗是在处理温度下，气体分解产生多种活性原子渗入工件表面形成一层含多种元素（碳、氮、硫、硼等某些元素共渗）的金属间化合物层。该层同时具有高耐磨性、高抗蚀性与高抗疲劳性能。因不同的零件有不同的性能要求，此时可以通过调整气体中元素种类与含量来调整化合物层的成分与结构，从而满足不同性能的要求。

（5）离子注入是将注入元素的原子电离成离子，在获得较高速度后射入放在真空靶室中的工件表面的一种表面处理技术。大量离子（如氮、碳、硼、钼等）的注入可使模具基体表面产生明显的硬化效果，大大降低了摩擦因数，显著地提高了模具表面的耐磨性、耐腐蚀性以及抗疲劳等多种性能。因此近年来离子注入技术在模具领域中，如冲裁模、拉丝模、挤压模、拉伸模、塑料模等，得到了广泛应用，其平均寿命可提高 2～10 倍。但是目前离子注入技术在运用中还存在一些不足，如离子注入层较薄、小孔处理困难、设备复杂昂贵等，其应用也受到一定的限制。

3. 采用新的热处理

为提高热处理质量，做到硬度合理、均匀、无氧化、无脱碳、消除微裂纹，避免模具的偶然失效，进一步挖掘材料的潜力，从而提高模具的正常使用寿命，可采用一些新的热处理工艺，如组织预处理、真空热处理、冰冷处理、高温淬火+高温回火、低温淬火、表面强化等。

（1）组织预处理：在模具淬火之前，对模具的材料进行均匀化处理，以便在淬火后得到细针状马氏体+碳化物+残留奥氏体的显微组织，从而使材料的抗压强度和断裂韧性大大提高。

（2）真空热处理的加热是借助于发热元件的辐射进行的，因此加热均匀，而且零件无脱碳、变形小，能提高模具寿命。

（3）冰冷处理是淬火后冷却到常温以下的处理，这是很有实用价值的一种处理方法。可使精密零件尺寸稳定，避免相当多的残余奥氏体因不稳定而转变为马氏体。

（4）高温淬火+高温回火：高温淬火可使中碳低合金钢获得更多的板条马氏体，从而提高模具的强韧性；对于高合金钢，可使更多的合金元素溶入奥氏体，提高淬火组织的抗回火能力和热稳定性。高温回火又可得到回火索氏体组织，使韧性提高，从而提高了模具寿命。

（5）贝氏体等温淬火：贝氏体或贝氏体+少量回火马氏体具有较高的强度、韧性等综合性能，热处理变形较小，对要求高强度、高韧性、高塑性的冷冲模、冷挤模具，可获得较高的寿命。

（6）表面强化：模具表面除化学表面处理法外，还有物理表面处理法及表面覆层处理法。物理表面处理是指不改变金属表面化学成分的硬化处理方法，主要包括表面淬火、激光热处理、加工硬化等；表面覆层处理法是指各种物理、化学沉积等方式，主要包括镀铬、化学气相沉积（CVD）、物理气相沉积（PVD）、等离子体化学气相沉积（PCVD）、碳化物被覆 TD 及电火花强化等。

| 1.3.5　模具材料的检测 |

在模具零件进行粗加工之前，应对模具毛坯质量进行检测，检验毛坯的宏观缺陷、内部缺陷及退火硬度。对一些重要模具，还应对材料的材质进行检验，以防止不合格材料进入下道工序。模具工件经热处理后还应进行硬度检查、变形检查、外观检查、金相检查、力学性能检查等，确保热处理的质量。

表 1-7 为模具热处理检查内容及要求。

表 1-7   模具热处理检查内容及要求

检 查 内 容	技术要求及方法
硬度检查	1. 硬度检查应在零件的有效工作部位进行 2. 硬度值应符合图纸要求 3. 检查时，应按硬度试验的有关过程进行 4. 检查硬度不应在表面质量要求较高的部位进行
变形检查	1. 模具零件热处理后的尺寸应在图纸及工艺规定范围要求之内 2. 若零件有两次留磨余量，应保证变形量为磨量的 $\frac{1}{3} \sim \frac{1}{2}$ 3. 表面氧化脱碳层不得超过加工余量的 $\frac{1}{3}$ 4. 模具的基准面一般应保证不平度小于 0.02mm 5. 对于级进模（连续模）各孔距、步距变形应保证在 ±0.01mm 范围内
外观检查	1. 模具热处理后不允许有裂纹、烧伤和明显的腐蚀痕迹 2. 留两次磨量的零件，表面氧化层的深度不允许超过磨量的 $\frac{1}{3}$
金相检查	主要检查零件化学处理后的层深、脆性或内部组织状况

本章小结

模具具有高效、节材、成本低、保证质量等优点，是工业生产的重要手段和工艺发展方向。

模具按结构形式分为冲模、塑料模具、锻模和压铸模等。

模具的生产制造技术集中了机械加工的精华，既是机电结合加工，又要配合模具钳工的手工加工。

根据工作条件的不同，模具材料可分为冷作模具钢和热作模具钢及压铸模具钢。

模具材料的选用要综合考虑模具的工作条件、性能要求、材质、形状和结构。

模具的使用寿命及其制件的质量，在很大程度上取决于其热处理的效果。

思考与练习

简答题

1. 简述模具的概念。

2. 简述模具的特点。

3. 简述模具的作用。

4. 简述模具的制造特点。

5. 简述模具材料的一般性能要求。

6. 简述模具材料的选用原则。

Chapter 2

第2章

| 模具的成形设备及工艺基础 |

【学习目标】

1. 理解各种常用的模具成形设备的特点。
2. 掌握各种成形设备的加工特点。
3. 掌握各种成形设备的分类和组成。
4. 了解各种典型成形设备的工作原理。
5. 了解各种成形设备的选用原则。
6. 掌握各种典型模具的计算方法。
7. 掌握各种典型成形设备的成形过程。
8. 掌握各种典型的成形工艺。

模具成形加工的方法很多，所使用的设备也各具特色，本章主要介绍模具成形加工中所涉及的成形加工的特点和所使用的设备，以及加工时所采用的工艺。

2.1 冲压成形设备及工艺

2.1.1 冲压概念及其发展趋势

1. 冲压概念及特点

冲压是利用安装在冲压设备（主要是压力机）上的模具对材料施加压力，使其产生分离或塑性变形，从而获得所需零件（俗称冲压件或冲件）的一种压力加工方法。冲压通常是在常温下对材料进行冷变形加工，而且主要采用板料来加工成所需零件，所以也叫冷冲压或板料冲压。冲压是材料压力加工或塑性加工的主要方法之一，属于材料成形工程技术。

冲压所使用的模具称为冲压模具，简称冲模。冲模是将材料（金属或非金属）批量加工成所需冲件的专用工具。冲模在冲压中至关重要，没有符合要求的冲模，批量冲压生产就难以进行；没有先进的冲模，先进的冲压工艺就无法实现。冲压工艺与模具、冲压设备和冲压材料构成冲压的三要素，它们之间的相互关系，如图 2-1 所示。

冲压与其他加工方法相比较，具有以下一些特点。

（1）在压力机简单冲击下，能够获得其他的加工方法难以加工或无法加工的形状复杂的制件。

（2）加工的制件尺寸稳定、互换性好。

（3）材料的利用率高、废料少，且加工后的制件强度高、刚度好、重量轻。

（4）操作简单，生产过程易于实现机械化和自动化，生产效率高。

（5）在大批量生产的条件下，冲压制件成本较低。

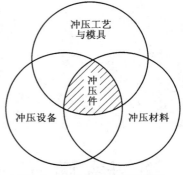

图2-1　冲压三要素之间的关系

但由于模具制造周期长、费用高，因此，冲压加工在小批量生产中的应用受到一定限制。

2. 冲压发展趋势

随着科学技术的不断进步和工业生产的迅速发展，许多新技术、新工艺、新设备、新材料不断涌现，因而促进了冲压技术的不断革新和发展。其发展趋势如下。

（1）新理论和新工艺：利用有限元（FEM）等数值分析方法模拟金属的塑性成形过程，根据分析结果，设计人员可预测某一工艺方案成形的可行性及可能出现的质量问题，并通过在计算机上选择修改相关参数，可实现工艺及模具的优化设计。这样既节省了昂贵的试模费用，也缩短了制模周期。

各种冲压新工艺，也是冲压技术的发展方向之一，如精密冲压工艺、软模成形工艺、高能高速成形工艺、超塑成形工艺及无模多点成形工艺等精密、高效、经济的冲压新工艺。其中，精密冲裁是提高冲裁件质量的有效方法，它扩大了冲压加工范围，目前精密冲裁加工零件的最大厚度为25 mm，尺寸精度可达IT6～IT8级；用液体、橡胶、聚氨酯等做柔性凸模或凹模的软模成形工艺，能加工出用普通加工方法难以加工的材料和复杂形状的零件，在特定生产条件下具有明显的经济效果；采用爆炸等高能高效成形方法可以加工各种尺寸大、形状复杂、批量小、强度高和精度要求较高的板料零件；利用金属材料的超塑性进行超塑性成形，可以用一次成形代替多道普通的冲压成形工序，这对于加工形状复杂和大型板料零件具有突出的优越性；无模多点成形工艺是用高度可调的凸模群体代替传统模具进行板料曲面成形的一种先进工艺技术。我国已自主设计制造了具有国际先进水平的无模多点成形设备，解决了多点压机成形法，从而随意改变变形路径与受力状态，提高了材料的成形极限，同时利用反复成形技术可消除材料内的残余应力，实现无回弹成形。无模多点成形系统以CAD/CAM/CAT技术为主要手段，能快速经济地实现三维曲面的自动化成形。

一方面，冲压新工艺朝着高效率、高精度、高寿命及多工位、多功能方向发展，与此相适应的新型模具材料及其热处理技术，各种高效、精密、数控、自动化的模具加工机床和检测设备以及模具CAD/CAM技术正在迅速发展；另一方面，为了适应产品更新换代及试制或小批量生产的需要，锌基合金冲模、聚氨酯橡胶冲模、薄板冲模、钢带冲模、组合冲模等各种简易冲模及其制造技术也得到了迅速发展。

精密、高效的多工位及多功能级进模和大型复杂的汽车覆盖件冲模代表了现代冲模的技术水平。目前，50个工位以上的级进模进距精度可达2 μm。多功能级进模不仅可以完成冲压全过程，还可以

完成焊接、装配等工序。我国已能自行设计制造出达到国际水平的精密多工位级进模，如铁芯精密自动化多功能级进模，其主要零件的制造精度达 2～5 μm，进距精度 2～3 μm，总寿命达 1 亿次。

（2）新材料：模具材料及热处理与表面处理工艺对模具加工质量和寿命影响很大，世界各主要工业国在此方面的研究取得了较大进展，开发了许多的新钢种，其硬度可达到 HRC58～70，而变形只为普通工具钢的 $\frac{1}{5}$～$\frac{1}{2}$。如火焰淬火钢可局部硬化，且无脱碳；我国研制的 65Nb、LD 和 CD 等新钢种，具有热加工性能好、热处理变形小、抗冲击性能好等特点。还有一些新的热处理和表面处理工艺，主要有气体软氮化、离子氮化、渗硼、表面涂镀、化学气相沉积（CVD）、物理气相沉积（PVD）、激光表面处理等。这些方法能提高模具工作表面的耐磨性、硬度和耐蚀性，使模具寿命大大延长。

计算机技术、信息技术、自动化先进技术不断向传统制造技术渗透、交叉、融合从而形成了现代模具制造技术。其中高速铣削加工、电火花铣削加工、慢走丝线切割加工、精密磨削及抛光技术、数控测量等代表了现代冲模制造的技术水平。高速铣削加工不但具有加工速度高以及加工精度和表面质量良好的特点（主轴转速一般为 15 000～40 000 r/min，加工精度一般可达 10 μm，最好的表面粗糙度 R_a≤1 μm），而且与传统切削加工相比具有温升低（工件只升高 3℃）、切削力小，因而可加工热敏材料和刚性差的零件，合理选择刀具和切削用量还可实现硬材料（HRC60）加工；电火花铣削加工（又称电火花创成加工）是以高速旋转的简单管状电极做三维或二维轮廓加工（与数控铣床相同），因此不再需要制造昂贵的成形电极，如日本三菱公司生产的 EDSCAN8E 电火花铣削加工机床，配置有电极损耗自动补偿系统、CAD/CAM 集成系统、在线自动测量系统和动态仿真系统，体现了当今电火花加工机床的技术水平；慢走丝线切割技术的发展水平已相当高，功能也相当完善，自动化程度已达到无人看管运行的程度，目前切割速度已达 300 mm²/min，加工精度可达±1.5 μm，表面粗糙度 R_a 达 0.1～0.2 μm；精密磨削及抛光已开始使用数控成形磨床、数控光学曲线磨床、数控连续轨迹坐标磨床及自动抛光机等先进设备和技术；模具加工过程中的检测技术也取得了很大发展，现代三坐标测量机除了能高精度地测量复杂曲面的数据外，其良好的温度补偿装置、可靠的抗震保护能力、严密的除尘措施及简单的操作步骤，使得现场自动化检测成为可能。此外，激光快速成形技术（RPM）与树脂浇注技术在快速经济制模技术中得到了成功的应用。利用 RPM 技术快速成形三维原型后，通过陶瓷精铸、电弧涂镀、消失模、熔模等技术可快速制造各种成形模。如清华大学开发研制的"M-RPMS-II 型多功能快速原型制造系统"是我国在世界上唯一一拥有自主知识产权的两种快速成形工艺（分层实体制造 SSM 和熔融挤压成形 MEM）的系统，它基于"模块化技术集成"的概念而设计和制造，具有较好的价格性能比。模具扫描及数字化系统，采用高速扫描仪和模具扫描系统提供了从模型或实物扫描到加工出期望的模型所需的诸多功能，大大缩短了模具的在研制制造周期。扫描系统已在汽车、摩托车、家电等行业得到成功应用。一汽模具制造公司以 CAD/CAM 加工的主模型为基础，采用瑞士汽巴精化（CIBA）的高强度树脂冲模应用在国产轿车试制中，具有制造精度较高、周期短、费用低等特点，达到了国外 20 世纪 90 年代水平，为我国轿车试制和小批量生产开辟了新的途径。

模具 CAD/CAE/CAM 技术是改造传统模具生产方式的关键技术，它以计算机软件的形式为用户提供一种有效的辅助工具，使工程技术人员能借助计算机对产品、模具结构、成形工艺、数控加工及成本等进行设计和优化，从而显著缩短了模具设计与制造周期，降低生产成本，提高了产品质量。随着功能强大的专业软件和高效集成制造设备的出现，以三维造型为基础、基于并行工程（CE）的模具 CAD/CAE/CAM 技术正成为发展方向，它能实现制造和装配的设计、成形过程的模拟和数控加工过程的仿真，还可以对多模具可制造性进行评价，实现模具设计与制造一体化、智能化。

（3）自动化：目前冲压设备也由单工位、单功能、低速压力机朝着多工位、多功能、高速和数控方向发展，加之机械手乃至机器人的大量使用，使冲压生产效率得到大幅度提高，也使各式各样的冲压自动线和高速自动压力机大量投入使用，如图 2-2 所示。如在数控四边折弯机中送入板料毛坯后，在计算机程序控制下便可按照要求准确完成四边弯曲，从而大幅度提高精度和生产率；在高速自动压力机上冲压电机定转子冲片时，1 min 可冲几百片，并能自动叠成定转铁芯，生产效率比普通压力机提高几十倍，材料利用率高达 97%；公称压力为 250 kN 的高速压力机的滑块行程次数

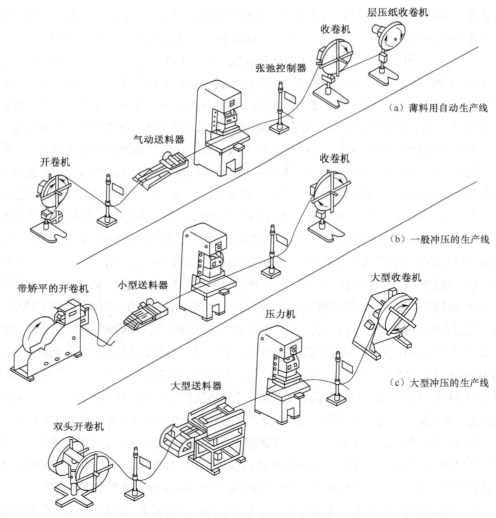

图2-2　自动供料冲压生产线布置图

已达 2 000 次/min 以上。在多功能压力机方面，日本会田公司生产的 2 000 kN "冲压中心" 采用 CNC 控制，只需 5 min 就可完成自动换模、换料和调整工艺参数等工作；美国惠特尼（Whitney）公司生产的 CNC 金属板材料加工中心，在相同的时间内加工冲压件的数量为普通压力机的 4～10 倍，并能进行冲孔、分段冲裁、弯曲和拉深等多种作业。

　　近年来在国外已发展起来、国内亦开始使用的冲压柔性制造单元（FMC）和冲压柔性制造系统（FMS）代表了冲压生产新的发展趋势。FMS 系统以数控冲压设备为主体，包括板料、模具、冲压件分类存放系统、自动上料与下料系统，生产过程完全由计算机控制，车间实现 24 h 无人控制生产。同时，根据不同使用要求，可以完成各种冲压工序，甚至焊接、装配等工序，更换新产品方便迅速，冲压件精度也高。

　　（4）标准化及专业化：冲模的标准化使冲模和冲模零件的生产实现专业化、商品化，从而降低模具成本，提高模具质量和缩短制造周期。目前，国外先进工业国家模具标准化生产程度已达 70%～80%，模具厂只需设计制造工作零件，大部分模具零件均从标准件厂购买，使生产效率大幅度提高。模具制造厂专业化程度越来越高，分工越来越细，如目前有模架厂、顶杆厂、热处理厂等，甚至某些模具厂仅专业化制造某类产品的冲裁或弯曲模，这样更有利于制造水平的提高和制造周期的缩短。我国冲模标准化与专业化生产近年来也有了较大进展，但总体情况还满足不了模具工业发展的要求，主要体现在标准化程度还不高（一般在 40%以下），标准件的品种和规格较少，大多数标准件厂家未形成规模化生产，标准件质量也存在一些问题。另外，标准件生产的销售、供货、服务等都还有待进一步提高。

2.1.2　冲压设备的分类、组成及典型设备工作原理

　　冲压是利用压力机和冲模对材料施加压力，使其分离或产生塑性变形，以获得一定形状和尺寸的制件的一种无切削加工工艺。通常该加工方法在常温下进行，主要用于金属板料成形加工，故又称冷冲压或板料成形。冲压成形在较大批量生产条件下，虽然设备和模具资金投入大，生产要求高，但与其他加工方法（如锻造、铸造、焊接、机械切削加工等）相比较，具有很多优点。

1. 冲压设备的分类

　　冲压成形设备的类型很多，可以适应不同的冲压工艺要求，在我国锻压机械的 8 大类中，它就占了一半以上。冲压设备的分类如下。

　　（1）按驱动滑块的动力种类可分为：机械的、液压的、气动的。

　　（2）按滑块的数量可分为：单动的、双动的、三动的。

　　（3）按滑块驱动机构可分为：曲柄式、肘杆式、摩擦式。

　　（4）按连杆数目可分为：单连杆、双连杆、四连杆。

　　（5）按机身结构可分为：开式压力机［见图 2-3（b）］和闭式压力机［见图 2-3（b）］。其中开式压力机按立柱数量可分为开式双柱压力机［见图 2-3（a）］和开式单柱压力机［见图 2-3（c）］，按工作台的结构可分为：开式倾斜工作台压力机［见图 2-3（a）］、开式固定工作台压力机［见图 2-3（c）］和开式升降工作台压力机［见图 2-3（d）］。

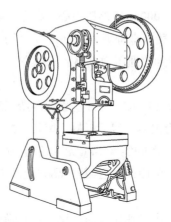
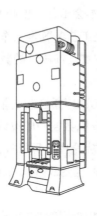
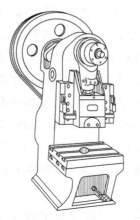
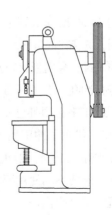

（a）开式双柱可倾压力机　　　　（b）闭式压力机　　　（c）单柱固定台式压力机　　（d）开式升降台式压力机

图2-3　压力机

2.　冲压设备的代号

我国锻压机械的分类和代号，见表 2-1。

表 2-1　　　　　　　　　　　锻压机械分类代号

序　　号	类 别 名 称	汉语简称及拼音	拼 音 代 号
1	机械压力机	机 ji	J
2	液压机	液 ye	Y
3	自动锻压机	自 zi	Z
4	锤	锤 chui	C
5	锻机	锻 duan	D
6	剪切机	切 qie	Q
7	弯曲校正机	弯 wan	W
8	其他	他 ta	T

按照锻压机械型号编制方法（JB/GQ 2003—84）的规定，曲柄压力机的型号用汉语拼音字母、英文字母和数字表示。型号表示方法说明如下。

第一个字母为类代号，用汉语拼音字母表示。在 JB/GQ 2003—84 型谱的 8 类锻压设备中，与曲柄压力机有关的有 5 类：机械压力机、锻机、剪切机、线材成形自动机和弯曲校正机，用字母 J、D、Q 等表示。

第二个字母代表同一型号产品的变型顺序号。凡主参数与基本型号相同，但其他某些参数与基本型号不同的，称为变型，用字母 A、B、C 等表示。

第三、第四个数字分别为组、型代号。前面一个数字代表"组"，后一个数字代表"型"。在型谱表中，每类锻压设备分为 10 组，每组分为 10 型。横线后面的数字代表主参数，一般用压力机的标称压力作为主参数。型号中的标称压力用工程单位制的"tf"表示，当转化为法定单位制的"kN"时，应把此数乘以 10。

最后一个字母代表产品的重大改进顺序号，凡型号已确定的锻压机械，若结构和性能上与原产品有显著不同，则称为改进，用字母 A、B、C 等表示。

有些锻压设备紧接组、型代号后面还有一个字母，代表设备的通用特性，例如 J21G—20 中的 "G" 代表 "高速"；J92K—250 中的 "K" 代表 "数控"。

例如：型号为 JB23—63A 锻压机械的代号说明。

J——类代号，机械压力机；B——同一型号产品的变型顺序号，第二种变型；2——组代号；3——型代号；63——主参数，公称压力为 630kN；A——产品重大改进顺序号，第一次改进号。

通用曲柄压力机型号见表 2-2。

表 2-2　　　　　　　　　　　通用曲柄压力机型号

组		型　号	名　　称	组		型　号	名　　称
特　征	号			特　征	号		
开式单柱	1	1	单柱固定台压力机	开式双柱	2	8	开式柱形台压力机
		2	单柱升降台压力机			9	开式底传动压力机
		3	单柱柱形台压力机	闭式	3	1	闭式单点压力机
开式双柱	2	1	开式双柱固定压力机			2	闭式单点切边压力机
		2	开式双柱升降台压力机			3	闭式侧滑块压力机
		3	开式双柱可倾压力机			6	闭式双点压力机
		4	开式双柱转台压力机			7	闭式双点切边压力机
		5	开式双柱双点压力机			9	闭式四点压力机

注：从 11 至 39 组、型代号，凡未列出的序号均留作待发展的组、型代号使用。

3. 典型冲压设备的组成及工作原理简介

实际生产中，应用最广泛的是曲柄压力机、双动拉深压力机、螺旋压力机和液压机等。

（1）曲柄压力机的组成：曲柄压力机一般由工作机构、传动系统、操纵系统、能源系统和支承部件组成，此外还有各种辅助系统和附属装置，如润滑系统、顶件装置、保护装置、滑块平衡装置、安全装置等。

① 工作机构一般为曲柄滑块机构，由曲轴、连杆、滑块、导轨等零件组成。其作用是将传动系统的旋转运动变换为滑块的往复直线运动；承受和传递工作压力；在滑块上安装模具。

② 传动系统包括带传动和齿轮传动等机构，将电动机的能量和运动传递给工作机构，并对电动机的转速进行减速获得所需的行程次数。

③ 操纵系统，如离合器、制动器及其控制装置，用来控制压力机安全、准确地运转。

④ 能源系统，如电动机和飞轮，能将电动机空程运转时的能量储存起来，在冲压时再释放出来。

⑤ 支承部件，如机身，把压力机所有的机构连接起来，承受全部工作变形力和各种装置的各个部件的重力，并保证整机所要求的精度和强度。

（2）曲柄压力机的工作原理：尽管曲柄压力机类型众多，但其工作原理和基本组成是相同的。开式双柱可倾式压力机的运动原理，如图 2-4 所示。电动机 1 的能量和运动通过带传动传递给中间传动轴 4，再由齿轮 5 和齿轮 6 传动给曲轴 9，经连杆 11 带动滑块 12 作上下直线移动。因此，曲轴的旋转运动通过连杆变为滑块的往复直线运动。将上模 13 固定于滑块上，下模 14 固定于工作台垫板 15 上，压力机便能对置于上、下间的材料加压，依靠模具将其制成工件，实现压力加工。由于工

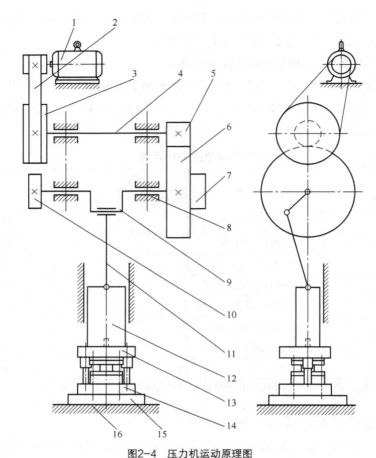

图2-4　压力机运动原理图

1—电动机　2—小带轮　3—大带轮　4—中间传动轴　5—小齿轮　6—大齿轮　7—离合器　8—机身
9—曲轴　10—制动器　11—连杆　12—滑块　13—上模　14—下模　15—垫板　16—工作台

艺需要，曲轴两端分别装有离合器7和制动器10，以实现滑块的间歇运动或连续运动。压力机在整个工作周期内有负荷的工作时间很短，大部分时间为空程运动。为了使电动机的负荷均匀和有效地利用能量，在传动轴端装有飞轮，起到储能作用。该机上，大带轮3和大齿轮6均起飞轮的作用。

（3）曲柄压力机的主要技术参数：曲柄压力机的技术参数反映了压力机的性能指标。

① 标称压力 F_g 及标称压力行程 S_g：曲柄压力机标称压力（或称额定压力）就是滑块所允许承受的最大作用力，而滑块必须在到达下止点前某一特定距离之内允许承受标称压力，这一特定距离称为标称压力行程（或额定压力行程）S_g。标称压力行程所对应的曲轴转角称为标称压力角（或称额定压力角）α_g。例如 JC23—63 压力机为 630 kN，标称压力行程为 8 mm，即指该压力机的滑块在离下止点前 8mm 之内，允许承受的最大压力为 630 kN。

标称压力是压力机的主要技术参数，我国生产的压力机标称压力已系列化，如 160kN、200 kN、250kN、315kN、400kN、500kN、630kN、800kN、1 000kN、1 600kN、2 500kN、3 150kN、4 000kN、6 300 kN 等。

② 滑块行程：如图 2-5 所示的 S，它是指滑块从上止点到下止点所经过的距离，等于曲柄偏心量的 2 倍。它的大小反映出压力机的工作范围。行程长，则能生产高度较高的零件，但压力机的曲

柄尺寸应加大，其他部分也要相应增大，设备的造价增加。因此，滑块行程并非越大越好，应根据设备规格大小兼顾冲压生产时的送料、取件及模具使用寿命等因素综合考虑选取。为满足生产实际需要，有些压力机的滑块行程做成可调节的。如 J11-50 压力机的滑块行程可在 10～90 mm 之间调节，J23—10A、J23—10B 压力机的滑块行程均可在 16～140 mm 调节。

③ 滑块行程次数：它是指滑块每分钟往复运动的次数。如果是连续作业，它就是每分钟生产工件的个数。所以，行程次数越多，生产率越高。当采用手动连续作业时，由于受送料时间的限制，即送料在整个冲压过程中所占时间的比例很大，即使行程次数再多，生产率也不可能很高，例如小件加工最多不超过 60～100 次/min。所以行程次数超过一定数值后，必须配备自动送料装置，否则不可能实现高生产率。

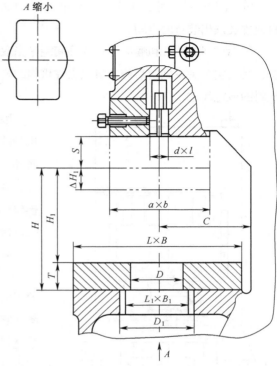

图2-5 压力机基本参数

拉深加工时，行程次数越多，材料变形速度也越快，容易造成材料破裂报废。因此选择行程次数不能单纯追求高生产率。目前，实现自动化的压力机多采用可调行程次数，以期达到最佳工作状态。

④ 最大装模高度 H_1 及装模高度调节量 ΔH_1：装模高度是指滑块在下止点时，滑块下表面的工作台垫板到上表面的距离。当装模高度调节装置将滑块调整到最高位置时，装模高度达最大值，称为最大装模高度（见图 2-5 中的 H_1）。滑块调整到最低位置时，得到最小装模高度。与装模高度并行的参数还有封闭高度。所谓封闭高度是指滑块在下止点时，滑块下表面到工作台上表面的距离，它和装模高度之差等于工作台垫板的厚度 T。图 2-5 中的 H 是最大封闭高度。装模高度和封闭高度均表示压力机所能使用的模具高度。模具的闭合高度应小于压力机的最大装模高度或最大封闭高度。装模高度调节装置所能调节的距离，称为装模高度调节量 ΔH_1。装模高度及其调节量越大，对模具的适应性也越大，但装模高度大，压力机也随之增高，且安装高度较小的模具时，需附加垫板，给使用带来不便。同时，装模高度调节量越大，连杆长度越长，刚度就会下降。因此，只要满足使用要求，没有必要使装模高度及其调节量过大。

⑤ 工作台板及滑块底面尺寸：它是指压力机工作空间的平面尺寸。工作台板（垫板）的上平面，用"左右×前后"的尺寸表示，如图 2-5 中的 $L \times B$。滑块下平面，也用"左右×前后"的尺寸表示，如图 2-5 中的 $a \times b$。闭式压力机，其滑块尺寸和工作台板的尺寸大致相同，而开式压力机滑块下平面尺寸则小于工作台板尺寸。所以，开式压力机所用模具的上模外形尺寸不宜大于滑块下平面尺寸，否则，当滑块在上止点时，可能造成上模与压力机导轨干涉。

⑥ 工作台孔尺寸：工作台孔尺寸 $L_1 \times B_1$（左右×前后）、D_1（直径），如图 2-5 所示，为向下出料或安装顶出装置的空间。

⑦ 立柱间距 A 和喉深 C：立柱间距是指双柱式压力机立柱内侧面之间的距离。对于开式压力机，其值主要关系到向后侧送料或出件机构的安装。对于闭式压力机，其值直接限制了模具和加工板料的最宽尺寸。

喉深是开式压力机特有的参数，它是指滑块中心线至机身的前后方向的距离，如图 2-5 中的 C。喉深直接限制着加工件的尺寸，也与压力机机身的刚度有关。

⑧ 模柄孔尺寸：模柄孔尺寸 $d \times l$ 是"直径×孔深"，冲模模柄尺寸应和模柄孔尺寸相适应。大型压力机没有模柄孔，而是开设 T 形槽，以 T 形槽螺钉紧固上模。

4. 其他类型的冲压设备

（1）双动拉深压力机：双动拉深压力机是具有双滑块的压力机。图 2-6 所示为上传动式双动拉深压力机结构简图，它有一个外滑块和一个内滑块。外滑块用来落料或压紧坯料的边缘，防止起皱，内滑块用于拉深成形；外滑块在机身导轨上做下止点有"停顿"的上下往复运动，内滑块在外滑块的内导轨中做上下往复运动。

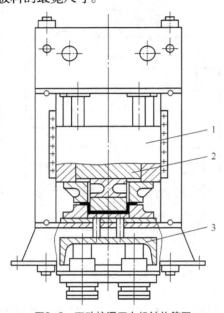

图2-6　双动拉深压力机结构简图
1—外滑块　2—内滑块　3—拉深垫

拉深工艺除要求内滑块有较大的行程外，还要求内、外滑块的运动密切配合。在内滑块拉深之前，外滑块先压紧坯料的边缘；在内滑块拉深过程中，外滑块应保持始终压紧的状态；拉深完毕，外滑块应稍滞后于内滑块回程，以便将拉深件从凸模上卸下来。

双动拉深压力机除能获得较大的压边力外，还有如下一些工艺特点。

① 压边刚性好且压边力可调。双动拉深压力机的外滑块为箱体结构，受力后变形小。所以压边刚性好，可使拉深模拉深筋处的金属完全变形，因而可充分发挥拉深筋控制金属流动的作用。外滑块有 4 个悬挂点，可用机械或液压的调节方法调节各点的装模高度或油压，使压边力得到调节。这样，可以有效地控制坯料的变形趋向，保证拉深件的质量。

② 内、外滑块的速度有利于拉深成形。作为拉深专用设备，双动拉深压力机的技术参数和传动结构，更符合拉深变形速度的要求。内滑块由于受到材料拉深速度的限制，一般行程次数较低。为了提高生产率，目前大、中型双动拉深压力机多采用变速机构，以提高内滑块在空程时的运动速度。外滑块在开始压边时，已处于下止点的极限位置，其运动速度接近于零，因此对工件的接触冲击力很小，压边较平稳。

③ 便于工艺操作。在双动拉深压力机上，凹模固定在工作台垫板上，因而坯料易于安放与定位。

由于双动拉深压力机具有上述工艺特点，所以特别适合于形状复杂的大型薄板件或薄筒形件的拉深成形。

（2）螺旋压力机：螺旋压力机的工作机构是螺旋副滑块机构。螺杆的上端连接飞轮，当传动机构驱使飞轮和螺杆旋转时，螺杆便相对固定在机身横梁中的螺母做上、下直线运动，连接于螺杆下端的滑块即沿机身导轨做上、下直线移动，如图 2-7 所示。在空程向下时，由传动装置将运动部分（包括飞轮、螺杆和滑块）加速到一定的速度，积蓄向下直线运动的动能。在工作行程时，这个动能转化为制件的变形功，运动部分的速度随之减小到零。当操纵机构使飞轮、螺杆反转时，滑块便可回程向上。如此压力机便可通过模具进行各种压力加工。

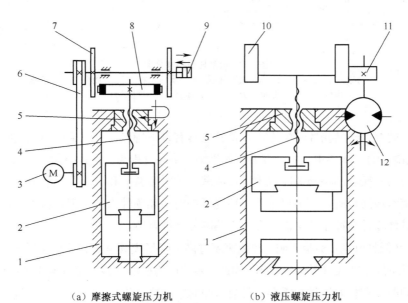

（a）摩擦式螺旋压力机　　　　　　（b）液压螺旋压力机

图2-7　螺旋压力机结构简图

1—机架　2—滑块　3—电动机　4—螺杆　5—螺母　6—带　7—摩擦盘　8—飞轮
9—操纵汽缸　10—大齿轮（飞轮）　11—小齿轮　12—液压电机

螺旋压力机工作时依靠冲击动能使工件变形，工作行程终了时滑块速度减小为零。另外，螺旋压力机工作时产生的力通过机身形成一个封闭的力系，所以它的工艺适应性好，可以用于模锻及各类冲压工序。因为螺旋压力机的滑块行程不是固定的，下止点可改变，工作时压力机—模具系统沿滑块运动方向的弹性变形，可由螺杆的附加转角得到自动补偿，实际上影响不到制件的精度。因此，它特别适用于精锻、精整、精压、压印、校正及粉末冶金压制等工序。

（3）精冲压力机：精密冲裁（简称精冲）是一种先进的冲裁工艺，采用这种工艺可以直接获得剪切面粗糙度 R_a 为 3.2～0.8 μm 和尺寸公差达到 IT8 级的零件，大大提高了生产效率。

精冲是依靠 V 形齿圈压板 2、反压顶杆 4 和冲裁凸模 1、凹模 5 使板料 3 处于三向压应力的状态下进行的，如图 2-8 所示。而且精冲模的冲裁间隙比普通冲裁模具间隙要小，精冲剪切速度低且稳定，因此，提高了金属材料的塑性，保证冲裁过程中沿剪切断面无撕裂现象，从而提高剪切表面的质量和尺寸精度。由此可见，精冲的实现需要通过设备和模具的作用，使被冲材料剪切区达到塑性剪切变形的条件。

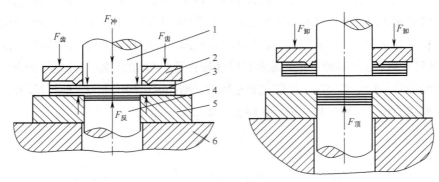

图2-8　齿圈压板精冲简图
1—凸模　2—齿圈压板　3—被冲压板　4—反压顶杆　5—凹模　6—下模座
$F_冲$—冲裁力　$F_齿$—齿圈压力　$F_反$—向顶力　$F_卸$—卸料力　$F_顶$—顶件力

精冲压力机就是用于精密冲裁的专用设备，它具有以下特点，以满足精冲工艺的要求。

① 能实现精冲的三动要求，提供五方面作用力。精冲过程为：首先由齿圈压板、凹模、凸模和反压顶板压紧材料；接着凸模施加冲裁力进行冲裁，此时压料力和反压力应保持不变，继续夹紧板材料；冲裁结束滑块回程时，压力机不同步地提供卸料力和顶件力，实现卸料和顶件。压料力和反压力能够根据具体零件精冲工艺的需要在一定范围内单独调节。

② 冲裁速度低且可调：实验表明，冲裁速度过高会降低模具寿命和剪切面质量，故精冲要求限制冲裁速度，而冲裁速度低将影响生产率。因此，精冲压力机的冲裁速度在额定范围内可无级调节，以适应冲裁不同厚度和材质零件的需要。目前精冲的速度范围为 5～50 mm/s，为提高生产率，精冲压力机一般采取快速闭模和快速回程的措施来提高滑块的行程次数。

③ 滑块有很高的导向精度：精冲模的冲裁间隙很小，一般单边间隙为料厚的 0.5%。为确保精冲时上、下模的精确对正，精冲压力机的滑块有精确的导向，同时，导轨有足够的接触刚度，滑块在偏心负荷作用下，仍能保持原来的精度，不致产生偏移。

④ 滑块的终点位置准确：其精确度为±0.01 mm，因为精冲模间隙很小，精冲凹模多为小圆角刃口，精冲时凸模不允许进入凹模的直壁段，为保证既能将工件从条料上冲断又不使凸模进入凹模，要求冲裁结束时凸模要准确处于凹模圆弧刃口的切点，才能保证冲模有较长的寿命。

⑤ 电动机功率比通用压力机大：因最大冲裁力在整个负载行程中所占的行程长度比普通冲裁大，精冲的冲裁功约为普通冲裁的两倍，而精冲压力消耗的总功率约为通用压力机的 5 倍。

⑥ 床身刚性好：床身有足够的刚度去吸收反作用力、冲击力和所有的振动，在满载时能保持结构精度。

⑦ 有可靠的模具保护装置及其他辅助装置：精冲压力机均已实现单机自动化，因此，需要完善的辅助装置，如材料的矫直、检测、自动送料、工件或废料的收集、模具的安全保护等装置。图 2-9 所示为精冲压力机的全套设备示意图。

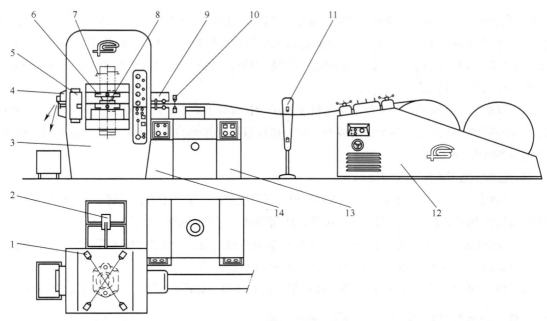

图2-9　精冲压力机全套设备示意图

1—精冲件和废料光电检测器　2—取件（或气吹）装置　3—精冲压力机　4—废料切刀　5—光电安全栅　6—垫板
7—模具保护装置　8—模具　9—送料装置　10—带料末端检测器　11—机械或光学的带料检测器
12—带料校直设备　13—电器设备　14—液压设备

（4）高速压力机：高速压力机是应大批量的冲压生产需要而发展起来的。高速压力机必须配备各种自动送料装置才能达到高速的目的。高速压力机及其辅助装置，如图2-10所示。卷料2从开卷机1经过校平机构3、供料缓冲机构4到达送料机构5，送入高速压力机6进入冲压。目前对"高速"还没有一个统一的衡量标准。日本一些公司将300 kN以下的小型开式压力机分为5个速度等级，即超高

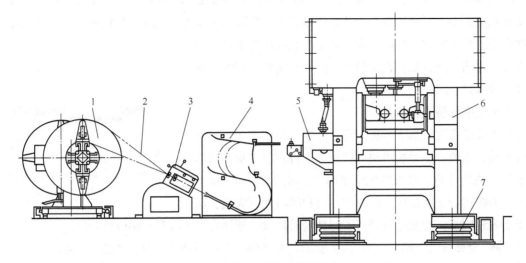

图2-10　高速压力机及其辅助装置

1—开卷机　2—卷料　3—校平机构　4—供料缓冲机构　5—送料机构　6—高速压力机　7—弹性支承

速（800 次/min 以上）、高速（400～700 次/min）、次高速（250～350 次/min）、常速（150～250 次/min）和低速（120 次/min 以下）。一般在衡量高速时，应当结合压力机的标称压力和行程长度加以综合考虑，如德国生产的 PASZ250/1 型闭式双点压力机，标称压力为 2 500 kN，滑块行程 30 mm，滑块行程次数 300 次/min，已属于高速甚至超高速的范畴。

（5）双动拉深液压机：双动拉深液压机主要用于拉深件的成形，广泛用于汽车配件、电动机、电器行业的罩形件特别是深罩形件的成形，同时也可以用于其他的板料成形工艺，还可用于粉末冶金等需要多动力的压制成形。

双动拉深液压机的特点如下。

① 活动横梁与压边滑块由各自液压缸驱动，可分别控制；工作压力、压制速度、空载快速下行和减速的行程范围可根据工艺需要进行调整，从而提高了工艺适应性。

② 压边滑块与活动横梁联合动作，可当作单动液压机使用，此时工作压力等于主缸与压边液压缸压力的总和，能够增大液压机的工作能力，扩大加工范围。

③ 有较大的工作行程和压边行程，有利于大行程工件（如深拉深件、汽车覆盖件等）的成形。

2.1.3　冲压工艺

1. 冲裁工艺

冲裁是利用模具使板料产生相互分离的冲压工序。冲裁工序的种类很多，常用的有剪裁、冲孔、落料、切边、切口等。但一般来说，冲裁主要是指冲孔和落料。从工序件上冲出所需形状的孔（冲去部分为废料）叫冲孔，从板料上沿封闭轮廓冲出所需形状的冲件或工序件叫落料。例如冲制一平面垫圈，冲其内孔的工序是冲孔，冲其外形的工序是落料。

冲裁是冲压工艺中最基本的工序之一，它既可直接冲出成品零件，又可为弯曲、拉深和成形等其他工序制备坯料，因此在冲压加工中应用非常广泛。根据变形机理不同，冲裁可以分为普通冲裁和精密冲裁两大类。普通冲裁是以凸、凹模之间产生剪切裂纹的形式实现板料的分离；精密冲裁是以塑性变形的形式实现板料的分离。精密冲裁冲出的零件不但断面垂直、光洁，而且精度也比较高，但一般需要专门的精冲设备及精冲模具。

（1）冲裁变形特点分析

冲裁工作示意图，如图 2-11 所示，凸模 1 与凹模 3 对板料 2 进行冲裁，凸模在压力机滑块的作用下下行，对支承在凹模上的板料 2 进行冲裁，使板料发生变形分离得到工件 4。由于使用的压力机运行速度很快，所以冲裁过程瞬时便可完成。从力学变形的角度看，冲裁过程经历了弹性变形阶段、塑性变形阶段和断裂分离阶段。

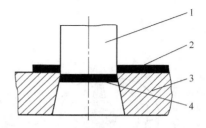

图2-11　冲裁变形过程示意图
1—凸模　2—板料　3—凹模　4—工件

① 弹性变形阶段：如图 2-12（a）所示，当凸模接触板料并下压时，在凸、凹模压力作用下，板料开始产生弹性压缩、弯曲、拉伸（$AB'>AB$）等复杂变形。这时，凸模略为挤入板料，板料下部也略为挤入凹模洞口，并在与凸、凹模刃口接触处形成很小的圆角。同时，板料稍有穹弯，材料越

硬，凸、凹模间隙越大，穹弯越严重。随着凸模的下压，刃口附近板料所受的应力逐渐增大，直至达到弹性极限，弹性变形阶段结束。

② 塑性变形阶段：当凸模继续下压，使板料变形区的应力达到塑性条件时，便进入塑性变形阶段，如图 2-12（b）所示。这时，凸模挤入板料和板料挤入凹模的深度逐渐加大，产生塑性剪切变形，形成光亮的剪切断面。随着凸模的下降，塑性变形程度增加，变形区材料硬化加剧，变形抗力不断上升，冲裁力也相应增大，直到刃口附近的应力达到抗拉强度时，塑性变形阶段便告终。由于凸、凹模之间间隙的存在，此阶段中冲裁变形区还伴随有弯曲和拉伸变形，且间隙越大，弯曲和拉伸变形也大。

③ 断裂分离阶段：当板料内的应力达到抗拉强度后，凸模再向下压入时，则在板料上与凸、凹模刃口接触的部位先后产生微裂纹，如图 2-12（c）所示。裂纹的起点（在距刃口很近的侧面）一般首先在凹模刃口附近的侧面产生，继而才在凸模刃口附近的侧面产生。随着凸模的继续下压，已产生的上、下微裂纹将沿最大剪应力方向不断地向板料内部扩展，当上、下裂纹重合时，板料便被剪断分离，如图 2-12（d）所示。随后，凸模将分离的材料推入凹模洞口，冲裁变形过程便告结束。

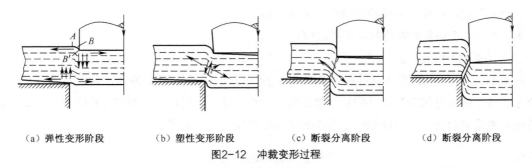

（a）弹性变形阶段　　　（b）塑性变形阶段　　　（c）断裂分离阶段　　　（d）断裂分离阶段

图2-12　冲裁变形过程

（2）冲裁件的排样与搭边

① 排样：工件在条料上的布置方法叫做冲裁件的排样。在冲裁过程中，材料的利用率主要视排样而定，排样的正确与否，不但影响材料的利用率，而且影响模具的寿命与生产率。

排样时应考虑下面两个问题。

i 材料利用率：力求在相同的材料面积上得到最多的工件，以提高材料利用率，材料利用率用下式计算：

$$K=\frac{na}{A}\times100\%$$

式中：K——材料利用率；n——条料上的工件数量；a——单个工件的面积（mm^2）；A——条料面积（mm^2）。

通过选择和比较排样方案，可找出最经济的方案。

ii 生产批量：排样必须考虑生产批量的大小，生产量大时可采用多排式混合排样法，即一次可冲几个工件。这种方法的模具结构复杂、成本高，当生产量太小时，就不经济了。

常用排样方式见表 2-3。

表 2-3　　　　　　　　　　　　常用排样方式

排列类型	排列简图		排列类型	排列简图	
	有　搭　边	无　搭　边		有　搭　边	无　搭　边
直排			斜排		
单行排列			对头直排		
多行排列			对头斜排		

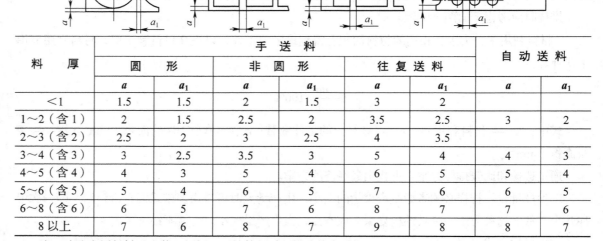

　　② 搭边：排样时工件之间及工件与条料之间留下的余料称为搭边。搭边的作用是补偿送料的误差，保证冲出合格的工件；搭边还可以使条料保持一定的刚度，便于送进。

　　搭边值要合理确定。搭边值过大，材料利用率低；搭边值过小，条料易被拉断，使工件产生毛刺，有时还会拉入凸模和凹模的间隙中，损坏刃口。

　　表 2-4 列出了冲裁时常用的最小搭边值。

　　（3）冲裁件的工艺性

　　冲裁件的工艺性是指冲裁件的结构形状、尺寸大小、工件精度等在冲裁时的难易程度。良好的冲裁件工艺性是保证冲裁件质量、简化模具结构、减少材料消耗、提高生产效率、降低冲裁件制造成本的重要前提。判断冲裁件工艺性的优劣应从以下几方面考虑。

表 2-4　　　　　　　　　　　冲裁金属材料的搭边值

料　厚	手　送　料						自　动　送　料	
	圆　形		非　圆　形		往　复　送　料			
	a	a_1	a	a_1	a	a_1	a	a_1
<1	1.5	1.5	2	1.5	3	2		
1～2（含1）	2	1.5	2.5	2	3.5	2.5	3	2
2～3（含2）	2.5	2	3	2.5	4	3.5		
3～4（含3）	3	2.5	3.5	3	5	4	4	3
4～5（含4）	4	3	4	3.5	6	5	5	4
5～6（含5）	5	4	6	5	7	6	6	5
6～8（含6）	6	5	7	6	8	7	7	6
8以上	7	6	8	7	9	8	8	7

　　注：冲非金属材料（皮革、纸板、石棉等）时，搭边值应乘1.5～2。

① 冲裁件的形状：冲裁件的形状应简单、对称，便于冲裁排样。冲裁件的内外转角处圆角 R > 0.25t（t 为材料厚度），圆角 R 过小或清角、尖角都不利于模具的制造与使用。冲裁件上过长的悬臂和凹槽都会削弱凸模强度及刚度，一般槽宽和槽深数值 B 不应大于表 2-5 中所列的数值，悬臂长度 $l \leqslant 5B$。

表 2-5　　　　　　　　　　　冲裁件的悬臂和凹槽部分尺寸

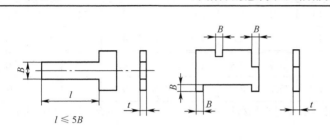

材　料	B
硬铜	（2～3）t
黄铜、软铜	（1.4～2.3）t
紫铜、铝	（1.1～1.2）t
夹纸、夹布胶板	（0.9～1.0）t

② 冲裁件的尺寸：冲裁件孔与孔之间和孔与边缘之间的距离、凸模在自由状态下冲的最小孔径都不能过小，否则就会削弱模具强度，会使模具结构复杂化。凸模在自由状态下冲孔的最小孔径见表 2-6；孔距、孔边距可参考图 2-13；复合冲裁时凸凹模的最小壁厚可查表 2-7。

表 2-6　　　　　　　　　　普通冲模（自由凸模）冲孔的最小孔径值

孔 的 尺 寸　　　　　材　料	⌀d	d	d	d
钢的抗剪强度 $\tau \geqslant 700$ MPa	$d \geqslant 1.5\,t$	$d \geqslant 1.35\,t$	$d \geqslant 1.1\,t$	$d \geqslant 1.2\,t$
钢的抗剪强度 $\tau = 400 \sim 700$ MPa	$d \geqslant 1.3\,t$	$d \geqslant 1.2\,t$	$d \geqslant 0.9\,t$	$d \geqslant t$
钢的抗剪强度 $\tau < 400$ MPa	$d \geqslant t$	$d \geqslant 0.9\,t$	$d \geqslant 0.7\,t$	$d \geqslant 0.8\,t$
铜、黄铜	$d \geqslant 0.9\,t$	$d \geqslant 0.8\,t$	$d \geqslant 0.6\,t$	$d \geqslant 0.7\,t$
铝	$d \geqslant 0.8\,t$	$d \geqslant 0.7\,t$	$d \geqslant 0.5\,t$	$d \geqslant 0.6\,t$
纸胶板、布胶板	$d \geqslant 0.7\,t$	$d \geqslant 0.6\,t$	$d \geqslant 0.4\,t$	$d \geqslant 0.5\,t$
硬纸、纸	$d \geqslant 0.6\,t$	$d \geqslant 0.5\,t$	$d \geqslant 0.3\,t$	$d \geqslant 0.4\,t$

注：1. 凸模加护套，孔径可缩小 $\frac{1}{2} \sim \frac{1}{3}$。

　　2. 一般 d 不小于 0.3mm。

　　3. t 为板料厚度。

表 2-7					倒装复合模允许的最小壁厚值					单位：mm		

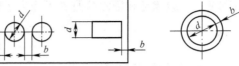

材料厚度	0.4	0.6	0.8	1.0	1.2	1.4	1.6	1.8	2.0	2.2	2.4	2.6
凸凹模最小壁厚值	1.4	1.8	2.3	2.7	3.2	3.6	4.0	4.4	4.8	5.2	5.6	6.0
材料厚度	2.8	3.0	3.2	3.4	3.6	3.8	4.0	4.2	4.4	4.6	4.8	5.0
凸凹模最小壁厚值	6.4	6.7	7.1	7.4	7.7	8.1	8.5	8.8	9.1	9.4	9.7	10

注：顺装复合模凸凹模型孔内不积料，强度好，黑色金属材料最小壁厚为 $1.5t$，有色金属最小壁厚为 t。

③ 冲裁件的精度和表面粗糙度：普通冲裁能得到冲裁件的尺寸精度都在 IT12～IT10 以下，表面粗糙度值 R_a 大于 12.5 μm。工件边缘的毛刺高度在正常情况下小于 0.15 mm。冲孔件可比落料件尺寸精度高一级。对于精度要求高的冲裁件，可通过整修或精密冲裁方法获得。

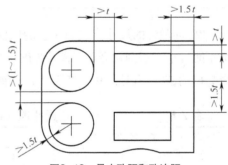

图2-13 最小孔距和孔边距

（4）冲裁力的计算及降低冲裁力的方法

① 冲裁力的计算：计算冲裁力的目的是为合理选用压力机，设计模具以及校核模具强度。平刃口模具冲裁时，其冲裁力可按下式计算：

$$P = kF\tau = kLt\tau$$

式中：P——冲裁力（N）；F——冲切断面积（mm^2）；L——冲裁周边长度（mm）；τ——材料抗剪强度（MPa）；k——系数，一般取 $k = 1.3$。

② 降低冲裁力的方法：第一种是加热冲裁，只适用于厚板或零件表面质量及公差等级要求不高的零件。第二种是阶梯凸模冲裁，在多凸模冲模中，将凸模做成不同的高度，呈阶梯形布置，使各凸模冲裁力的最大值不同时出现，以降低总的冲裁力。

③ 影响卸料力、推件力和顶件力的因素，主要有材料力学性能、板料厚度、零件形状、尺寸、模具间隙、搭边大小及润滑条件等。生产中，一般采用下列经验公式计算：

$$P_1 = K_1P; \quad P_2 = K_2P; \quad P_3 = K_3P$$

式中：P_1，P_2，P_3——分别表示推件力、顶件力、卸料力；P——冲裁力（N）；K_1，K_2，K_3——推件力系数、顶件力系数和卸料力系数，可按表2-8确定。

表 2-8　　　　　　　　　　推件力系数、顶件力系数和卸料力系数表

料厚 t/mm		K_1	K_2	K_3
钢	≤0.1	0.065～0.075	0.1	0.14
	>0.1～0.5	0.045～0.055	0.63	0.08
	>0.5～2.5	0.04～0.05	0.55	0.06
	>2.5～6.5	0.03～0.04	0.45	0.05
	>6.5	0.02～0.03	0.25	0.03
铝、铝合金		0.025～0.08	0.03～0.07	
纯铜、黄铜		0.02～0.06	0.03～0.09	

④ 冲裁工艺力的计算：冲裁工艺力包括冲裁力、推件力、顶件力和卸料力，因此，在选择压力机吨位时，应根据模具结构进行冲裁工艺力的计算。

采用弹性卸料及上出料方式，总冲裁力为：

$$P_0 = P + P_2 + P_3$$

采用刚性卸料及下出料方式，总冲裁力为：

$$P_0 = P + P_1$$

采用弹性卸料及下出料方式，总冲裁力为：

$$P_0 = P + P_1 + P_3$$

（5）冲模的压力中心与模具闭合高度

① 冲模压力中心的计算与确定：冲压力合力的作用点称为模具的压力中心。如果压力中心不在模柄轴线上，滑块就会承受偏心载荷，导致滑块导轨和模具不正常的磨损，降低模具寿命甚至损坏模具。通常利用求平行力系合力作用点的方法——解析法或图解法，以确定模具的压力中心。

图 2-14 所示的连续模压力中心为 O 点，其坐标值为 x、y，连续模上作用的冲压力 P_1、P_2、P_3、P_4、P_5 是垂直于图面方向的平行力系。根据理论力学定理，各分力对某轴力矩之和等于其合力对同轴之力距，则有压力中心 O 点的坐标通式为：

$$x = \frac{P_1 x_1 + P_2 x_2 + \cdots + P_n x_n}{P_1 + P_2 + \cdots + P_n} = \frac{\sum_{i=1}^{n} P_i x_i}{\sum_{i=1}^{n} P_i}$$

$$y = \frac{P_1 y_1 + P_2 y_2 + \cdots + P_n y_n}{P_1 + P_2 + \cdots + P_n} = \frac{\sum_{i=1}^{n} P_i y_i}{\sum_{i=1}^{n} P_i}$$

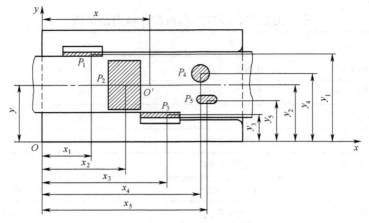

图2-14　压力中心确定的示例

如果这里

$$P_1 = L_1 t\tau \quad （均以冲裁为例）;$$

$$P_2 = L_2 t\tau;$$

$$\cdots\cdots$$

$$P_n = L_n t\tau$$

式中：P_1、P_2、$\cdots P_n$——各图形的冲裁力；x_1、x_2、$\cdots x_n$——各图形冲裁力的 x 轴坐标；y_1、y_2、$\cdots$ y_n——各图形冲裁力的 y 轴坐标；L_1、L_2、$\cdots L_n$——各图形冲裁周边长度；t——毛坯厚度；τ——材料抗剪强度。

将各图形冲裁力之值代入通式，则可得冲裁模压力中心的坐标 x 与 y 之值为：

$$x = \frac{L_1 x_1 + L_2 x_2 + \cdots + L_n x_n}{L_1 + L_2 + \cdots + L_n} = \frac{\sum\limits_{i=1}^{n} L_i x_i}{\sum\limits_{i=1}^{n} L_i}$$

$$y = \frac{L_1 y_1 + L_2 y_2 + \cdots + L_n y_n}{L_1 + L_2 + \cdots + L_n} = \frac{\sum\limits_{i=1}^{n} L_i y_i}{\sum\limits_{i=1}^{n} L_i}$$

② 冲模封闭高度的确定：冲模总体结构尺寸必须与所用设备相适应，冲模的封闭高度系指模具在最低工作位置时，上、下模板外平面间的距离。模具的封闭高度 H 应该介于压力机的最大封闭高度 H_{max}(mm) 及最小封闭高度 H_{min}(mm)之间（图 2-15），一般取：

$$H_{max} - 5(mm) \geqslant H \geqslant H_{min} + 10(mm)$$

如果模具封闭高度小于设备的最小封闭高度，可以用附加垫板垫高（在下模座下面）达到安装要求。模具的平面尺寸（主要是下模板）应小于设备工作台平面尺寸，这是不言而喻的。但还有几个与设备相应的尺寸，初学者往往容易忽视它们。一是模具漏料孔 D，应小于设备的漏料孔 D；二

是模柄长度 L 应稍小于设备滑块孔的深度；模柄直径 d_1 应稍小于滑块孔径 d。

2. 弯曲工艺

弯曲是使材料产生塑性变形、形成有一定角度形状零件的冲压工序。用弯曲方法加工的零件种类很多，如自行车车把、汽车的纵梁、桥、电器零件的支架、门窗铰链、配电箱外壳等。弯曲的方法也很多，可以在压力机上利用模具弯曲，也可在专用弯曲机上进行折弯、滚弯或拉弯等，如图 2-16 所示。各种弯曲方法尽管所用设备与工具不同，但其变形过程及特点却存在着一些共同的规律。

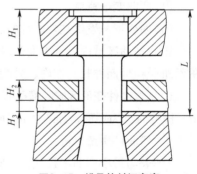

图2-15　模具的封闭高度

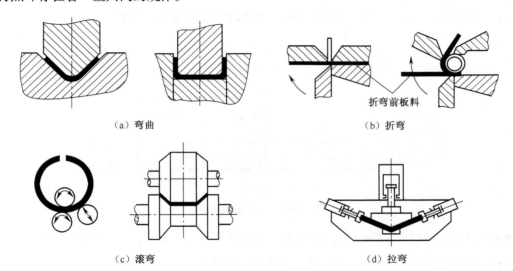

（a）弯曲　　　　　　　　　　　　　　（b）折弯

折弯前板料

（c）滚弯　　　　　　　　　　　　　　（d）拉弯

图2-16　弯曲加工方法

（1）弯曲工艺

① 弯曲过程：弯曲 V 形件的变形过程，如图 2-17 所示。在弯曲的开始阶段，坯料呈自由弯曲；随着凸模的下压，坯料与凹模工作表面逐渐靠紧，弯曲半径由 r_0 变为 r_1，弯曲力臂也由 l_0 变为 l_1；凸模继续下压，坯料弯曲区逐渐减小，直到与凸模 3 点接触，这时的曲率半径已由 r_1 变成了 r_2；此后，坯料的直边部分则向与以前相反的方向弯曲；到行程终了时，凸凹模对坯料进行校正，使其圆角、直边与凸模全部靠紧。

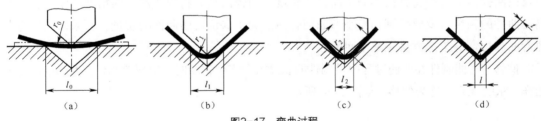

（a）　　　　　　　（b）　　　　　　　（c）　　　　　　　（d）

图2-17　弯曲过程

② 弯曲变形特点：

i 弯曲变形只发生在弯曲件的圆角附近，直线部分不产生塑性变形；

ii 在弯曲区域内，纤维变形沿厚度方向是不同的，即弯曲后，内侧的纤维受压缩而缩短，外侧的纤维受拉伸而伸长，在内、外侧之间存在着纤维既不伸长也不缩短的中间层；

iii 从弯曲件变形区域的横截面来看，窄板（板宽 B 与料厚 t，$B < 2t$）断面略呈扇形，宽板（$B > 2t$）横截面仍为矩形，如图 2-18 所示。

③ 弯曲件质量分析：

i 弯裂与最小弯曲半径 r_{min}：弯曲时板料外侧切向受到拉伸，当外侧切向伸长变形超过材料的塑性极限时，在板料的外侧将产生裂纹，此现象称为弯裂。在板料厚度一定时，弯曲半径 r 越小，变形程度越大，越容易产生裂纹。在不产生裂纹的条件下，允许弯曲的最小半径称为最小弯曲半径，以 r_{min} 表示。当弯曲半径不小于最小弯曲半径时，弯曲时一般不会产生裂纹。

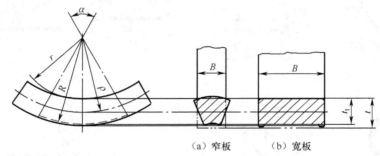

（a）窄板　　（b）宽板

图2-18　弯曲变形区的横截面变化

ii 回弹：回弹是指弯曲时弯曲件在模具中所形成的弯曲角与弯曲半径在出模后会因弹性恢复而改变的现象。回弹也称弹复或回跳，是弯曲过程中常见而又难控制的现象。

如图 2-19 所示，弯曲回弹的大小用半径回弹值和角度回弹值表示：

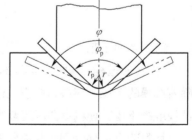

$$\Delta r = r - r_p$$

$$\Delta \varphi = \varphi - \varphi_p$$

式中：Δr、$\Delta \varphi$——弯曲半径和弯曲角的回弹值；r、φ——弯曲件半径和弯曲角；r_p、φ_p——凸模的半径和角度。

图2-19　弯曲件的回弹

弯曲回弹值的大小将直接影响弯曲件的精度，回弹值越大将使弯曲件的精度越差。要控制和提高弯曲件的精度，就要控制和减小弯曲回弹值。为了保证弯曲制件的质量，可采用校正弯曲、加热弯曲和拉弯等工艺方法来减小回弹。

iii 偏移：弯曲制件在弯曲过程中沿制件的长度方向产生移动时，出现使制件两直边的高度不符合图样要求的现象，称为偏移，如图 2-20 所示。

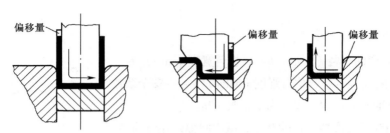

图2-20　弯曲件的偏移

　　解决坯料在弯曲过程中的偏移，常采用压料装置（也起顶件作用），也可以用模具上的定位销插入坯料的孔（或工艺孔）内定位等方法。

　　（2）弯曲件工艺性

　　① 弯曲件的圆角半径不宜小于最小弯曲半径，也不宜过大。因为过大时，受到回弹的影响，弯曲角度与圆角半径的精度都不易保证。

　　② 弯曲件的直边高度 h 应大于两倍料厚。弯曲时，当弯曲件的直边高度 h 过小时，弯曲时弯矩小，则不易成形。

　　③ 对阶梯形坯料进行局部弯曲时，在弯曲根部容易撕裂。这时，应减小不弯曲部分的长度 B，使其退出弯曲线之外，如图 2-21（a）所示。假如制件的长度不能减小，则应在弯曲部分与不弯曲部分之间加工出槽，如图 2-21（b）所示。

　　④ 弯曲有孔的坯料时，如果孔位于弯曲区附近，则弯曲时孔会产生变形。应使孔边到弯曲区的距离大于（1~2）t，如图 2-21（c）所示，或弯曲前在弯曲区内加工一工艺孔，如图 2-21（d）所示，或先弯曲后冲孔。

　　⑤ 弯曲件的形状对称，所以弯曲半径应左右一致，以保证弯曲时板料的平衡，防止产生滑动，如图 2-21（e）所示。

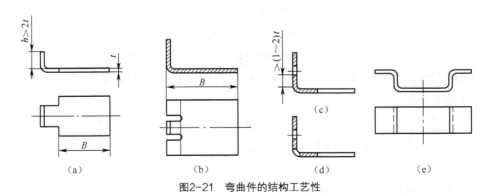

（a）　　　　　（b）　　　　　（c）　　　　　（d）　　　　　（e）

图2-21　弯曲件的结构工艺性

　　（3）弯曲件的工艺计算

　　① 弯曲力：各阶段弯曲力与弯曲行程的关系如图 2-22 所示。

　　自由弯曲力的大小与板料尺寸（b、t）有关、板料机械性能及模具结构参数等因素有关。最大自由弯曲力 $P_{自}$ 为：

$$P_{自} = \frac{kbt^2}{r+t}\sigma_b$$

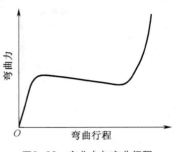

图2-22　弯曲力与弯曲行程

式中：r——弯曲半径（mm）；b——板料宽度（mm）；t——板料厚度（mm）；σ_b——板料抗弯强度（MPa）；k——安全系数，对于 U 形件，k 取 0.91；对于 V 形件，k 取 0.78。

校正弯曲力　为了提高弯曲件的精度，减少回弹，在弯曲终了时需对弯曲件进行校正。校正弯曲力可按下式近似计算：

$$P_{校} = Fq(N)$$

式中：F——弯曲件校正部分面积（mm^2）；q——单位校正力，其值可查表确定。

在选择冲压设备时，除考虑弯曲模尺寸、模具闭合高度、模具结构和动作配合以外，还应考虑弯曲力大小。

② 弯曲件毛坯尺寸的计算：第一类是有圆角半径（$\frac{r}{t} > 0.5$）的弯曲。弯曲件的展开长度等于各直边部分和各弯曲部分中性层长度之和，即：

$$L_{总} = \Sigma L_{直} + \Sigma L_{弯曲}$$

式中：$L_{总}$——弯曲件展开长度（mm）；$L_{直}$——直边部分的长度（mm）；$L_{弯曲}$——弯曲部分长度（mm）。

各弯曲部分长度按下式计算：

$$L_{弯曲} = \frac{\pi\rho\alpha}{180} \approx 0.17\alpha\rho$$

式中：α——弯曲中心角（°）；ρ——应变中性层曲率半径，$\rho = r + Kt$。

第二类是无圆角半径或 $\frac{r}{t} < 0.5$ 的弯曲。一般根据变形前后体积不变的条件来确定这类弯曲件的毛坯长度，但要考虑到弯曲处材料变薄的情况，一般按下式计算弯曲部分的长度：

$$L_{弯曲} = (0.4 \sim 0.8)t$$

需要说明，公式只适用于形状简单、弯曲部位数少和精度要求一般的弯曲件。对于形状复杂、精度要求较高的工件，通过近似计算后，必须经多次试压调整，才能最后确定合适的毛坯尺寸。

（4）弯曲模工作部分尺寸计算

① 凸、凹模圆角半径：如图 2-23 所示，凸模圆角半径 r_p 应等于弯曲件内侧的圆角半径 r，但不能小于所规定的材料允许最小弯曲半径 r_{min}。如果 $r < r_{min}$，应取 $r_p \geqslant r_{min}$。在以后的校正工序中，取 $r_p = r$。

凹模圆角半径　一般可按下列数据选取：

当 $t \leqslant 2$ mm 时，$r_d = (3 \sim 6)t$；

当 $t = 2 \sim 4$ mm 时，$r_d = (2 \sim 3)t$；

当 $t > 4$ mm 时，$r_d = 2t$。

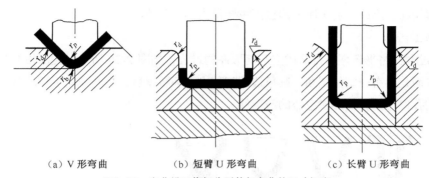

（a）V 形弯曲　　　　　（b）短臂 U 形弯曲　　　　　（c）长臂 U 形弯曲

图2-23　弯曲模工作部分形状与弯曲件尺寸标注

② 凸、凹模间隙：对于 V 形件，模具间隙可通过调节压力机闭合高度得到，因而在设计和制造模具时无须考虑。对于 U 形件，凸、凹模间隙按下式确定：

$$C = kt_{\min}$$

式中：C——凸、凹模间隙；$n_{\min}$——板料最小厚度（mm）；k——系数。对于钢板，$C = 1.05 \sim 1.15$；对于有色金属 $C = 1.0 \sim 1.1$。

③ 凸、凹模宽度尺寸设计：第一种是尺寸标注在外形时，应以凹模为基准，如图 2-24 所示。凹模宽度尺寸按下式确定：

$$b_{\mathrm{d}} = (b - 0.75\Delta)^{+\delta_{\mathrm{d}}}$$

式中：b_{d}——凹模宽度（mm）；b——落料件最大极限尺寸（mm）；δ_{d}——模具制造偏差（mm），按 IT6 级选取；Δ——零件的公差（mm）。

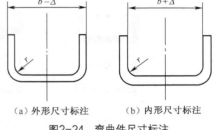

（a）外形尺寸标注　　（b）内形尺寸标注

图2-24　弯曲件尺寸标注

第二种是尺寸标注在内形时，应以凸模为基准。凸模宽度尺寸按下式确定：

$$b_{\mathrm{p}} = (b + 0.25\Delta)_{-\delta_{\mathrm{p}}}$$

式中：b_{p}——凸模宽度尺寸（mm）；b——落料件最大极限尺寸（mm）；δ_{p}——模具制造偏差（mm），按 IT6～IT8 级选取；Δ——零件的公差（mm）。

相应的模具宽度尺寸需以配制，并保证单边间隙 C。

此外，弯曲模的模具长度和凹模深度等工作部分尺寸，应根据弯曲件边长和压机参数合理选取。

3. 拉深工艺

拉深是把一定形状的平板坯料或空心件通过拉深模制成各种开口空心件的冲压工序。用拉深的方法可以制成筒形、阶梯形、盒形、球形、锥形及其他复杂形状的薄壁零件，如图 2-25 所示。拉深可加工轮廓尺寸从几毫米、厚度仅 0.2mm 的小零件到轮廓尺寸达 2～3m、厚度 200～300mm 的大型零件。因此，拉深在汽车、拖拉机、电器、仪表、电子、航空、航天等各种工业部门及日常生活用品的冲压生产中占据相当重要的地位。

拉深分为不变薄拉深和变薄拉深。不变薄拉深制成的零件其各部分厚度与拉深前坯料的厚度相比基本保持不变；变薄拉深制成的零件筒壁厚度与拉深前相比则明显地变薄。实际生产中，应用较广的是不变薄拉深，因此，通常所说的拉深主要是指不变薄拉深。

（1）拉深工艺

① 拉深过程：将平板坯料拉深成空心筒形件的过程，如图 2-26 所示。拉深模的工作部分没有锋利的刃口，而是具有一定的圆角，其单边间隙稍大于坯料厚度，当凸模向下运动时，即将圆形的坯料经凹模的孔口压下，而形成空心的筒形件。

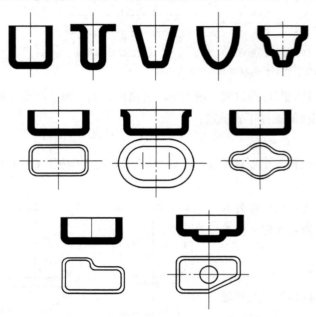

图2-25　常见拉深件图

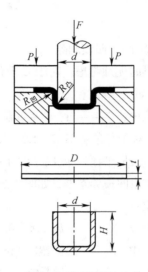

图2-26　拉深过程

实践表明，在拉深过程中，圆筒底部材料不发生塑性变形，而在筒壁部分却发生塑性变形，塑性变形的程度由底部向上逐渐增大。

② 拉深变形的特点如下。

ⅰ 变形程度大，而且不均匀，因此冷作硬化严重，硬度、屈服强度提高，塑性下降，内应力增大。

ⅱ 容易起皱。所谓起皱，是指拉深件的凸缘部分（无凸缘的制件在筒体口部）由于切向压应力过大，材料失去稳定而在边缘产生皱折，如图 2-27 所示。产生皱折后，不仅影响拉深件的质量，更严重的是使拉深无法进行。采用压料圈增加厚度方向的压应力可防止起皱。

ⅲ 拉深件各处厚度不均。拉深件各处变形不一致，各处厚度也不一致，如图 2-28 所示。从图中可以看出，拉深件的侧壁其厚度变化是

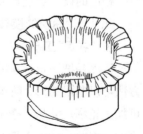

（a）轻微起皱影响质量　　（b）严重起皱导致破裂

图2-27　拉深中起皱现象

不一样的，上半段变厚，下半段变薄，在凸模圆角部分变薄最严重，很容易拉裂而造成废品，故称

该处为"危险断面"。

（2）拉深件的工艺性

拉深过程中，材料要发生塑性流动，故对拉深件应有下列工艺要求。

① 拉深件的形状应尽量简单、对称，尽可能一次拉深成形，否则应多次拉深并限制每次拉深程度在许用范围内。

② 凸缘和底部圆角半径不能太小，使拉深件变形容易。

③ 凸缘的大小要适当。凸缘过大时凸缘处不易产生变形；凸缘过小，压边圈不易产生，拉深时易起皱。

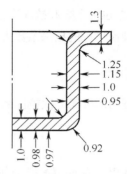

图2-28　拉深时工件厚度的变化情况

④ 拉深件的壁厚是由边缘向底部逐渐减薄，因此对拉深件的尺寸标注应只标注外形尺寸（或内形尺寸）和坯料的厚度。

⑤ 拉深件的直径公差等级一般为 IT12～IT15 级，高度尺寸为 IT13～IT16 级（公差可按对称公差标注）。当拉深件的尺寸公差等级要求高或圆角半径要求小时，可在拉深以后增加整形工序。

（3）圆筒形件拉深工艺计算

① 拉深件毛坯尺寸的计算。对于旋转体零件,采用圆形板料，如图 2-29 所示。其直径按面积相等的原则计算（不考虑板料的厚度变化）。图 2-30 中所示的不用压边圈拉深模具结构中板料直径可按下式计算：

$$D = \sqrt{(d-2r)^2 + 2\pi r(d-2r) + 8r + 4d(h_1-r)} \text{(mm)}$$

图2-29　拉深件毛坯尺寸计算

拉深零件一般需要修边。圆筒形件的修边余量 Δh 按表确定。计算板料直径，应考虑修边余量。

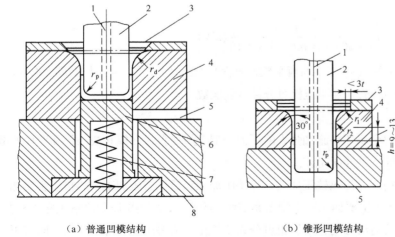

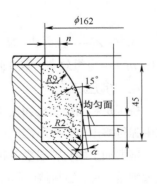

（a）普通凹模结构　　　　（b）锥形凹模结构　　　　（c）双锥凹模结构

图2-30　不用压边圈拉深模具结构

1、5—气孔　2—凸模　3—定位板　4—凹模　6—衬垫　7—弹簧　8—底座

② 拉深系数和拉深次数的确定：拉深的次数与拉深系数有关。

圆筒形件的拉深系数为：

$$m = \frac{d}{D}$$

圆筒形件第 n 次拉深系数为：

$$m_n = \frac{d_n}{d_{n-1}}$$

式中：d_{n-1}，d_n——分别为第（$n-1$）次和第 n 次拉深后的圆筒直径（mm）。

圆筒形件需要的拉深系数 $m > m_1$，则可一次拉深成形。

③ 拉深力和拉深功的计算：常用下列公式计算拉深力：

$$P_1 = \pi d_1 t \sigma_b K_1$$

式中：P_1——第一次拉深时的拉深力（N）；K_1——修正系数。

$$P_n = \pi d_n t \sigma_b K_2$$

式中：P_n——第二次及以后各次拉深时的拉深力（N）；K_2——修正系数。

当拉深行程大时，有可能使电机因超载损坏，因此，还应对电机功率进行验算。

第一次拉深的拉深功：

$$A_1 = \frac{\lambda_1 P_1 h_1}{1\,000}(\text{N} \cdot \text{m})$$

以后各次拉深的拉深功：

$$A_n = \frac{\lambda_n P_n h_n}{1\,000}(\text{N} \cdot \text{m})$$

式中：λ_1、λ_n——系数；h_1、h_n——拉深高度（mm）。

拉深所需电机功率为：

$$N = \frac{A \xi n}{60 \times 75 \times \eta_1 \eta_2 \times 1.36 \times 10}(\text{kW})$$

式中：A——拉深功（N·m）；ξ——不均衡系数，一般取 1.2～1.4；η_1——压机效率，取 0.6～0.8；η_2——电机效率，取 0.9～0.95；n——压机每分钟行程次数。

4. 挤压工艺

挤压是利用压力机和模具对金属坯料施加强大的压力，把金属材料从凹模孔或凸模和凹模的缝隙中强行挤出，得到所需工件的一种冲压工艺。

根据加工的材料温度可将挤压分为热挤压加工、冷挤压加工和温热挤压加工。热挤压主要加工大型钢质零件，温热挤压和冷挤压主要加工中小型金属零件。近年来，温热挤压和冷挤压应用较多。根据金属材料流动方向和凸模的运动方向，挤压也可分为正挤压、反挤压、复合挤压和径向挤压。现介绍冷挤压工艺，表 2-9 列举出它们的加工示意和特点等。

表 2-9　　　　　　　　　　　冷挤压方法及其应用

方　法	方 法 说 明	图　示	举　例	例　图
正挤压	金属的流动方向与凸模运动方向一致	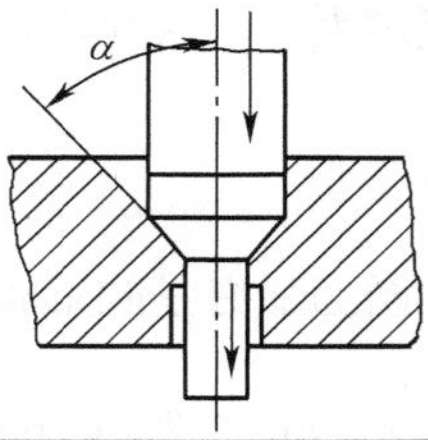	各种空心或实心轴类零件	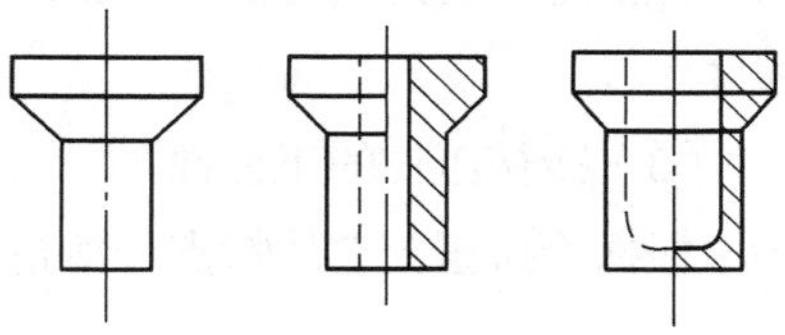
反挤压	金属的流动方向与凸模运动方向相反	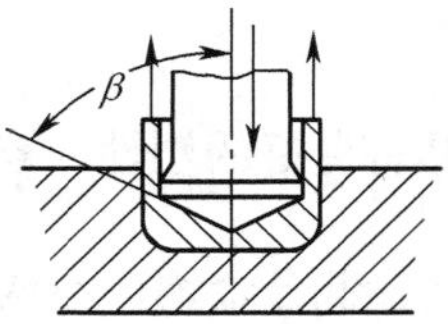	断面为环形的各种零件	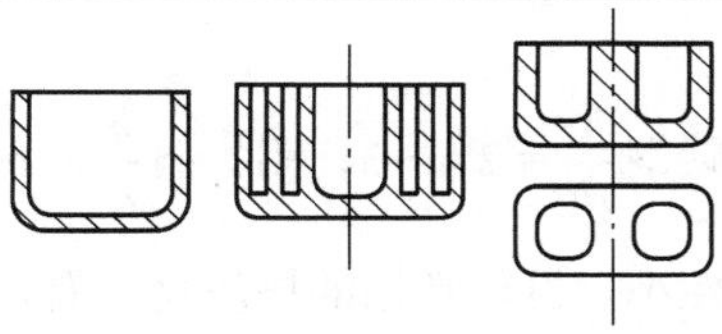
复合挤压	金属的流动方向一部分与凸模运动方向相同，另一部分与凸模运动方向相反	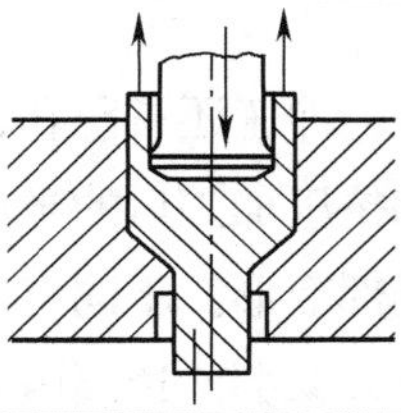	各类较复杂的轴、套类零件	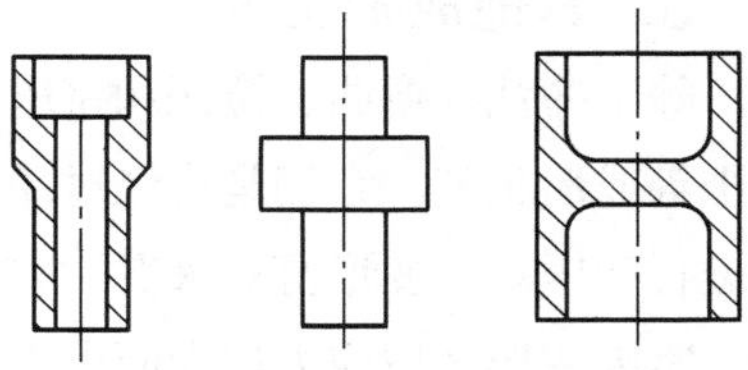
径向挤压	金属的流动方向与凸模运动方向垂直	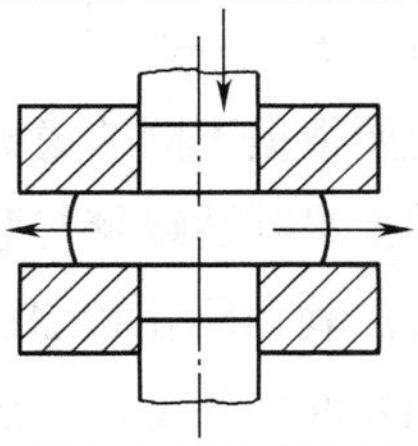	具有法兰、凸台类的轴对称零件	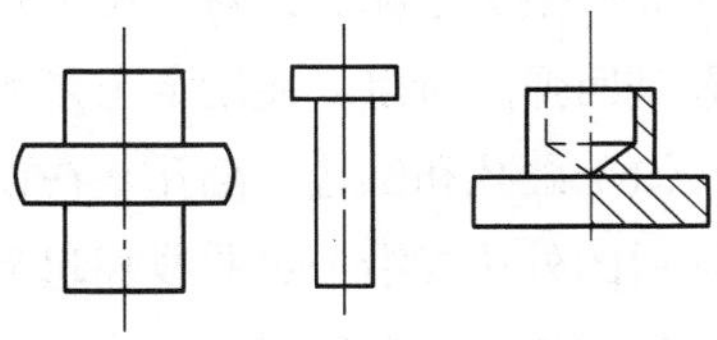

（1）冷挤压特点

挤压加工时，材料在 3 个方向都受到较大压应力，因此挤压加工具有以下明显的特点：材料的变形程度较大，可加工出形状较复杂的零件，并能够节约原材料；挤压的工件材料纤维组织呈流线型且组织致密，这使零件的强度、硬度和刚性都有一定的提高；加工的零件有良好的表面质量，表面粗糙度值 R_a 为 0.16～1.25 μm，尺寸精度为 IT10～IT7；挤压需要较大的挤压力，对挤压模的强度、刚度和硬度要求较高，尤其进行冷挤压时模具的开裂和磨损将成为冷挤压工艺中的主要问题。此外，对冷挤压的坯料一般都需要经过软化处理和表面润滑处理，有些挤压后的工件还需消除内应力后才能使用。

（2）冷挤压件的变形程度

冷挤压件的变形程度用断面变化率 ε_A 表示：

$$\varepsilon_A = \frac{A_0 - A_1}{A_0} \times 100\%$$

式中：A_0——挤压变形前毛坯的横断面积；A_1——挤压变形后坯料的横断面积。

断面变化率 ε_A 越大，表示变形程度越大，同时模具承受的单位挤压力也越大。当模具承受的单位挤压力超过了模具材料所能承受的单位挤压力时，模具就可能会破裂。因此，防止模具受到过大的单位挤压力就是要控制一次挤压时的变形程度不能过大。一次允许挤压的变形程度称为许用变形程度。

（3）冷挤压件的工艺性

根据冷挤压工艺的特点，冷挤压件形状应对称，断面最好是圆形和矩形。冷挤压件的壁厚 t 不能太薄，低碳钢 $t \geqslant 1$ mm，纯铝 $t \geqslant 0.1$ mm，黄铜 $t \geqslant 0.8$ mm。冷挤压件的深度/直径（$\frac{h}{d}$）不能太大，低碳钢 $\frac{h}{d} = 2.5 \sim 3$，铝、铜 $\frac{h}{d} = 6 \sim 7$。挤压材料应具有良好的塑性、较低的屈服极限且冷作硬化敏感性小。目前常用的挤压材料有：有色金属、低碳钢、低合金钢、不锈钢等。

5. 其他成形工艺

除了冲裁、弯曲、拉深和挤压等基本冲压方法外，冲压还有翻孔、翻边、胀形、缩口、整形和校平等成形工艺。它们是将经过冲裁、弯曲、拉深和挤压加工后的半成品或经过其他加工后的坯料再进行冲压。从变形特点来看，它们的共同点均属局部变形。不同点是：胀形和翻圆孔属伸长类变形，常因变形区拉应力过大而出现拉裂破坏；缩口和外缘翻凸边属压缩类变形，常因变形区压应力过大而产生失稳起皱；对于校平和整形，由于变形量不大，一般不会产生拉裂或起皱，主要解决的问题是回弹。所以，在制定工艺和设计模具时，一定要根据不同的成形特点确定合理的工艺参数。

（1）翻孔和翻边：翻孔是在预先制好孔的工序件上沿孔边缘翻起竖立直边的成形方法；翻边是在坯料的外边缘沿一定曲线翻起竖立直边的成形方法。利用翻孔和翻边可以加工各种具有良好刚度的立体零件，如自行车中接头、汽车门外板等，还能在冲压件上加工出与其他零件装配的部位，如铆钉孔、螺纹底孔和轴承座等。因此，翻孔和翻边也是冲压生产中常用的工序之一。图2-31所示为几种翻孔与翻边零件实例。

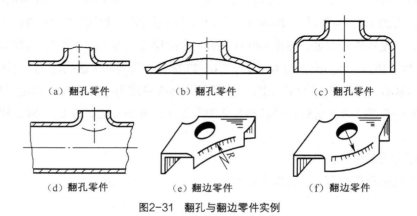

| （a）翻孔零件 | （b）翻孔零件 | （c）翻孔零件 |
| （d）翻孔零件 | （e）翻边零件 | （f）翻边零件 |

图2-31　翻孔与翻边零件实例

（2）胀形：冲压生产中，一般将平板坯料的局部凸起变形和空心件或管状件沿径向向外扩张的成形工序统称为胀形，常见的胀形有起伏成形（如压制加强筋、凸包、凹坑、花纹图案及标记等）和管胀形（如壶嘴、皮带轮、波纹管、各种接头等），如图 2-32 所示，几种胀形件实例。

（3）缩口：缩口是将圆筒形拉深件或圆管的口部直径缩小的一种变形工艺，圆管经过缩口后，外部直径减小，管壁厚度增加，轴向尺寸增大。零件缩口前后情况，如图 2-33 所示。在缩口中变形区材料主要受到切向的压缩变形，易在变形区口部失稳起皱和在筒壁受压力失稳变形。

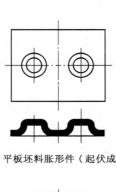

（a）平板坯料胀形件（起伏成形）

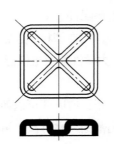

（b）平板坯料胀形件（起伏成形）

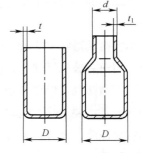

（c）空心坯料胀形件（管胀形）　（d）空心坯料胀形件（管胀形）

图2-32　胀形件实例

图2-33　零件缩口前后情况（$t_1 > t$）

（4）整形与校平：整形一般安排在拉深、弯曲或其他成形工序之后，用整形的方法可以提高拉深件或弯曲件的尺寸和形状精度，减小圆角半径，如图 2-34 所示。校平是提高冲裁后工件平面度的一种工序，如图 2-35 所示。通过校平与整形模使零件产生局部的塑性变形，从而得到合格的零件。这类工序关系到产品的质量及稳定性，因而应用广泛。

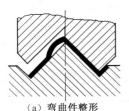

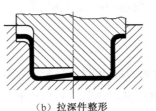

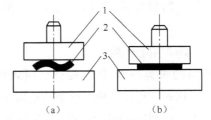

（a）弯曲件整形　　　（b）拉深件整形

图2-34　零件整形

图2-35　零件校平

1—上模板　2—工件　3—下模板

2.2　塑料成形设备及工艺

1. 塑料的组成

塑料是由多种成分组成的，其主要成分是树脂；另外，根据不同的树脂或者制件的不同要求，加入不同的添加剂，从而获得不同性能的塑料配件。

（1）树脂：合成树脂是塑料的主要成分，它在塑料中起粘接作用，也叫黏料。树脂的成分决定着塑料的主要性能（物理性能、化学性能、力学性能及电性能），也决定着塑料的类型（热塑性或热固性）。

（2）填料：填料在塑料中主要起增强作用，有时还可以使塑料具有树脂所没有的性能。正确使用填料，可以改善塑料的性能，扩大其使用范围，也可减少树脂的含量，降低成本。

对填料的一般要求是：易被树脂浸润，与树脂有很好的黏附性，本身性质稳定，价格便宜，来源丰富。

填料按其形状有粉状、纤维状和片状填料。常用的粉状填料有木粉、滑石粉、铁粉、石墨粉等；纤维状填料有玻璃纤维、石棉纤维等；片状填料有麻布、棉布、玻璃布等。

（3）增塑剂：增塑剂是为改善塑料的性能、提高柔软性而加入塑料中的一种低挥发性物质。对增塑剂的基本要求是：能与树脂很好地混溶而不起化学变化，不易从制件中析出及挥发，不降低制件的主要性能，无毒、无害、成本低。常用的增塑剂有邻苯二甲酸酯类、癸二酸酯类、磷酸酯类、氯化石蜡等。

（4）稳定剂：稳定剂能阻缓材料变质。常用的稳定剂有二盐基性亚磷酸铅、三盐基性硫酸铅、硬脂酸钡等。

（5）着色剂：着色剂是为了使塑料附上色彩，起着美观和装饰的作用。有的着色剂还具有其他性能，如耐候性。一般对着色剂的要求是：不易分解，耐候性良好，易扩散以及性能稳定。

（6）润滑剂：润滑剂的作用是为了降低塑料内部分子之间的相互摩擦或者减少和避免对模具的磨损。常用的润滑剂有醇类、脂类、石蜡、硬脂酸以及金属皂类。润滑剂分为两类：内润滑剂和外润滑剂。

2. 塑料的分类

塑料的种类很多，按其受热后所表现的性能不同，可分为热固性塑料和热塑性塑料两大类。

（1）热固性塑料：热固性塑料是指在初受热时变软，可以塑制成一定形状，但加热到一定时间后或加入固化剂后就硬化定型、再加热则不熔融也不溶解、形成体型（网状）结构物质的塑料。例如，酚醛塑料、环氧塑料、氨基塑料等。

（2）热塑性塑料：热塑性塑料是指在特定温度范围内能反复加热和冷却硬化的塑料。这类树脂在成形过程中只发生物理变化而没有化学变化，所以，受热后可多次成形，其废料可回收和重新利用。常用的热塑性塑料有聚乙烯、聚氯乙烯、聚苯乙烯、ABS、有机玻璃、尼龙等。

3. 常用塑料的特点和用途

常用塑料的特点和用途见表 2-10。

表 2-10　　　　　　　　　　　　　常用塑料的特点和用途

材料名称	英文缩写	特　点	用　途
聚乙烯	PE	乳白色蜡状固体，无味、无臭、无毒，密度为 $0.91\sim0.97g/cm^3$，是通用塑料中产量最大、应用最广的塑料品种	水盆、水桶、周转箱、灯罩、暖瓶壳、茶盘、梳子、淘米箩、管材、薄膜等
聚丙烯	PP	白色蜡状固体，无味、无臭、无毒，密度为 $0.91\sim0.91g/cm^3$，是现有塑料中最轻的一种，可在 120℃下长期使用，抗疲劳弯曲性能优异，特别适用于制备反复受力的铰链	注射器、盒、输液袋、输血工具、手柄、手轮、汽车转向盘、蓄电池壳、空气过滤器壳体、脚踏板、包装袋、捆扎带、编织袋、绳索等
聚氯乙烯	PVC	白色或淡黄色坚硬粉末，密度为 $1.40g/cm^3$，不含增塑剂或含增塑剂不超过 5% 的聚氯乙烯称为硬聚氯乙烯；含增塑剂较多的聚氯乙烯会变软，故称为软聚氯乙烯	板、片、管、棒、等各种型材、阀、泵、电线槽板及弯头、三通、阀门、泵壳、薄板、薄膜、电线电缆绝缘层、输液软管、包扎带等
聚苯乙烯	PS	无色透明玻璃状颗粒，制件落地有金属般响声，密度为 $1.04\sim1.065g/cm^3$，透明度达 88%～92%，使用温度为 −60～80℃，着色力强，硬度高，具有优异的电绝缘性和耐化学腐蚀性，脆性较大、不耐冲击、易产生内应力开裂，制件表面受摩擦后易出现刮痕	电视机、录音机、仪表壳体、电气用品、灯罩、包装容器、光学仪器、梳子、透明盒、牙刷柄、圆珠笔杆、学习用具、儿童玩具、隔音、隔热材料或救生设备等
丙烯腈-丁二烯-苯乙烯共聚物	ABS	微黄色或白色不透明颗粒，无毒、无味，密度为 $1.05g/cm^3$，具有突出的力学性能和良好的综合性能，制件可着成五颜六色，同其他材料的结合性好，易进行表面印刷、涂层和镀层处理，使用温度一般不超过 80℃	汽车内饰件、机械部件、电器外壳、通讯工具、旋钮、仪表盘、容器、灯具、家具、安全帽、板材、管材等
聚碳酸酯	PC	无色或微黄色透明颗粒，无毒、无臭、无味，密度为 $1.2g/cm^3$，透光率达 90% 以上，可制成透明，半透明或不透明制件，具有极好的冲击强度、耐热性和耐寒性、拉伸强度、弯曲强度、刚性及电气绝缘性能突出，疲劳强度低、制件内应力大、易开裂、耐磨性较差，可在 −100～140℃ 范围内使用	绝缘插件、线圈框架、绝缘管套、电话机壳体、通讯器材；轴承、螺钉、螺母、齿轮、齿条、蜗轮、蜗杆、棘轮、灯罩、装饰品、防护玻璃及飞机上的透明材料等
聚酰胺	PA	淡黄色透明或半透明颗粒，密度为 $1.02\sim1.15g/cm^3$，使用温度为 −40～100℃，耐候性好、力学性能好、绝缘性好、耐疲劳、耐热、耐油、耐弱碱、碱和一般溶剂，吸水性大，尺寸稳定性及染色性差，加入玻璃纤维后，可提高材料的冲击强度	齿轮、轴承、轴瓦、辊子、凸轮、滑块、滑轮、螺钉、螺母、垫圈、衬套、线圈骨架、开关、接插件、汽车零件、仪器壳体等

续表

材料名称	英文缩写	特　点	用　途
聚甲醛	POM	白色或淡黄色半透明颗粒,密度为 $1.42g/cm^3$,制件硬而质密,表面光滑并具有光泽,力学性能、冲击强度、疲劳强度、抗蠕变性能优异,耐磨性和自润滑性良好,具有电绝缘性和低温尺寸稳定性,能耐有机溶剂,不耐强酸、强碱和氧化剂,热稳定性差,加热时易分解、易燃,在紫外线的作用下易老化	机械中强度大、耐磨、耐疲劳、冲击力大的齿轮、轴承、滑轮、凸轮、带轮、螺栓;汽车中的散热器阀门、散热器箱盖、风扇、控制杆、开关、齿轮;电子电器行业中的电扳手外壳、电动工具外壳、开关手柄、电视机外壳等
聚甲基丙烯酸甲脂	PMMA	无色透明颗粒,密度为 $1.18g/cm^3$,又称为有机玻璃,透明洁净性高、透光性优异,抗冲击性、耐振性、电绝缘性、着色性、耐候性及二次加工性良好,制件表面硬度较低,易划伤,溶于有机溶剂,易受无机酸的腐蚀	油标、油杯、光学镜片、透镜、汽车及摩托车安全玻璃、车灯、仪表罩、工艺美术品等
丙烯腈—苯乙烯共聚树脂	AS	坚硬的微黄色或微蓝色透明颗粒,密度为 $1.06\sim1.10g/cm^3$,透明度达 90%,具有化学稳定性和热稳定性	冰箱装置、卡带盒、车头灯盒、反光镜、仪表盘、食品刀具、注射器、一次性打火机外壳、刷柄和硬毛、渔具、牙刷柄、笔杆
聚苯醚	PPO	白色或微黄色颗粒,其高温蠕变性在热塑性塑料中是最好的,可以承担长时间负荷,长期使用温度为 $-127\sim121℃$	高温下工作的齿轮、轴承、凸轮、叶轮、螺钉、螺母、紧固件等机械零件、汽车部件、手术器械

4. 常用塑料材料的成形性能

常用塑料的成形性能见表 2-11。

表 2-11　　　　　　　　　常用塑料的成形性能

材　料	成　形　性　能
聚乙烯	1. 结晶性塑料,吸湿性小; 2. 流动性好,溢边值为 0.02mm 左右,流动性对压力变化敏感; 3. 加热时间长则发生分解; 4. 冷却速度快,必须充分冷却,模具应设计冷料穴和冷却系统; 5. 收缩性大,方向性明显,易发生变形、翘曲,应控制模具温度; 6. 易用高压注射,物料温度要均匀,填充速度要快,保压要充分; 7. 要注意选择进料口位置,防止产生缩孔、变形; 8. 质软、易脱模,较浅的侧面凹槽可强行脱模
聚丙烯	1. 结晶性塑料,吸湿性小,易发生分解; 2. 流动性极好,溢边值为 0.03mm 左右; 3. 冷却速度快,浇注系统和冷却系统应缓慢散热; 4. 收缩性大,方向性明显,易产生缩孔、变形等缺陷; 5. 注意控制成形温度,不得过高或过低; 6. 制件壁厚要均匀,避免缺口、尖角

续表

材　料	成　形　性　能
聚氯乙烯	1. 非结晶性塑料，吸湿性小，易分解； 2. 流动性差； 3. 成形温度范围小，应严格控制物料温度； 4. 模具浇注系统应粗而短，浇口截面积要大，不得有死角； 5. 模具应进行冷却，成形表面应镀铬
聚苯乙烯	1. 非结晶性塑料，吸湿性小，不易分解，性脆易裂，热膨胀系数大，易产生内应力； 2. 流动性好，溢边值为 0.03mm 左右； 3. 宜采用高物料温度、高模具温度和低压注射； 4. 为降低制件内应力，防止缩孔和变形，可采用延长注射时间的方法； 5. 制件壁厚应均匀，不宜有缺口、尖角，各面应圆滑连接，镶件应预热； 6. 适用于各种形式的浇口，脱模斜度要大些，顶出力要均匀
丙烯腈—丁二烯—苯乙烯共聚物	1. 非结晶性塑料，吸湿性强，要进行充分的干燥； 2. 流动性一般，溢边值为 0.04mm 左右； 3. 宜采用高物料温度、高模具温度和较高的注射压力； 4. 模具浇注系统对料流的阻力要小，浇口的形式和位置要得当； 5. 当顶出力过大或进行切削加工时，制件表面容易呈现白色痕迹
聚碳酸酯	1. 非结晶性塑料，吸湿性极小，不易分解； 2. 流动性差，溢边值为 0.06mm 左右，对温度变化敏感，冷却速度快； 3. 成形收缩小，制件精度高； 4. 模具应加热，模具温度对制件质量影响较大，应严格控制模具温度； 5. 熔融温度高，黏度较大，模具浇注系统应以粗短为宜； 6. 制件壁厚不宜太厚，并应尽量均匀，避免设置缺口或尖角
聚酰胺	1. 结晶性塑料，吸湿性大，易分解； 2. 流动性极好，溢边值为 0.02mm 左右，易产生"流涎"现象； 3. 成形收缩大，方向性明显，易产生缩孔或变形现象； 4. 应严格控制模具温度； 5. 可采用各种形式的浇口，流道和浇口截面尺寸应大一些； 6. 制件壁厚不宜太厚，并应尽量均匀
聚甲醛	1. 结晶性塑料，吸湿性大，极易分解； 2. 流动性一般，溢边值为 0.04mm 左右，流动性对温度变化不敏感； 3. 结晶度高，成形收缩大； 4. 模具应加热，模具温度控制要严格； 5. 模具浇注系统对料流阻力较好，浇口截面尺寸应大一些
聚甲基丙烯酸甲脂	1. 非结晶性塑料，吸湿性大，不易分解，制件表面硬度低； 2. 流动性一般，溢边值为 0.03mm 左右，易产生填充不良、缩孔、凹痕及融接痕； 3. 宜用高压注射，采用高物料温度和高模具温度； 4. 模具浇注系统对料流阻力要小，脱模斜度应大一些

续表

材　料	成 形 性 能
丙烯腈—苯乙烯共聚树脂	1. 非结晶性塑料，吸湿性大，热稳定性好，不易分解； 2. 流动性比 ABS 好，不易产生飞边； 3. 易产生裂痕，制件应避免尖角、缺口、顶出力要均匀，脱模斜度应大些； 4. 制件进料口处易产生裂痕
聚苯醚	1. 非结晶性塑料，吸湿性极小，易分解； 2. 流动性差，对温度变化敏感，凝固速度快，成形收缩小； 3. 宜采用高压、高速注射，保压和冷却时间不宜过长； 4. 模具要进行加热，模具温度要控制严格； 5. 模具浇注系统对料流阻力要小，流道要短而粗
酚醛塑料	1. 成型性较好，但收缩及方向性一般比氨基塑料大，并含有水分挥发物。成型前应预热，成型过程中应排气，不预热则应提高模温和成型压力； 2. 模温对流动性影响较大，一般超过 160℃时，流动性会迅速下降； 3. 硬化速度一般比氨基塑料慢，硬化时放出的热量大。大型厚壁塑件的内部温度易过高，容易发生硬化不均和过热
氨基塑料	1. 流动性好，硬化速度快，故预热及成型温度要适当，涂料、合模及加压速度要快； 2. 成型收缩率大； 3. 含水分挥发物多，易吸湿、结块，成型时应预热干燥，并防止再吸湿，但过于干燥则流动性下降。成型时有水分及分解物，有酸性，模具应镀铬，以防腐蚀，成型时应排气； 4. 成型温度对塑件质量影响较大，温度过高易发生分解、变色、气泡色泽不均，温度过低时流动性差，不光泽； 5. 料细、比容大、料中充气多，用预压锭成型大塑件时，易产生波纹及流纹，故一般不宜采用
有机硅塑料粉	1. 流动性好，硬化速度慢，压塑成型时需要较高的成形温度； 2. 压塑成型后，须经高温固化处理
环氧塑料（浇铸料）	1. 流动性好，硬化收缩小，但热刚性差，不易脱模； 2. 硬化速度快，硬化时一般不需排气，装料后应立即加压

2.2.1　常用塑料模具成形设备

　　对塑料进行模塑成型所用的设备称塑料模塑成形设备。按成形工艺方法不同，可分为塑料注射机、液压机、挤出机、吹塑机等。本书主要介绍塑料注射机（又称注塑机）和塑料挤出机（又称挤出机）。

1. 注塑机

　　（1）注塑机的分类：注塑机类型有不同的划分方法，但目前人们多采用以结构的特征来区别，通常分为柱塞式（如图 2-36 所示）和螺杆式（如图 2-37 所示）两类。最大注射量在 60 g 以上的注塑机多数为移动螺杆式。

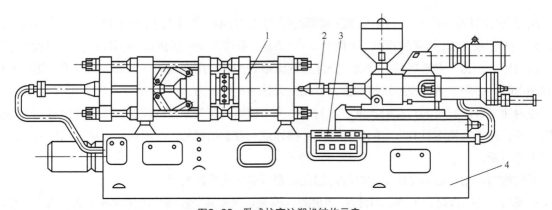

图2-36　卧式柱塞注塑机结构示意
1—合模装置　2—注塑装置　3—液压和电气控制系统　4—机架

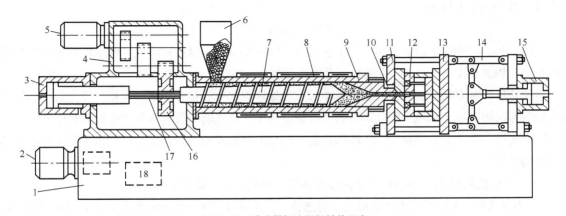

图2-37　卧式螺杆注塑机结构示意
1—机座　2—电动机及油泵　3—注射油缸　4—齿轮箱　5—齿轮传动电动机　6—料斗　7—螺杆
8—加热器　9—料筒　10—喷嘴　11—定模板　12—模具　13—动模板　14—锁模机构
15—锁模用（副）油缸　16—螺杆传动齿轮　17—螺杆花键槽　18—油箱

（2）注塑机的型号和主要技术参数如下。

① 注塑机规格型号：目前各国的注塑机型号尚不统一，但主要有注射量、合模力、注射量与合模力同时表示 3 种。我国允许采用注射量、注射量与合模力两种同时表示的方法。

注射量表示法，例如 XS-ZY-500 注射机，各符号的意义如下：XS——类别代号（XS 为塑料成型机）；Z——组别代号（Z 为注射）；Y——预塑方式（Y 为螺杆预塑）；500——主参数（注射容量为 500 cm^3）。

合模力与注射量表示法，例如 SZ—63/50 注射机，各符号的意义如下：S——类别代号（S 为塑料机械类）；Z——组别代号（Z 为注射）；63/50——主参数（注射容量为 63 cm^3，合模力为 50 × 10 kN）。

② 注塑机的主要技术参数如下。

公称注射量：公称注射量是指在对空注射的条件下，注射螺杆或柱塞作一次最大注射行程时，注射装置所能达到的最大注射量。其大小在一定程度上反映了注射机的加工能力，标志所能成形制件的大小，因而是经常被用来表征注塑机规格的参数。

注射量有两种表示法，一种是以加工聚苯乙烯塑料为标准，用注射出熔料的重量（单位为 g）表示；另一种是用注射出熔料的容积（单位为 cm³）表示。我国注塑机规格系列标准采用前一种表示法。

注射压力：为了克服熔料经喷嘴、浇注系统流道和型腔时所遇到的一系列流动阻力，螺杆或柱塞在注射时，必须对熔料施加足够的压力，此压力称为注射压力。

注射速率、注射时间与注射速度：注射时，为了使熔料及时地充满模腔，除了必须有足够的注射压力外，还必须使熔料有一定的流动速度。描述这一参数的量称为注射速率，也可用注射时间或注射速度表示。

塑化能力：塑化能力是指单位时间内塑化装置所能塑化的物料量。

锁模力（又称合模力）：锁模力指注塑机的合模装置对模具所能施加的最大夹紧力。当高压熔料充满模腔时，会产生一个很大的力使模具胀开，因此，必须依靠注塑机的锁模力将模具夹紧。使模具不被胀开的锁模力应为：

$$F \geqslant KpA \times 10^{-1}$$

式中：F——锁模力（kN）；p——注射压力（MPa）；A——制件和浇注系统在模具水平分型面上的投影面积总和（cm²）；K——注射压力损耗系数，一般在 0.4～0.7 之间。

合模装置的基本尺寸。合模装置的基本尺寸包括模板尺寸、拉杆间距、模板间最大间距、移动模板的行程、模具最大和最小厚度等。这些参数制约了注塑机所用模具的尺寸范围和动作范围。

以上所述各技术参数主要反映了注塑机能否满足使用要求的性能特征，是选用注塑机时必须参考校核的数据。

（3）注塑机的组成：注塑机主要由注射系统、锁模系统、模具 3 部分组成。

① 注射系统。注射系统是注射机的主要部分，其作用是使塑料均匀地塑化并达到流动状态，在很高的压力和较快的速度下，通过螺杆或柱塞的推挤注射入模。注射系统包括：加料装置、料筒、螺杆及喷嘴等部件。

加料装置是注射机上的加料斗，其容量一般设计为可供注射机使用 1～2 h。

料筒的内壁要求尽可能光滑，呈流线型，避免缝隙、死角或不平整。料筒外部有加热元件，可分段加热，通过热电偶显示温度，并通过感温元件控制温度。

螺杆的作用是送料压实、塑化、传压。当螺杆在料筒内旋转时，将从料斗来的塑料卷入，并逐步将其压实、排气和塑化，熔化塑料不断由螺杆推向前端，并逐渐积存在顶部与喷嘴之间，螺杆本身受熔体的压力而缓慢后退，当熔体积存到一次注射量时，螺杆停止转动，传递液压或机械力将熔体注射入模。

喷嘴是连接料筒和模具的桥梁。其主要作用是注射时引导塑料从料筒进入模具，并具有一定射程。所以，喷嘴的内径一般都是自进口逐渐向出口收敛，以便与模具紧密接触，如图 2-38 所示。

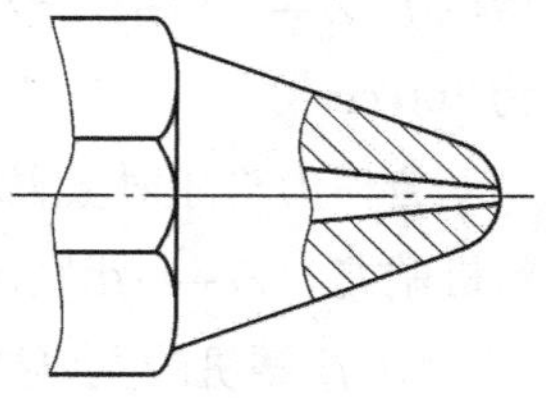

图2-38　喷嘴

注射时，喷嘴与模具的浇口之间要保持一定的压力，以防止因注射的反作用力而造成树脂泄漏。但注射完成后，由于模具需要冷却，此时喷嘴最好脱离模具。

② 锁模系统。最常见的锁模机构是具有曲臂的机械与液压力相结合的装置，如图 2-39 所示，

它具有简单而可靠的特点，故应用较广泛。

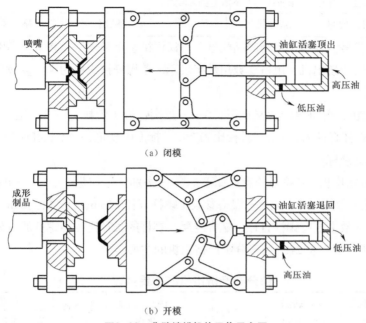

（a）闭模

（b）开模

图2-39 曲臂锁模机构工作示意图

③ 模具。利用本身特定形状，使塑料成形为具有一定形状和尺寸的制件的工具称为模具。模具的作用在于：在塑料的成形加工过程中赋予塑料以形状，给予强度和性能，完成成形设备所不能完成的工件，使它成为有用的型材。

2. 挤出机

（1）挤出机的分类：挤出机根据挤出机中螺杆所处的空间位置，可分为卧式挤出机和立式挤出机；根据挤出机中是否有螺杆存在，分为螺杆式挤出机和柱塞式挤出机；根据螺杆数目的多少，分为单螺杆挤出机、双螺杆挤出机及多螺杆挤出机；根据挤出机在加工过程中是否排气，又可分为排气式挤出机和非排气式挤出机。

在我国最通用的挤出机为卧式单螺杆非排气式挤出机，如图 2-40 所示。

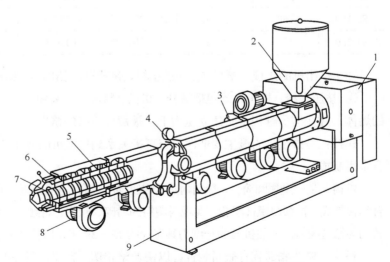

图2-40 卧式单螺杆非排气式挤出机结构示意
1—传动装置 2—料斗 3—传动电动机 4—排气装置 5—料筒加热器
6—料筒 7—螺杆 8—冷却装置 9—底座

（2）挤出机的型号及主要技术参数。根据国家标准 GB/T 12783—1991，塑料及橡胶成形机械的型号需按照类别和组别等统一编制，具体表达形式为：

类别代号	组别代号	品种代号	—	辅助代号	规格参数	设计序号

前三项是基本代号，辅助代号为产品代号，用汉语拼音字母表示。其中，类别代号用 S 表示塑料，组别代号用 J 表示挤出机。规格参数用数字表示，单螺杆挤出机的规格参数用螺杆直径 × 长径比来表示。例如：

① SJ-45 挤出机，各符号的意义如下：S——类别代号（塑料）；J——组别代号（挤出机）；45——规格参数［螺杆直径为 45mm，长径比为 20:1（标准中规定，对于长径比为 20:1 的无需标注，其他比值的长径比必须标注）］。

② SJF-65 × 30 挤出机，各符号的意义如下：S——类别代号（塑料）；J——组别代号（挤出机）；F——品种代号（发泡型）；65 × 30——规格参数（螺杆直径 65mm，长径比为 30:1）。

挤出机的主要参数主要有螺杆直径、螺杆专属、螺杆的长径比（指螺杆的有效长度与直径之间的比值）、电动机功率等。表 2-12 为部分国产挤出机的主要参数。

表 2-12　　　　　　　　　　部分国产挤出机的主要参数

型号	螺杆直径 /mm	螺杆转数 /（r·min）	长径比	电动机功率 /kW	中心高 /mm	产量/（kg·h^{-1}） 硬聚氯乙烯	软聚氯乙烯
SJ-30	30	20～120	15、20、25	3/1	1 000	2～6	2～6
SJ-45	45	17～102	15、20、25	5/1.67	1 000	7～18	7～18
SJ-65	65	15～90	15、20、25	15/5	1 000	15～33	16～50
SJ-90	90	12～72	15、20、25	22/7.3	1 000	35～70	40～100
SJ-120	120	8～48	15、20、25	55/18.3	1 100	56～112	70～160
SJ-150	150	7～42	15、20、25	75/25	1 100	95～190	120～280
SJ-200	200	7～30	15、20、25	100/33.3	1 100	160～320	200～480

（3）挤出机的组成：塑料挤出机的主机是挤塑机，它由挤压系统、传动系统和加热冷却系统组成。

① 挤压系统：挤压系统包括螺杆、机筒、料斗、机头和模具，塑料通过挤压系统而塑化成均匀的熔体，并在这一过程中所建立压力下，被螺杆连续的挤出机头。

螺杆：是挤塑机的最主要部件，它直接关系到挤塑机的应用范围和生产率，由高强度耐腐蚀的合金钢制成。

机筒：是一金属圆筒，一般用耐热、耐压强度较高、坚固耐磨、耐腐蚀的合金钢或内衬合金钢的复合钢管制成。机筒与螺杆配合，实现对塑料的粉碎、软化、熔融、塑化、排气和压实，并向成型系统连续均匀输送胶料。一般机筒的长度为其直径的 15～30 倍，以使塑料得到充分加热和充分塑化为原则。

料斗：料斗底部装有截断装置，以便调整和切断料流，料斗的侧面装有视孔和标定计量装置。

机头和模具：机头由合金钢内套和碳素钢外套构成，机头内装有成型模具，机头的作用是将旋转运动的塑料熔体转变为平行直线运动，均匀平稳地导入模套中，并赋予塑料以必要的成型压力。

塑料在机筒内塑化压实，经多孔滤板沿一定的流道通过机头脖颈流入机头成型模具，模芯模套适当配合，形成截面不断减小的环形空隙，使塑料熔体在芯线的周围形成连续密实的管状包覆层。为保证机头内塑料流道合理，消除积存塑料的死角，往往安置有分流套筒，为消除塑料挤出时压力波动，也有设置均压环的。机头上还装有模具校正和调整的装置，便于调整和校正模芯和模套的同心度。

挤出机按照机头料流方向和螺杆中心线的夹角，将机头分成斜角机头（夹角120°）和直角机头。机头的外壳是用螺栓固定在机身上，机头内的模具有模芯座，并用螺母固定在机头进线端口，模芯座的前面装有模芯，模芯及模芯座的中心有孔，用于通过芯线，在机头前部装有均压环，用于均衡压力，挤包成型部分由模套座和模套组成，模套的位置可由螺栓通过支撑来调节，以调整模套对模芯的相对位置，便于调节挤包层厚度的均匀性，机头外部装有加热装置和测温装置。

② 传动系统：传动系统的作用是驱动螺杆，供给螺杆在挤出过程中所需要的力矩和转速，通常由电动机、减速器和轴承等组成。

而在结构基本相同的前提下，减速机的制造成本大致与其外形尺寸及质量成正比。因为减速机的外形和质量大，意味着制造时消耗的材料多，另所使用的轴承也比较大，使制造成本增加。

同样螺杆直径的挤出机，高速高效的挤出机比常规的挤出机所消耗的能量多，电机功率加大一倍，减速机的机座号相应加大是必须的。但高的螺杆速度，意味着低的减速比。同样大小的减速机，低减速比的与高减速比的相比，齿轮模数增大，减速机承受负荷的能力也增大。因此减速机的体积质量的增大，不是与电机功率的增大成线性比例的。如果用挤出量做分母，除以减速机重量，高速高效的挤出机得数小，普通挤出机得数大。

以单位产量计，高速高效挤出机的电机功率小及减速机质量小，意味着高速高效挤出机的单位产量机器制造成本比普通挤出机低。

③ 加热冷却装置：加热与冷却是塑料挤出过程能够进行的必要条件。

现在挤塑机通常用的是电加热，分为电阻加热和感应加热，加热片装于机身、机脖、机头各部分。加热装置由外部加热筒内的塑料，使之升温，以达到工艺操作所需要的温度。

冷却装置是为了保证塑料处于工艺要求的温度范围而设置的。具体说是为了排除螺杆旋转的剪切摩擦产生的多余热量，以避免温度过高使塑料分解、焦烧或定型困难。机筒冷却分为水冷与风冷两种，一般中小型挤塑机采用风冷比较合适，大型则多采用水冷或两种形式结合冷却；螺杆冷却主要采用中心水冷，目的是增加物料固体输送率，稳定出胶量，同时提高产品质量；但在料斗处的冷却，一是为了加强对固体物料的输送作用，防止因升温使塑料粒发粘堵塞料口，二是保证传动部分正常工作。

2.2.2　塑料成形工艺

1. 塑料的工艺性能

塑料的工艺性能体现了塑料的成形特性，包括流动性、收缩性、结晶性、吸水性、固化速度、比容和压缩比、挥发物含量等。这里主要介绍塑料的流动性、收缩性、固化速度和挥发物含量。

（1）流动性：塑料在一定的温度与压力下充满模具型腔的能力称为流动性。塑料的黏度越低，流动性越好，越容易充满型腔。

塑料的流动性对塑料制件质量、模具设计以及成形工艺影响很大。流动性好，表示容易充满型腔，但也容易造成溢料；流动性差，容易造成形腔填充不足。形状复杂、型芯多、嵌件多、面积大、有狭窄深槽及薄壁的制件，应选择流动性好的塑料。

（2）收缩性：塑料自模具中取出冷却到室温后发生尺寸收缩的特性称为收缩性，其大小用收缩率来表示。

由于原料的差异、配料比例和工艺参数的波动，塑料的收缩率不是一个常数，而是在一定范围内变化。同一制件在模塑时，由于塑料的流动方向不同，受力的方向不同，各个方向的收缩也会不一致。这种收缩的不均匀在制件内部产生内应力，使制件产生翘曲、弯曲、开裂等缺陷。由于内应力存在等原因，冷却后的制件仍将继续产生收缩或变形，称为后收缩。如制件成形后还要进行退火等热处理，则在这些热处理后制件产生的收缩，称为后处理收缩。

（3）固化速度：固化速度是指从熔融状态的塑料变为固态制件时的速度。热塑性塑料固化速度是指冷却凝固速度，热固性塑料固化速度是指发生交联反应而形成体形结构的速度。固化速度通常是以固化制件单位厚度所需的时间表示，单位为 s/mm。

固化速度用来确定成型工艺中的保压时间，固化速度快，表示所需的保压时间短。热固性塑料因要进行交联反应，它的固化速度比热塑性塑料慢得多，所需的保压时间也就要长得多。固化速度的大小除与塑料种类有关外，还可以通过将原料进行预热、提高模具温度、加大模塑压力等方式来提高固化速度。

（4）挥发物含量：塑料中的挥发物包括水、氯、氨、空气、甲醛等低分子物质。挥发物的来源如下。

① 塑料生产过程中遗留下来的及成形之前在运输、保管期间吸收的物质。

② 成形过程中化学反应产生的副产物。塑料中挥发物的含量过大，收缩率大，制件易产生气泡、组织疏松、变形翘曲、波纹等弊病。但挥发物含量过小，则会使塑料流动性降低，对成形不利。因此，一般都对塑料中挥发物含量有一个规定，超过这个规定时应对原料进行干燥处理。

2. 塑件的成形过程

塑件的模塑成形是将塑料材料在一定的温度和压力作用下，借助于模具使其成形为具有一定使用价值的塑料制件的过程。塑料的模塑成形方法很多，如注射、压缩、压注、挤出、吹塑、发泡等。这里主要介绍注射模塑、压缩模塑和压注模塑。

（1）注射模塑成形过程：注射模塑成形过程包括加热预塑、合模、注射、保压、冷却定形、开模、推出制件等主要工序。现以螺杆式注射机的注射模塑为例予以阐述，如图 2-41 所示。

① 加料、预塑：由注射机的料斗 6 落入料筒 5 内一定量的塑料，随着螺杆 4 的转动沿着螺杆向前输送。在输送过程中，塑料受加热装置 3 的加热和螺杆剪切摩擦热的作用而逐渐升温，直至熔融塑化成黏流状态，并产生一定的压力。当螺杆头部的压力达到能够克服注射液压缸 8 活塞后退的阻力（背压）时，在螺杆转动的同时逐步向后退回，料筒前端的熔体逐渐增多，当螺杆退到预定位置时，即停止转动和后退。至此，加热塑化完毕，如图 2-41（c）所示。

② 合模、注射：加料预塑完成后，合模装置动作，使模具 1 闭合，接着由注射液压缸带动螺杆按工艺要求的压力和速度，将已经熔融并积存于料筒端部的熔融塑料（熔料）经喷嘴 2 注射到模具型腔，如图 2-41（a）所示。

③ 保压、冷却：当熔融塑料充满模具型腔后，螺杆对熔体仍需保持一定压力（即保压），以阻止塑料的倒流，并向型腔内补充因制件冷却收缩所需要的塑料，如图 2-41（b）所示。在实际生产中，当保压结束后，虽然制件仍在模具内继续冷却，但螺杆可以开始进行下一个工作循环的加料塑化，为下一个制件的成形做准备。

④ 开模、推件（推出制件）：制件冷却定型后，打开模具，在顶出机构的作用下，将制件脱出，如图 2-41（c）所示。此时为下一个工作循环做准备的加热预塑也在进行之中。

注塑模塑生产周期短，生产效率高，容易实现自动化生产，制件精度也容易保证，适用范围广，但设备昂贵，模具复杂。

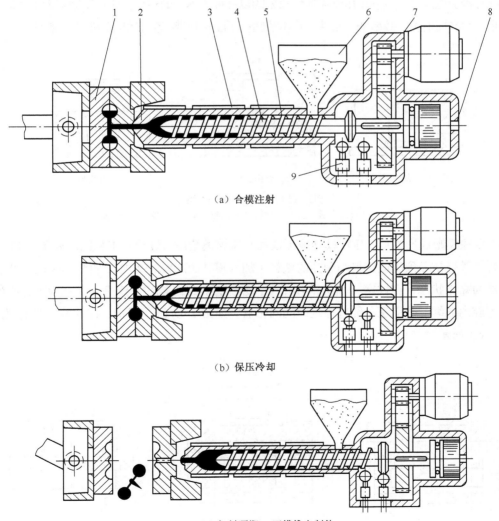

（a）合模注射

（b）保压冷却

（c）加料预塑 、开模推出制件

图2-41　塑件成型过程

1—模具　2—喷嘴　3—加热装置　4—螺杆　5—料筒　6—料斗　7—螺杆传动装置　8—注射液压缸　9—行程开关

（2）压缩模塑件成形过程：压塑模塑件成型过程包括加料、闭模、固化、脱模等主要工序。

① 加料：将粉状、粒状、碎屑状或纤维状的塑料放入成形温度下的模具加料腔中，如图2-42（a）所示。

② 合模加压：上模向下运动使模具闭合，然后加热、加压，熔融塑料充满型腔，产生交联反应固化成型，如图2-42（b）所示。

③ 开模取件：当型腔中的塑料冷却后，打开模具，取出制件，即完成一个模塑过程，如图2-42（c）所示。

压缩模塑成形的优点是：没有浇注系统，料耗少；使用设备为一般压力机，模具结构简单；塑料在型腔内直接受压成形，有利于压制流动性较差的以纤维为填料的塑料；还可压制较大平面的制件。其缺点是：生产周期长、效率低；制件尺寸不精确；不能压制带有精细和易断嵌件的制件。

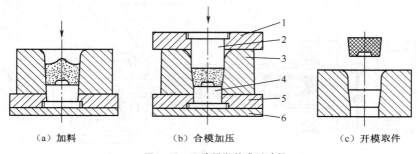

（a）加料　　　　　　　　（b）合模加压　　　　　　　　（c）开模取件

图2-42　压缩模塑件成形过程

1、5—凸模固定板　2—上凸模　3—凹模　4—下凸模　6—垫板

（3）压注模塑成形过程：压注模塑成形过程与压缩模塑成形过程基本相同。如图2-43所示，先将塑料（最好是经预压成锭料和预热的塑料）加入模具的加料腔2内，如图2-43（a）所示，使其受热成为黏流状态，在柱塞1压力的作用下，黏流塑料经过浇注系统进入并充满闭合的型腔，塑料在型腔内继续受热受压，经过一定时间固化后，如图2-43（b）所示，打开模具取出制件，如图2-43（c）所示。

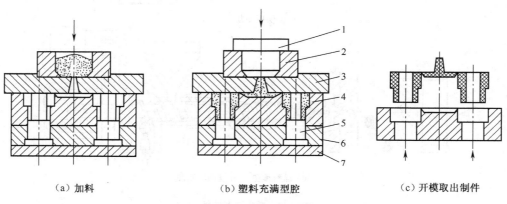

（a）加料　　　　　　　　（b）塑料充满型腔　　　　　　　　（c）开模取出制件

图2-43　压注模塑件成形过程

1—柱塞　2—加料腔　3—上模板　4—凹模　5—型芯　6—型芯固定板　7—垫板

压注模塑成形时,塑料是在单独设在型腔外的加料腔内塑化、加压进入模具型腔的,所以塑化均匀,可以成形形状复杂和带有精细嵌件的制件,且制件飞边小,尺寸精确。但其缺点是:有浇注系统,耗料多,压力损失大。

3. 塑件工艺性

塑件常用注射、压缩、压注等方法成形,其结构和技术要求都应满足成型工艺性的要求。

(1)形状:塑件的形状应尽量简单,结构上应尽量避免有与起模方向垂直的侧壁凹槽或侧孔,以简化模具结构。塑件的形状还应保证有足够的强度和刚度,以防止顶出时塑件变形或破裂。

(2)壁厚:塑件的壁厚应大小适宜而且均匀。壁厚过小,不同表面之间成形时熔体流动阻力大,充模困难,起模时塑件容易破损;壁厚过大,不但需要增加成形和冷却时间,延长成形周期,而且容易产生气泡、缩孔、凹痕或翘曲等缺陷。塑件的壁厚一般应在 1～5 mm 之间,热塑性塑料易于成形薄壁制件,最小壁厚可达 0.5 mm,但一般不宜小于 0.9 mm。壁厚不均,会因冷却或固化速度不均导致收缩不匀,使制件产生缩孔或缩痕,同时容易产生内应力,使制件翘曲变形甚至开裂。不合理结构,如图 2-44(a)所示;合理结构,如图 2-44(b)所示。

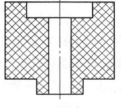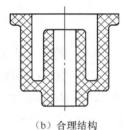

(a)不合理结构　　　(b)合理结构

图2-44　壁厚的均匀性

(3)圆角:塑件结构上无特殊要求时,转角应尽可能以半径为 0.5～1 mm 的圆角过渡,以避免出现清角(但在模具分型面处、型芯与型腔结合处或塑件使用性能上要求清角过渡时除外)。

(4)加强肋:加强肋能在不增加塑件壁厚的条件下提高塑件的刚度和强度,沿着料流方向的加强肋还能减小熔料的充模阻力。设置加强肋时,应尽量减少或避免塑料的局部集中,否则容易产生缩孔或气泡。形式较差,如图 2-45(a)所示;形式较好,如图 2-45(b)所示。

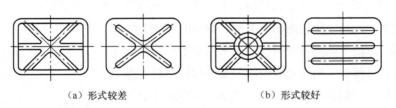

(a)形式较差　　　　　　　(b)形式较好

图2-45　加强肋的形式

(5)孔:塑件上各种形状的孔应尽可能开设在不减弱塑件机械强度的部位,其形状也应力求不使模具制造工艺复杂化。孔与孔之间、孔与边缘之间应有足够的壁厚。小直径孔的深度不宜过深,一般为孔径的 3～5 倍。

(6)起模斜度:为了便于起模,避免擦伤和拉毛,塑件上平行于起模方向的表面一般都应具有合理的起模斜度,如图 2-46 所示。塑件内孔的起模斜度常取 $40'$～$1°30'$,外形取 $20'$～$45'$,尺寸精度要求高的塑件应控制在公差范围之内,起模斜度的取向原则是:内孔以小端为准,符合图样要求,斜度由扩大方向获得;外形以大端为准,符合图样要求,斜

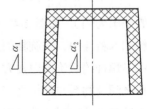

图2-46　起模斜度

度由缩小方向获得。

（7）嵌件：塑件中镶嵌的金属或其他材料制作的零件称为嵌件，如图2-47所示。嵌件除应保证能与塑件可靠连接外，还应便于嵌件在模具内固定，并能防止漏料或产生飞边。嵌件周围的塑料层应有足够的厚度，以防止因嵌件和塑料的收缩不同而产生的内应力使塑件开裂。

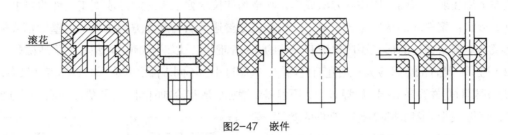

滚花

图2-47　嵌件

（8）花纹、标记和文字：塑件上的花纹、标记、文字应保证易于成形和起模，并且便于模具制造。

（9）螺纹：塑件上外螺纹的直径不宜小于4 mm，内螺纹的直径不宜小于2 mm，螺纹精度不高于IT8。塑料螺纹与金属螺纹的连接长度一般为螺纹直径的1.5～2倍。同一塑件上有两段同轴螺纹时，应使它们的螺距相等、旋向相同。

（10）尺寸精度：塑料收缩率的波动，成形工艺条件的变化，模具成形零件的制造精度、装配精度及磨损等都会影响塑件的精度。塑件的精度一般低于金属件切削加工的精度。塑件精度划分为1～8级，其中1级最高，8级最低。1～2级为精密技术级，只有在特殊条件下采用；7～8级的精度太低，一般也不用；常用的是3～6级。

2.2.3　挤出成形工艺

挤出成形工艺适用于所有热塑性塑料，也可用于部分热固性塑料的成形。例如聚氯乙烯、聚乙烯、聚丙烯、尼龙、ABS、聚碳酸酯、聚砜、聚甲醛等热塑性材料；还有酚醛、脲醛等热固性塑料。它主要用于生产管材、棒材、板材、片材、薄膜、电线电缆的涂层制件和异型材等连续的型材，还可以用于塑料的着色造粒、共混、中空制件型坯生产等，如图2-48所示。挤出成形在塑料成形加工工业中占有很重要的地位。

1．挤出成形原理及特点

（1）挤出成形原理：热塑性塑料的挤出成形原理（以管材的挤出为例），如图2-49所示。首先将粒状或粉状的热塑性塑料加入料斗中，在旋转的挤出机螺杆的作用下，加热的塑料通

图2-48　挤出成形的塑料制件

过沿螺杆的螺旋槽向前方输送。在此过程中，塑料不断地接受外加热和螺杆与物料之间、物料与物料之间及物料与料筒之间的剪切摩擦热，逐渐熔融呈黏流态，然后在挤压系统的作用下，塑料熔体通过具有一定形状的挤出模具（机头）口模以及一系列辅助装置（定形、冷却、牵引、切割等装置），

从而获得截面形状一定的塑料型材。

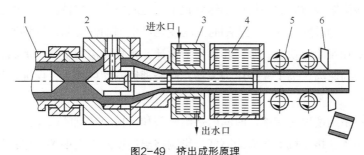

图2-49　挤出成形原理

1—挤出机料筒　2—机头　3—定径装置　4—冷却装置　5—牵引装置　6—切割装置

（2）挤出成形特点如下。

① 塑件的几何形状简单，横截面形状不变，模具结构简单，制造、维修方便。

② 连续成形，产量大，生产率高，成本低，经济效益显著。

③ 塑件内部组织均衡紧密，尺寸比较稳定、准确。

④ 适应性强，除氟塑料外，所有的热塑性塑料都可采用挤出成形，部分热固性塑料也可采用挤出成形。变更机头口模，产品的截面形状和尺寸可相应改变，这样就能生产出不同规格的各种塑料制件。挤出工艺所用设备结构简单，操作方便，应用广泛。

2. 挤出成形工艺过程

热塑性塑料挤出成形的工艺过程可分为塑化、成形和定形 3 个阶段。

（1）塑化：塑料原料在挤出机的机筒温度和螺杆的旋转压实及混合作用下，由粉状或粒状变成黏流态物质（常称干法塑化）或固体塑料，在机外溶解于有机溶剂中而成为黏流态物质（常称湿法塑化），然后加入到挤出机的料筒中。生产中，通常采用干法塑化方式。

（2）成形：黏流态塑料熔体在挤出机螺杆螺旋力的推挤作用下，通过具有一定形状的口模即可得到截面与口模形状一致的连续型材。

（3）定形：通过适当的处理方法（如定径处理、冷却处理等）使已挤出的塑料连续型材固化为塑料制件。

3. 挤出成形的工艺条件

挤出成形的工艺参数主要包括温度、压力、挤出速度和牵引速度等。

（1）温度：温度是挤出过程顺利进行的重要条件之一。挤出成形温度指塑料熔体的温度。该温度在很大程度上取决于料筒和螺杆的温度。在实际生产中，为了检测方便，经常用料筒温度近似表示成形温度。

在制件挤出成形的过程中，加料段的温度不宜过高，而压缩段和均化段的温度可适当取高一些。机头和口模温度相当于注射成形时的模具温度。通常，机头温度必须控制在塑料的热分解温度以下，而口模温度可比机头温度稍低一些，但应保证塑料熔体具有良好的流动性。

（2）压力：在挤出成形的过程中，由于料流的阻力、螺杆槽深度的变化及过滤板、过滤网和口模等产生阻碍，沿料筒轴线方向的塑料内部建立起了一定的压力。这种压力的建立是塑料得以成形制件的重要条件之一。和温度一样，压力随时间的变化产生周期性波动，这种波动会导致制件产生局部疏松、表面不平和弯曲等缺陷。螺杆和料筒的设计，螺杆转速的变化，加热与冷却系统的不稳定都是产生压力波动的原因。为了减少压力波动，应合理控制螺杆转速，保证加热和冷却装置的温控精度。

（3）挤出速度：挤出速度是指单位时间内挤出机头和口模中基础的塑化好的物料量或制件的长度。挤出速度的大小表征挤出机生产率的高低。影响挤出速度的因素很多，包括机头、螺杆、料筒结构、螺杆转速、加热冷却系统结构和塑料性能等。在挤出机结构、塑料品种、制件类型均已确定的情况下，调整螺杆转速是控制挤出速度的主要措施。

（4）牵引速度：挤出成形主要用于生产连续型材，所以必须设置牵引装置。从机头和口模中挤出的制件在牵引力的作用下产生拉伸取向。拉伸取向越高，制件沿取向方向的拉伸强度也越大，冷却后长度收缩也越大。通常，牵引速度要与挤出速度相适应。牵引速度与挤出速度的比值称为牵引比，其值必须大于或等于1。

2.3　模锻成形设备及工艺

在锻压生产中，将金属毛坯加热到一定温度后放在模膛内，利用锻锤压力使其发生塑性变形，充满模膛后形成与模膛相仿的制件零件，这种锻造方法称为模型锻造，简称模锻。

模锻是成批或大批量生产锻件的锻造方法。其特点是在锻压设备动力作用下，坯料在锻模模膛内被压塑性流动成形，得到比自由锻件质量更高的锻件。经模锻的工件，可获得良好的纤维组织，并且可以保证IT7～IT9级精度等级，有利于实现专业化和机械化生产。

模锻生产优缺点如下。

1. 优点

（1）可以锻造形状较复杂的锻件，尺寸精度较高，表面粗糙度较低。

（2）锻件的机械加工余量较小，材料利用率较高。

（3）可使流线分布更为合理，这样可进一步提高零件的使用寿命。

（4）操作简便，劳动强度较小。

（5）生产率较高、锻件成本低。

2. 缺点

（1）设备投资大、模具成本高。

（2）生产准备周期、尤其是锻模的制造周期都较长，只适合大批量生产。

（3）工艺灵活性不如自由锻。

2.3.1 模锻成形设备的分类、组成及工作原理

1. 模锻成形设备的分类

模锻生产中使用的锻压设备按其工作特性可以分为 5 大类：模锻锤类、螺旋压力机类、曲柄压力机类、轧锻压力机类和液压机类。表 2-13 为模锻设备分类及用途特点。

表 2-13 模锻设备分类及用途特点

类别	锻压设备的分类及名称			主要工艺用途或模锻工艺特点
锤类	模锻锤	有模砧锻座锤	蒸汽—空气模锻锤（简称模锻锤）	双作用锤用于多型槽多击模锻
			落锤（如夹板模锻锤）	单作用锤用于多型槽多击模锻，还可以用于冷校正
		无砧座蒸汽—空气模锻锤（简称无砧座锤）		主要用于单型槽多击模锻
		高速锤		主要用于单型槽单击闭式模锻
螺旋类压力机	摩擦螺旋压力机			主要用于单型槽多击模锻，以及冷热校正等
	液压螺旋锤			用于单型槽多击模锻
曲柄压力机类	热模锻曲柄压力机		楔形工作台式	用于 3～4 型槽的单击模锻，终锻应位于压力中心区
			楔式传动	用于 3～4 型槽的单击模锻，型槽可按工序顺序排列
	平锻机		垂直分模	用于 3～6 工步多型槽单击模锻，主要变形方式为局部镦粗和冲孔成形，多采用闭式模锻
			水平分模	
曲柄压力机类	径向旋转锻造机			专用于轴类锻件
	精压机			用于平面或曲面冷精压
	切边压机			用于模锻后切边、冷冲孔和冷剪切下料
	普通单点臂式压机			用于冷切边、冷冲孔和冷剪切下料
	型剪机			用于冷、热剪切下料
轧锻压力机类	纵向轧机	辊锻机		用于模锻前的制坯和模锻辊锻
		扩孔机		专用于环形锻件的扩孔
		四辊螺旋纵向轧机		专用于麻花钻头的生产
	横向轧机	二辊或三辊螺旋横轧机		专用于热轧齿轮和滚柱、滚珠、轴承环轧制
		三辊仿形横轧机		用于圆变断面轴杆零件或坯料的轧制
液压机类	模锻水压机	单向模锻水压机		用于单型槽模锻
		多向模锻水压机		用于单型槽多个分模面的多向镦粗、挤压和冲孔模锻
	油压机			可用于校正、切边和液态模锻等

2. 典型模锻成形设备的组成及工作原理

蒸汽—空气模锻锤。利用压力为（7～9）×10⁵Pa的蒸汽或压力为（6～8）×10⁵Pa的压缩空气为动力的锻锤称为蒸汽—空气锤，它是目前普通锻造车间常用的锻造设备。蒸汽—空气自由锻锤按用途不同分为自由锻锤和模锻锤两种；根据机架形式，可分为单柱式、拱式和桥式 3 种，如图 2-50 所示。

与空气锤一样，蒸汽—空气锤的工作能力以落下部分的质量表示，它一般在 500～5 000 kg 范围内。5 000 kg 以上的锻锤由锻造液压机代替，500 kg 以下的锻锤以空气锤工作。

目前，最大的蒸汽—空气模锻锤的落下部分质量可达 35 000 kg。我国生产的蒸汽—空气自由锻锤有 1 000kg、2 000kg、3 000kg、5 000 kg 4 种规格。

（1）蒸汽—空气模锻锤的组成：模锻锤是在蒸汽—空气自由锻锤的基础上发展而成的。由于多模腔锻造，常承受较大的偏心载荷和打击力，所以为满足模锻工艺的要求，模锻锤必须有足够的刚性。为能提高打击效率和消除震动，采用比其落下部分质量

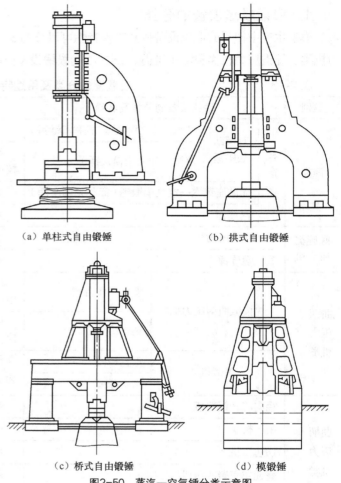

（a）单柱式自由锻锤　（b）拱式自由锻锤

（c）桥式自由锻锤　（d）模锻锤

图2-50　蒸汽—空气锤分类示意图

大 20～30 倍的砧座。因此，模锻锤在总体结构、操纵系统等方面与自由锻锤相比有较大区别。

如图 2-51 所示，蒸汽—空气模锻锤由汽缸（带打滑阀和节气阀）、落下部分（活塞、锤杆、锤头和上模块）、立柱、导轨、砧座和操纵机构等部分组成。

① 锤身部分，两侧立柱直接安装在砧座上，立柱上部与汽缸垫板和汽缸用 8 个带弹簧的螺栓连接，形成一个封闭的刚性机架。

在立柱内侧装有导轨，为提高锤头的导向精度和抗偏载能力，保持锤头在导轨内运动，设有长而坚固的可调导轨。汽缸垫板装配在立柱和汽缸之间，不但可以增加锤身的总体刚度，而且又能减少立柱对汽缸的冲击磨损。

由于模锻工艺需要，立柱与砧座的相对位置可通过横向调节楔来进行锤身的左右微调。立柱安放在砧座上，用 8 根带弹簧的强力拉紧螺栓联结在一起，与上部连接板构成一个封闭框架。锻造时，由于冲击力的作用，使立柱与砧座产生的间隙可通过螺栓下的弹簧所产生的侧向分力将立柱压紧在

砧座的配合面上，从而防止左右立柱卡住锤头。

② 汽缸部分，由汽缸、保险缸、节气阀和滑阀组成。因为模锻锤在工作中常受到偏心打击，汽缸壁受到撞击，所以要求汽缸具有一定强度刚度，因此，模锻锤汽缸体采用铸钢件。此外，为便于维修，在汽缸内镶有铸钢套。

由于模锻锤频繁的冲击，为避免操作不当或锤杆突然打断使活塞向上冲击，所以采用保险汽缸起到缓冲保险作用。其工作原理与自由锻锤相同。

汽缸底部安装锤杆密封装置用于防止汽缸的漏汽和漏水，结构与自由锻锤相似。

③ 运动部分（落下部分），由活塞、锤杆、锤头及上模组成。

锤头采用钢套、铜垫锥度配合，结构基本上与自由锻锤相同。活塞环材料由钢质改成四氟乙烯非金属材料制成，大大减小了对缸内腔的磨损，从而延长了汽缸的使用寿命。

④ 操纵部分，由曲杆、调节杆、脚踏板、杠杆组成。

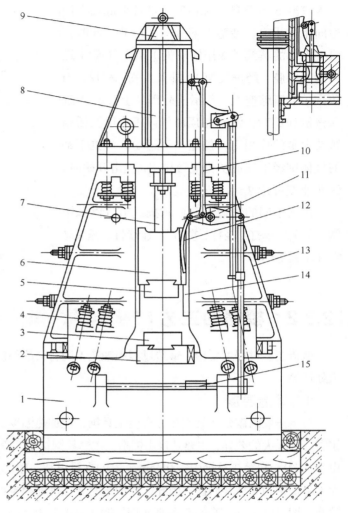

图2-51　蒸汽—空气模锻锤
1—砧座　2—模座　3—下模　4—弹簧　5—上模　6—锤头
7—锤杆　8—汽缸　9—保险缸　10—拉杆　11—杠杆
12—曲杆　13—立柱　14—导轨　15—脚踏板

为使锤头快速打击，达到与模锻操作正确的配合，锻造过程中由单人进行操作，操作工人用双手进行模锻工艺操作，同时用单脚控制锤头的工作循环。

⑤ 砧座部分，由砧座和模座组成。模锻锤的砧座上可安装 2～3 块模座、模套、接模等来固定下模。模锻锤砧座比同吨位自由锻锤的砧座要大得多，是落下部分重量的 20～30 倍，不但提高了打击效率，而且大大减少了打击时砧座的退让，从而保证了锻件的轮廓清晰，以便获得比较精确的锻件。

（2）蒸汽—空气模锻锤工作原理：各种不同用途和结构形式的蒸汽—空气锤，其工作原理都相似。

如图 2-52 所示，当蒸汽或压缩空气充入进气管 1 经节气阀 2、滑阀 3 的外周和下气道 4 时，

进入汽缸 5 的下部，在活塞下部环形底面上产生向下作用力，使落下部分向上运动。此时，汽缸上部的蒸汽（或压缩空气）从上气道 4 进入滑阀内腔，经排气管 10 排入大气。相反，当蒸汽（或压缩空气）经滑阀外周从上气道 4 进入汽缸顶部时，活塞在顶面气体压力以及活塞锤头自重的作用下，加速向下运动。汽缸下部的气体则经下气道从排气管排出。锤击开始时，锤头速度可达 7～8 m/s。

根据不同的锻造工艺要求操纵节气阀和滑阀，可实现单打（轻打、重打）、连续打、锤头悬空和压紧等动作。

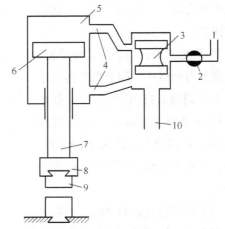

图2-52 蒸汽—空气模锻锤工作原理
1—进气管 2—节气阀 3—滑阀 4—上、下气道
5—汽缸 6—活塞锤头 7—锤杆 8—锤头
9—上砧 10—排气管

2.3.2 模锻的工艺

锻造工艺过程主要指在锻造过程中锻造不同材料的始锻温度、终锻温度、锻造方法和锻件的退火处理等。

1. 锻造温度

对于一般的碳素工具钢和低合金工具钢，在加热温度上没有特殊的要求，其锻造与一般的结构钢锻造并无大的差异，主要是自由锻造。在模具钢材中，锻造时比较难以掌握的是高铬钢和高速钢。由于 Crl2MoV 等工具钢中碳和合金元素的含量很高与碳化物的大量存在，这给锻造造成了困难，会大大降低钢的塑性和韧性。因此，在锻造时要正确地控制锻造温度。碳素工具钢和低合金工具钢的锻造温度见表 2-14。高铬钢和高速钢的锻造温度见表 2-15。

表 2-14　碳素工具钢、低合金工具钢的锻造温度

材料牌号	锻造温度 t_0/℃	
	始锻	终锻
T8，T8A	1 150	800
T10，T10A	1 100	770
T12，T12A	1 050	750
9Mn2V，9SiCr，CrWMn	1 100	800
CCr15	1 080	800
5CrMnMo，5CrNiMo	1 100	850
3Cr2W8V	1 100	850

表 2-15　高铬钢、高速钢的锻造温度

材料牌号	锻造温度 t_0/℃	
	始锻	终锻
Crl2	1 050～1 080	850～920
Cr12MoV	1 050～1 100	850～900
W6Mo5Cr4V2	1 050～1 100	920～950
W18Cr4V	1 100～1 150	880～930

2. 锻造方法

碳素工具钢和低合金工具钢的锻造方法与高铬钢、高速钢的锻造方法基本相同，均采用多次镦粗、拔长的方法达到所要求的形状和尺寸。对于高速钢和高铬钢，经锻造可以达到改善碳化物分布的不均匀性，从而提高零件的工艺性和使用寿命。有的零件在锻造时，还要求具有一定的纤维方向，以提高某一方向的强度。目前，在锻造时一般采用以下方法。

（1）纵向锻造法：此法是沿着坯料的轴向镦粗、拔长。其优点是操作方便，流线方向容易掌握，纵向镦粗、拔长能有效地改善碳化物的分布状况。但镦粗、拔长次数多容易使两端开裂。对于纵向镦粗、拔长的工艺，如图 2-53 所示。锻坯按图 2-53 进行反复镦粗、拔长多次，最后按锻件图的要求成形。

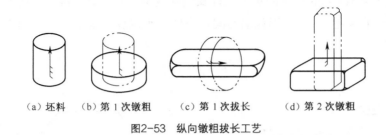

（a）坯料　（b）第 1 次镦粗　（c）第 1 次拔长　（d）第 2 次镦粗

图2-53　纵向镦粗拔长工艺

（2）横向锻造法：此方法就是变向的镦拔。其中横向十字镦粗拔长（包括十字、双十字镦拔）是将锻坯顺着轴线方向镦粗后，再沿着轴线的垂直方向进行十字形地反复镦拔的一种锻造方法。横向镦粗拔长工艺，如图 2-54 所示。

此法的优点是锻坯中心部分金属流动不大，反复镦粗拔长多次而中心不易开裂，能较好地改善碳化物分布状况。在锻造过程中，应注意锻件的流线方向，原来的坯料中心，已转变为锻坯的横截面。为了保证锻坯反复镦粗拔长多次，仍使材料轴线方向不乱不错，在锻造过程中，需经常保持锻坯成扁方形，最后，按锻件图要求锻造成形。

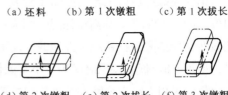

（a）坯料　（b）第 1 次镦粗　（c）第 1 次拔长

（d）第 2 次镦粗　（e）第 2 次拔长　（f）第 3 次镦粗

图2-54　横向镦粗拔长工艺

（3）综合锻造法：纵向（顺向）镦拔虽能有效地改善碳化物分布状况，但锻件中心较易开裂，而横向锻造虽不易使锻件开裂，但对改善碳化物分布的效果较差。因此，将每一次锻造中均包括纵向镦拔和横向镦拔（一或十字）的锻造方法，称为综合锻造法。因为此法保留了横向十字镦拔而坯料中心不容易开裂和纵向镦拔能改善碳化物分布的优点，所以广泛地应用于模具零件的锻造。

3. 锻件的退火

锻造结束后，由于锻件的终锻温度比较高，或者随后的冷却不均匀，锻件会得到粗大的不均匀组织，并可能产生极大的内应力，使材料的力学性能变坏；同时，也降低了冷加工性能（如切削加工性、冲压性等）。因此，对锻件要进行退火处理，使其组织细化、消除内应力，可以改善切削加工性能。

各种模具的锻件，应有一定的退火工艺规范，以期达到所要求的硬度和金相组织。按照锻件钢种的不同，一般可将其退火工艺分为 3 类。

第 1 类锻件的退火工艺，如图 2-55 所示，它适用于高铬钢和高速钢，如 Crl2、Crl2MoV、W18Cr4V、W9Cr4V2、W6MoSCr4V2、W6MoSCr4V2A1、W14Cr4V4、3Cr2W8V 等。对于含钼高速钢装料后，应进行封闭退火，即用废铸铁屑、干砂进行保护。

第 2 类锻件的退火工艺，如图 2-56 所示，它适用于一般低合金工具钢，如 GCrl5、CrMn、CrWMn、9CrWMn、7Cr3、8Cr3 以及配套零件坯料，4CrW2Si、5CrW2Si、6CrW2Si、5CrNiMo 和 5CrMnMo 等。一般直径或厚度 100 mm 以下的小型锻件及装载量不大时，其高温保温时间采用 3 h。锻件较大及其装载量大的采用 5 h。低温保温时间：小件、小装载量采用 3 h；大件、装载量大的采用 6 h。

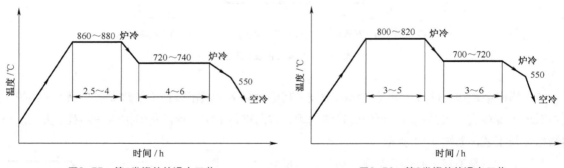

图2-55　第1类锻件的退火工艺　　　　　图2-56　第2类锻件的退火工艺

第 3 类锻件退火工艺，如图 2-57 所示，它适用于各类工具钢，如 T7、T7A、T8、T8A、T10、T10A 和 9Mn2V 等。其高温保温时间为：小型锻件、小装载量采用 3 h；大型锻件及重载量，采用 5 h。低温保温时间为：小型锻件、小装载量采用 3 h；大型锻件及重装载量采用 6 h。

第 2 类、第 3 类退火适用的锻件，除特殊需要外，一般均不采用封闭保护措施。对于不宜采用上述 3 类退火工艺的锻件，特别是极易脱碳的小截面锻件，应根据材料的不同，另制定退火工艺和采取保护措施，达到软化组织、消除内应力的目的。

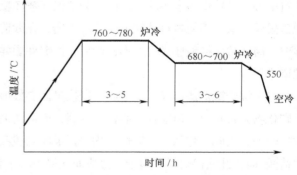

图2-57　第3类锻件的退火工艺

2.4　压铸成形设备及工艺

　　压铸即压力铸造，是将熔融合金在高压、高速条件下充填型腔，并在高压下冷却凝固成形的一种精密铸造方法。用压铸成形获得的制件称为压铸件，简称铸件。

　　由于压铸时熔融合金在高压、高速下充填，冷却速度快，因此有以下优点。

　　（1）压铸件的尺寸精度和表面质量高。

　　（2）压铸件组织细密，硬度和强度高。

　　（3）可以成形薄壁、形状复杂的压铸件。

　　（4）生产效率高、易实现机械化和自动化。

　　（5）可采用镶铸法简化装配和制造工艺。

　　尽管压铸有以上优点，但也存在一些缺点：压铸件易出现气孔和缩松；压铸合金的种类受到限制；压铸模和压铸机成本高、投资大，不宜小批量生产等。

2.4.1　常用压铸成形设备

　　压铸机是压铸生产的专用设备，压铸过程只有通过压铸机才能实现。

1. 压铸机的基本组成

　　压铸机主要由合模机构、压射机构、液压及电器控制系统、基座等部分组成，如图 2-58 所示。

　　（1）合模机构：开、合模及锁模机构统称为合模机构，其作用是实现压铸模的开、合动作，并保证在压射过程中模具可靠地锁紧、开模时推出压铸件。

　　（2）压射机构：压射机构是将熔融合金推进模具型腔填充成形为压铸件的机构，是实现压铸工艺的关键部分。

　　（3）液压及电器控制系统：其作用是保证压铸机按预定的工艺过程要求及动作顺序，准确、有效地工作。

　　（4）基座：基座支撑压铸机以上各部分的部件，是压铸机的基础部件。

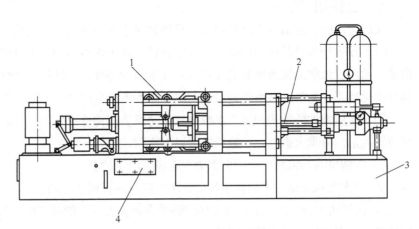

图2-58　压铸机组成图
1—合模机构　2—压射机构　3—基座　4—控制系统

2. 压铸机的分类

压铸机的分类见表2-16。

表2-16　　　　　　　　　　　　压铸机的分类

分 类 特 征	基本结构方式
压室浇注方式	1. 冷室压铸机（包括冷室位于模具分型面的）； 2. 热室压铸机（活塞式和气压式）
压室的结构和布置方式	1. 卧式压室压铸机；2. 立式压室压铸机
总体结构	1. 卧式合模压铸机；2. 立式合模压铸机
功率（机器锁模力）	1. 小型压铸机（热室 < 630 kN，冷室 < 2 500 kN）； 2. 中型压铸机（热室 630～4 000 kN，冷室 2 500～6 300 kN）； 3. 大型压铸机（热室 > 4 000 kN，冷室 > 6 300 kN）
通用程度	1. 通用压铸机；2. 专用压铸机
自动化程度	1. 半自动压铸机；2. 全自动压铸机

3. 压铸机的型号和主要技术参数

（1）压铸机的型号：目前，国产压铸机已经标准化，其型号主要反映了压铸机类型和锁模力大小等基本参数。例如 J1113C 各符号意义如下：J——类别号（机械类压力机）；1——列别代号；1——组别代号；13——主要参数合模力（合型力）为 1 250 kN；C——结构性能改进设计序号。

在国产压铸机型号中，普遍采用的主要有 J213B、J1113C、J113A、J16D、J163 等型号。

（2）压铸机的主要技术参数：压铸机的主要技术参数已经标准化，在产品说明书上均可查到。主要参数有锁模力、压射力、压室直径、压射比压、压射位置、压室内合金的最大容量、开模行程及模具安装用螺孔位置尺寸等。

4. 压铸机的选用

实际生产中，应根据产品的要求和具体情况选择压铸机。一般从以下两个方面进行考虑。

（1）按生产规模及压铸件品种选择压铸机。在组织多品种、小批量生产时，一般选用液压系统简单、适应性强和能快速调整的压铸机；在组织少品种、大批量生产时，则应选用配备各种机械化和自动化控制机构的高效率压铸机；对单一品种大量生产时，可选用专用压铸机。

（2）按压铸件的结构和工艺参数选择压铸机。压铸件的外形尺寸、质量、壁厚以及工艺参数对压铸机的选用有重大影响。一般应遵循以下原则。

① 压铸机的锁模力应大于胀型力在合模方向上的合力。

② 每次浇入压室中熔融合金的质量不应超过压铸机压室的额定容量。

③ 压铸机的开、合模距离应能保证铸件在合模方向上能获得所需尺寸，并在开模后能顺利地从压铸模上取出铸件和浇注系统凝料。

④ 压铸机的模板尺寸应能满足压铸模的正确安装。

2.4.2 压铸的工艺

1. 压铸件的结构工艺性

（1）结构形状：压铸件的结构形状应力求简单，以简化模具结构，其中尤其要注意消除无法或难以进行侧向抽芯的内部侧凹，避免侧向型芯和固定型芯相互交叉，尽量减少需要侧向抽芯的部位。

（2）壁厚：压铸件壁厚过薄会在压铸成形时造成熔接不良、填充不良、表面缺陷增多等不足，而过厚又会产生内部气孔、缩孔和冷金属堆聚等缺陷。压铸件的最小壁厚与合金种类、压铸件结构和大小、压铸工艺条件等因素有关，表 2-17 为一般工艺条件下压铸件最小壁厚的推荐值。压铸件在工艺上的最大壁厚目前尚无明确规定，一般对中小型压铸件以不大于 5mm 为宜。压铸件上的壁厚应厚薄均匀，否则会因合金液凝固速率不同而产生收缩变形。

表 2-17　　　　　　　　　　　　压铸件最小壁厚推荐值

压铸件面积 /mm²	锌合金	铝合金 镁合金	铜合金	压铸件面积 /mm²	锌合金	铝合金 镁合金	铜合金
<2 500	0.7～1.0	0.8～1.2	1.5～2.0	10 000～40 000	1.6～2.0	1.8～2.5	2.5～3.0
2 500～10 000	1.0～1.6	1.2～1.8	2.0～2.5	>40 000	2.0～2.5	2.5～3.0	3.0～3.5

（3）起模斜度：适宜的起模斜度不仅便于压铸件起模，而且有利于延长模具寿命，防止压铸件表面拉伤。压铸件有配合要求的外表面的最小起模斜度可按合金材料选取：锌合金为 10'，铝合金和镁合金为 15'，铜合金为 30'；内表面的最小起模斜度应比外表面增加一倍。压铸件结构允许或非配合表面的起模斜度可适当增加。

（4）圆角：压铸件上除分型面部位之外的转角都应设计成圆角，以便合金液流动成形，减少涡流，同时又能避免压铸件在尖角处产生应力集中而开裂。锌合金、铝合金、镁合金压铸件的最小圆角半径取 $R = 1$ mm，铜合金取 $R = 2$ mm。结构允许时，压铸件圆角半径可按下式计算：

$$R = \frac{1}{4} \sim \frac{1}{3}(t_1 + t_2)$$

式中：R——转角内壁圆角半径；t_1、t_2——转角两侧的壁厚，mm。

（5）孔：压铸件上的孔径不宜过小，并且孔深与孔径的比例不能太大，这是因为细而长的型芯在合金液充填时的冲击或冷却时的包紧力作用下会弯曲或折断。最小孔径、孔深与孔径的最大比值参见表 2-18。

表 2-18　　　　　　　　　　最小孔径、孔深与孔径的最大比值

合金种类	最小孔径/mm	孔深与孔径之比			
		通　孔		盲　孔	
		孔径 <5 mm	孔径 >5 mm	孔径 <5 mm	孔径 >5 mm
锌合金	1	8	8	4	4
铝合金	2.5	5	7	3	4
镁合金	2	6	8	3	4
铜合金	3	4	6	2	3

压铸件的长方形孔和槽也应控制其最小宽度和最大深度。

（6）图案及文字标志：压铸件上的图案、文字应凸出压铸件表面 0.3～0.5 mm，线条宽度应大于凸出高度的 1.5 倍，线条间最小距离为 0.3 mm，起模斜度为 10°～15°。文字一般不应小于 5 号字体。

（7）螺纹和齿轮：压铸件上的内螺纹一般仅铸出底孔，压铸后用机械加工方法加工出螺纹，有时对于锌合金件上大于或等于 10 mm 的内螺纹，铝合金、镁合金件上大于或等于 16 mm 的内螺纹也可以直接铸出。压铸外螺纹时最好留有 0.2～0.3 mm 的机械加工余量，外螺纹直径一般不宜小于 6 mm，采用螺纹型环成形时不宜小于 12 mm。螺纹的最小螺距：锌合金件为 0.75 mm；镁合金、铝合金件为 1 mm；铜合金件为 1.5 mm。

压铸齿轮的最小模数：锌合金件为 0.3；铝合金件、镁合金件为 0.5；铜合金件为 1.5。精度要求高的齿轮应在齿面留有 0.2～0.3 mm 的机械加工余量。

（8）嵌件：压铸件上也可以镶嵌入嵌件，但应注意：嵌件上被合金包紧部分不允许有尖角；应采用滚花、割槽、压扁等方式使其嵌在压铸件上被可靠固定；嵌件结构应有利于其在模具中的固定；嵌件周围应有足够壁厚的合金。

2. 尺寸精度

压铸件上的自由公差按 IT14 取值，要求较高的尺寸可取 IT13～IT11，在较高的工艺技术条件下，铝合金、镁合金压铸件的尺寸精度可达 IT10，锌合金压铸件为 IT9～IT8。

3. 机械加工余量

压铸件的表层材料质地致密，内部组织比较疏松，因而在压铸后应尽量避免再作机械加工。部分表面达不到要求而需机械加工时，应尽可能取较小的加工余量。一般表面的机械加工余量应控制在 0.3～0.5 mm，最大为 0.8～1.2 mm。铰孔的余量常取 0.15～0.25 mm。

4. 压铸工艺

压铸生产中影响熔融合金充型的主要工艺参数是压力、速度、温度和时间等，只有对这些工艺参数进行正确选择和调整，才能保证在其他条件良好的情况下，生产出合格的压铸件。

（1）压力

① 压射力：压铸机压射缸内的工作液作用于压射冲头使其推动熔融合金充填模具型腔的力，称为压射力，它反映压铸机的功率大小。压射力的计算式为：

$$F = \frac{P'\pi d^2}{4}$$

式中：F——压射力（N）；P'——压射缸内工作液的压力（MPa）；d——压射冲头直径（mm）。

② 压射比压：压射比压是指压射冲头作用于熔融合金单位面积上的压力。其计算式为：

$$p = \frac{F}{A} = \frac{4F}{\pi d^2}$$

式中：p——压射比压（MPa）；A——压射冲头截面积（mm²）；F——压射力（N）；d——压射冲头直径（mm）。

通常把填充阶段的比压称填充比压，充型结束时的比压称压射比压。选择比压时，应根据压铸件的强度、致密性和壁厚等确定。一般压铸件要求强度越高，致密性越好，比压就越大；

对薄壁压铸件因充型困难，填充比压就要大些；对厚壁压铸件因凝固时间长，故填充比压可小些，但压射比压要大。值得注意的是，由于比压过高会使模具受到熔融合金的强烈冲刷和增加粘模的可能性，降低模具寿命，且模具易胀开。因此，一般在保证压铸件成形和使用要求的前提下，应选用较低的比压（一般比压为 30～90 MPa）。调整压射力和压射冲头直径可调节比压大小。

③ 胀型力：由于压射比压的作用，使正在凝固的熔融合金将压射比压传递给型腔壁面的压力称为胀型力。其计算式为：

$$F_Z = pA$$

式中：F_Z——胀型力（N）；p——压射比压（MPa）；A——压铸件、浇口和排溢系统在分型面上的投影面积总和（mm^2）。

（2）速度

① 压射速度：压射速度指压室内压射冲头推动金属液的移动速度，分为高速和低速两个阶段。通过压铸机压射速度调节阀可实现无级调速。压射速度一般为 0.3～5 m/s。

② 充填速度：充填速度指熔融合金在压射冲头作用下通过内浇口进入型腔时的线速度，也称内浇口速度。充填速度偏低，会使铸件轮廓不清晰，甚至不能成形；充填速度偏高，会使铸件质量和模具寿命降低。选择充填速度时，应根据铸件大小、复杂程度、合金种类来确定。对壁厚或内部质量要求较高的铸件，应选择较低的充填速度和较高的压射比压；对于薄壁、形状复杂或表面质量要求较高的铸件，应选择较高的充填速度和较高的压射比压。一般充填速度为 10～35 m/s。调整充填速度的主要方法是调整压射速度、改变比压和调整内浇口的截面积。

（3）温度

① 浇注温度：浇注温度指熔融合金自压室进入型腔时的平均温度，通常用保温炉内的熔融合金温度表示。浇注温度过高，合金收缩大，铸件易产生变形和裂纹，且易黏模；浇注温度过低，充型困难，铸件易产生冷隔、表面流纹和浇不足等缺陷。

选择各种合金的浇注温度要根据铸件壁厚和复杂程度来确定。对结构复杂、薄壁的铸件，应选择较高的浇注温度，一般为 700℃～970℃；对结构简单、厚壁的铸件，应选择较低的浇注温度，一般为 690℃～920℃。

② 模具温度：模具温度指模具的工作温度，压铸模在压铸前要预热到一定的温度。预热的作用如下。

i 避免熔融合金因激冷而充型困难或产生冷隔或因线收缩加大而使铸件开裂。

ii 避免模具因激热而胀裂。

iii 调整模具滑动配合间隙，以防合金液穿入。

iv 降低型腔中的气体密度，有利于排气。

压铸模的预热，一般可采用煤气喷烧、喷灯、电热器和感应加热。

在连续生产中，压铸模的温度往往会不断升高。模具温度过高，易产生粘模，导致铸件推出变形，模具局部卡死甚至损坏。因此，当压铸模温度过高时，应采用冷却措施控制其温度。通常用压缩空气或水冷却。模具工作温度按下列经验公式计算：

$$t_m = \frac{1}{3}t_j \pm 25$$

式中：t_m——压铸模工作温度（℃）；t_j——合金浇注温度（℃）。

（4）时间

① 充填时间：充填时间指熔融合金自开始进入模具型腔到充满型腔所需的时间。充填时间的长短取决于铸件体积和复杂程度。体积大而形状简单的铸件，充填时间应长些；体积小而形状复杂的铸件，充填时间应短些；如只要求压铸件表面粗糙度值低，则应快速填充，如只要求卷入压铸件内的气体少，则应慢速填充。不论合金的种类和压铸件的形状如何，填充时间都很短。

② 保压时间：保压时间指熔融合金从充满型腔到内浇口完全凝固之前，冲头压力所持续的时间。保压时间的作用一方面是加强补缩，另一方面可使组织更致密。

保压时间的长短取决于铸件的材质和壁厚。对于熔点高、结晶温度范围大的厚壁铸件，保压时间应长些；而对熔点低、结晶温度范围小的薄壁铸件，保压时间可以短些。保压时间一般为1～2 s，对结晶温度范围大和厚壁铸件，保压时间为2～3 s。

③ 留模时间：留模时间指保压时间终了到开模推出铸件的时间。留模时间以推出铸件不变形、不开裂的最短时间为宜。一般合金收缩率大、强度高、压铸件壁薄、模具热容量大、散热快，留模时间应短些，一般为5～15 s；反之应长些，一般为20～30 s。

（5）涂料

压铸过程中，对模具型腔与型芯表面、滑动块、推出元件、压铸机的冲头和压室等所喷涂的滑润材料和稀释剂的混合物，统称为压铸涂料。

① 涂料的作用：

i 改善模具工作条件。涂料可避免熔融合金直接冲刷型腔和型芯表面；

ii 改善成形条件，降低模具热导率，保持合金的流动性；

iii 提高铸件质量和延长模具寿命，减少铸件与模具成形部分的摩擦，并防止粘模（对铝合金而言）。

但必须注意的是，涂料使用不当会导致铸件产生气孔和夹渣等缺陷。

② 涂料的种类：压铸用涂料的种类很多，常用的涂料和配方有胶体石墨（油剂）、天然蜂蜡、氟化钠（3%～5%）和水（97%～90%）、石墨（5%～10%）和全损耗系统用油（95%～90%）、锭子油（30#、50#）、聚乙烯（3%～5%）和煤油（97%～95%）、黄血盐等。

③ 涂料的使用要求：

i 用量要适当，避免厚薄不均或过厚；

ii 合模浇注前，必须挥发掉涂料中的稀释剂；

iii 避免涂料堵塞排气槽；

iv 在型腔转折、凹角部位不应有涂料沉积。

粉末冶金成形设备及工艺简介

粉末冶金既是制取金属材料的一种冶金方法，又是制造机械零件的一种加工方法。作为特殊的冶金工艺，可以制取用普通熔炼方法难以制取的特殊材料；作为少、无切削工艺之一，可以制造各种精密的机械零件。

粉末冶金从制取金属粉末开始，将金属粉末与金属或非金属粉末（或纤维）混合，经过成形、烧结、制成粉末冶金制件——材料或零件。根据需要，对粉末冶金制件还可进行各种后续处理，如熔浸、二次压制、二次烧结和热处理、表面处理等工序。此外，当制造复杂形状零件时，可以采用金属注射成形（MIM）、温压工艺；当制造大型和特殊制件时，可以采用挤压成形、等静压制、热压制、电火花烧结；对于带材，还可以采用粉末压制。

2.5.1 粉末冶金材料特点

粉末冶金工艺之所以能够在机械制造、汽车、电器、航空等工业中获得广泛的应用，主要是基于这种工艺的如下特点。

（1）可制取合金与假合金，发挥每种组元各自的特性，使材料具有良好的综合性能。由于各组元密度或熔点相差悬殊，用熔炼方法制取时，易产生偏析或低熔点组元大量挥发等问题，以致难以制成。粉末冶金采用混料方法，材料成分均匀，烧结温度低于熔炼温度，基体金属不熔化，防止密度偏析。低熔点组元的液相，被均匀地吸附在多孔基体骨架内，不致大量流失，常见的多组元材料有如下几类。

① 铁基、铜基结构零件材料：当选用较高的密度时，其力学性能与碳钢相当。

② 摩擦材料：以金属组元作基体（如铁、铜），加入提高摩擦系数的非金属组元（如氧化铝、二氧化硅、铸石粉）以及抗咬合、提高耐磨性能的润滑组元（如铅、锡、石墨），制成有良好综合性能的摩擦材料，用作动力机械的离合器片和制动片。

③ 电工触头材料：将高熔点的组元作为耐电弧的基体（如钨、石墨），加入电导率高的组元（如铜、银），做成有良好综合性能的触头材料，用于电器开关中的触头。

④ 烧结铜铅减磨材料：用预合金铜铅粉或混合粉，经松装烧结到钢背上并压制，或经压制成形并加压烧结扩散焊接到钢件上，制成双金属轴瓦、侧板和柱塞泵缸体，可显著减少材料中铅的偏析，提高材料的减磨性能。

⑤ 金刚石—金属工具：用金属粉末（如钴、镍、铜、铁、钨或碳化钨等）作为胎体，孕镶金刚石颗粒或粉末，做成各种金刚石工具。

⑥ 纤维增强复合材料：用金属纤维、碳纤维、单晶等与金属粉末混合后，经成形（压制或轧制）、烧结制成复合材料，使材料的强度及耐磨性显著提高。

（2）可制取多孔材料：熔炼材料通常是致密的，有时存在不可控制的气孔、缩孔，它们是材料的缺陷，无法利用。而粉末冶金工艺制造的零件材料，基体粉末不熔化，粉末颗粒间的孔隙可以留在材料中，且分布较均匀。通过控制粉末粒度和颗粒形状、成形压力及烧结工艺，可获得预定的孔隙大小及孔隙度的多孔材料。

① 过滤材料：利用预定孔径及孔隙度的多孔材料，过滤各种流体，根据过滤介质的要求，选用不同的金属粉末。常用的有青铜、不锈钢、镍、钛等多孔金属过滤元件。

② 热沉材料：利用材料孔隙，从零件内部连续渗透冷却液体，或事先渗入低熔点金属，在高温工作条件下，渗入的液体或低熔点金属从零件表面蒸发，带走大量热量，以冷却高熔点基体材料制成的零件，这类材料可用作燃气轮机叶片、钨浸铜火箭喷管等。

③ 减摩材料：利用孔隙浸渍润滑油、硫或聚四氟乙烯，做成有良好自润滑性能的材料，如含油轴承及金属塑料轴承、密封环、活塞环、导向环等。

此外，利用孔隙还可制成减振、消声、绝热、阻焰、催化等材料。

（3）可制取硬质合金和难熔金属材料：钨、钼、钽、铌、锆、钛及其碳化物、氮化物等材料的熔点一般在1 800℃以上，用熔炼方法，会遇到熔化和制备炉衬材料困难。用粉末冶金工艺，可利用压坯自身电阻加热，在真空或保护气氛中烧结，避免了制备耐高温炉衬材料的困难。因此，粉末冶金工艺是制取难熔金属及合金的最佳方法。

① 硬质合金：用高熔点、高硬度的钨、钛、钽、铌的碳化物为基体，用钴、镍、铁等作粘结相，做成各种牌号的硬质合金，用作刀具、模具、凿岩工具及耐磨零件等。

② 难熔金属材料：钨、钼材料可做电热元件、极板及耐高温材料。利用钨的高密度，可做自动手表中的摆锤、手机中的振子等高密度制件。利用钽的大电容量，可做成体积小、电熔量大的电熔器。

（4）一种精密的，少、无切削加工方法：用粉末冶金方法来制造机械零件，在材料性能符合使用要求的同时，制件的形状和尺寸已达到或接近最终成品的要求，无须或只需少量切削加工。与切削加工工艺相比，粉末冶金工艺优点如下。

① 生产效率高：一台粉末冶金专用压机，班产量通常为1 000～10 000件。

② 材料利用率高：通常材料利用率在90%以上。

③ 节约有色金属：在减磨材料领域里，相当多的情况下，多孔铁可取代青铜及巴氏合金。

④ 节省机床：节约切削加工机床及其占地面积。

2.5.2 粉末冶金成形过程

粉末冶金并不是一种制件，而是一门制造金属制件的技术。用粉末冶金制造金属制件的过程，如图2-59所示。

粉末冶金的基本工序是：粉末制造、成形、烧结及烧结后的加工处理。有时要增加熔浸、二次压制和二次烧结等工序。此外，有时还采取一些特殊方法，如制造大型和特殊制件时，采用挤压成形、等静压制、热压制、火花烧结；对于带材，采用粉末压制等。

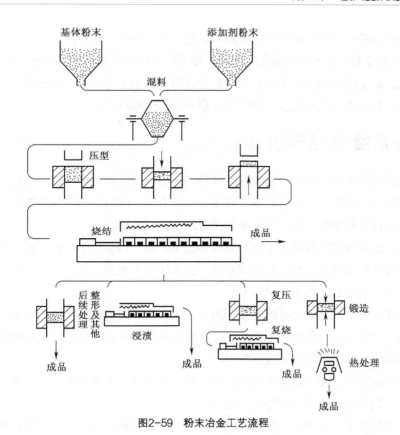

图2-59 粉末冶金工艺流程

2.5.3 粉末冶金制件的种类

粉末冶金制件种类很多，在此仅介绍机械制造工业中常用的几个品种，如减磨零件、结构零件、摩擦零件、过滤零件、磁性零件和电触头等。

（1）减磨零件：粉末冶金的减磨零件主要有两大类，一类是自润滑轴承，如使用最广泛的是铁基和铜基含油轴承；另一类是需要外界润滑的轴承，如带钢背的铜铅轴瓦、钢背—铜镍—巴氏合金的三金属轴瓦，以及纯铁硫化处理的轴承等。

（2）结构零件：粉末冶金的结构零件分为两大类，一类是铁基的烧结零件，它的应用最广，近来由于工艺上的改进和发展，出现了取代中高强度钢制的零件；另一类是有色金属的结构零件，如黄铜、青铜和铝合金的制件等。

（3）摩擦零件：粉末冶金的摩擦零件有铁基和铜基的两类。铜基的主要用于液体摩擦的条件，铁基的主要用于干摩擦的条件。

（4）过滤零件：粉末冶金的过滤零件可由铁、镍、镍铬合金、不锈钢、钛、青铜等材料来制造，其中铁、镍、青铜及不锈钢的过滤零件应用最广。

（5）磁性零件：用粉末冶金制造的磁性零件有软磁零件、硬磁零件和磁介质3类。

软磁零件可由纯铁、铁铜磷钼、铁硅、铁镍及铁铝合金等材料烧结。硬磁零件由铝镍钴合金等

烧结。磁介质零件由软磁材料与电介质组合物制成的制件，如铝硅铁粉芯。

（6）电触头：由于粉末冶金可将高熔点的钨、钼及碳化物与电导率高的易熔金属银铜结合起来，制成兼有高强度、耐电蚀及高电导率的复合烧结合金触头，用于大电流高压电路的开闭设备中。烧结的银—氧化镉、银—铁触头在低压电器与弱电设备中也得到广泛应用。

2.5.4　粉末冶金成形设备

由于粉末冶金制件的材料成分、几何形状和物理—力学性能的多种多样，因此，除单轴向刚性闭合模具压制成形外，还有冷或热等静压、挤压、粉末锻造、注射成形等成形工艺。但目前生产量最大的粉末冶金机械零件仍然是用单轴向刚性闭合模具压制成形的。

粉末成形压机及其模架不仅应用于以结构零件为主的铁、铜基粉末冶金机械零件的生产，而且也应用于压制成形铁氧体磁性元件、精密陶瓷件，以及硬质合金制件等。在生产中，除粉末成形压机外还有精整压机，其结构比粉末压机简单。

在进行模具设计时，应对所选择的（使用的）粉末成形设备的性能、结构有所了解，因为它直接影响粉末成形（精整）的模具结构方案的确定。粉末成形设备通常是由机械和液压驱动的，故分为机械式粉末成形压机和液压式粉末成形压机。

随着生产技术的发展，粉末成形压机已作为一种专用设备，并逐渐增加了一些任选附件（模架等）或附属装置（模架快速交换装置等）供选用。

专用的粉末成形压机功能齐全，但价格较昂贵。对一些形状简单，精度不高的粉末冶金件的成形（精整），可通过对普通可倾压力机（冲床）、框式（四柱）液压机进行自动化改造，亦能达到较好的技术经济效果。

本章小结

冲压工艺与模具、冲压设备和冲压材料构成冲压的三要素。

冲压除有冲裁、弯曲、拉深和挤压等基本冲压方法外，还有翻孔、翻边、胀形、缩口、整形和校平等成形工艺。

塑料的工艺性能体现了塑料的成形特性，包括流动性、收缩性、结晶性、吸水性、固化速度、比容和压缩比、挥发物含量等。

锻造工艺过程主要指在锻造过程中锻造不同材料的始锻温度、终锻温度、锻造方法和锻件的退火处理等。

粉末冶金从制取金属粉末开始，将金属粉末与金属或非金属粉末（或纤维）混合，经过成形、烧结、制成粉末冶金制件—材料或零件。

一、填空题

1.　_____、_____和_____构成冲压的三要素。

2.　曲柄压力机一般由_____、_____、_____、_____和_____组成。

3.　_____是压力机的主要技术参数。

4.　从力学变形的角度看，冲裁过程经历了_____、_____和_____。

5.　冲裁件的工艺性是指冲裁件的_____、_____、_____等在冲裁时的难易程度。

6.　_____的大小将直接影响弯曲件的精度。

7.　冷挤压件的变形程度用_____表示。

8.　模锻生产中使用的锻压设备按其工作特性可以分为 5 大类：_____、_____、_____、_____和_____。

9.　由于模锻锤频繁的冲击，为避免操作不当或锤杆突然打断使活塞向上冲击，采用保险汽缸起到_____作用。

10.　压铸机主要由_____、_____、_____、_____等部分组成。

11.　塑料按其受热后所表现的性能不同，可分为_____和_____两大类。

12.　挤出机根据挤出机中螺杆所处的空间位置，可分为_____和_____。

13.　塑化能力是指单位时间内塑化装置所能塑化的_____。

14.　注塑机主要由_____、_____、_____3 部分组成。

15.　压塑模塑件成形过程包括_____、_____、_____、_____等主要工序。

二、简答题

1.　简述冲压与其他加工方法比较所具有的特点。

2.　简述冲压设备加工的优点。

3.　简述双动拉深压力机的工艺特点。

4.　简述双动拉深液压机的特点。

5.　简述搭边的作用。

6.　简述弯曲变形特点。

7.　简述拉深变形的特点。

8.　简述挤出成形特点。

9.　简述模锻生产优缺点。

10.　简述纵向锻造法的优点。

11.　简述压铸件的缺点。

12.　简述压缩模塑的优点。

13.　简述粉末冶金工艺的优点。

Chapter 3

第3章

| 模具的基本结构及功能 |

【学习目标】

1. 理解冷冲模、塑料模和压铸模的基本
   结构及功能。
2. 掌握冷冲模、塑料模和压铸模的结构
   组成。
3. 了解锻模的结构和组成。

4. 了解粉末冶金模的结构和组成。
5. 了解挤出成形模具、中空吹塑成形模
   具、橡胶模具、玻璃模具、陶瓷模具
   的结构及特点。

模具是采用成形方法大批量生产各种同形制品零件（简称制件）的工具。模具结构的合理性和
先进性，对零件的质量与精度、加工的生产率与经济效益、模具的使用寿命与操作安全等都有较大
的影响。模具的种类很多，根据成形加工的工艺性质和使用对象的不同，可分为冷冲模、锻模、压
铸模、粉末冶金模、塑料模、陶瓷模、玻璃模、橡胶模及铸造金属模等。

在日常工作中，各类冲压件随处可见。据统计，自行车、手表里的零件有80%是冲压件，电视
机、摄像机里有90%是冲压件，食品金属包装罐壳、钢锅、搪瓷盆及各类不锈钢餐具均为使用模具
生产的冲压加工产品。

本章主要介绍生产中应用广泛的冷冲模、塑料模和压铸模的基本结构及功能。

3.1 冷冲模结构

1. 冷冲模的结构类型

冷冲模的结构类型很多，一般可按下列不同特征分类。

（1）按工序性质分类，可分为落料模、冲孔模、切断模、切口模、切边模等。

（2）按工序组合程度分类，可分为单工序模、级进模、复合模等。

（3）按模具导向方式分类，可分为开式模、导板模、导柱模等。

（4）按模具专业化程度分类，可分为通用模、专用模、自动模、组合模、简易模等。

（5）按模具工作零件所用材料分类，可分为钢质冲模、硬质合金冲模、锌基合金冲模、橡胶冲模和钢带冲模等。

（6）按模具结构尺寸分类，可分为大型冲模和中小型冲模等。

2. 冷冲模的结构组成

冷冲模的类型虽然很多，但任何一副冲裁模都是由上模和下模两个部分组成的。上模通过模柄或上模座固定在压力机的滑块上，可随滑块做上、下往复运动，是冲模的活动部分；下模通过下模座固定在压力机工作台或垫板上，是冲模的固定部分。

图 3-1 所示为连接板复合冲裁模。该模具的上模由模柄 14、上模座 13、垫板 11、凸模固定板 9、冲孔凸模 17、落料凹模 7、推件装置（由打杆 15、推件块 8 构成）、导套 10 及紧固用螺钉 16 和销钉 12 等零部件组成；下模由凸凹模 18、卸料装置（由卸料板 19、卸料螺钉 2、橡胶 5 构成）、导料销 6、挡料销 22、凸凹模固定板 4、下模座 1、导柱 3 及紧固用螺钉 21 和销钉 20 等零部件组成。工作时，条料沿导料销 6 送至挡料销 22 处定位，开动压力机，上模随滑块向下运动，具有锋利刃口的冲孔凸模 17、落料凹模 7 与凸凹模 18 一起穿过条料使冲件和冲孔废料与条料分离而完成冲裁工作。滑块带动上模回升时，卸料装置将箍在凸凹模上的条料卸下，推件装置将卡在落料凹模与冲孔凸模之间的冲件推落在下模上面，而卡在凸凹模内的冲孔废料是在一次次冲裁过程中由冲孔凸模逐次向下推出的。将推落在下模上面的冲件取走后又可进行下一次冲压循环。

从上述模具结构可知，组成冲裁模的零部件各有其独特的作用，并在冲压时相互配合以保证冲压过程正常进行，从而冲出合格的冲压件。根据各零部件在模具中所起的作用不同，一般又可将冲裁模分成以下几个部分。

（1）工作零件：直接使坯料产生分离或塑性变形的零件，如图 3-1 中的凸模 17、凹模 7、凸凹模 18 等。工作零件是冷冲模中最重要的零件。

（2）定位零件：确定坯料或工序件在冲模中正确位置的零件，如图 3-1 中的挡料销 22、导料销 6 等。

（3）卸料与出件零件：这类零件是将箍在凸模上或卡在凹模内的废料或冲件卸下、推出或顶出，以保证冲压工作能继续进行，如图 3-1 中的卸料板 19、卸料螺钉 2、橡胶 5、打杆 15、推件块 8 等。

（4）导向零件：确定上、下模的相对位置并保证运动导向精度的零件，如图 3-1 中的导柱 3、导套 10 等。

（5）支撑与固定零件：将上述各类零件固定在上、下模上以及将上、下模连接在压力机上的零件，如图 3-1 中的固定板 4 与 9、垫板 11、上模座 13、下模座 1、模柄 14 等。这些零件是冷冲模的基础零件。

（6）其他零件：除上述零件以外的零件，如紧固件（主要为螺钉、销钉）和侧孔冲裁模中的滑块、斜楔等。

当然，不是所有的冲模都具备上述各类零件，但工作零件和必要的支撑固定零件是不可缺少的。

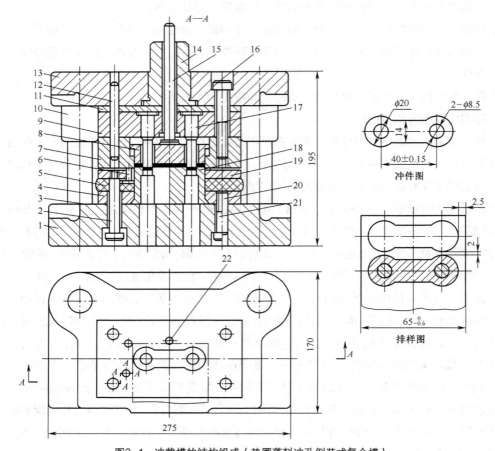

图3-1   冲裁模的结构组成（垫圈落料冲孔例装式复合模）

1—下模座 2—卸料螺钉 3—导柱 4—凸凹模固定板 5—橡胶 6—导料销 7—落料凹模
8—推件块 9—凸模固定板 10—导套 11—垫板 12、20—销钉 13—上模座 14—模柄
15—打杆 16、21—螺钉 17—冲孔凸模 18—凸凹模 19—卸料板 22—挡料销

3.1.1   冲裁模结构及特点

1. 单工序模

单工序模又称简单模，是指在压力机的一次行程内只完成一种冲压工序的模具，如落料模、冲孔模、弯曲模、拉深模等。

（1）落料模：落料模指使制件沿封闭轮廓与板料分离的冲模。根据上、下模的导向形式，有 3 种常见的落料模结构。

① 无导向落料模（又称敞开式落料模）：冲裁圆形制件的无导向落料模，如图 3-2 所示，工作零件为凸模 6 和凹模 8（凸、凹模具有锋利的刃口，且保持较小而均匀的冲裁间隙），定位零件为挡料销 7，卸料零件为橡胶 5，其余零件起联接固定作用。工作时，条料从右向左送进，首次落料时条料端部抵住挡料销 7 定位，然后由条料上冲得的圆孔内缘与挡料销定位。条料定位后上模下行，橡

胶 5 先压紧条料，紧接着凸模 6 快速穿过条料进入凹模 8 而完成落料。

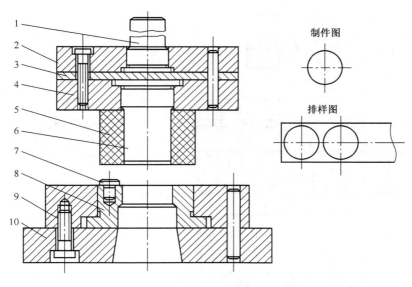

图3-2　无导向落料模

1—模柄　2—上模座　3—垫板　4—凸模固定板　5—橡胶　6—凸模
7—固定挡料销　8—凹模　9—凹模固定板　10—下模座

　　冲得的制件由凸模从凹模孔逐次推下，并从压力机工作台孔漏入料箱，箍在凸模上的条料在上模回程时由橡胶 5 卸下。

　　无导向落料模的特点是上、下模无导向，结构简单，容易制造，可以用边角料冲裁，有利于降低制件的成本。但凸模的运动是由压力机滑块导向的，不易保证凸、凹模的间隙均匀，制件精度不高，同时模具安装调整麻烦，容易发生凸、凹模刃口啃切，因而模具寿命和生产率较低，操作也不安全。这种落料模只适用于冲压精度要求不高、形状简单和生产批量不大的制件。

　　② 导板式落料模：冲制圆形零件的导板式落料模，如图 3-3 所示，工作零件为凸模 5 和凹模 8，定位零件是活动挡料销 6、始用挡料销 10、导料板 12 和承料板 11，导板 7 既是导向零件又是卸料零件。工作时，条料沿承料板 11、导料板 12 自右向左送进，首次送进时先用手将始用挡料销 10 推进，使条料端部被始用挡料销阻挡定位，凸模 5 下行与凹模 8 一起完成落料，冲件由凸模从凹模孔中推下。凸模回程时，箍在凸模上的条料被导板卸下。继续送进条料时，先松手使始用挡料销复位，将落料后的条料端部搭边越过活动挡料销 6 后再反向拉紧条料，活动挡料销抵住搭边定位，落料工作继续进行（因活动挡料销对首次落料起不到作用，故设置始用挡料销）。

　　这种冲模的主要特征是凸模的运动依靠导板导向，易于保证凸、凹模间隙的均匀性，同时凸模回程时导板又可起卸料作用（为了保证导向精度和导板的使用寿命，工作过程中不允许凸模脱离导板，故需采用行程较小的压力机）。导板模与无导向模相比，冲件精度高，模具寿命长，安装容易，卸料可靠，操作安全，但制造比较麻烦。导板模一般用于形状较简单、尺寸不大、料厚大于 0.3 mm 的小件冲裁。

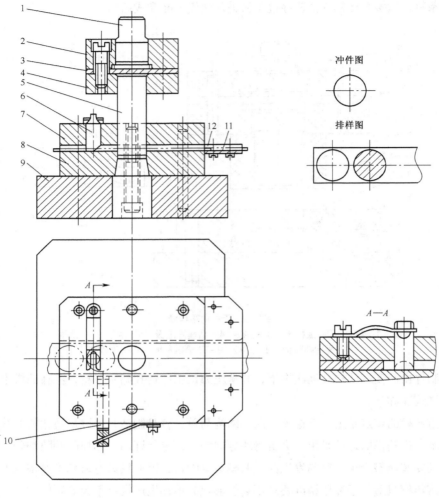

图3-3 导板式落料模
1—模柄 2—上模座 3—垫板 4—凸模固定板 5—凸模 6—活动挡料销 7—导板
8—凹模 9—下模座 10—始用挡料销 11—承料板 12—导料板

③ 导柱式落料模：导柱式固定卸料落料模，如图 3-4 所示，凸模 3 和凹模 9 是工作零件，固定挡料销 8 与导料板（与固定卸料板 1 做成了一整体）是定位零件，导柱 5、导套 7 为导向零件，固定卸料板 1 只起卸料作用。这种冲模的上、下模正确位置是利用导柱和导套的导向来保证的，而且凸模在进行冲裁之前，导柱已经进入导套，从而保证了在冲裁过程中凸、凹模之间间隙的均匀性。该模具用固定挡料销和导料板对条料定位，冲件由凸模逐次从凹模孔中推下并经压力机工作台孔漏入料箱。

导柱式弹顶落料模，如图 3-5 所示，该落料模除上、下模采用了导柱 19 和导套 20 进行导向以外，还采用了由卸料板 11、卸料弹簧 2 及卸料螺钉 3 构成的弹性卸料装置和由顶件块 13、顶杆 15、弹顶器（由托板 16、橡胶 22、螺栓 17、螺母 21 构成）构成的弹性顶件装置来卸下废料和顶出冲件，冲件的变形小，且尺寸精度和平面度较高。这种结构广泛用于冲裁材料厚度较小，且有平面度要求的金属件和易于分层的非金属件。

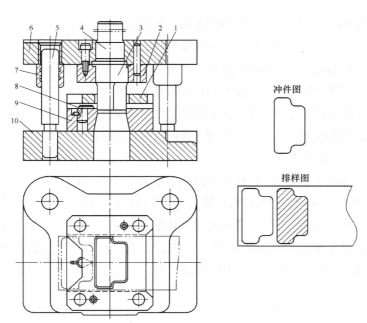

冲件图

排样图

图3-4　导柱式固定卸料落料模

1—固定卸料板　2—凸模固定板　3—凸模　4—模柄　5—导柱　6—上模座
7—导套　8—钩形固定挡料销　9—凹模　10—下模座

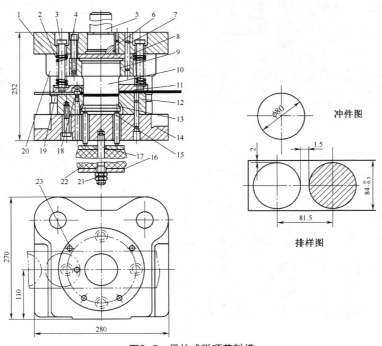

冲件图

排样图

图3-5　导柱式弹顶落料模

1—上模座　2—卸料弹簧　3—卸料螺钉　4—螺钉　5—模柄　6—防转销　7—销钉　8—垫板　9—凸模固定板
10—落料凸模　11—卸料板　12—落料凹模　13—顶件块　14—下模座　15—顶杆　16—托板
17—螺栓　18—固定挡料销　19—导柱　20—导套　21—螺母　22—橡胶　23—导料销

　　导柱式冲裁模导向比导板模可靠，冲件精度高，模具寿命长，使用安装方便。但模具轮廓尺寸和质量较大，制造成本高。这种冲模广泛用于冲裁生产批量大、精度要求高的冲件。

　　（2）冲孔模：冲孔模指沿封闭轮廓将废料从坯料或工序件上分离而得到带孔冲件的冲裁模。冲孔模的结构与一般落料模相似，但冲孔模有自己的特点：冲孔大多是在工序件上进行，为了保证冲件平整，冲孔模一般采用弹性卸料装置（兼压料作用），并注意解决好工序件的定位和取出问题；冲小孔时必须考虑凸模的强度和刚度，以及快速更换凸模的结构；冲裁成形零件上的侧孔时，需考虑凸模水平运动方向的转换机构等。

　　导柱式冲孔模，如图 3-6 所示，凸模 2 和凹模 3 是工作零件，定位销 1、17 是定位零件，卸料板 5、卸料螺钉 10 和橡胶 9 构成弹性卸料装置。工件以内孔 $\phi50$ 和圆弧槽 $R7$ 分别在定位销 1 和 17 上定位，弹性卸料装置在凸模 2 下行冲孔时可将工件压紧，以保证冲件平整，在凸模回程时又能起卸料的作用。冲孔废料直接由凸模依次从凹模孔内推出。定位销 1 的右边缘与凹模板外侧平齐，可使工件定位时右凸缘悬于凹模板以外，以便于取出冲件。

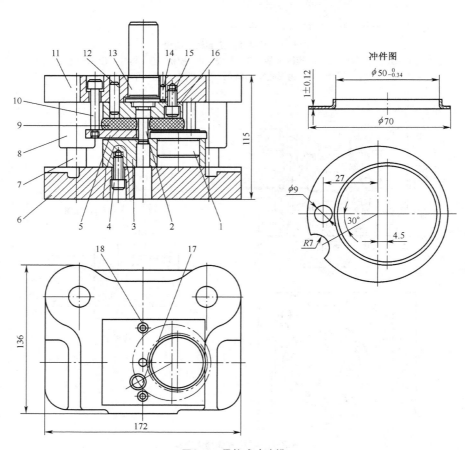

图3-6　导柱式冲孔模

1、17—定位销　2—凸模　3—凹模　4、15—螺钉　5—卸料板　6—下模座　7—导柱　8—导套卸料螺钉
9—橡胶　10—卸料螺钉　11—上模座　12、18—销钉　13—模柄　14—防转销　16—固定板

斜楔式侧面冲孔模，如图 3-7 所示，该模具是依靠固定在上模的斜楔 1 把压力机滑块的垂直运动变为推动滑块 4 的水平运动，从而带动凸模 5 在水平方向进行冲孔。凸模 5 与凹模 6 的对准是依靠滑块在导滑槽内滑动来保证的，上模回升时滑块的复位靠橡胶的弹性恢复来完成。斜楔的工作角度 α 取 40°～45° 为宜；需要较大冲裁力时，α 也可取 30°以增大水平推力；要获得较大的凸模工作行程，α 可增加到 60°。工件以内形在凹模 6 上定位，为了保证冲孔位置的准确，弹压板 3 在冲孔之前就把工件压紧。为了排除冲孔废料，应注意开设漏料孔。这种结构的凸模常对称布置，最适宜壁部对称孔的冲裁，主要用于冲裁空心件或弯曲件等成形件上的侧孔、侧槽、侧切口等。

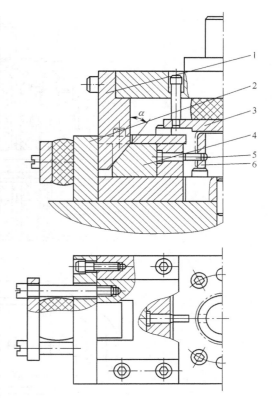

图3-7 斜楔式侧面冲孔模
1—斜楔 2—座板 3—弹压板 4—滑块
5—凸模 6—凹模

凸模全长导向的小孔冲孔模，如图 3-8 所示，该模具的结构特点如下。

① 采用了凸模全长导向结构。由于设置了扇形块 8 和凸模活动护套 13，凸模 7 在工作行程中除了进入被冲材料以内的工作部分，其余部分都得到了凸模活动护套 13 不间断的导向作用，因而大大提高了凸模的稳定性。

② 模具导向精度高。模具的导柱 11 不但在上、下模之间导向，而且对卸料板 2 也进行导向。冲压过程中，由于导柱的导向作用，使卸料板中凸模护套与凸模之间严格地保持精确滑配，避免了卸料板在冲裁过程中的偏摆。此外，为了提高导向精度，消除压力机滑块导向误差的影响，该模具还采用了浮动模柄结构。

短凸模多孔冲孔模，如图 3-9 所示，用于冲裁孔多而尺寸小的冲裁件。该模具的主要特点是采用了厚垫板短凸模的结构。由于凸模大为缩短，同时它以卸料板 5 为导向，其配合为 H7/h6，而与固定板 2 以 H8/h6 间隙配合得到良好导向，因此大大提高了凸模的刚度。卸料板 5 与导板 1 用螺钉、销钉紧固定位，导板以固定板为导向（两者以 H7/h6 配合）做上、下运动，保证了卸料板不产生水平偏摆，避免了凸模承受侧压力而折断。该模具配备了较强压力的弹性元件，这是小孔冲裁模的共同特点，其卸料力一般取冲裁力的 10%，以利于提高冲孔的质量。

2. 复合模

复合模是指在压力机的一次行程中，在模具的同一个工位上同时完成两道或两道以上不同冲压工序的冲模。复合模是一种多工序冲模，它在结构上的主要特征是有一个或几个具有双重作用的工作零件——凸凹模，如在落料冲孔复合模中有一个既能做落料凸模又能做冲孔凹模的凸凹模，在落料拉深复合模中有一个既能做落料凸模又能做拉深凹模的凸凹模等。

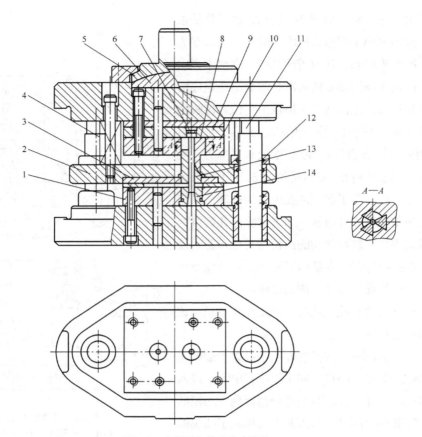

图3-8　全长导向的小孔冲孔模

1—凹模固定板　2—弹压卸料板　3—托板　4—弹簧　5、6—浮动模柄　7—凸模　8—扇形块
9—凸模固定板　10—扇形块固定板　11—导柱　12—导套　13—凸模活动护套　14—凹模

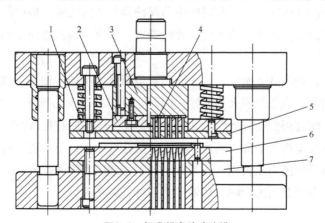

图3-9　短凸模多孔冲孔模

1—导板　2—凸模固定板　3—垫板　4—凸模　5—卸料板　6—凹模　7—垫板

　　落料冲孔复合模工作部分的结构原理图，如图3-10所示，凸凹模5兼起落料凸模和冲孔凹模的作用，它与落料凹模3配合完成落料工序，与冲孔凸模2配合完成冲孔工序。在压力机的一次行程

内，在冲模的同一工位上，凸凹模既完成了落料又完成了冲孔的双重任务。冲裁结束后，制件卡在落料凹模内腔由推件块 1 推出，条料箍在凸凹模上由卸料板 4 卸下，冲孔废料卡在凸凹模内由冲孔凸模逐次推下。

下面分别介绍落料冲孔复合模和落料拉深复合模两种常见复合模的结构、动作原理及特点。

（1）落料冲孔复合模：落料冲孔复合模根据凸凹模在模具中的装置位置不同，有正装式复合模和倒装式复合模两种。凸凹模装在上模的称为正装式复合模，装在下模的称为倒装式复合模。

垫圈落料冲孔正装式复合模，如图 3-11 所示。工作零件为冲孔凸模 7、落料凹模 6 和凸凹模 4，定位零件为挡料销 12 及导料板（与卸料板 2 作成一整体，即卸料板悬臂下部左侧台阶面），卸料零件为卸料板 2，推杆 3 起推件作用，顶杆 11、顶件块 5 及弹顶器 10 组成顶件装置，卸料板 2 还兼起导板导向作用。因凸凹模在上模，冲孔凸模和落料凹模在下模，故称为正装式复合模。工作时，条料以导料板导向和挡料销定位，上模下行，凸凹模与冲孔凸模和落料凹模一起同时对板料进行冲孔和落料。上模回程时，冲得的垫圈制件由顶件装置从凹模内顶出，箍在凸凹模上的条料由卸料板卸下，卡在凸凹模内的冲孔废料由推杆推出。推出的废料和顶出的制件均在凹模上面，应及时清理，以保证下次冲压正常进行。该模具中，制件采用双排排样方式，可节省原材料。条料冲完一排制件后再掉头冲第二排制件。另外，该模具在冲压过程中因凸凹模和顶件块始终压住坯料，故冲得的制件平整度很好，同时每次冲出的冲孔废料均由推杆及时推出，可以防止由于凸凹模内腔积存废料而可能引起的胀裂破坏。但这种正装式复合模每次冲压后的制件和冲孔废料都落在凹模面上，需及时清理，因而生产效率不太高，结构也较复杂，一般只在制件的平整度要求较高、孔间距和孔边距不大的情况下采用。

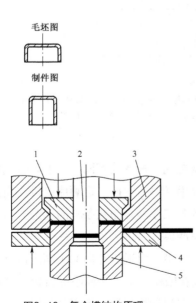
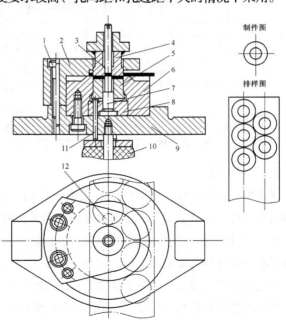

图3-10　复合模结构原理　　　　　　　　图3-11　正装式落料冲孔复合模
1—推件块　2—冲孔凸模　3—落料凹模　　1—螺钉　2—卸料板兼导板　3—推杆　4—凸凹模　5—顶件块
4—卸料板　5—凸凹模　　　　　　　　6—落料凹模　7—冲孔凸模　8—凸模固定板　9—下模座
10—弹顶器　11—顶杆　12—挡料销

图 3-1 所示为垫圈落料冲孔倒装式复合模。该模具的凸凹模 18 在下模，落料凹模 7 和冲孔凸模 17 在上模，上、下模利用导柱导套导向。这种倒装式复合模由于推件块对坯料没有压紧作用，冲出的制件平直度不高，且凸凹模内腔聚积冲孔废料，凸凹模壁厚太薄时有可能引起胀裂。但倒装式复合模结构简单（节省了顶出装置），便于操作，并为机械化出件提供了条件，故应用较广泛。

（2）落料拉深复合模：圆筒形件落料拉深复合模的典型结构，如图 3-12 所示。凸凹模 10 兼起落料凸模和拉深凹模的作用。这种模具一般设计成先落料后拉深，为此，拉深凸模 11 的上端面应比落料凹模 9 的上表面低一个板料厚度。工作时，坯料以导料板 5 导向从右往左送进，上模下行，凸凹模 10 与落料凹模 9 一起先进行落料，继而与拉深凸模 11 一起进行拉深。拉深过程中，顶件块 12 一直与凸凹模 10 一起将坯料压住兼起压料作用，防止坯料拉深时产生失稳起皱。上模回程时，顶件块 12 将制件从拉深凸模上顶起使之留在凸凹模内，再由推件块 4 从凸凹模内推出，卸料板 6 将箍在凸凹模上的条料卸下。

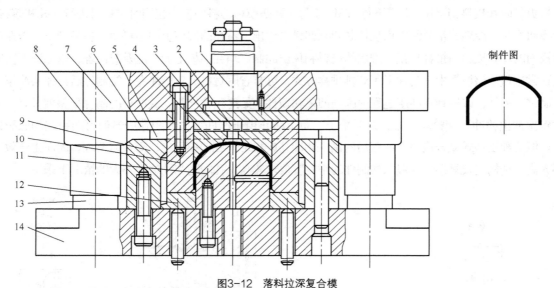

图3-12 落料拉深复合模

1—模柄 2—打杆 3—垫板 4—推件块 5—导料板 6—卸料板 7—上模座 8—导套 9—凹模
10—凸凹模 11—拉深凸模 12—顶件块（兼压料板） 13—导柱 14—下模座

3. 级进模

级进模又称连续模，是指在压力机的一次行程中，依次在同一模具的不同工位上同时完成多道工序的冲裁模。在级进模上，根据冲件的实际需要将各工序沿送料方向按一定顺序安排在模具的各工位上，通过级进冲压便可获得所需冲件。级进模所完成的各工序均分布在条料的送进方向上，通过级进冲压而获得所需制件，因而它是一种多工序、高效率冲模。

冲孔落料级进模工作部分的结构原理图，如图 3-13 所示。沿条料送进方向的不同工位上分别安排了冲孔凸模 1 和落料凸模 2，冲孔凹模和落料凹模均开设在凹模 7 上。条料沿导料板 5 从右往左送进时，先用始用挡料销 8（用手压住始用挡料销可使始用挡料销伸出导料板挡住条料，松开手后在弹簧作用下始用挡料销便缩进导料板以内不起挡料作用）定位，在 O_1 的位置上由冲孔凸模 1 冲出内孔，此时落料凸模 2 因无料可冲是空行程。当条料继续往左送进时，松开始用挡料销，利用固定挡料销 6 粗定位，送进距离 $A = D + a_1$，这时条料上冲出的孔处在 O_2 的位置上。当上模下行时，落料凸模端部的导正销 3 首先导入条料孔中进行精确定位，接着落料凸模对条料进行落料，得到外径为 D、内径为 d 的环形垫圈。与此同时，在 O_1 的位置上又由冲孔凸模冲出了内孔 d，待下次冲压时在 O_2 的位置上又可冲出一个完整的制件。这样连续冲压，在压力机的一次行程中可在冲模两个工位上分别进行冲孔和落料两种不同的冲压工序，且每次冲压均得到一个制件。

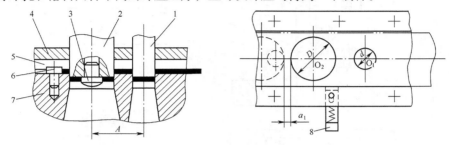

图3-13　级进模结构原理

1—冲孔凸模　2—落料凸模　3—导正销　4—卸料板　5—导料板　6—固定挡料销　7—凹模　8—始用挡料销

级进模不但可以完成冲裁工序，还可完成部分成形工序（如弯曲、拉深等），甚至可以完成一些装配工序。下面主要介绍两种典型的冲裁级进模和弯曲级进模。

（1）冲裁级进模：冲裁级进模根据条料的送进定位方式进行分类，常见的结构形式有用固定挡料销与导正销定位的级进模和用侧刃定距的级进模两种。

用固定挡料销和导正销定位的冲孔落料级进模，如图 3-14 所示。工作零件为冲孔凸模 3、落料凸模 4 和凹模 7，定位零件为固定挡料销 8、始用挡料销 10、导正销 6 和导料板（与卸料板做成了一个整体），导板 5 既是上、下模的导向装置又是卸料装置，还起到条料导向作用。工作时，条料沿导料板从右向左送进，先用手按住始用挡料销 10 对条料进行初始定位，上模下行对条料进行冲孔，并将冲孔废料从凹模孔中推下。松开始用挡料销，继续送进条料至固定挡料销 8 定位，上模二次下行，导正销 6 导入第一步冲得的孔中后紧接着落料凸模 4 冲下制件，并从凹模孔中推下。与此同时，冲孔凸模 3 又冲出一孔。上模每次回程时，箍在凸模上的条料被导料板卸下。每件条料冲完第一孔后不再用始用挡料销，只用固定挡料销定位。每次行程冲下一个制件并冲出一个内孔。

用侧刃定距的冲孔落料级进模，如图 3-15 所示。该模具设有随凸模一起固定在凸模固定板 7 上的左右两个侧刃 16，凹模 14 上开设有侧刃型孔，侧刃与侧刃型孔配合在压力机每次行程中可以沿条料边缘冲下长度等于进距（条料每次送进的距离）的料边。由于导料板 11 在侧刃的两边左窄右宽形成台肩，故只有侧刃冲去料边后条料才能向前送进一个进距。右侧刃可代替始用挡料销和固定挡料销，左侧刃在条料快送完时右侧刃不能起作用的情况下还能继续对条料定位，以保证条料尾部的材料能得到充分利用。工作时，条料自右向左沿导料板送至右侧刃挡块 17 处挡住，上模下行，冲孔凸模 9、10 和右侧刃完成冲孔和切边，条料变窄，可向前送进一个进距，冲得的孔便正好移至落料凸模 8 的下方，上模二次下行，落料凸模即可冲得所需制件。与此同时，冲孔凸模又冲得一孔，侧刃又切去一料边，条料又可继续送进一工步。从这时起，左侧刃也开始定位，且每冲一次便可获得一个制件。凸模每次上行时，由卸料板 13 在弹性橡胶的作用下将箍在凸模上的条料卸下，冲孔废料、料边废料及制件均由凸模或侧刃依次从凹模孔中推下。

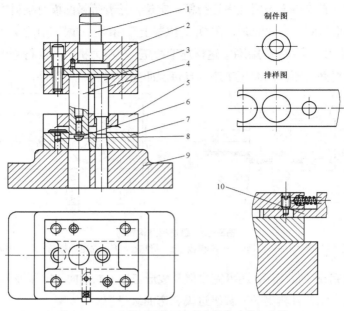

图3-14　固定挡料销和导正销定位的冲裁级进模
1—模柄　2—上模座　3—冲孔凸模　4—落料凸模　5—导板兼卸料板
6—导正销　7—凹模　8—挡料销　9—下模座　10—始用挡料销

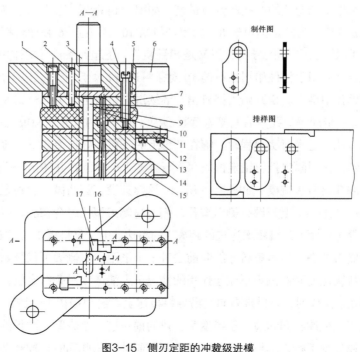

图3-15　侧刃定距的冲裁级进模
1—螺钉　2—销钉　3—模柄　4—卸料螺钉　5—垫板　6—上模座　7—凸模固定板
8、9、10—凸模　11—导料板　12—承料板　13—卸料板　14—凹模
15—下模座　16—侧刃　17—侧刃挡块

比较上述两种定位方法的级进模可以看出，挡料销和导正销定位的级进模结构较简单，模具加工方便，但定位精度不太高，操作不方便，而且如果板料厚度较小时，孔的边缘可能被导正销摩擦压弯而起不到导正和定位作用，制件太窄时因进距小又不宜安装挡料销和导正销，因此，一般适用于冲裁料厚大于 0.3 mm、材料较硬、尺寸较大及形状较简单的制件。侧刃定距的级进模操作方便，定位精度较高，但消耗材料增多，冲压力增大，模具比较复杂。这种级进模特别适用于冲裁材料较薄、外形径向尺寸较小或窄长形等不宜用导正销定位的制件。

（2）弯曲级进模：弯曲级进模的特点是在压力机的一次行程中，在模具的不同工位上同时能完成冲裁、弯曲等几种不同的工序。同时进行冲孔、切断和弯曲的级进模，如图 3-16 所示，用以弯制侧壁带孔的 U 形弯曲件。模具的工作零件是冲孔凸模 2、冲孔兼切断凹模 1、弯曲凸模 6 及兼弯曲凹模和切断凸模的凸凹模 3，定位零件是挡块 5 和导料板（与卸料板做成了一整体），推件装置由推杆 4 和弹簧构成。工作时，条料以导料板导向送至挡块 5 的右侧面定位，上模下行，条料被凸凹模 3 切断并随即被弯曲凸模 6 压弯成形，与此同时冲孔凸模 2 在条料上冲出孔。上模回程时，卸料板卸下条料，推杆 4 在弹簧的作用下将卡在凸凹模内的制件推下。

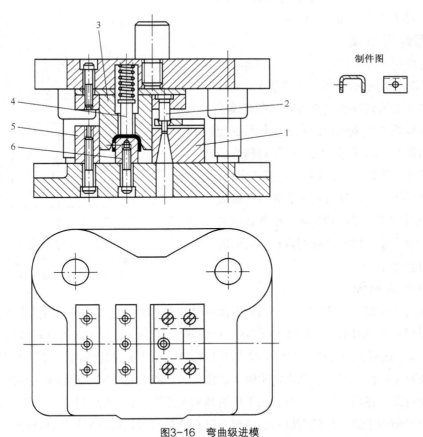

制件图

图3-16　弯曲级进模
1—冲孔兼切断凹模　2—冲孔凸模　3—凸凹模　4—推杆　5—挡块　6—弯曲凸模

为保证条料被切断后再弯曲，弯曲凸模 6 应比冲孔兼切断凹模 1 低一个板料厚度。另外，采用该模具冲压时，因首次送料用挡块 5 定位，则冲出的首个 U 形件上没有侧向孔。为此，可在首次送料时将料头送至切断凹模刃口以左 1～2 mm 处开始冲压，这样首次便可冲出给定位置的孔，料头只浪费 1～2 mm，从第二次开始每次均可冲出一个合格制件。

3.1.2　弯曲模结构及特点

弯曲工艺所使用的模具称为弯曲模。弯曲模的结构整体由上、下模两部分组成，模具中的工作零件、卸料零件、定位零件等的作用与冲裁模的零件基本相似，只是零件的形状不同。弯曲不同形状的弯曲件所采用的弯曲模结构也有较大的区别。简单的弯曲模工作时只有一个垂直运动，复杂的弯曲模除垂直运动外，还有一个或多个水平动作。常见的弯曲模结构类型有：单工序弯曲模、级进弯曲模、复合弯曲模和通用弯曲模等。下面介绍常见的几种单工序弯曲模的结构。

1. V 形件弯曲模

V 形件弯曲模的基本结构，如图 3-17 所示，凸模 3 装在标准槽形模柄 1 上，并用两个销钉 2 固定。凹模 5 通过螺钉和销钉直接固定在下模座上，顶杆 6 和弹簧 7 组成的顶件装置工作行程起压料作用，可防止坯料偏移，回程时又可将弯曲件从凹模内顶出。弯曲时，坯料由定位板 4 定位，在凸、凹模作用下，一次便可将平板坯料弯曲成 V 形件。该模具的优点是结构简单，模具在压力机上安装、调整方便，制件能得到校正，因而制件的回弹小且直边平整。

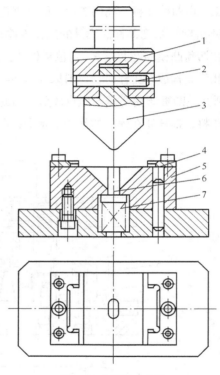

图3-17　V形件弯曲模
1—槽形模柄　2—销钉　3—凸模　4—定位板
5—凹模　6—顶杆　7—弹簧

2. L 形件弯曲模

对于两直边不相等的 L 形弯曲件，如果采用一般的 V 形件弯曲模弯曲，两直边的长度不容易保证，这时可采用 L 形弯曲模，如图 3-18 所示。其中图 3-18（a）适用于两直边长度相差不大的 L 形件，图 3-18（b）适用于两直边长度相差较大的 L 形件。由于是单边弯曲，弯曲时坯料容易偏移，因此必须在坯料上冲出工艺孔，利用定位销 4 定位。对于图 3-18（b），还必须采用压料板 6 将坯料压住，以防止弯曲时坯料上翘。另外，由于单边弯曲时凸模 1 将承受较大水平侧压力，因此需设置反侧压块 2 以平衡侧压力。反侧压块的高度要保证在凸模接触坯料以前先挡住凸模，为此，反侧压块应高出凹模 3 的上平面，其高度差 h 可按下式确定：

$$h \geqslant 2t + r_1 + r_2$$

式中：t—料厚；r_1—反侧压块导向面入口圆角半径；r_2—凸模导向面端部圆角半径，可取 $r_1 = r_2 = (2 \sim 5)t$。

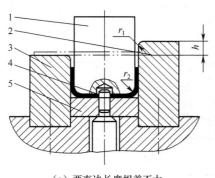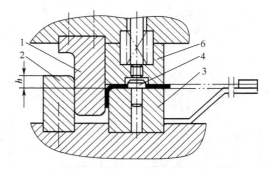

（a）两直边长度相差不大　　　　　　　　（b）两直边长度相差较大

图3-18　L形件弯曲模

1—凸模　2—反侧压块　3—凹模　4—定位销　5—顶板　6—压料板

3．U 形件弯曲模

下出件 U 形弯曲模，如图 3-19 所示。弯曲后零件由凸模直接从凹模推下，不需手工取出弯曲件，模具结构很简单，且对提高生产率和安全生产有一定意义。但这种模具不能进行校正弯曲，弯曲件的回弹较大，底部也不够平整，适用于高度较小、底部平整度要求不高的小型 U 形件。为减小回弹，弯曲半径和凸、凹模间隙应取较小值。

上出件 U 形弯曲模，如图 3-20 所示，坯料用定位板 4 和定位销 2 定位，凸模 1 下压时将坯料及顶板 3 同时压下，待坯料在凹模 5 内成形后，凸模回升，弯曲后

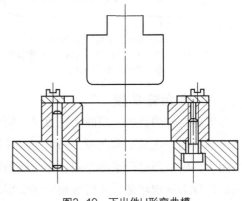

图3-19　下出件U形弯曲模

的零件就在弹顶器（图中未画出）的作用下，通过顶杆和顶板顶出，完成弯曲工作。该模具的主要特点是在凹模内设置了顶件装置，弯曲时顶板能始终压紧坯料，因此弯曲件底部平整。同时顶板上还装有定位销 2，可利用坯料上的孔（或工艺孔）定位，即使 U 形件两直边高度不同，也能保证弯边高度尺寸。因有定位销定位，定位板可不作精确定位。如果要进行校正弯曲，顶板可接触下模座作为凹模底来使用。

弯曲角小于 90° 的闭角 U 形件弯曲模，如图 3-21 所示。在凹模 4 内安装有一对可转动的凹模镶件 5，其缺口与弯曲件外形相适应。凹模镶件受拉簧 6 和止动销的作用，非工作状态下总是处于图示位置。模具工作时，坯料在凹模 4 和定位销 2 上定位，随着凸模的下压，坯料先在凹模 4 内弯曲成夹角为 90° 的 U 形过渡件，当工件底部接触到凹模镶件后，凹模镶件就会转动而使工件最后成形。凸模回程时带动凹模镶件反转，并在拉簧作用下保持复位状态。同时，顶杆 3 配合凸模一起将弯曲件顶出凹模，最后将弯曲件由垂直于图面方向从凸模上取下。

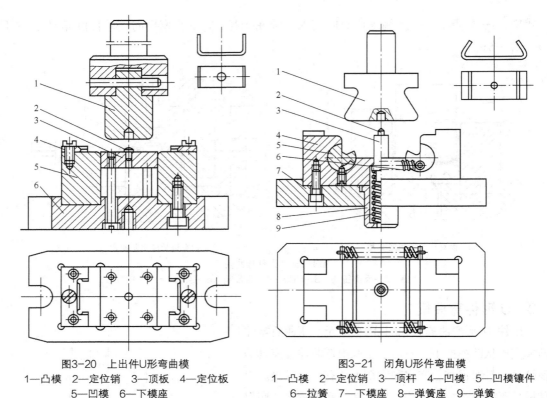

图3-20　上出件U形弯曲模
1—凸模　2—定位销　3—顶板　4—定位板
5—凹模　6—下模座

图3-21　闭角U形件弯曲模
1—凸模　2—定位销　3—顶杆　4—凹模　5—凹模镶件
6—拉簧　7—下模座　8—弹簧座　9—弹簧

4．多角弯曲模

根据制件的高度、弯曲半径及尺寸精度要求不同，有一次成形弯曲模和二次成形弯曲模。

制件的一次成形弯曲模，凸模为阶梯形，如图 3-22 所示，从图 3-22（a）可以看出，弯曲过程中由于凸模肩部妨碍了坯料的转动，外角弯曲线不断上移，并且随着凸模的下压，坯料通过凹模圆角的摩擦力逐步增加，使得弯曲件侧壁容易擦伤和变薄，同时弯曲后容易产生较大的回弹，使得弯曲件两肩与底部不易平行。但当弯曲件高度较小时，上述影响不太大。图 3-22（b）采用了摆块式凹模，弯曲件的质量比图 3-22（a）好，可用于弯曲 r 较小的制件，但模具结构复杂些。

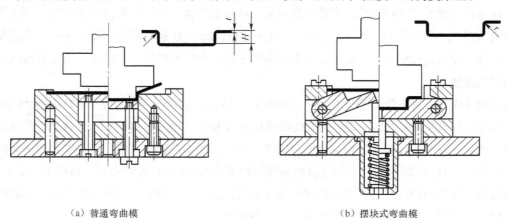

（a）普通弯曲模　　　　　　　　　　　　　　（b）摆块式弯曲模
图3-22　U形件一次成形弯曲模

制件的二次成形弯曲模，如图 3-23 所示，第一次采用图 3-23（a）的模具先弯外角，弯成 U 形工件，第二次采用图 3-23（b）的模具再弯内角，弯成制件。由于第二次弯曲内角时工序件需倒扣在凹模上定位，如果制件高度较小，凹模壁就会很薄，因此为了保证凹模的强度，制件的高度 H 应大于（12～15）t。

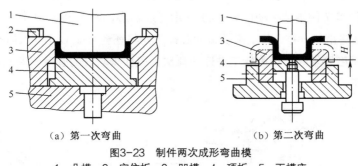

（a）第一次弯曲　　　　　　　　　　（b）第二次弯曲

图3-23　制件两次成形弯曲模

1—凸模　2—定位板　3—凹模　4—顶板　5—下模座

两次弯曲复合的 U 形件弯曲模，如图 3-24 所示，凸凹模 1 下行时，先与凹模 2 将坯料弯成 U 形，继续下行时再与活动凸模 3 将 U 形弯成所需形状。这种结构需要凹模下腔空间较大，以方便工件侧边的转动。

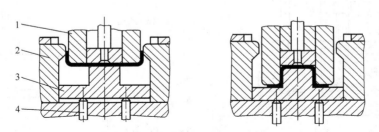

图3-24　两次弯曲复合的U形件弯曲模

1—凸凹模　2—凹模　3—活动凸模　4—顶杆

5. Z 形件弯曲模

Z 形件一次弯曲即可成形。如图 3-25（a）所示，Z 形件弯曲模结构简单，但由于没有压料装置，弯曲时坯料容易滑动，只适用于精度要求不高的零件。

图 3-25（b）所示的 Z 形件弯曲模设置了顶板 1 和定位销 2，能有效防止坯料的偏移。反侧压块 3 的作用是平衡上、下模之间水平方向的错移力，同时也为顶板导向，防止其窜动。

图 3-25（c）所示的 Z 形件弯曲模，弯曲前活动凸模 10 在橡皮 8 的作用下与凸模 4 端面平齐。弯曲时活动凸模与顶板 1 将坯料压紧，并由于橡皮的弹力较大，推动顶板下移使坯料左端弯曲。当顶板接触下模座 11 后，橡皮 8 压缩，则凸模 4 相对于活动凸模 10 下移将坯料右端弯曲成形。当压块 7 与上模座 6 相碰时，整个弯曲件得到校正。

6. 圆形件弯曲模

一般圆形件尽量采用标准规格的管材切断成形，只有当标准管材的尺寸规格或材质不能满足要求时，才采用板料弯曲成形。用模具弯曲圆形件通常限于中小型件，大直径圆形件可采用滚弯成形。

（1）对于直径 $d \leqslant 5$ mm 的小圆形件，一般先弯成 U 形，再将 U 形弯成圆形。图 3-26（a）所示为用两套简单模弯圆的方法。由于工件小，分两次弯曲操作不便，可将两道工序合并，如图 3-26（b）、（c）所示。其中图 3-26（b）为有侧楔的一次弯圆模，上模下行时，芯棒 3 先将坯料弯成 U 形，随着上模继续下行，侧楔 7 便推动活动凹模 8 将 U 形弯成圆形；图 3-26（c）是另一种一次弯圆模，上模下行时，压板 2 将滑块 6 往下压，滑块带动芯棒 3 先将坯料弯成 U 形，然后凸模 1 再将 U 形弯成圆形。如果工件精度要求高，可旋转工件连冲几次，以获得较好的圆度。弯曲后工件由垂直于图面方向从芯棒上取下。

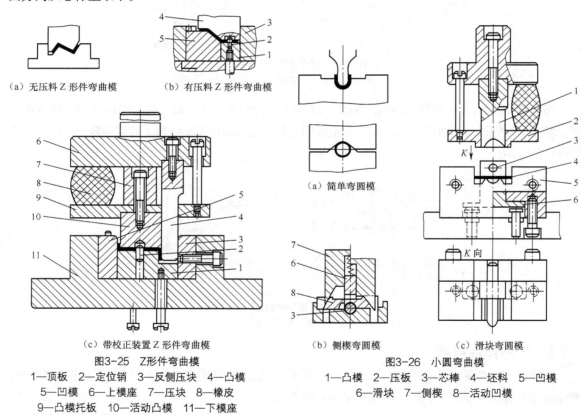

（a）无压料 Z 形件弯曲模　　　（b）有压料 Z 形件弯曲模

（a）简单弯圆模

（c）带校正装置 Z 形件弯曲模

图3-25　Z形件弯曲模
1—顶板　2—定位销　3—反侧压块　4—凸模
5—凹模　6—上模座　7—压块　8—橡皮
9—凸模托板　10—活动凸模　11—下模座

（b）侧楔弯圆模　　　（c）滑块弯圆模

图3-26　小圆弯曲模
1—凸模　2—压板　3—芯棒　4—坯料　5—凹模
6—滑块　7—侧楔　8—活动凹模

（2）对于直径 $d \geqslant 20$ mm 的大圆形件，根据圆形件的精度和料厚等不同要求，可以采用一次成形、二次成形和三次成形方法。用三道工序弯曲大圆的方法，如图 3-27 所示。这种方法生产率低，适用于料厚较大的工件。用两道工序弯曲大圆的方法，如图 3-28 所示。先预弯成 3 个 120°的波浪形，然后再用第二套模具弯成圆形，工件顺凸模轴线方向取下。

带摆动凹模的大圆一次成形弯曲模，如图 3-29（a）所示。上模下行时，凸模 2 先将坯料压成 U 形，上模继续下行，摆动凹模 3 将 U 形弯成圆形，工件顺凸模轴线方向推开支撑 1 取下。这种模具生产率较高，但由于回弹，在工件接缝处留有缝隙和少量直边，工件精度差，模具结构也较复杂。坯料绕芯棒卷制圆形件的方法，如图 3-29（b）所示。反侧压块 7 的作用是为凸模导向，并平衡上、下模之间水平方向的错移力。这种模具结构简单，工件的圆度较好，但需要行程较大的压力机。

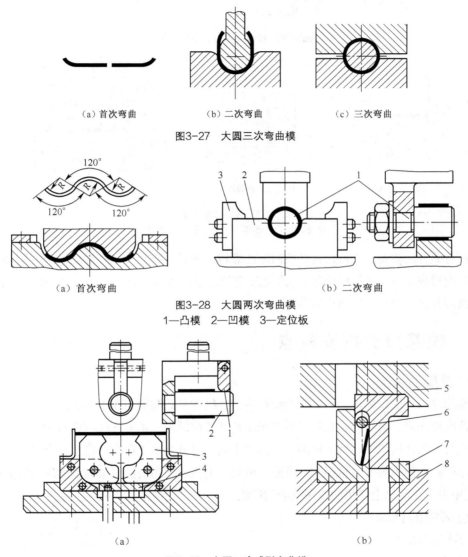

（a）首次弯曲　　　　（b）二次弯曲　　　　（c）三次弯曲

图3-27　大圆三次弯曲模

（a）首次弯曲　　　　　　　　　　（b）二次弯曲

图3-28　大圆两次弯曲模
1—凸模　2—凹模　3—定位板

（a）　　　　　　　　　　　　　　　（b）

图3-29　大圆一次成形弯曲模
1—支撑　2—凸模　3—摆动凹模　4—顶板　5—上模座　6—芯棒　7—反侧压块　8—下模座

7. 铰链件弯曲模

标准的铰链或合页都是采用专用设备生产的，生产率很高，价格便宜，只有当选不到合适标准铰链件时才用模具弯曲。常见的铰链件形式和弯曲工序的安排，如图 3-30 所示。第一道工序的预弯模，如图 3-31（a）所示，铰链卷圆的原理通常是采用推圆法。立式卷圆模，如图 3-31（b）所示，结构简单；卧式卷圆模，如图 3-31（c）所示，有压料装置，操作方便，零件质量也较好。

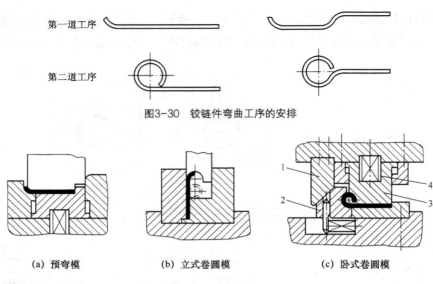

第一道工序

第二道工序

图3-30　铰链件弯曲工序的安排

（a）预弯模　　　　　（b）立式卷圆模　　　　　（c）卧式卷圆模

图3-31　铰链件弯曲模
1—斜楔　2—凹模　3—凸模　4—弹簧

　　为保证弯曲件的质量，在应用弯曲模时应注意以下问题：防止毛坯在弯曲时产生偏移现象；弯曲时毛坯的变形应尽可能是简单变形，避免毛坯有拉薄或挤压的现象；压力机滑块在到达下止点时，应能使弯曲部分得到校正，以减小弯曲回弹。

3.1.3　拉深模结构及特点

1. 拉深模的种类

　　拉深模的结构一般较简单，但结构类型较多。按结构形式与使用要求的不同，可分为首次拉深模与以后各次拉深模、有压料装置拉深模与无压料装置拉深模、正装式拉深模与倒装式拉深模、下出件拉深模与上出件拉深模；按工序的组合程度不同，可分为单工序拉深模、复合工序拉深模与级进工序拉深模；按使用的压力机不同，可分为单动压力机上使用的拉深模与双动压力机上使用的拉深模等，其中单动压力机上使用的拉深模应用广泛。

2. 拉深模的结构

（1）首次拉深模

　　① 无压料首次拉深模：无压料装置的下出件首次拉深模，如图 3-32 所示。工作时，平板坯料由定位板 2 定位，凸模 1 下行将坯料拉入凹模 3 内。凸模下止点要调到使已成形的工件直壁全部越出凹模工作带，这时由于回弹，工件口部直径稍有增大，回程后工件被凹模工作带下的台阶挡住而卸下。坯料厚度小时，工件容易卡在凸、凹模之间的缝隙内，

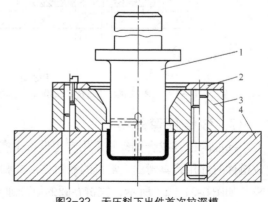

图3-32　无压料下出件首次拉深模
1—凸模　2—定位板　3—凹模　4—下模座

需在凹模台阶处设置刮件板或刮件环。这种拉深模主要适用于坯料相对厚度 $\frac{t}{D} > 2\%$ 的厚料拉深，成形后的工件尺寸精度不高，底部不够平整。

这种模具的凸模常与模柄制成一体，以使模具结构简单。但当凸模直径较小时，可与模柄分体制造，中间用模板和固定板并借助螺钉把两者连接起来。为了便于卸件，拉深凸模的工作端要开通气孔，其直径可视凸模直径的大小在 $\phi3 \sim \phi8mm$ 之间选取。通气孔过长会给钻孔带来困难，可在超出工件高度处钻一横孔与之相通，以减小中心孔的钻孔深度。该模具的凹模为锥形凹模，可提高坯料的变形程度。当工件相对高度 $\frac{H}{d}$ 较小时，也可采用全直壁凹模，使凹模更容易加工。

只进行拉深而没有冲裁加工的拉深模可以不用导向模架，安装模具时，下模先不要固定住，在凹模孔口放置几块厚度与拉深件料厚相同的板条，将凸模引入凹模时下模沿横向做稍许移动便可自动将拉深间隙调整均匀。在闭合状态下，将下模固定住，抬起上模，便可以进行拉深加工。

无压料装置的上出件首次拉深模，如图 3-33 所示，与图 3-32 所示的下出件拉深模相比较，增加了由顶件块 2、顶杆 3 及弹顶器 4 组成的顶出装置。顶出装置的作用不仅在于形成上出件方式，即将拉深完的工件从凹模内顶出，而且在拉深过程中能始终将板料压紧于顶板与凸模顶杆 3 及弹顶器 4 组成的顶出装置，并在拉深后期可对拉深件底部进行校平。因此采用这种上出件方式，拉深完的工件底部比较平整，形状也比较规则。

如果回程时工件随凸模上升，打杆 1 撞到压力机横梁时将产生推件力，使工件脱离凸模。弹顶器一般都是冲压车间的通用装置，设计拉深模时只需在下模座留出与螺杆相配的螺孔。当工件较大时，需要的顶件力也较大，应尽可能采用气垫而不用橡胶垫，以减小对压力机的冲击破坏作用。

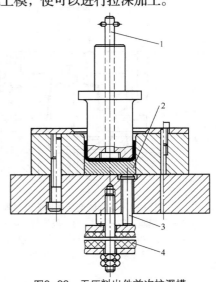

图3-33　无压料出件首次拉深模
1—打杆　2—顶件块　3—顶杆
4—弹顶器（橡胶垫）

② 有压料首次拉深模：在单动压力机上使用的拉深模，如果有压料装置，常采用倒装式结构，以便于采用通用的弹顶器并缩短凸模长度。有压料装置的倒装式首次拉深模，如图 3-34 所示，坯料由定位板 5 定位，上模下行时，坯料在压料圈 6 的压紧状态下由凸模 4 与凹模 3 拉深成形。拉深完的工件在回程时由压料圈 6 从凸模上顶出，再由推件块 2 从凹模内推出。为了便于放入坯料，定位板的内孔应加工出较大的倒角，余下的直壁高度应小于坯料厚度。凸模 4 为阶梯式结构，通过固定板 8 与下模座 9 相连接，这种固定方式便于保证凸模与下模座的垂直度。

（2）以后各次拉深模

以后各次拉深模是指对经过一次或几次拉深的空心件进行再次拉深的拉深模。倒装式带压料装置的筒形件以后各次拉深模，如图 3-35 所示。该模具的凹模 10 设在上模，凸模 11 和由压料圈 12、螺钉 13 及弹顶器（图中未绘出）组成的压料装置设在下模。凹模中没有由打杆 6 和推件块 5 组成的

推件装置，压料圈 12 还兼有定位和卸件的作用。工作前，模具下方的弹顶器通过螺钉 13 使压料圈 12 的上定位面略高于凸模上端面。工作时，将筒状毛坯套在压料圈上定位，上模下行，毛坯先被凹模和压料圈一起压住，继而被凸模拉入凸、凹模间隙中，使径向尺寸减小而逐步成形。拉深过程中，压料圈始终使毛坯紧贴凹模，防止起皱。限位柱 3 使压料圈与凹模之间一直保持适当间隙，避免压料力过大引起拉裂。上模回升时，制件因压料圈的卸件作用而保留在凹模内随凹模上升，随即模具的推件装置便将卡在凹模内的制件推下。该模具采用倒装式结构，利用安装在模具下方的弹顶器产生弹性压料力，可缩短凸模的长度，并获得可调节的和较大的压料力。

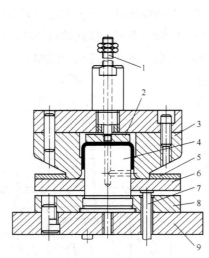

图3-34 有压料倒装式首次拉深模
1—下模座 2—导柱 3—限位柱 4—导套
5—推件块 6—打杆 7—上模板
8—模柄 9—凹模固定板

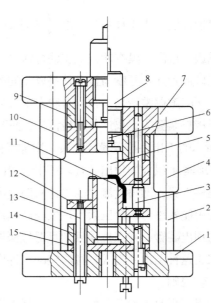

图3-35 带弹性压料装置的首次拉深模
1—打杆 2—推件块 3—凹模 4—凸模 5—定位板
6—压料圈 7—顶杆 8—凸模固定板 9—下模座
10—凹模 11—凸模 12—压料圈 13—螺钉
14—凸模固定板 15—垫板

3.1.4 冷挤压模结构及特点

根据挤压工序的类型，挤压模有正挤压模、反挤压模、复合挤压模等。挤压模是由工作部分、顶件部分、卸件部分、导向部分、紧固部分等零部件组成的。挤压模与其他类型模具的不同点是挤压时模具承受很大的变形力，这就要求挤压模具有足够的强度、刚度、韧性、硬度和耐磨性。

正挤压模，如图 3-36 所示，该模具采用了导柱导套导向的通用模架，上下模座比较厚，因此模座的刚性较高。凹模采用双层组合结构，因此提高了凹模的强度。支撑凸模和凹模的垫板（件 2、4）厚度比一般模具所用的垫板要大，这有利于扩散从凸模和凹模中传递来的压力，提高模板的抗压强度。挤压后利用顶杆 5 可将制件从凹模中顶出。该模具具有通用性，可更换模具中工作部分零件而组成其他的正挤压模具，因此应用较广。

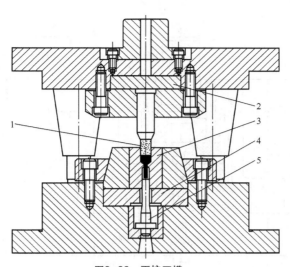

图3-36　正挤压模
1—凸模　2、4—垫板　3—组合凹模　5—顶杆

反挤压模，如图 3-37 所示，凹模由件 3、4 组成。这种凹模结构能避免由于挤压时凹模体内产生过大的应力而使凹模破裂。挤压后制件抱在凸模上，在上模回程时靠卸料板 2 将制件卸下。

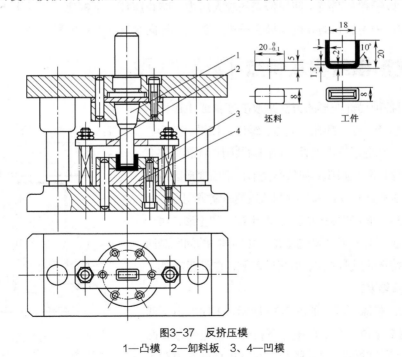

图3-37　反挤压模
1—凸模　2—卸料板　3、4—凹模

该模具主要用于挤压力较小的有色金属反挤压加工。

有色金属复合挤压模，如图 3-38 所示。该模具的凹模 6 用紧固圈 8 固定，上模的卸件由橡胶垫 2 和卸料板 3 完成，下模的卸件由顶杆 7 顶出。为了提高上下模的导向稳定性和导向精度，模具采用了加长的导柱导套模架，导柱与导套的配合精度为 H7/h6。

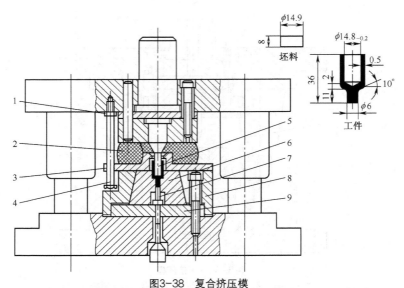

图3-38　复合挤压模

1—螺母　2—橡胶垫　3—卸料板　4—拉杆　5—凸模　6—凹模　7—顶杆　8—紧固圈　9—垫板

　　挤压模的凹模多采用预应力的组合凹模结构，较少采用整体式结构；支撑凸模、凹模的垫板具有一定的厚度，以缓和从凸模、凹模传来的较大压力，防止压坏上下模座；一般上下模座采用足够厚的中碳钢制作；采用加长的导柱与导套结构，确保了导向精度和凸模的稳定性。

3.1.5　成形模结构及特点

　　成形是指用各种局部变形的方法来改变坯料或工序件形状的加工方法，包括胀形、翻孔、翻边、缩口、校平、整形、旋压等冲压工序。从变形特点来看，它们的共同点均属局部变形。不同点是：胀形和翻圆孔属伸长类变形，常因变形区拉应力过大而出现拉裂破坏；缩口和外缘翻凸边属压缩类变形，常因变形区压应力过大而产生失稳起皱；对于校平和整形，由于变形量不大，一般不会产生拉裂或起皱，主要解决的问题是回弹；而旋压则属特殊的成形方法，既可能起皱，也可能拉裂。

1. 胀形模结构

　　分瓣式刚性凸模胀形模，如图 3-39 所示，工序件由下凹模 7 及分瓣凸模 2 定位，当上凹模 1 下行时，将迫使分瓣凸模沿锥形芯块 3 下滑的同时向外胀开，在下止点处完成对工件的胀形。上模回程时，弹顶器（图中未画出）通过顶杆 6

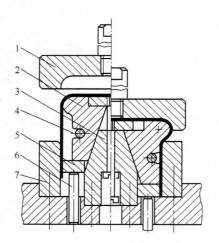

图3-39　分瓣式刚性凸模胀形模

1—上凹模　2—分瓣凸模　3—锥形芯块　4—拉簧　5—顶板　6—顶杆　7—下凹模

和顶板 5 将分瓣凸模连同工件一起顶起。由于分瓣凸模在拉簧 4 的作用下始终紧贴锥形芯块，顶起过程中分瓣凸模直径逐渐减小，因此至上止点时能将已胀形的工件顺利地从分瓣凸模上取下。

　　橡胶软凸模胀形模，如图 3-40 所示，工序件 1 在托板 5 和定位圈 6 上定位，上模下行时，凹模

4 压下由弹顶器或气垫支撑的托板 5，托板向下挤压橡胶凸模 2，将工序件胀出凸筋。上模回程时，托板和橡胶凸模复位，并将工件顶起。如果工件卡在凹模内，可由推件板 3 椎出。

自行车中接头橡胶胀形模，如图 3-41 所示，空心坯料在分块凹模 2 内定位，胀形时，上、下冲头 1 和 4 一起挤压橡胶及坯料，使坯料与凹模型腔紧密贴合而完成胀形。胀形完成以后，先取下模套 3，再撬开分块凹模便可取出工件。接头经胀形以后，还需经过冲孔和翻孔等工序才能最后成形。

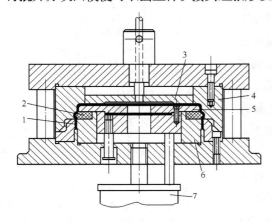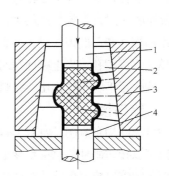

图3-40　橡胶软凸模胀形模
1—工序件　2—橡胶凸模　3—推件板　4—凹模
5—托板　6—定位圈　7—气垫

图3-41　自行车中接头橡胶胀形模
1、4—冲头　2—分块凹模　3—模套

2. 翻边模

常见的翻边模结构，如图 3-42 所示。其中，在有预制孔的平板上对预制孔进行翻边的模具结构，如图 3-42（a）所示，该结构采用了倒装式，便于安装弹顶器，同时在模具中设置了打件装置。在已经成形的坯件底部的预制孔上进行翻边的结构，如图 3-42（b）所示，压板 5 除在翻边后卸件外，在翻边时，压板还将坯料压紧在凹模上，以避免坯料其他部位变形。工件内外形同时翻边的结构，如图 3-42（c）所示，其中制件的内孔翻边与图 3-42（a）结构相似，外缘翻边与浅拉深相似。在翻边过程中，坯料始终被夹紧，其变形程度容易控制。

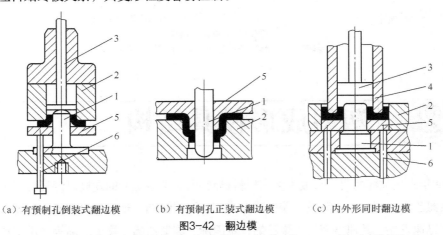

（a）有预制孔倒装式翻边模　　（b）有预制孔正装式翻边模　　（c）内外形同时翻边模
图3-42　翻边模
1—翻边凸模　2—翻边凹模　3—打件装置　4—凸凹模　5—压板　6—推杆

落料、拉深、冲孔、翻孔复合模，如图 3-43 所示。凸凹模 8 与落料凹模 4 均固定在固定板 7 上，以保证同轴度。冲孔凸模 2 固定在凸凹模 1 内，并以垫片 10 调整它们的高度差，以控制冲孔前的拉深高度。该模具的工作过程是：上模下行，首先在凸凹模 1 和凹模 4 的作用下落料；上模继续下行，在凸凹模 1 和凸凹模 8 的相互作用下对坯料进行拉深，弹顶器通过顶杆 6 和顶件块 5 对坯料施加压料力；当拉深到一定高度后，由凸模 2 和凸凹模 8 进行冲孔，并由凸凹模 1 与凸凹模 8 完成翻孔；当上模回程时，在顶件块 5 和推件块 3 的作用下将制件推出，条料由卸料板 9 卸下。

3. 缩口模

缩口模结构示意图，如图 3-44 所示。有外支撑的缩口模可以预防制件筒壁失稳变形；有内、外支撑（心柱支撑）的缩口模既可防止筒壁失稳，又可避免缩口处起皱。

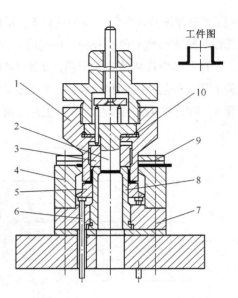

图3-43　落料、拉深、冲孔、翻孔复合模
1、8—凸凹模　2—冲孔凸模　3—推件块
4—落料凹模　5—顶件块　6—顶杆
7—固定板　9—卸料板　10—垫片

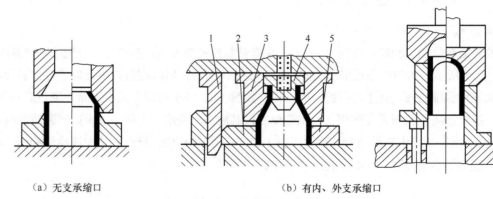

（a）无支承缩口　　　　　（b）有内、外支承缩口
图3-44　缩口模结构
1—斜楔　2—滑块　3—凹模　4—心柱　5—夹紧块

3.2 塑料成形模具结构

从 1909 年采用纯粹的化学合成法生产塑料材料开始，塑料工业的发展已经经历了 100 多年的历史。随着聚氯乙烯的问世，聚酰胺、聚甲醛、ABS、聚碳酸酯、聚砜、聚苯醚与氟塑料等工程塑料陆续出现并迅速发展，其速度超过了聚乙烯、聚丙烯、聚氯乙烯与聚苯乙烯等通用塑料。

　　塑料模是实现塑料成形生产的专用工具和主要工艺装备。利用塑料模可以成形各种形状和尺寸的塑料制件，如日常生活中常见的塑料茶具、塑料餐具及家用电器中的各种塑料外壳等。

　　塑料模的类型很多，按塑料制件成形的方法不同，可分为注射模、压缩模和压注模；按成形的塑料不同，可分为热塑性塑料模和热固性塑料模等。

　　塑料模的结构形式与塑料种类、成形方法、成形设备、制件的结构与生产批量等因素有关。但任何一副塑料模的基本结构，都是由动模（或上模）与定模（或下模）两个部分组成的。对固定式塑料模，定模一般固定在成形设备的固定模板（或下工作台）上，是模具的固定部分；而动模一般固定在成形设备的移动模板（或上工作台）上，可随移动模板往复运动，是模具的活动部分。成形时动模与定模闭合构成形腔和浇注系统，开模时动模与定模分开取出制件。对移动式塑料模，模具一般不固定在成形设备上，在设备上成形后用手工移出模具，再用卸模工具打开上、下模取出制件。

　　塑料模都可以看成由如下一些功能相似的零部件构成。

　　（1）成形零件是直接与塑料接触，并决定塑料制件形状和尺寸精度的零件，即构成形腔的零件，如图 3-45 中所示的型芯 4、凹模 5 等，它们是模具的主要零件。

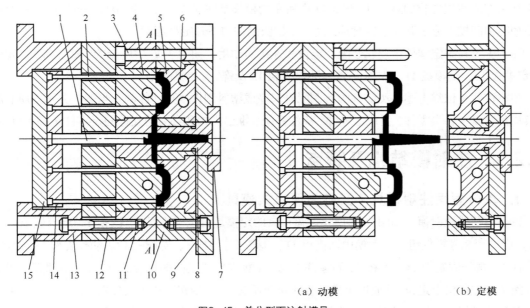

（a）动模　　　　　　（b）定模

图3-45　单分型面注射模具

1—拉料杆　2—推杆　3—导柱　4—型芯　5—凹模　6—冷却通道　7—定位圈　8—浇口套　9—定模座板
10—定模板　11—动模板　12—支撑板　13—动模支架　14—推杆固定板　15—推板

　　（2）浇注系统是将塑料熔体由注射机喷嘴或模具加料腔引向型腔的一组进料通道，包括：浇口套 8 及开设在分型面上的流道，如图 3-45 所示。

　　（3）导向定位机构主要用来保证动、定模闭合时的导向和定位，模具安装时与注射机的定位以及推出机构的导向等。一般情况下，动、定模闭合时的导向及定位常采用导柱和导套，或在动、定模部分设置相互吻合的内外圆锥定位件；推出机构的导向常采用推板导柱和推板导套。图 3-45 中所示的导向定位机构为导柱 3 及定模板 10 上的导向孔等。

（4）推出机构是用于在开模过程中将制件及流道凝料从成形零件及流道中推出或拉出的零部件。图 3-45 中所示的推出机构由推杆 2、拉料杆 1、推板固定板 14 和推板 15 等组成。

（5）侧向分型抽芯机构用来在开模推出制件前抽出成形制件上侧孔或侧凹的型芯的零部件。图 3-45 中没有设置侧向分型抽芯机构。

（6）排气系统用来在成形过程中排出型腔中的空气及塑料本身挥发出来的气体的结构。

排气系统可以是专门设置的排气槽，也可以是型腔附近的一些配合间隙。一般的排气方式有开设排气槽和利用配合间隙排气等。对中小型塑件可采用分型面闭合间隙排气或采用推杆、推管、推块、型芯与模板的配合间隙排气；对大型塑件可在分型面上塑料流的末端开设宽 1.5～6 mm，深 0.025～0.05 mm 的排气槽。图 3-45 中没有开设排气槽，是利用分型面及型芯与推杆之间的间隙进行排气的。

（7）冷却与加热装置是用以满足成形工艺对模具温度要求的装置。为了满足注射成形工艺对模具的温度要求，必须对模具温度进行控制，设置模具温度调节系统。通常情况下，对于热固性塑料和模具温度要求在 80℃以上的热塑性塑料注射成形，模具应设置加热系统；对于要求模具温度较低的热塑性塑料注射成形，模具应设置冷却系统。冷却系统一般在模具上开设冷却水道，加热系统则在模具内部或四周安装加热元件。图 3-45 中所示的模具是注射成形热塑性塑料，一般不需专门加热，但在型芯和凹模上分别开设了冷却通道 6，以加快制件的冷却定型速度。

（8）支撑与固定零件主要起装配、定位和连接的作用，如图 3-45 中所示的定模座板 9、定位圈 7、定模板 10、动模板 11、支撑板 12、动模支架 13 及螺钉、销钉等。

塑料模就是依靠上述各类零件的协调配合来完成塑料制件成形功能的。当然，并不是所有的塑料模均具有以上各类零件，但成形零件、浇注系统、推出机构和必要的支撑固定零件是必不可少的。

3.2.1　注射模结构及特点

1．单分型面注射模具（又称为两板式模具）

典型的塑料注射模，如图 3-45 所示。该模具的定模是由定模座板 9、凹模 5、定模板 10、定位圈 7、浇口套 8 等零件组成；动模由动模板 11、型芯 4、导柱 3、支撑板 12、动模支架 13、推杆 2、拉料杆 1、推杆固定板 14、推板 15 等零件组成。动模与定模之间的接合面 A—A 为分型面。模具用定位圈 7 在注射机上定位，并通过定模座板 9 和动模支架 13 用螺钉和压板分别固定在注射机的固定模板和移动模板上。注射成形前，模具在注射机合模装置的作用下闭合并被锁紧。成形时，注射机从喷嘴中注射出的塑料熔体通过模具浇口套 8 及分型面上的流道进入型腔，待熔体充满型腔并经过保压、补缩和冷却定型后，注射机的合模装置便带动动模左退，从而使动模与定模从分型面 A—A 处开启。由于塑料冷却后对型芯具有包紧作用及拉料杆 1 对流道凝料的拉料作用，模具开启后塑料制件和流道凝料将留在动模一边。当动模开启到一定位置时，由推杆 2、拉料杆 1、推杆固定板 14 和推板 15 组成的推出机构将在注射机合模装置的顶杆作用下与动模其他部分产生相对运动，于是制件和流道凝料便会被推杆和拉料杆从型芯和分型面流道中推出脱落，从而完成一个注射成形过程。

该注射模结构简单，成形塑件的适应性强，但塑件连同凝料在一起，需手工处理。单分型面注射模应用广泛。

2. 双分型面注射模具（又称三板式注射模）

如图 3-46 所示，它与单分型面相比，在动模和定模之间加了一块活动板 13。开模时，活动板 13 与定模板 14 之间在弹簧 2 的作用下，A 面分型，将主浇道的凝料从浇注套中脱出。待动模继续后退至定距拉板拉到固定在活动板 13 上的限位钉 3 时，B 面分型，将塑件与浇口拉开，塑件与型芯一起后退，而浇注系统的凝料在 A 分型面上被取出。当动模继续后退，注射机的顶杆接触推板 9 时，推件板 5 在推杆 11 的推动下，将塑件推出、落下。

双分型面注射模具能在塑件中心设置点浇口，截面积较小，塑件的外观好，并且有利于自动化生产；但双分型面注射模结构复杂，成本较高，模具的重量增大，因此，双分型面注射模不常用于大型塑件或流动性较差的塑料成形。

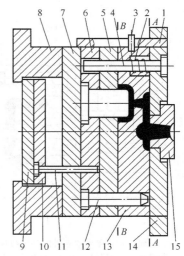

图3-46　双分型面注射模具
1—定距拉板　2—弹簧　3—限位钉　4—导柱
5—推件板　6—动模板　7—支撑板　8—模脚
9—推板　10—推杆固定板　11—推杆
12—导柱　13—活动板　14—定模板
15—浇口套

3. 带活动嵌件的注射模

如图 3-47 所示，当塑件带有侧孔或螺纹孔时，无法通过分型面来取出塑件，需要在模具上设置活动的型芯或对拼组合式镶件。模具开模时，动模板 5 和定模板分开，塑件的外腔与定模脱开，塑件留在镶件 3 上。当动模继续后退，推板 11 接触到注射机的顶杆时，设置在活动镶件 3 上的阶梯推杆 9，将活动镶件连同塑件一起推出，再由人工将活动镶件上的塑件取下来。合模时，推杆先在弹簧 8 的作用下复位，之后，由人工将活动镶件插入型芯的锥面的相应的孔中，最后，模具合模。

该注射模手工操作多，生产效率低，劳动强度大，只适于小批量的生产。

4. 带侧向抽芯、侧向分型的注射模具

带活动嵌件的注射模具适用于侧面有孔或凹槽的塑件的小批量生产，当这类塑件的批量较大时，就应采用侧向抽芯或侧向分型的注射模具。

（1）斜导柱侧向抽芯注射模：如图 3-48 所示，塑件的侧壁有一孔，这个孔由滑块 11 来成形。开模时，动模板 16 与定模板 14 分开，由于斜导柱固定在定模上，而斜滑块由导滑槽与动模部分相连，因此，斜导柱在开模力的作用下，带动斜滑块沿导滑槽横向运动以进行侧抽芯。侧抽芯之后，模具的推出机构即可将塑件脱模。

（2）斜滑块侧向分型的注射模：如图 3-49 所示，注射成形后，动模板 6 随动模部分向下移动，与定模板 2 分型，至一定距离以后，注射机的顶杆开始与推板 12 接触，推杆 7 将斜滑块 3 与塑件一起从动模板 6 推出，进行与型芯 5 的脱模，由于斜滑块 3 与动模板 6 之间有斜导槽，所以，斜滑块在推出的过程中沿动模板向两侧移动分型，塑件从斜滑块中脱出。

除斜导柱、斜滑块等机构利用开模力作为侧向抽芯或侧向分型外，还可以在模具中装上液压缸或气压缸带动完成侧向抽芯或侧向分型动作，这类模具广泛用于有侧孔或侧凹的塑件的大批量生产中。

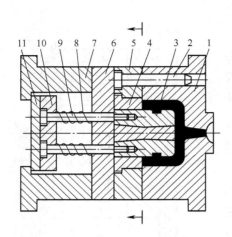

图3-47 带活动嵌件的注射模具

1—定模板 2—导柱 3—活动镶件 4—型芯块
5—动模板 6—支撑板 7—模脚 8—弹簧
9—推杆 10—推杆固定板 11—推板

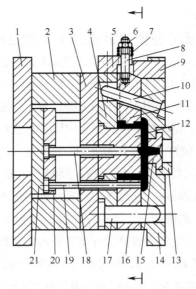

图3-48 斜导柱侧向抽芯注射模

1—动模座板 2—垫块 3—支撑板 4—型芯固定板
5—挡块 6—螺母 7—弹簧 8—滑块拉杆 9—楔紧块
10—斜导柱 11—侧型芯滑块 12—型芯 13—定位圈
14—定模板 15—浇口套 16—动模板 17—导柱
18—拉料杆 19—推杆 20—推杆固定板 21—推板

5. 自动卸螺纹的注射模

对于有内、外螺纹，而又批量较大的塑件成形所用的模具，大部分采用自动卸螺纹的注射模具。使用这类模具可以大大地减少劳动量，提高生产效率几十倍。

用于角式注射机的自动卸螺纹的注射模，如图3-50所示。塑件带有内螺纹，当注射机开模时，注射机的开合模的丝杆带动模具的螺纹型芯1旋转，以使塑件与螺纹型芯脱模。

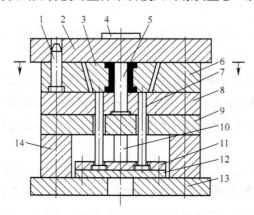

图3-49 斜滑块侧向分型的注射模

1—导柱 2—定模板 3—斜滑块 4—定位圈 5—型芯
6—动模板 7—推杆 8—型芯固定板 9—支撑板
10—拉料杆 11—推杆固定板 12—推板
13—定模座板 14—垫板

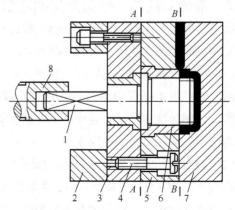

图3-50 自动卸螺纹的注射模具

1—螺纹型芯 2—垫板 3—支撑板 4—定距螺钉
5—动模板 6—衬套 7—定模板
8—注射机开合丝杠

6. 推出机构设置在定模的注射模

注射机的顶出机构设在注射机的动模部分。为了设计的方便，注射模的推出装置也应相应地设置在模具的动模部分，塑件就应设计为留在动模一侧。但有的塑件由于它的特殊要求和形状的限制，塑件必须要留在定模一侧，这时，就应在定模一侧设置推出机构。成形塑料衣刷的注射模具，如图 3-51 所示。由于衣刷形状的限制，直接浇口需设计在衣刷的背面，因此，塑件由于包住型芯，而留在定模一侧。在开模时，由于塑件对型芯 11 抱紧力较大，A 分型面先分型，塑件从定型镶件 3 上脱出而留在定模部分；当开模时动模向左移动一定距离后，螺钉 4 触到拉板 8 上，螺钉 4 带动拉板 8 向左移动，拉板 8 带动螺钉 6，继续向左移动，推出机构开始工作，B 分型面分型，塑件被从型芯 11 上脱出。

7. 热浇道注射模

采用热流道注射模具注射成形，模具浇注系统中的塑料始终保持熔融状态。开模后，只取塑件而不带浇道凝料，这样就大大节约了塑料用料，提高了劳动生产率，有利于实现自动化生产，保证了塑件的质量。但热浇道注射模具结构复杂，要求严格控制温度，因此仅适用于大批量生产。热浇道注射模具，如图 3-52 所示，其浇注系统一直在加热、保温，使得流道内的塑料始终保持熔融状态。

注射模模具特点如下。

（1）模具采用导柱、导套导向，可保证定、动模相互位置。

（2）模具采用一模多腔，一次可成形多个塑件制品。

（3）模具结构简单，通用性强，适合批量生产。

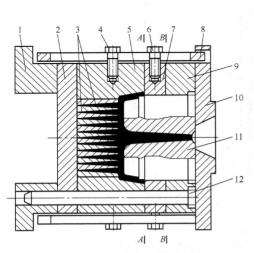

图3-51　成形塑料衣刷的注射模
1—模脚　2—支撑板　3—定形镶件　4—螺钉
5—动模板　6—螺钉　7—推件板　8—拉板
9—定模板　10—定模座板　11—型芯　12—导柱

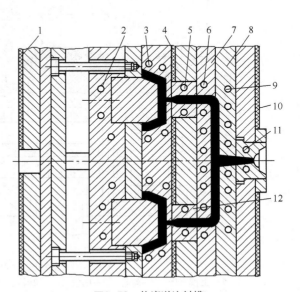

图3-52　热浇道注射模
1—动模绝热板　2、3—冷却管道　4—冷、热模绝热层
5、6、9—分流道加热器安装孔　7、8—热流道板
10—定模绝热板　11—主流道加热器安装孔
12—分流道镶件

3.2.2　压缩模结构及特点

　　压缩模是借助压力机的加压和对模具的加热，使直接放入模具型腔内的塑料熔融并固化而成形出所需制件的模具。压缩模主要用来成形热固性塑料制件。

　　典型的压缩模具结构，如图 3-53 所示。它大体可分为固定在压力机上滑块的上模部分和固定在压力机下工作台的下模部分组成。

　　压缩模主要由 6 部分组成。

　　（1）型腔：型腔是直接成形塑件的模具部位，与加料腔一起起到盛料的作用。如图 3-53 中所示的模具型腔由上凸模 8、下凹模 3、加料腔（凹模）4 等组成。

　　（2）加料腔：由于压塑粉的体积较大，加料腔应比型腔深一些，供加料用。

　　（3）导向机构：导向机构是由 4 个导柱 6 和导套 9 组成，如图 3-53 所示，是为了保证合模的准确性；有些是为了保证推出机构的上下运动平稳，下模座板上设有二根导柱，在推板上带有导向套组成推板的导向机构，如图 3-53 所示。

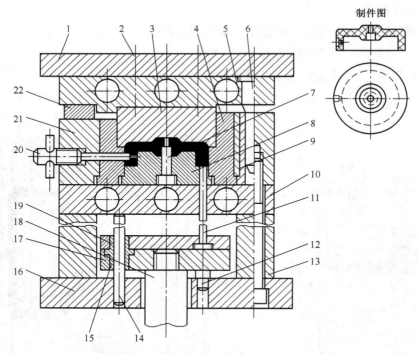

制件图

图3-53　固定式压注模

1—上模座板　2—螺钉　3—凹模　4—加料腔　5、10—加热板　6—导柱　7—型芯　8—凸模
9—导套　11—推杆　12—支撑钉　13—垫块　14—推板导柱　15—推板导套　16—下模座板
17—推板　18—压机顶杆　19—推杆固定板　20—侧型芯　21—凹模固定板　22—承压块

　　（4）侧向抽芯与分型：成形具有侧向凸凹或孔的结构时，模具应设置各种侧向抽芯与分型机构，如图 3-53 所示，侧型芯 20。

（5）推出机构：压缩模必须设计塑件推出机构，如图 3-53 所示，推出机构由推板 17、推杆固定板 19、推杆 11 等零件组成。

（6）加热系统：热固性塑料压缩成形靠模具加热。模具的加热形式有：电加热、蒸汽加热、煤气或天然气加热等，以电加热为常见，如图 3-53 所示，加热板 5、10 中开设的圆孔是供插入电热棒来加热模具的。

3.2.3　压注模结构及特点

压注模按模具在压力机上的固定形式分为：移动式压注模具和固定式压注模具；按模具加料腔的形式分为：溢式压注模、不溢式压注模和半溢式压注模；按分型面的形式分为：水平分型面压注模和垂直分型面压注模。

1. 移动式压注模具

移动式压注模具，如图 3-54 所示，模具不固定在压机上，成形后移出模具，用卸模工具（如卸模架）开模，取出塑件。这种模具结构简单，制造周期短。但因加料、开模、取件等工序均手工操作，所以模具易磨损，劳动强度大。模具重量一般不宜超过 20 kg。该模具适用于压制批量不大的中小型塑件，以及形状复杂、嵌件较多、加料困难并带有螺纹等塑件。

2. 固定式压注模具

固定式压注模具，如图 3-55 所示，上下模都固定，开模、闭模、顶出等工序均在机内进行。开模时，A 分型面先分型，以便取出主流道的凝料，当上模上升到一定高度时，拉杆 12 上的螺母迫使拉钩 14 转动，使之与下模部分脱开，接着定距杆 17 起作用，使 B 分型面分型，以便脱模机构将塑件和分流道的凝料从分型面脱出。合模时，复位杆 11 使脱模机构复位，拉钩 14 靠自重将下模部分锁住。这种模具生产率较高、操作简单、劳动强度小、开模振动小、模具寿命较长；但结构复杂、成本高，且不利于安放嵌件，故不便成形嵌件较多的制件。该模具适用于大批量、体积较大的塑件。

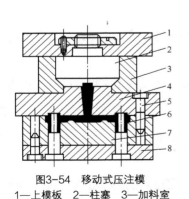

图3-54　移动式压注模
1—上模板　2—柱塞　3—加料室
4—浇口板　5—导柱　6—型芯
7—凹模　8—型芯固定板

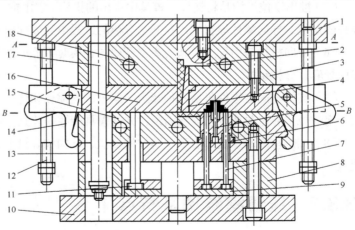

图3-55　固定式压注模
1—上模座　2—压柱　3—加料腔　4—浇口套　5—型芯　6—型腔
7—推杆　8—垫块　9—推板　10—下模座　11—复位杆
12—拉杆　13—垫板　14—拉钩　15—固定板
16—上模板　17—定距杆　18—加热器安装孔

 3.3 压铸模与锻模结构

合金压铸又称压力铸造。它是将固态金属加热熔化成液态后放入压铸机加料室内，用压铸机活塞加压促使液态金属经浇注系统压入模具型腔内，待液体在型腔内冷却后，便把型腔的轮廓复制出来从而形成制品。合金压铸使用的模具，称为压铸模。

3.3.1 压铸模组成

压铸模主要由 8 个部分组成。

（1）成形工作零件由镶件、型芯、嵌件组成，装在动、定模上。模具在合模后，构成铸件的成形空腔，通常称为型腔，是决定铸件几何形状和尺寸公差等级的工作零件。

（2）浇注系统是沟通模具型腔与压铸机压射室的部分，即熔融金属进入型腔的通道，包括：直浇道、横浇道和内浇道。该系统在动模和定模合拢后形成，对充填和压铸工艺规定十分重要。

（3）排溢系统是溢流以及排除压室、浇道和型腔中气体的沟槽。该系统一般包括排气道和溢流槽，而溢流槽又是储存冷金属和涂料余烬的处所，一般设在模具的成形镶件上。

（4）轴芯机构：铸件在取出时受型芯或型腔的阻碍，必须把这些型芯或型腔做成活动的，并在铸件取出前将这些活动的型芯或型腔活块抽出后，才能顺利取出铸件。带动这些活动型芯或型腔活块抽出与复位的机构称为抽芯机构。

（5）推出复位机构是将铸件从模具中推出的机构。它由推出元件（推管、推杆、推板）、复位杆、推杆固定板、导向零件等组成，在开、合模的过程中完成推出和复位动作。

（6）导向机构是引导定模和动模在开模与合模时可靠地按照一定方向进行运动的导向部分，一般由导套、导柱组成。

（7）支撑与固定零件包括各种套板、座板、支撑板和垫块等构架零件，其作用是将模具各部分按一定的规律和位置加以组合和固定，并使模具能够安装到压铸机上。

（8）加热与冷却系统：由于压铸件的形状、结构和质量上的需要，在模具上常设有冷却和加热装置。

3.3.2 压铸模结构及特点

如图 3-56 所示，模具由导柱、导套导向，定模、动模分别嵌镶在定模套及动模套内。卸料部分由反顶杆、顶件杆、推杆垫板及推杆支持板等构成，起开模、推出塑件制品的作用。

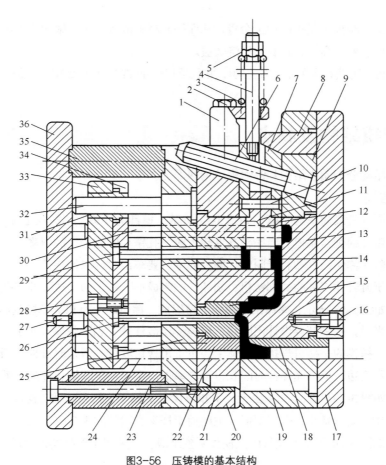

图3-56　压铸模的基本结构

1—限位块　2—螺钉　3—弹簧　4—螺栓　5—螺母　6—斜销　7—滑块　8—楔紧块　9—定模套板　10—销
11—活动型芯　12、15—动模镶件　13—定模镶件　14—型芯　16、28—螺钉　17—定板模座　18—浇口套
19—导柱　20—动模套板　21—导套　22—浇道镶件　23—螺钉　24、26、29—推杆　25—支撑板
27—限位钉　30—复位杆　31—推板导套　32—推板导柱　33—推柱
34—推板固定板　35—垫板　36—活动模座

　　压铸模在工作时，首先使定、动模处于闭合位置。用料勺将熔化的合金倒进浇口套内，开动压机，液态合金在活塞推动下，以很高的速度推进模具定、动模组成的型腔内，冷却后成形。开动压机，动模部分移动分模，而卸料部分不动，使成形的制品零件推出动模，在顶件杆作用下卸出模外。反推杆起保护各顶杆作用。

　　模具特点：结构简单，动作可靠，一次可出多个制件。

3.3.3　锻模组成

　　在锻压生产中，将金属毛坯加热到一定温度后，放在模腔内，利用锻锤压力使其发生塑性变形，充满模腔后形成与模腔相仿的制品零件，这种专用工具称为锻模。

　　锻模是锻压生产中的主要工具，是机械制造中制造毛坯或零件不可缺少的专用工装之一。采用锻模生产的锻件，可减少金属机械加工余量，从而提高材料的利用率，缩短工件的制造周期；而且操作容易、成本低、效率高，有较好的经济效益。

经模锻的工件，可获得良好的纤维组织，并且可以保证IT7～IT9级精度等级，有利于实现专业化和机械化生产。

3.3.4　锻模结构及特点

锤上锻模的结构分为胎模结构和锤锻模结构两部分。

1. 胎模结构

（1）漏模：漏模是最简单的胎模，如图3-57所示，模具由冲头、凹模及定位、导向装置构成，通常漏模是中间带孔的圆盘胎模。当胎模高度较大时，孔壁要做成一定的斜度，孔的上端要设计出圆角，这是为了防止摔伤锻件和利于脱模。漏模的中段要车出钳槽以便夹持。

漏模主要用于旋转体工件的局部镦粗、制坯、镦粗成形、锤子切飞边和冲连孔等工序。

（2）摔模：如图3-58所示，摔模由上模和下模组成。摔模的上模和下模模腔形状基本一致，对两端贯通的摔模来说，两端都要设计出圆角，以免摔伤锻件并有利于脱模。对于一端封闭的摔模更要注意设计圆角。摔模的手柄可焊接在模体上，也可用螺钉联接。锻造时锻件不断旋转进行锻压，一般不产生毛刺或飞边。但摔模操作时间长，生产率低。主要用于圆轴、杆叉类锻件的生产。

（3）扣模：如图3-59所示，扣模由上、下扣或仅有下扣（上扣为锤砧）构成。操作时，锻件在扣模中不翻转。扣模变形量小、生产率低。主要用于杆叉类锻件的生产。

（4）弯模：如图3-60所示，模具由上模和下模组成。主要用于弯杆类锻件的生产。

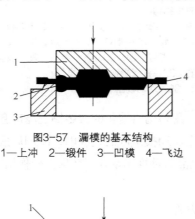

图3-57　漏模的基本结构
1—上冲　2—锻件　3—凹模　4—飞边

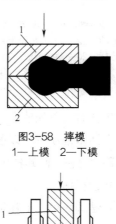

图3-58　摔模
1—上模　2—下模

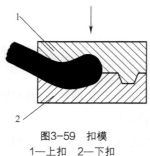

图3-59　扣模
1—上扣　2—下扣

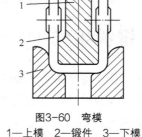

图3-60　弯模
1—上模　2—锻件　3—下模

（5）垫模：如图 3-61 所示，垫模只有下模没有上模（上模为上锤砧）。锻造时，上锤不断抬起，金属冷却较慢，生产效率较高。主要用于圆轴、圆盘及法兰盘锻件的生产。

（6）套模：如图 3-62 所示，模具由模套、模冲、模垫组成。模冲进入模套形成封闭空间，是一种无飞边闭式模。主要用于圆轴、圆盘类锻件的生产。

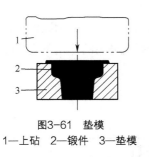

图3-61　垫模
1—上砧　2—锻件　3—垫模

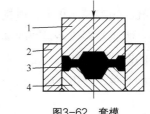

图3-62　套模
1—模冲　2—模套　3—锻件　4—模垫

（7）合模：如图 3-63 所示，模具由上、下模及导向装置构成。锻造终了，在分模面上形成横向飞边，是有飞边的开式模。模具通用性强、寿命长、生产率高。多用于杆叉类零件锻造。

2．锤锻模结构

如图 3-64 所示，模具分上、下模两部分，分别用键、楔块和调整垫片固定在模锻锤头和模座的燕尾槽内，锤锻模的主要结构包括：燕尾、键槽、锁扣、钳口、检验角、起重孔、模腔等。

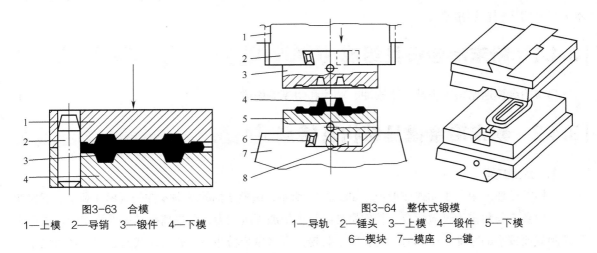

图3-63　合模
1—上模　2—导销　3—锻件　4—下模

图3-64　整体式锻模
1—导轨　2—锤头　3—上模　4—锻件　5—下模
6—楔块　7—模座　8—键

（1）燕尾：燕尾是锤锻模上凸出的楔块，锻模靠它来紧固在锤头和锤座上。同时，它还起到防止模块脱离锻锤和限制模具左右移动的作用。

（2）键槽：键槽的作用是与键配合安装，以防止模具在锻打过程中因振动而前后窜动。

（3）锁扣：锁扣的作用是用来保持上下模模腔始终配合一致，在锤击时不错位。锁扣结构在上下模上是成对设计的，并且凸部设计在下模，凹部设计在上模。锁扣的凸凹配合主要有配合面的斜度、圆角半径和配合间隙等。

（4）钳口：上下模的钳口部位用于锻造操作时放置钳子和部分坯料，也便于操作者从模腔中取出锻件。预锻模膛和终锻模膛都有钳口。

（5）检验角：制造锤锻模和安装锤锻模都需要有基准面，否则制造和安装精度难以保证。要指定锻模两个互为垂直的侧面为基准面，这两个侧面所构成的直角称为检验角。对于不带锁扣的锤锻模，其检验角尤为重要，安装和调试时用手触摸上下模的检验角，就能检查出制造的误差和安装的偏移情况。

（6）起重孔：锤锻模体积大，质量重，所以都要设计起重孔，以便安装调试起吊。

（7）模膛：模膛是锻模最重要的部分，在锻打过程中，金属在外力的作用下变形而充满模膛，以获得所需要的锻件形状和尺寸。

锤锻模结构简单、通用性强。

3.4 粉末冶金模具结构

粉末成形方法很多，因此粉末冶金模具的种类也多种多样，有压模、精整模、复压模、锻模、挤压模、热压模、等静压模、粉浆浇注模、松装烧结模等。按材料的不同，模具又可分为钢模、硬质合金模、石墨模、塑料橡皮模和石膏模等。但应用最广泛的是压制和精整用的钢模及硬质合金模。本书只介绍压制模和精整模。

3.4.1 粉末冶金模具组成

粉末冶金模通常由上模冲、下模冲、芯棒和阴模等构成。

3.4.2 粉末冶金模具结构及特点

1. 压制模

实体类压坯的单向手动式成形模，如图 3-65 所示，该模结构的基本零件是阴模 4 和上、下模冲 6、7。模套 5 与阴模为过盈配合，其作用是给阴模施加预压应力，以提高模具的承载能力。它适用于压制截面较小的零件。压制时，为了便于装粉，可采用装粉斗 2。若压坯截面小则压制力也小，不便控制压力，所以一般采用限位块 3 限位。压坯截面小不便于放细长的脱模棒，故采用加长上模冲用以脱模的结构。

实体类压坯浮动式成形模，如图 3-66 所示。阴模 8 固定在浮动的阴模板 7 上，由弹簧托起，限位螺钉 3 限位。需要改变装粉高度时，可更换不同高度的调节垫圈 4 来实现。压制时，阴模壁在摩擦力作用下，克服弹簧力向下浮动。一般情况下，弹簧力远小于摩擦力，故浮动压制相当于双向压制。脱模时，放上脱模座 1，压下阴模 8，压坯脱出后略胀大，随阴模复位，限位套 10 防止脱模时弹簧受过分的压缩。

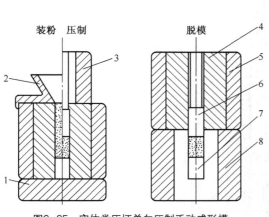

图3-65　实体类压坯单向压制手动成形模
1—压垫　2—装粉斗　3—限位块　4—阴模　5—模套
6—上模冲　7—下模冲　8—脱模座

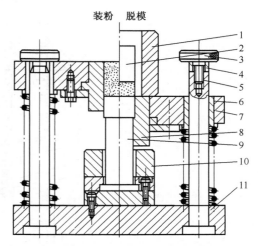

图3-66　实体类压坯浮动压制成形模
1—脱模座　2—上模冲　3—限位螺钉　4—调节垫圈
5—导柱　6—导套　7—阴模板　8—阴模
9—下模冲　10—限位套　11—下模板

2. 精整模

通过式精整手动模，如图 3-67 所示。这种结构精整外径时，上模冲 1 有导向，不致损坏压件的同轴度。另外，将穿芯棒 9 和脱芯棒两合并，以提高效率。它适用于精整较长的烧结工件。

轴套拉杆式半自动通过式精整模，如图 3-68 所示。阴模 5 固定在模柄 15 上，芯棒 14 固定在模座底板 13 上。上下模冲只起顶脱作用，即成为脱模顶套 3 和托盘 6。精整时，工件放在芯棒上定位，靠阴模精整余量将工件压入芯棒，托盘随压机冲头和拉杆下行，落到压盖 10 后，阴模继续下行，完成了径向精整。脱模时，工件被阴模带上，当顶杆 16 被横梁挡住后，顶套将工件脱出阴模，或工件留在芯棒上，拉杆 1 上行时顶动顶杆 7 和托盘，将压件脱出芯棒。该结构要求工件外径精整余量大于内径的精整余量，即适用于外箍内的精整方式。该结构较简单，送料时工件有定位，但不便于自动送料。

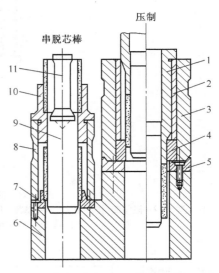

图3-67　手动通过式精整模
1—上模冲　2—导套　3—模套　4—阴模
5—压垫　6—模座　7、10—定位套
8—脱模座　9—芯棒　11—顶杆

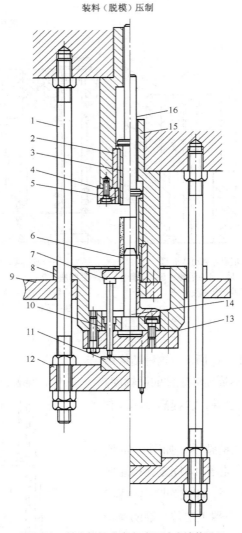

图3-68 轴套拉杆式半自动通过式精整模具

1—拉杆 2—限位套 3—顶套 4—模套 5—阴模 6—托盘 7、16—顶杆 8—模座 9—模板 10—压盖
11—垫块 12—横梁 13—底板 14—芯棒 15—模柄

3.5 其他模具结构

3.5.1 挤出成形模具结构及特点

1. 挤出成形模具组成

挤出模也称挤出头，简称机头。挤出成形模具主要由两部分组成，即机头和定形装置（定形套）。

以管材挤出成形模具为例，如图 3-69 所示。

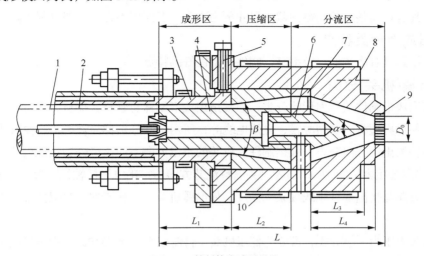

图3-69　管材挤出成形模具

1—管道　2—定径套　3—口模　4—芯棒　5—调节螺钉　6—分流器　7—分流器支架
8—机头体　9—过滤板　10—电加热圈（加热器）

（1）机头：机头是挤出塑料制件成形的主要部件，它使来自挤出机的熔融塑料由螺旋运动变为直线运动，并进一步塑化，产生必要的成形压力，保证塑件密实，从而获得截面形状相似的连续型材。机头主要由以下几个部分组成。

① 口模和芯模：口模 3 是成形塑件外表面的成型零件，芯模（亦称芯棒）4 是成形塑件内表面的成型零件，所以口模和芯模决定了塑件的截面形状，如图 3-69 所示。

② 过滤网和过滤板：过滤网 9 的作用是将塑料熔体由螺旋过滤网 9 的作用是将塑料熔体由螺旋运动转变为直线运动，过滤杂质，并形成一定的压力；过滤板又称多孔板，同时还起支撑过滤网的作用，如图 3-69 所示。

③ 分流器和分流器支架：分流器 6(又称鱼雷头)使通过它的塑料熔体分流变成薄环状以平稳地进入成型区，同时进一步加热和塑化；分流器支架 7 主要用来支撑分流器及芯棒，同时也能对分流后的塑料熔体加强剪切混合作用，但产生的熔接痕影响塑件强度。小型机头的分流器与其支架可设计成一个整体，如图 3-69 所示。

④ 机头体：机头体 8 相当于模架，用来组装并支撑机头的各零件。机头体需与挤出机筒连接，连接处应密封，以防塑料熔体泄漏，如图 3-69 所示。

⑤ 温度调节系统：为了保证塑料熔体在机头中正常流动及挤出成型质量，机头上一般设有可以加热的温度调节系统，如图 3-69 所示的电加热圈 10。

⑥ 调节螺钉：如图 3-69 所示，调节螺钉 5 用来调节控制成型区内口模与芯棒间的环隙及同轴度，以保证挤出塑件壁厚均匀。调整螺钉的数量通常为 4～8 个。

（2）定形装置：从机头中挤出的塑料制件虽然具备了既定的形状，可是因为制件温度比较高，由于自重而会发生变形，因此需要用定径套 2 对其进行冷却定型，以使塑件获得良好的表面质量、

准确的尺寸和几何形状。通常采用冷却、加压或抽真空的方法，将从口模中挤出的塑料的既定形状稳定下来，并对其进行精整，从而得到截面尺寸更为准确、表面更为光亮的塑料制件。

2. 挤出成形模具特点

挤出成形模具有成本低、效率高、制件致密性好的特点。

3. 挤出模(机头)分类

（1）按挤出成形制件的截面形状分类，通常挤出成形制件有管材、棒材、板材、片材、网材、单丝、粒料、各种异型材、吹塑薄膜、电线电缆等，所用机头分别称为管机头、棒机头等。

（2）按制件的出口方向分类，根据制件从机头的挤出方向不同，可分为直通机头（亦称直向机头）和角式机头（亦称横向机头）。前者机头内料流芳方向与挤出机螺杆轴线一致，如硬管机头；后者机头内料流方向与挤出螺杆轴线成某一角度，如电缆机头。当料流方向与螺杆轴线垂直时，称为直角机头。

（3）按机头内压力大小分类，可分为低压机头（料流压力小于4MPa），中压机头（料流压力小于4～10MPa），高压机头（料流压力大于10MPa）。

3.5.2　中空吹塑成形模具结构及特点

塑料的中空吹塑成形是指用压缩空气吹成中空容器和用真空吸成壳体容器。吹塑中空容器主要用于制造薄壁塑料瓶、桶以及玩具类塑件。吸塑中空容器主要用于制造薄壁塑料包装用品、杯、碗等一次性使用的容器。各种中空吹塑成形制件，如图3-70所示。

图3-70　各种中空吹塑成形制件

1. 吹塑成形模具组成

无论采用何种成形方法，吹塑成形模具都是由两个半模组成。通常情况下，模具的每个半模都由口部、体部和底部组成，各部分均设有单独的冷却水通路。

（1）口部：吹塑成形模具的瓶口部分既要与设备的吹嘴配合，又要起到成形作用，因此应具有一定的硬度。

（2）体部：吹塑成形模具的瓶体部分是产品成形的主要部分，可根据用途的不同设计成各种形状。但是，无论型腔的截面形状如何，在模具上均不能有妨碍制件脱模的部分。

（3）底部：一般情况下，为了使制件能够在水平面上直立放置，塑料瓶的瓶底中均为凹入式。为了能够实现自动灌装，也有部分瓶底设有止转槽。无论采用何种吹塑成形方式，模具瓶底部分的脱模方向必须垂直于开模方向。

2. 吹塑成形模具的结构及特点

吹塑成形模具按型腔不同可分为组合式和镶嵌式两类。

（1）组合式：组合式吹塑成形模由左右瓶口板、左右瓶体板及左右瓶底板组合而成。如图3-71所示。模具的瓶口板、瓶体板及瓶底板采用螺钉和圆柱销紧固在一起。左、右两半模具的定位由安装在瓶体板上的导柱保证，冷却水通路在瓶体板上加工出来。

为了保证板与板之间的紧密配合，可适当减小板间接触面。即留下必要的接触部分，去掉其他部分，可以相对增大板与板之间的紧固力，避免在使用过程中产生松动现象。

（2）镶嵌式：镶嵌式模具的主体由一块金属加工而成，其口部和底部分别嵌入成形镶件，镶件可采用压入或螺钉紧固。为了避免发生漏水现象或在制件上留下较为明显的拼缝痕迹，镶件与模具本体之间必须紧密接触。为了使型腔的加工更为方便，有时可采用先压后嵌的加工工艺方法。

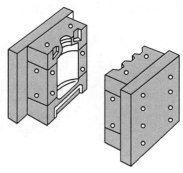

图3-71　组合式吹塑成形模具

在图 3-72 所示结构中，在模体板 2 内分别嵌入瓶口镶件 1 和瓶底镶件 5，模具采用直通水冷却的方式，左、右模体的定位由导柱 4 保证。

在图 3-73 所示结构中，在模体板 5 内分别嵌入瓶口镶件 1、螺纹镶件 2、瓶底镶件 8 和盖板 9，模具采用水槽冷却的方式，由底座 6 封闭水路，左、右模体的定位由导柱 3 保证。

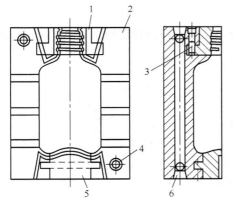

图3-72　压入镶嵌式吹塑成形模具
1—瓶口镶件　2—模体板　3—螺钉　4—导柱
5—瓶底镶件　6—水堵

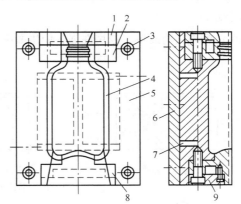

图3-73　螺钉紧固式吹塑成形模具
1—瓶口镶件　2—螺纹镶件　3—导柱　4—研合面
5—模体板　6—座板　7—水道　8—瓶底镶件　9—盖板

注射吹塑成形模具由于型坯有底，因此底部没有拼合缝，强度高，生产效率高，但是设备与模具昂贵，多用于小型塑件的大批量生产。挤出吹塑成形模具结构简单，投资少，操作容易，适合多种塑料的中空吹塑成形；缺点是壁厚不易均匀，制件需后加工去除飞边。多层吹塑成形模具由于多种塑料的复合，塑料的回收利用比较困难；机头结构复杂，设备投资大，成本高。

3.5.3　橡胶模具结构及特点

橡胶模具是将天然橡胶或合成橡胶制成橡胶成型件的模具。橡胶模具又称为橡胶压模或橡胶硫化模。用于压制橡胶产品的金属模型。一般用钢材按图纸要求经机械加工而制得，并经热处理提高其硬度及耐磨性。模具型腔与产品结构相同，型腔尺寸必须考虑不同橡胶的收缩率，在产品尺寸基础上进行放大或缩小，方可得到合适的产品尺寸。橡胶模制件通常指胶粒在其模具型腔中成形并硫化所得到的制件。橡胶模制件是橡胶制件中品种最多、应用最广的一类特殊制品，如图 3-74 所示。

图3-74 橡胶模制件

橡胶模具根据模具结构和制品生产工艺的不同分为：压制成型模具、压铸成型模具、注射成型模具、挤出成型模具四大常用模具，以及一些生产特种橡胶制品的特种橡胶模具，如充气模具、浸胶模具等。

（1）压制成形模具，又称为普通压模。它是将混炼过的、经加工成一定形状和称量过的半成品胶料直接放入模具中，而后送入平板硫化机中加压、加热。胶料在加压、加热作用下硫化成型，如图 3-75 所示。

特点：模具结构简单，通用性强、使用面广、操作方便，故在橡胶模压制品中占有较大比例。

（a）开放式　　　　　　　（b）半封闭式　　　　　　　（c）封闭式

图3-75 压制成形模具

（2）压铸成形模具，又称传递式模具或挤胶法模具。它是将混炼过的、形状简单的、限量一定的胶料或胶块半成品放入压铸模料腔中，通过压铸塞的压力挤压胶料，并使胶料通过浇注系统进入模具型腔中硫化定型，如图 3-76 所示。

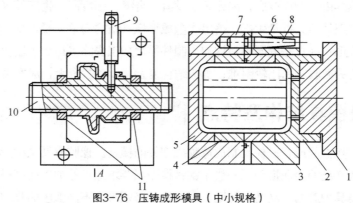

图3-76 压铸成形模具（中小规格）

1—柱塞　2—上模　3、4—中模　5—下模　6—上模套　7—下模套　8—定位销　9—侧孔芯　10—型芯　11—卡环特点：比普通压模复杂，适用于制作普通模压不能压制或勉强压制的薄壁、细长易弯曲的制品，以及形状复杂、难以加料的橡胶制品。采用这种模具生产的制品致密性好、质量优越。

（3）注射成型模具是将预加热成塑性状态的胶料经注射模的浇注系统注入模具中定型硫化，如图 3-77 所示。

特点：结构复杂、适用于大型、厚壁、薄壁、形状复杂的制品。生产效率高、质量稳定、能实现自动化生产。

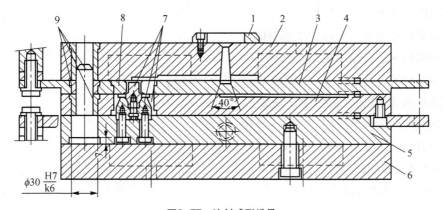

图3-77　注射成形模具

1—定位环　2—定模背板　3—顶模板　4—动模板　5—动模背板　6—垫板
7—动模镶块　8—定模镶块　9—合模导向

（4）挤出成型模具：通过机头的成型模具制成各种截面形状的橡胶型材半成品，达到初步造型的目的，而后经过冷却定型输送到硫化罐内进行硫化或用作压模法所需要的预成型半成品胶料，如图 3-78 所示。

特点：生产效率高、质量稳定、能实现自动化生产。

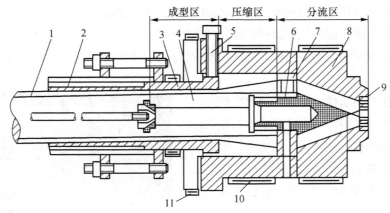

图3-78　挤出成形模具

1—管道　2—定径管　3—口模　4—芯棒　5—调节螺钉　6—分流器　7—分流器支架　8—机头体
9—过滤板　10、11—电加热器（加热器）

3.5.4 玻璃模具结构及特点

玻璃是一种非结晶无机物，透明、坚硬，具有良好的耐蚀、耐热和电学、光学特性，能制成各种形状的制件，具有很好的透光性、观赏性、电绝缘性、化学稳定性、较好的气密性和成形性等。玻璃模具是玻璃成形中不可缺少的装备，玻璃生产的质量与产量都和模具直接有关。由于玻璃成形模具与高温粘滞玻璃相接触，因此玻璃模具的表面质量与玻璃制品的表面质量直接相关。良好的热导性是模具材料快速去除玻璃液热量的关键因素；高温下良好的耐氧化性和耐冷热疲劳、耐磨性是延长模具使用寿命，提高生产率，降低成本的前提。玻璃模具材料以各类铸铁为主，其次为耐热钢。采用玻璃模具制成的玻璃制件，如图 3-79 所示。

图3-79　玻璃制件

1. 玻璃模具的分类

玻璃制件成形方法很多，模具种类也能很多。按成形方法可分为压膜、压—吹模具和吹—吹模具，按成形阶段可分为初形模和成形模；按生产方式可分为人工用模、半自动用模和自动成形机用模。

2. 玻璃模具结构和特点

（1）人工吹制玻璃模具：人工吹制的玻璃制件一般形状简单，对尺寸和形状精度无特殊要求。人工吹制时，用玻璃管挑取玻璃料液，同时向管内吹气。制成椭圆形状料泡，放入开启的模具内，然后人工关闭模具，待料泡伸长触及模底时，再次向料泡吹气，直至得到最终形状，然后用冷割或敲击的方法使制件与吹管分离。这种方法除在特殊情况下（如玻璃花等艺术品）还有保留，大多已很少采用。

（2）半自动生产用压模：虽然自动化生产的玻璃制件品种不断增多，但一些形状复杂、带有花纹的制件，还需手动出模，实现半自动生产、半自动生产用压模一般由两部分（俗称两瓣模）或三部分、甚至四部分组成，各部分制件也可用铰链连接。压模可借助人工开启和闭合。

玻璃模具和其生产的模具玻璃制件，如图 3-80 所示。

图3-80　玻璃模具和制件

3.5.5 陶瓷模具结构及特点

陶瓷是陶器和瓷器的总称。传统意义上的陶瓷是指以黏土和其他天然矿物为原料，经过粉碎、成形、焙烧等工艺过程所制得的各种制品，是陶器、炻器和瓷器等黏土制品的统称，即普通陶瓷。随着科学技术的发展，产生了许多新品种陶瓷，如氧化陶瓷、碳化物陶瓷、氮化物陶瓷、电子陶瓷和金属陶瓷等高温结构陶瓷和功能陶瓷，它们统称为特种陶瓷或精密陶瓷、新型陶瓷，如图 3-81 所示。

图3-81　陶瓷

1. 陶瓷模具的分类

在陶瓷工业中，成形模具在陶瓷生产中起着越来越重要的作用。陶瓷成形模具的形式多样，按照模具材料的不同，可分为石膏模具、无机材料多孔模具、金属模具和有机弹性模具等；按照用途的不同，可分为注浆模具、旋压和滚压模具、挤出模具、塑压模具、干压模具和等静压模具等。其中石膏模具应用最为广泛。

2. 陶瓷模具结构和特点

（1）注浆模具：注浆模具是将制备好的坯料泥浆注入多孔性模型内，在贴近模壁的一侧，泥浆被模具吸水而形成均匀的泥层。泥层随时间的延长而逐渐加厚，当达到所需厚度时，将多余的泥浆倾出，该泥层继续脱水收缩而与模型脱离并取出，成为毛坯。

注浆模具采用聚氯乙烯、聚四氟乙烯等热塑性树脂制成，为能满足制件注浆要求，其共抗压强度不小于 20MPa，在 10 兆帕压力作用下应无明显变形，透水率在 $0.10 \sim 0.13 \text{m}^3/\text{m}^2\text{s}$，通常在模具中间埋有特殊的管状排水系统。采用空心注浆法和实心注浆法的单面注浆无机材料多孔模具，如图 3-82 所示。模具制造关键是高强度树脂材料的配方及其制备方法。特点：可

出气口　注口

（a）单面注浆模具　（b）双面注浆模具

图3-82　注浆模具

用于生产复杂、不规则、薄壁、体积较大、尺寸要求不高的制件。缺点：坯体含水量大且不均，干燥收缩和烧成收缩较大，工艺周期长，手工操作复杂，占地面积大。

（2）旋压和滚压模具。

① 旋压成形是利用作旋转运动的石膏模与只能上下运动的样板刀来实现的，是陶瓷的常用成形

方法之一。适用于加工盘、碗、杯和碟等圆形制品。生产时，先将经过真空练泥的塑性泥料适量放在石膏模中，再将石膏模放置在位于辘轳车上的模座中，石膏模随着辘轳车上的模座转动；然后样板刀徐徐压下接触泥料。在石膏模的旋转和样板刀的压力作用下，泥料均匀分布在模型内表面。余泥则贴着样板刀向上爬，直到操作者用手将其清除。模型内壁和样板刀之间所构成的空隙被泥料逐渐填满而旋制成坯体，如图3-83（a）所示。旋压成形的优点是设备简单，适应性强，可以旋制深凹制品；缺点是旋压质量较差，手工操作劳动强度大。

② 滚压成形是由旋压成形法演变过来的，其不同点是把扁平的样板刀改为回转形的滚压头。成形时，盛放泥料的模型和滚头分别绕自己的轴线以一定的速度同方向旋

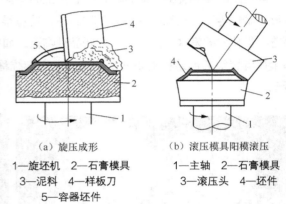

（a）旋压成形

（b）滚压模具阳模滚压

1—旋坯机　2—石膏模具　　　1—主轴　2—石膏模具
3—泥料　4—样板刀　　　　　3—滚压头　4—坯件
5—容器坯件

图3-83　旋压和滚压模具

转。滚头一面旋转一面逐渐靠近盛放泥料的模型，并对坯泥进行"滚"和"压"。滚压成形后的坯体强度大，不易变形，表面质量好，规整度一致，克服了旋压成形的弱点，成形质量明显提高。

滚压模具包括阳模和阴模。阳模滚压利用滚头来决定坯体外表面形状的大小，适用于成形扁平、宽口器皿和坯体内表面带有花纹的产品，如图 3-83（b）所示。阴模滚压采用滚头成形坯体的内表面，适用于成形盘、碗、杯、碟及口径较小而深凹的圆形制品。

（3）挤出模具：挤出成型采用真空练泥机、螺旋或活塞机式挤坯机，将可塑料团挤压向前，经过机嘴定型，达到制品所要求的形状。套管、劈离砖、辊棒和热电偶套管等管状、棒状、断面和中孔一致的产品，均可在采用挤压成型。坯体的外形由挤压机机头内部形状所决定，坯体的长度根据尺寸要求进行切割。挤压成型便于与前后工序联动，实现自动化生产。

（4）塑压模具：塑压成型是 70 年代末期在美国日用陶瓷生产中开始运用的一种新成型技术。塑压模具包括上模和下模，每块模具由 1 个石膏模体和 1 个金属模框构成。它是将塑泥料置于下模（阴模）中；塑压时将上模（阳模）与下模对面施压在挤压力的作用下，泥料均匀展开充填于底模与上模所构成的空隙中而成坯，如图 3-84 所示。两个模具间的空隙决定了坯体的形状、大小和

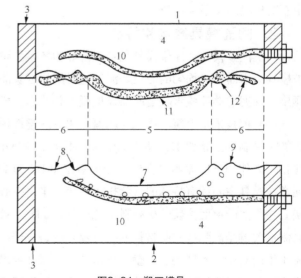

图3-84　塑压模具

1—工作模或上模（阳模）　2—下模或阴模　3—金属模框
4—石膏模　5—制品成型区　6—檐沟区　7—阴模内表面　8—沟槽
9—沟槽凸边　10—制品排气盘束　11—塑压制品　12—余泥

厚度。塑压成型在工业陶瓷中早已采用，如用冷模（或热模）来生产悬式及针式瓷绝缘子。适宜鱼盘类和其它广口异形产品的成型。

（5）干压模具：干压成形是将加入少量结合剂而造粒后的粉料填充到模具中，施加压力，使之成为具有一定形状和强度的坯体，干压成形采用金属模具，如图 3-85 所示。特点：产品尺寸精确、制件致密度高、表面质量高和可连续生产。缺点：难于成形形状复杂的制件，磨损大、压力分布不均匀，制件致密度不均匀。

（6）等静压模具：等静压模具中橡胶采用氯丁橡胶、硅橡胶等材料。成形时，装在封闭模具中的粉体在各个方向同时均匀受压。如图 3-86 所示。特点是成本较高，高压下易变形。如采用树脂材料，具有不易变形的特点。

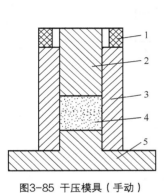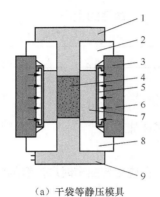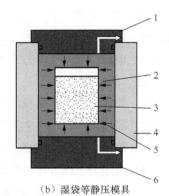

图3-85 干压模具（手动）
1—限制器　2—上冲头　3—模体
4—坯体　5—底垫

（a）干袋等静压模具
1—上活塞　2—顶盖　3—高压圆桶
4—粉料　5—加压橡胶　6—压力传递介质
7—成形橡胶　8—底盖　9—下活塞

（b）湿袋等静压模具
1—顶盖　2—橡胶模
3—粉体　4—高压圆桶
5—压力传递介质　6—底盖

图3-86　等静压模具

本章小结

冷冲模按工序组合程度分类，可分为单工序模、级进模、复合模等。

冷冲模的类型虽然很多，但任何一副冲裁模都是由上模和下模两个部分组成。

塑料模按塑料制件成形的方法不同，可分为注射模、压缩模和压注模；按成形的塑料不同，可分为热塑性塑料模和热固性塑料模等。

压缩模是借助压力机的加压和对模具的加热，使直接放入模具型腔内的塑料熔融并固化而成形出所需制件的模具。

粉末冶金模通常由上模冲、下模冲、芯棒和阴模等构成。

思考与练习

一、填空题

1. 冷冲模都是由_____和_____两个部分组成。

2. 冲裁级进模中根据条料的送进定位方式不同，常见的结构形式有_____和_____两种。

3. 挤压模是由_____、_____、_____、_____、_____等零部件组成。

4. 任何一副塑料模的基本结构，都是由_____与_____两个部分组成的。

5. 摔模主要用于_____、_____锻件的生产。

6. 粉末冶金模通常由_____、_____、_____和_____等构成。

7. 玻璃模具按生产方式可分为_____、_____和_____。

二、简答题

1. 简述无导向落料模的特点。

2. 简述冲孔模主要应用于什么零件加工。

3. 简述什么是级进模。

4. 简述为了保证弯曲件的质量，在应用弯曲模时应注意的问题。

5. 简述塑料模模具结构特点。

6. 简述注射模模具特点。

7. 简述石膏模具特点。

Chapter

4

第4章

| 典型模具设计 |

【学习目标】

1. 了解冲裁间隙的分类及选用依据。
2. 了解刃口尺寸的计算原则和计算方法。
3. 掌握凹模设计过程。
4. 掌握凸模设计过程。
5. 掌握冲模设计要点。
6. 掌握注射模具的设计步骤。

7. 理解型腔数确定与分型面选择。
8. 掌握成形零部件设计。
9. 理解浇注系统设计。
10. 理解注射机构设计。
11. 了解塑料模具排气系统设计和模具温度调节系统设计。

 ## 4.1 冲裁模具设计

冲裁模具设计要确定冲裁模的结构形式，模具零件的尺寸和精度，凸凹模刃口的形状尺寸、精度和配合间隙等。

| 4.1.1 冲裁间隙 |

冲裁间隙是指冲裁模具凸模与凹模之间工作部分的尺寸之差。冲裁间隙是冲压工艺和模具设计中的重要参数，它直接影响冲裁件的质量、模具寿命和力能的消耗。应根据实际情况和需要合理地选用。冲裁间隙分双面间隙和单面间隙，未注单面的即为双面间隙。

1. 冲裁间隙分类

根据冲裁件尺寸精度、剪切面质量、模具寿命和力能消耗等主要因素，将金属材料冲裁间隙可分成3种类型，即Ⅰ类（小间隙）、Ⅱ类（中间隙）、Ⅲ类（大间隙），见表4-1。

表 4-1　　　　　　　　　　　　　　　金属材料冲裁间隙分类

分类依据			I	II	III
冲件断面质量	剪切面特征		毛刺一般　β 斜度小　光亮带大　塌角小	毛刺小　β 斜度中等　光亮带中等　塌角中等	毛刺一般　β 斜度大　光亮带小　塌角大
		塌角高度 a	（4%～7%）t	（6%～8%）t	（8%～10%）t
		光亮带高度 b	（35%～55%）t	（25%～40%）t	（15%～25%）t
		断裂带高度 E	小	中	大
		毛刺高度 h	一般	小	一般
		断裂角 β	4°～7°	7°～8°	8°～11°
		材料厚度 t			
冲件精度	平面度		稍小	小	较大
	尺寸精度	落料件	接近凹模尺寸	稍小于凹模尺寸	小于凹模尺寸
		冲孔件	接近凸模尺寸	稍大于凸模尺寸	大于凸模尺寸
模具寿命			较低	较长	最长
力能消耗	冲裁力		较大	小	最小
	卸、推料力		较大	最小	小
	冲裁功		较大	小	最小
适用场合			冲件断面质量、尺寸精度要求高时，采用小间隙。冲模寿命较短	冲件断面质量、尺寸精度要求一般时，采用中等间隙。因残余应力小，能减少破裂现象，适用于继续塑性变形的工件	冲件断面质量、尺寸精度要求不高时，应优先采用大间隙，以利于提高冲模寿命

按金属材料的种类、供应状态、抗剪强度，列出金属材料冲裁间隙值，见表 4-2。

表 4-2　　　　　　　　　　　　金属材料冲裁间隙值　　　　　　　　　　　单位：mm

材　料	抗剪强度 τ/MPa	初始间隙（单边间隙）		
		I 类	II 类	III 类
低碳钢 08F、10F、10、20、Q235A	≥210～400	（3%～7%）t	（7%～10%）t	（10%～12.5%）t
高碳钢 T8A、T10A、65Mn	≥590～930	（8%～12%）t	（12%～15%）t	（15%～18%）t
铝 1060、1050A、1035、1200 铝合金（软态）5A21 黄铜（软态）H62 纯铜（软态）T1、T2、T3	≥65～255	（2%～4%）t	（4.5%～6%）t	（6.5%～9%）t

续表

材　　料	抗剪强度 τ/MPa	初始间隙（单边间隙）		
		Ⅰ类	Ⅱ类	Ⅲ类
黄铜（硬态）H62 铅黄铜 HPb59-1 纯铜（硬态）T1、T2、T3	≥290～420	（3%～5%）t	（5.5%～8%）t	（8.5%～11%）t
铝合金（硬态）2Al2 锡磷青铜 QSn4-4-2.5 铝青铜 QAl7 铍青铜 QBe2	≥125～550	（3.5%～6%）t	（7%～10%）t	（11%～13%）t
镁合金 MB1、MB8	≥120～180	（1.5%～2.5%）t		
电工硅钢 D21、D31、D41	190	（2.5%～5%）t	＞（5%～9%）t	

2. 冲裁间隙选用依据

冲裁间隙的大小主要与材料性质及厚度有关，材料越硬，厚度越大，则间隙值应越大。由于生产中对冲裁件质量和尺寸精度的要求不同，因此，冲裁间隙的确定应在保持冲裁件尺寸精度和满足剪切面质量要求的前提下，考虑模具寿命、模具结构、冲裁件尺寸和形状、生产条件等因素综合分析后确定。对下列情况应酌情增减冲裁间隙值。

（1）在同样条件下，冲孔间隙比落料间隙大些。

（2）冲小孔（一般为孔径 d 小于料厚 t）时，凸模易折断，间隙应取大些，但这时要采取有效措施防止废料回升。

（3）硬质合金冲裁模由于热膨胀系数小，其间隙值可比钢模大 30%。

（4）复合模的凸凹模壁单薄时，为防止胀裂，应放大冲孔凹模间隙。

（5）冲裁硅钢片时随着含硅量增加，间隙应取大些；冲裁热轧硅钢片应比冷轧硅钢片的间隙大；对需攻丝的孔，间隙应取小些。

（6）采用弹性压料装置时，间隙应取大些。

（7）高速冲压时，模具容易发热，间隙应增大。如行程次数超过 200 次/min 时，间隙应增大 10% 左右。

（8）电火花穿孔加工凹模型孔时，其间隙应比磨削加工取小（0.5%～2%）t。

（9）加热冲裁时，间隙应减小。

（10）凹模为斜壁刃口时，应比直壁刃口间隙小。

落料时，凹模尺寸为工件要求尺寸，间隙值由减小凸模尺寸获得；冲孔时，凹模尺寸为工件要求尺寸，间隙值由增大凹模尺寸获得。

凸凹模的制造偏差和磨损均使间隙变大，故新模具的初始间隙应取最小合理间隙。

采用弹顶装置向上出件时，其间隙可比下落出件大 50% 左右。

3. 冲裁间隙选用

选用金属材料冲裁间隙时，应针对冲裁件技术要求、使用特点和特定的生产条件等因素。确定合理间隙值方法如下。

（1）第一种是理论方法。模具制造中的偏差及使用中的磨损，生产中通常选择一个适当的范围作为合理间隙，如图 4-1 所示。这个范围的最小值称为最小合理间隙值，最大值称为最大合理间隙值。设计与制造新模具时采用最小合理间隙值。

确定合理间隙值的理论方法的依据是保证凸、凹模刃口处产生的裂纹相重合。由图 4-2 所示中可以得到合理间隙值的计算公式如下：

$$C = t(1 - h_0 / t)\tan\beta$$

式中：C——单面间隙值；t——板料厚度，mm；h_0——凸模压入深度；β——破裂时的倾角。

上式表明，间隙值 C 与板料厚度及材料性质有关。

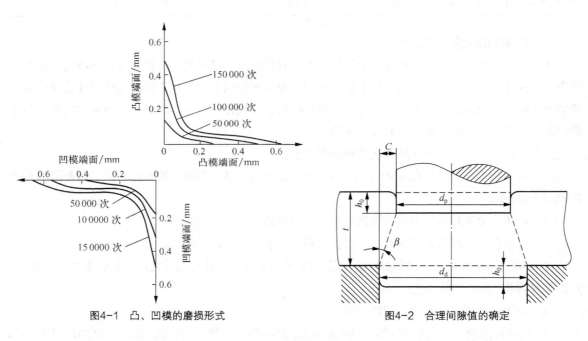

图4-1　凸、凹模的磨损形式　　　　　　图4-2　合理间隙值的确定

（2）第二种是经验方法。经验方法也是根据材料的性质与厚度，来确定最小合理间隙值。建议按下列数据确定双面间隙值。

软材料：　$t < 1$ mm　　　　　$C = (6\% \sim 8\%)t$

　　　　　$t = 1 \sim 3$ mm　　　$C = (10\% \sim 15\%)t$

　　　　　$t = 3 \sim 5$ mm　　　$C = (15\% \sim 20\%)t$

硬材料：　$t < 1$ mm　　　　　$C = (8\% \sim 10\%)t$

　　　　　$t = 1 \sim 3$ mm　　　$C = (11\% \sim 17\%)t$

　　　　　$t = 3 \sim 5$ mm　　　$C = (17\% \sim 25\%)t$

间隙值也可查表 4-3 和表 4-4 确定。表 4-3 所列为较小间隙，适用于电子、仪器、仪表、精密机械等对冲裁件尺寸精度要求较高的行业；表 4-4 所列为较大的间隙值，适用于汽车、农机和一般机械行业。试验研究结果与实践经验表明，对于尺寸精度和断面垂直度要求高的零件，应选用较小的间隙值。

表 4-3　　　　　　　　　　　　冲裁模较小单面间隙　　　　　　　　　　单位：mm

材料厚度	软　铝		纯铜、黄铜、软钢 (0.08%～0.2%) C		硬铝、中硬钢 (0.3%～0.4%) C		硬钢 (0.5%～0.6%) C	
	最小值	最大值	最小值	最大值	最小值	最大值	最小值	最大值
0.2	0.004	0.006	0.005	0.007	0.006	0.008	0.007	0.009
0.3	0.006	0.009	0.008	0.010	0.009	0.012	0.010	0.013
0.4	0.008	0.012	0.010	0.014	0.012	0.016	0.014	0.018
0.5	0.010	0.015	0.012	0.018	0.015	0.020	0.018	0.022
0.6	0.012	0.018	0.015	0.021	0.018	0.024	0.021	0.027
0.7	0.014	0.021	0.018	0.024	0.021	0.028	0.024	0.031
0.8	0.016	0.024	0.020	0.028	0.024	0.032	0.028	0.036
0.9	0.018	0.027	0.022	0.031	0.027	0.036	0.031	0.040
1.0	0.020	0.030	0.025	0.035	0.030	0.040	0.035	0.045
1.2	0.025	0.042	0.036	0.048	0.042	0.054	0.048	0.060
1.5	0.038	0.052	0.045	0.060	0.052	0.068	0.060	0.075
1.8	0.045	0.063	0.054	0.072	0.063	0.081	0.072	0.090
2.0	0.050	0.070	0.060	0.080	0.070	0.090	0.080	0.100
2.2	0.066	0.088	0.077	0.099	0.088	0.110	0.099	0.121
2.5	0.075	0.100	0.088	0.112	0.100	0.125	0.112	0.138
2.8	0.084	0.112	0.098	0.126	0.112	0.140	0.126	0.154
3.0	0.090	0.120	0.105	0.135	0.120	0.150	0.135	0.165
3.5	0.122	0.158	0.140	0.175	0.158	0.192	0.175	0.210
4.0	0.140	0.180	0.160	0.200	0.180	0.220	0.200	0.240
4.5	0.158	0.202	0.180	0.225	0.202	0.245	0.225	0.270
5.0	0.175	0.225	0.200	0.250	0.225	0.275	0.250	0.300
6.0	0.240	0.300	0.270	0.330	0.300	0.360	0.330	0.390
7.0	0.280	0.350	0.315	0.385	0.350	0.420	0.385	0.455
8.0	0.360	0.440	0.400	0.480	0.440	0.520	0.480	0.560
9.0	0.435	0.495	0.450	0.540	0.495	0.585	0.540	0.630
10.0	0.450	0.550	0.500	0.600	0.550	0.650	0.600	0.700

材料厚度	08、10、35 09Mn、Q235、B3		Q345		40、50		65Mn	
	最小值	最大值	最小值	最大值	最小值	最大值	最小值	最大值
0.5	0.020	0.030	0.020	0.030			0.020	0.030
0.6	0.024	0.036	0.024	0.036	0.020	0.030	0.024	0.036
0.7	0.032	0.046	0.032	0.046	0.024	0.036	0.032	0.046
0.8	0.036	0.052	0.036	0.052	0.032	0.046	0.032	0.046
0.9	0.045	0.063	0.045	0.063	0.036	0.052	0.045	0.063
1.0	0.050	0.070	0.050	0.070	0.045	0.063	0.045	0.063
1.2	0.063	0.090	0.066	0.090	0.050	0.070		
1.5	0.066	0.120	0.085	0.120	0.066	0.090		
1.75	0.110	0.160	0.110	0.160	0.085	0.120		
2.0	0.123	0.180	0.130	0.190	0.110	0.160		
2.1	0.130	0.190	0.140	0.200	0.130	0.190		
2.5	0.180	0.250	0.190	0.270	0.140	0.200		
2.75	0.200	0.280	0.210	0.300	0.190	0.270		
3.0	0.230	0.320	0.240	0.330	0.210	0.300		
3.5	0.270	0.370	0.290	0.390	0.240	0.330		
4	0.320	0.440	0.340	0.460	0.290	0.390		
4.5	0.360	0.500	0.360	0.480	0.340	0.460		
5.5	0.470	0.640	0.390	0.550	0.390	0.520		
6.0	0.540	0.720	0.420	0.600	0.490	0.660		
6.5			0.470	0.650	0.570	0.750		
8.0			0.600	0.840				

表 4-4　　　　　　　　　　冲裁模较大单面间隙　　　　　　　　　单位：mm

　　满足所有要求的合理间隙是不存在的，必须经过综合分析有所取舍，当工件的尺寸精度和剪切面质量要求高时，必须采用小间隙，宁可模具寿命低一些；当工件的尺寸精度和剪切面质量要求一般时，宜采用中等间隙，既可满足工件质量要求，又能获得较高的模具寿命；如果工件的尺寸精度和剪切面质量要求不高，应优先选用大间隙，其突出优点是模具寿命长，凹模可采用直壁洞口结构，加工方便，顶件力、冲裁力小，顶件装置简单、改善了模具工作条件，经济效果显著。

4.1.2　凸、凹模刃口尺寸的计算

1. 刃口尺寸的计算原则

　　凸、凹模刃口尺寸和公差的确定，直接影响冲裁生产的技术经济效果，是冲裁模设计的重要环节，必须根据冲裁的变形规律、冲裁模的磨损规律和经济的合理性综合考虑，遵循下述原则。

　　（1）设计落料模时，以凹模尺寸为基准，间隙取在凸模上，靠减小其尺寸获得；设计冲孔模时，以凸模尺寸为基准，间隙取在凹模上，靠增大其尺寸获得。

（2）设计落料模时，因凹模的磨损使落料件轮廓尺寸增大，凹模的刃口尺寸应等于或接近工件的下极限尺寸；设计冲孔模时，因凸模的磨损使冲孔件的孔径尺寸减小，凸模的刃口尺寸应等于或接近工件的上极限尺寸。

（3）冲裁模在使用中，磨损间隙值将不断增大，因此，设计时无论是落料模还是冲孔模，新模具都必须选取最小合理间隙 $Z_{\min}$，使模具具有较长的寿命。

（4）凸、凹模刃口部分尺寸的制造公差要按零件的尺寸要求决定，一般模具的制造精度比冲裁件的精度高 2～3 级。若零件未注公差，对于非圆形件，冲模按 IT9 精度制造；对于圆形件，一般按 IT6～IT7 级精度制造。模具刃口尺寸的公差与冲裁件尺寸公差的关系，见表 4-5。

表 4-5　　　　　　　　模具刃口尺寸的公差与冲裁件尺寸公差的关系

模具刃口尺寸公差	料厚（mm）											
	0.5	0.8	1.0	1.5	2	3	4	5	6	8	10	12
	冲裁件尺寸公差											
IT6～IT7	IT8	IT8	IT9	IT10	IT10							
IT7～IT8		IT9	IT10	IT10	IT12	IT12	IT12					
IT9				IT12	IT12	IT12	IT12	IT12	IT14	IT14	IT14	IT14

2. 刃口尺寸的计算方法

模具刃口尺寸的计算方法分为两种。

（1）凸模与凹模分开加工　设计计算中要分别标注凸、凹模刃口尺寸与制造公差。模具的制造公差应当满足下列条件：

$$\delta_p + \delta_d \leqslant Z_{\max} - Z_{\min}$$
$$\delta_p = 0.4(Z_{\max} - Z_{\min})$$
$$\delta_d = 0.6(Z_{\max} - Z_{\min})$$

式中：δ_p、δ_d —— 分别为凸模和凹模的制造公差，mm。

下面对冲孔和落料两种情况进行讨论。

① 冲孔：设零件孔的尺寸为 $d+\Delta$，其凸、凹模工作部分尺寸的计算公式如下：

$$d_p = (d + x\Delta)_{-\delta_p}^{0}$$

式中：d_p——凸模尺寸，mm；x ——考虑磨损的系数，按零件公差等级选取。

各部分的公差带如图 4-3（a）所示。

② 落料模：设零件尺寸为 $D-\Delta$，落料模的允许偏差位置如图 4-3（b）所示，其凸、凹模工作部分尺寸的计算公式如下：

$$D_d = (D - x\Delta)_{0}^{+\delta_d}$$
$$D_p = (D_d - Z_{\min})_{-\delta_p}^{0}$$

式中：D_d——凹模尺寸，mm；D_p——凸模尺寸，mm。

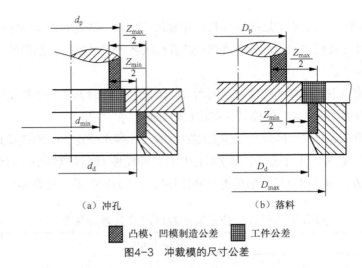

（a）冲孔　　　　　　　　　（b）落料

■ 凸模、凹模制造公差　　　■ 工件公差

图4-3　冲裁模的尺寸公差

（2）凸、凹模配合加工　加工方法是以凸模或凹模为基准，配作凹模或凸模。只在基准件上标注尺寸和制造公差，另一件仅标注公称尺寸并注明配作时应留有的间隙值。所以基准件的刃口部分尺寸需要按不同的方法计算。如图4-4（a）所示的落料件，应以凹模为基准件，凹模尺寸按磨损情况可分为3类。

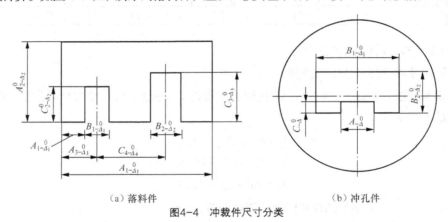

（a）落料件　　　　　　　　　（b）冲孔件

图4-4　冲裁件尺寸分类

第一类是凹模磨损后尺寸增大（图4-4中A类）；

第二类是凹模磨损后尺寸变小（图4-4中B类）；

第三类是凹模磨损后尺寸不变（图4-4中C类）。

对于图4-4（b）所示的冲孔件的凸模尺寸也可按磨损情况分成A、B、C 3 类。因此不管是落料件还是冲孔件，根据不同的磨损类型，其基准件的刃口部分尺寸均可按以下公式计算：

A 类 $$A_j = (A_{max} - x\Delta)^{+\delta}_0$$

B 类 $$B_j = (B_{max} + x\Delta)^0_{-\delta}$$

C 类 $$C_j = (C_{max} + 0.5\Delta) \pm \delta$$

式中：A_j、B_j、C_j —— 基准件尺寸，mm；A_{max}，B_{max}，C_{max}—— 相应的零件极限尺寸，mm；

Δ —— 零件公差，mm；δ —— 基准件制造公差，mm，当标注形式为 $\pm\delta$ 时，$\delta = \dfrac{\Delta}{8}$。

4.1.3　凹模设计

1. 凹模孔口的形式及主要参数

凹模孔口的形式，见表 4-6。凹模孔口的主要参数，见表 4-7。

表 4-6　　　　　　　　　　　凹模孔口的形式

形　式	简　图	特　点	应　用
直筒式孔口凹模	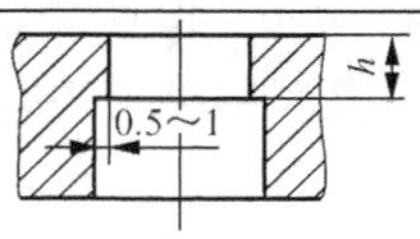 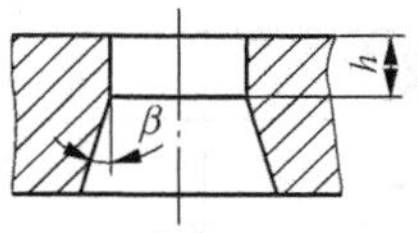 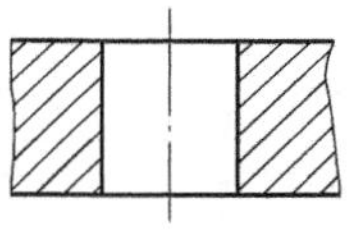	制造方便，刃口宽度高，刃磨后工作部分尺寸不变。 易积存冲件或废料，胀力大，推件力大，孔壁磨损大，刃磨层较厚	用于精度要求较高或形状复杂的工件，其中： （1）用于圆形工件冲模，上、下出件皆可 （2）用于不便加工台阶孔的非圆形工件，下出件 （3）用于复合模或有顶出装置的冲裁模，上出件
锥筒式刃口凹模	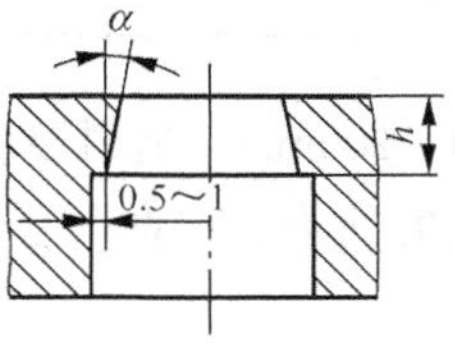 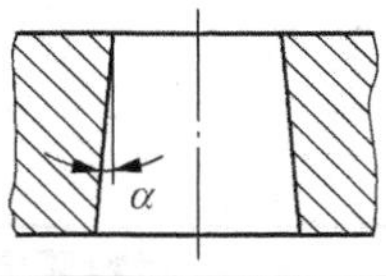	刃口强度差，修磨后刃口尺寸会增大，但增大值很小。 孔内不积存冲件或废料，孔壁受到的摩擦力和胀力小，每次修磨最小，都采用下出件	用于精度要求不高，形状简单的工件
凸台式凹模	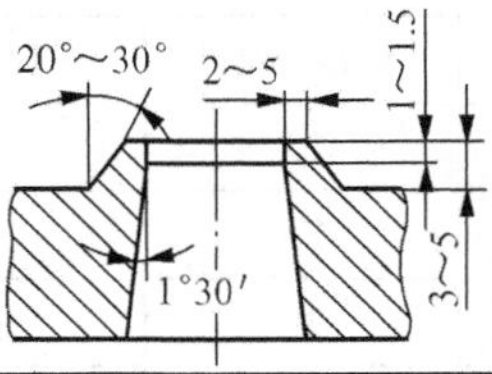	淬火硬度较低（35～40HRC）。当冲裁间隙因磨损而过大时，可用手锤打击斜面调整间隙	适于冲裁厚度在 0.5mm 以下的软金属材料与非金属材料

表 4-7　　　　　　　　　　　凹模孔口主要参数

主要参数材料厚度/mm	刃口高度 h/mm	刃口锥度 α	出料斜角 β	备　注
< 0.5	≥4			
0.5～1	≥5	15′	2°	表中值适用于钳工加工；电火花加工时，α=4′～20′线切割加工时，β=1°～1.5°
1.0～2.5	≥6			
2.5～6.0	≥8	30′	3°	
> 6.0				

2. 整体式凹模外形尺寸的确定

凹模安装在下模座上，由于下模座孔口较大，使凹模工作时承受弯曲力矩，若凹模高度 H 及壁厚 C 不足时，会使凹模产生较大变形，甚至破坏。但由于凹模受力复杂，很难按理论方法精确计算，对于非标准尺寸的凹模一般不作强度核算，可用下述公式确定其尺寸：

$$H=KB$$

$$C=(1.5\sim2)H$$

式中：H——凹模高度，mm；B——凹模孔的最大宽度，mm，但 B 不小于 15mm；C——凹模壁厚，mm，指刃口至凹模外形边缘的距离；K——系数，系数 K 值见表4-8。

表4-8　　　　　　　　　　　　　　　系数 K 值　　　　　　　　　　　　　单位：mm

B	料厚				
	0.5	1	2	3	>3
< 50	0.30	0.35	0.42	0.50	0.60
50～100	0.20	0.22	0.28	0.35	0.42
100～200	0.15	0.18	0.20	0.24	0.30
> 200	0.10	0.12	0.15	0.18	0.22

在上述经验公式中，B 为凹模孔最大尺寸。当 $B>100\sim200$mm，材料厚度 $t\leqslant1$mm 时，H 及 C 应取小值，但 H 值不应小于 10mm，凹模壁厚度 C（即凹模孔边距）不应小于 18mm。当 $B<50$mm，材料厚度 $t\geqslant3$mm 时，H 及 C 则应取大值。

凹模孔边距 C 及凹模孔间距的数值，也可从表4-9中查到。

表4-9　　　　　　　　　　　　　　凹模孔边距 C　　　　　　　　　　　　　单位：mm

条料宽度	材料厚度 t			
	≤0.8	>0.8～1.5	>1.5～3.0	>3.0～5.0
≤40	20	22	28	32
>40～50	22	25	30	35
>50～70	28	30	36	40
>70～90	34	36	42	46
>90～120	38	42	48	52
>120～150	40	45	52	55

注：1. C 的偏差按凹模刃口形状复杂程度，可以取 ±8mm。

　　2. B 的选择可按凹模刃口形状复杂程度而定，一般不小于 5mm，但冲裁 0.5mm 以下的薄料时，小孔与小孔之间的距离可适当减小，大孔与大孔之间的距离则应适当放大。

　　3. 决定外形尺寸时，应尽量选用标准尺寸。

凹模高度也可根据冲裁力的大小按以下公式计算，即

$$H = \sqrt[3]{0.1F}$$

式中：H——凹模高度，mm；F——冲裁力，N。

3. 凹模高度的要求

（1）凹模最小高度为 7.5mm；

（2）凹模表面积在 3200mm^2 以上时，H 最小值为 10.5mm；

（3）凹模高度还应加上刃口重磨量；

（4）凹模刃口周长超过 50mm，且材料为合金工具钢时，凹模高度应乘以表 4-10 中的修正系数，如为碳素工具钢，凹模高度应再增加 30%。

表 4-10 修正系数

凹模刃口周长/mm	50～75	75～150	150～300	300～500	500 以上
修正系数	1.12	1.25	1.37	1.50	1.6

4. 凹模壁厚 C 的确定

根据凹模刃口轮廓不同，凹模壁厚 C 与凹模高度 H 的关系也可按下式确定。

轮廓线为光滑的曲线时

$$C \geq 1.2H$$

轮廓线与凹模边缘平行时

$$C \geq 1.5H$$

轮廓线具有复杂形状或尖角时

$$C \geq 2H$$

5. 多孔凹模刃口与切口之间的距离确定

多孔凹模刃口与切口之间的距离最小值与冲裁件材料的强度和厚度有关，具体大小可参考凸凹模最小壁厚选取，见表 4-11 和表 4-12。

表 4-11 凸凹模的最小壁厚 a 单位：mm

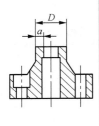

	料厚 t	0.4	0.5	0.6	0.7	0.8	0.9	1.0	1.2	1.5	1.75
	最小壁厚 a	1.4	1.5	1.8	2.0	2.3	2.5	2.7	3.2	3.8	4.0
	最小直径 D	15						18		21	
	料厚 t	2.0	2.1	2.5	2.75	3.0	3.5	4.0	4.5	5.0	5.5
	最小壁厚 a	4.9	5.0	5.8	6.3	6.7	7.8	8.5	9.3	10	12
	最小直径 D	21	25		28		32		35	40	45

表 4-12   凹模刃口与刃口，刃口与边缘之间的距离   单位：mm

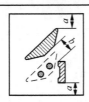 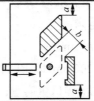

料　宽	料　厚			
	< 0.8	0.8～1.5	1.5～3.0	3.0～5.0
< 40	22	24	28	32
40～50	24	27	31	36
50～70	30	33	36	40
70～90	36	39	42	46
90～120	40	45	48	52
120～150	44	48	52	55

6. 凹模上螺孔到凹模外缘的距离确定

凹模上螺孔到凹模外缘的距离，一般取（1.7～2.0）d，最小允许尺寸见表 4-13。

表 4-13   螺孔到凹模外缘距离的最小尺寸   单位：mm

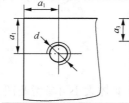 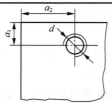

模具材料状况	等距时	螺孔到外缘不等距时		
	a_1	a_2	a_3	
未淬火	1.13 d	1.5 d	d	
淬火硬化	1.25 d	1.5 d	1.13 d	

7. 螺孔到凹模孔、螺孔到销孔的距离确定

螺孔到凹模孔、螺孔到销孔的距离，一般取 $b > 2d$，当凹模孔为圆弧时，其最小尺寸见表 4-14。

表 4-14   螺孔到凹模孔、销孔距离的最小尺寸   单位：mm

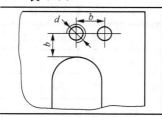

模具材料状况	b_{min}	模具材料状况	b_{min}
未淬火	d	淬火硬化	1.3 d

注：b_{min}——螺孔到凹模孔、销孔距离的最小尺寸，mm；d——螺孔的尺寸，mm。

8. 凹模上螺孔大小及间距的确定

凹模上螺孔大小及间距的确定，见表 4-15 和表 4-16。

表 4-15　　　　　　　　　　　　　　螺孔大小　　　　　　　　　　　　单位：mm

凹模厚度	≤13	>13～19	>19～25	>25～32	>32
螺孔大小	M4、M5	M5、M6	M6、M8	M8、M10	M10、M12

表 4-16　　　　　　　　　　　　　　螺孔间距　　　　　　　　　　　　单位：mm

螺孔大小	最小距离	最大距离	凹模厚度	螺孔大小	最小距离	最大距离	凹模厚度
M5	15	50	10～18	M10	60	115	27～35
M6	25	70	15～25	M12	80	150	>35
M8	40	90	22～32				

9. 复合模中凸、凹模的最小壁厚 a 受强度的限制

对于倒装复合模，刃口孔内积存废料，增加了胀力，其凸凹模最小壁厚，见表 4-16。顺装复合模刃口内不积存废料，最小壁厚可小一些，一般常用的经验数据为：

冲黑色金属材料

$$a=1.5t（但不小于 0.7mm）$$

冲有色金属材料

$$a=t（但不小于 0.5mm）$$

10. 凹模的强度校核

凹模的强度校核主要是检查其高度 H。凹模在冲裁力的作用下会产生弯曲，如果凹模高度不够，就会产生较大的弯曲变形，甚至断裂。凹模强度计算的近似公式见表 4-17。

表 4-17　　　　　　　　　　　　凹模强度计算公式

计算情况	圆形凹模	矩形凹模（装在有方形洞的板上）	矩形凹模（装在有矩形洞的板上）
简图			

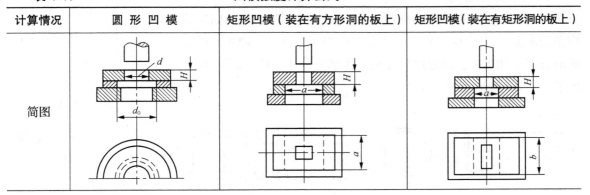

续表

计算情况	圆 形 凹 模	矩形凹模（装在有方形洞的板上）	矩形凹模（装在有矩形洞的板上）
计算公式	$\delta_w = \dfrac{1.5p}{H^2}\left(1 - \dfrac{2d}{3d_o}\right) \leqslant [\delta_w]$ $H_{\min} = \sqrt{\dfrac{1.5p}{[\delta_w]}\left(1 - \dfrac{2d}{3d_o}\right)}$	$\delta_w = \dfrac{1.5p}{H^2} \leqslant [\delta_w]$ $H_{\min} = \sqrt{\dfrac{1.5p}{[\delta_w]}}$	$\delta_w = \dfrac{3p}{H^2}\left[\dfrac{\dfrac{b}{a}}{1 + \dfrac{b^2}{a^2}}\right] \leqslant [\delta_w]$ $H_{\min} = \sqrt{\dfrac{3p}{[\delta_w]}\left[\dfrac{\dfrac{b}{a}}{1 + \dfrac{b^2}{a^2}}\right]}$

注：p——冲裁力，N；δ_w——弯曲应力的计算值，N；$[\delta_w]$——许用弯曲应力，MPa；对于淬火硬度 58～62HRC 的 T8A、T10A、Cr12MoV 和 GCr15，$[\delta_w]$＝（300～500）MPa，淬火钢为未淬火钢的 1.5～3 倍；H——凹模厚度，mm；$H_{\min}$——凹模最小厚度，mm；d——凹模直径，mm；d_o——下模座孔的直径，mm；a、b——下模座长方孔尺寸，mm。

11. 凹模固定方式

　　小冲孔凹模一般采用镶嵌筒状凹模，为使废料顺利落下，废料孔采用阶梯扩大，筒状凹模的安装采用螺钉或键连接或用凸缘压接，筒状凹模要能定位止转。

　　整体凹模的结构及安装方法如图 4-5 所示。

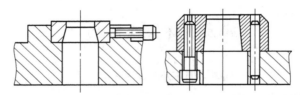

图4-5　整体凹模的安装方法

| 4.1.4　凸模设计 |

1. 凸模的结构

　　圆形凸模已趋标准化，如图 4-6 所示。非圆形凸模的固定部分应做成圆形［见图 4-7（a）］或矩形［见图 4-7（b）］，如采用线切割或成形磨削加工时，固定部分应和工作部分尺寸一致，如图 4-7（c）所示。

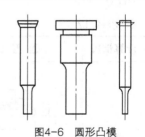

图4-6　圆形凸模

(a)　　　　　　　　　　(b)　　　　　　　　　　(c)

图4-7　非圆形凸模

2. 凸模长度

凸模长度一般是根据模具结构的需要而确定的，应尽可能参照或选用国家标准，如图 4-8 所示的结构，凸模长度可用下列公式计算，即

$$L=l_1+l_2+l_3+l$$

式中：L——凸模总长度，mm；l_1——凸模固定板厚度，mm；l_2——卸料板厚度，mm；l_3——导尺厚度，mm；l——附加长度，一般取 $l=15\sim20$mm。

3. 带护套的冲小孔的凸模

当冲孔直径小于工件料厚度或小于 1mm，以及冲异形孔其面积小于 1mm^2 时，细长凸模容易弯曲失稳而折断，所以常采用保护套结构，并且在工作过程中要依靠卸料板（导板）导向，从而可提高共抗失稳的能力。带护套的小凸模结构，如图 4-9 所示。带护套的针状凸模，如图 4-9（a）所示，其使用的冲孔直径小于 3mm，凸模及护套的尺寸，见表 4-18。缩短式凸模，如图 4-9（b）所示，其适用的冲孔直径为（0.7～1.3）t（t 为料厚）。

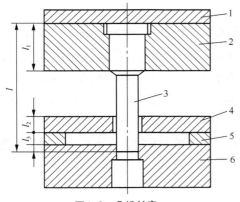

图4-8　凸模长度
1—垫板　2—凸模固定板　3—凸模
4—卸料板　5—导料板　6—凹模

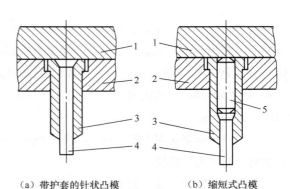

（a）带护套的针状凸模　　（b）缩短式凸模

图4-9　带护套的小凸模结构
1—垫板　2—凸模固定板　3—护套
4—凸模　5—芯柱

表 4-18　　　　　　　　　针状凸模及护套的尺寸　　　　　　　　　单位：mm

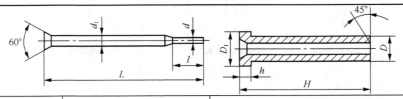

冲孔直径 d	杆直径 d_1	凸模长度尺寸		护套尺寸			
		l	L	D	D_1	h	H
0.8 以下	1.0	3～4	30～50	5	7.8	3	25～45
0.8～1.5	1.0	4～6	30～55	6	9	3	25～50
	1.5						
1.5～3.0	2	5～7	35～60	8	11.2	3.5	28～55
	2.5						
	3						

4. 凸模强度校核

一般情况下，根据冲裁件形状、大小及模具结构需要选用或参照国家标准而设计的凸模，不必进行强度校核，只有当凸模特别细长，冲裁件厚度较大时，才有必要进行凸模承压能力和抗纵向弯曲应力的校核。

（1）凸模承压能力的校核：要使凸模正常工作，必须使凸模最小断面的压应力不超过凸模材料的许用压应力，即

$$\delta = \frac{F_{\Sigma}}{A_{\min}} \leqslant [\delta]$$

从而得出

$$A_{\min} \geqslant \frac{F_{\Sigma}}{[\delta]}$$

对于圆形凸模

$$d_{\min} \geqslant \frac{4t\tau}{[\delta]}$$

式中：δ—— 凸模最小断面的压应力，MPa；F—— 凸模纵向总压力，MPa；$A_{\min}$—— 凸模最小截面的面积，mm^2；$d_{\min}$—— 圆形凸模最小截面的直径，mm；t—— 冲裁材料厚度，mm；τ—— 冲裁材料抗剪强度，MPa；$[\delta]$—— 凸模材料的许用压应力，对于 T8A、T10A、Cr12MoV、GCr15 等工具钢，淬火硬度为58~62HRC 时，可取$[\delta]=(1.0\sim1.6)\times10^3\,MPa$，凸模有特殊导向时，可取$[\delta]=(2.0\sim3.0)\times10^3\,MPa$。

（2）抗纵向弯曲应力的校核：凸模冲裁时，可视为压杆。当凸模细长时，必须根据欧拉公式进行纵向弯曲应力的校核。

无导向装置的凸模，如图 4-10（a）所示。

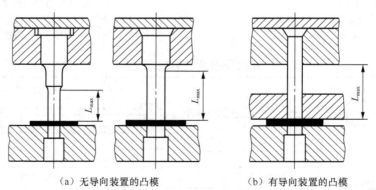

（a）无导向装置的凸模　　　　（b）有导向装置的凸模

图4-10　凸模的最大自由长度

对于一般形状的凸模

$$L_{\max} \leqslant 425\sqrt{\frac{I}{F}}$$

对圆形凸模

$$L_{\max} \leqslant \frac{90d^2}{\sqrt{F}}$$

有导向装置的凸模，如图 4-10（b）所示。

一般形状凸模

$$L_{\max} \leqslant 1\,200\sqrt{\frac{I}{F}}$$

对圆形凸模

$$L_{\max} \leqslant \frac{270d^2}{\sqrt{F}}$$

式中：$L_{\max}$ —— 允许的凸模最大自由长度，mm；F —— 冲模力，N；I —— 凸模最小截面的惯性矩，mm^4；d —— 凸模最小截面的直径，mm。

（3）凸模固定端面的压力。凸模固定端面的单位压力按下式计算，即

$$q = \frac{F}{A} < [\delta]$$

式中：q —— 凸模固定端面的压力，MPa；A —— 凸模固定部分最大剖面积，mm^2；F —— 落料或冲孔的冲裁力，N。

凸模固定端面与模座直接接触，如图 4-11 所示，当其单位压力超过模座材料的许用压应力时，模座表面会损伤。为此应在凸模顶端与模座之间加一个淬硬的垫板。模座许用挤压应力见表 4-19。通常当凸模固定端面压力超过 80～90 MPa（模座材料采用铸铁时），或压力超过 180～200 MPa（模座材料采用 Q235 时），即应使用垫板。

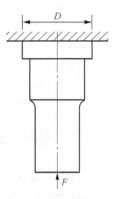

图4-11　凸模固定端面
D—圆形凸模固定端面的直径
F—落料或冲孔的冲裁力

表 4-19　　　　　　　　模座材料的许用挤压应力　　　　　单位：MPa

模座材料	许用挤压应力$[\delta]$	模座材料	许用挤压应力$[\delta]$
铸铁 HT250	90～140	铸钢 ZG310～570	110～150

5. 凸模的固定

标注凸模（例如圆形凸模）的固定已标准化。非标准凸模的连接方法如下。

（1）凸模直接与模柄连接或做成一体，如图 4-12 所示，图 4-12（a）型和图 4-12（b）型用于工件数量较少的简单冲模；图 4-12（c）型用于冲裁较大的窄长工件；图 4-12（d）型用于冲裁中型和大型工件。

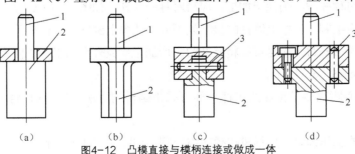

（a）　　　　　　（b）　　　　　　（c）　　　　　　（d）

图4-12　凸模直接与模柄连接或做成一体
1—模柄　2—凸模　3—销钉

（2）凸模固定在凸模固定板中，如图 4-13 所示，为便于成形磨削和线切割加工，凸模工作部分和固定部分的尺寸应一致，一般采用铆接或浇注法固定，浇注法有环氧树脂或低熔点合金固定，也可用无机胶黏剂粘接。（a）型是铆接固定，（b）型是浇注固定，（c）型用于复杂形状的凸模，固定部分采用圆的，并用台肩固定。

（3）尺寸较大的圆形凸模用窝座定位，如图 4-14 所示，并用螺钉紧固，为减小磨削面，凸模外圆配合及非工作部分直径较小，端面也加工成凹坑。

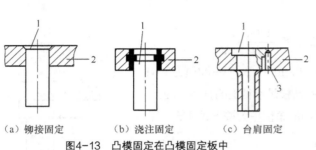

（a）铆接固定　　（b）浇注固定　　（c）台肩固定

图4-13　凸模固定在凸模固定板中
1—凸模　2—凸模固定板　3—销钉

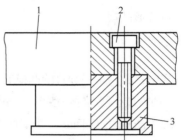

图4-14　尺寸较大的圆形凸模的固定
1—凸模固定板　2—螺钉　3—凸模

4.1.5　镶拼式凸模和凹模设计

1. 设计镶拼式凸凹模的一般原则

镶拼结构对大型凸模和凹模可以解决锻造及热处理的困难，还可以节约钢材；对小型凹模，尤其是 0.5mm 以下的小的窄长槽，不但制造简单，节约钢材，更换方便，还可采用成形磨削工艺，提高了模具质量。因而，镶拼模有广泛的应用。

设计镶拼式凸凹模应注意以下几个方面的问题。

（1）选择镶拼的形式必须根据工件形状、材料厚度和镶拼能承受的胀力大小选用镶件的数量。

（2）镶件必须具有很强工艺性，各分块应能可靠定位及便于测定尺寸及精度；便于进行机械加工和热处理；便于安装固定。

（3）镶件之间要防止在冲压过程中发生相对位移的可能性。

（4）个别易损部分应单独做成一块，以便加工和更换，圆弧部分应单独制造，拼合面应位于立线部分，一般离圆弧 4～5mm，如图 4-15（a）所示。

（5）如工件有对称线时，为便于加工，应沿对称线分开，如图 4-15（b）所示。

（6）为避免发生毛刺，凹模上镶件的接缝处不应与凸模上镶件的接缝相重合，而应相互错开。

（7）在考虑镶件形式时，应尽可能将复杂的内形加工变成外形加工，以便采用机械加工，减少钳工工作量，如图 4-15（c）所示。

（8）对于孔中心距离要求很高的工件，亦可采用镶拼的方法，通过研磨拼合来达到目的，如图 4-15（d）所示。

（9）对于圆形的工作部分，应尽量按径向线分割，如图 4-15（e）所示。

（10）各分块尽量是直线形、圆形、方形等简单的几何形状，以利于机械加工及热处理；分割点一般应在拐角和直线、曲线切点处，不允许形成尖角。

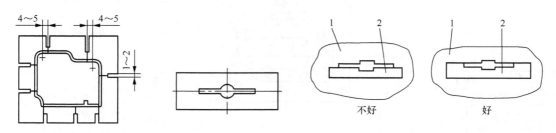

（a）复杂形状工件的镶拼　　　　（b）对称形状工件的镶拼　　　　（c）不同镶拼方法的比较

（d）高精度孔距的镶拼　　　（e）按径向线分割的圆形工件

图4-15　设计镶拼式凸凹模的一般原则

1—凹模　2—镶件　3—研磨拼合面

2. 镶拼方法的种类

镶拼方法可分为平面拼接式（用于大型零件）、嵌入式、压入式和斜楔式4种。

（1）平面拼接式，如图 4-16 所示，把凸模或凹模分成许多件组成，用螺钉、销钉紧固在固定板的平面上，适用于大型冲模。

（2）嵌入式，如图 4-17 所示，把凹模或凸模分成若干拼块，将拼块嵌入两边或四周有凸台的固定板凹台内，再用螺钉、销钉紧固。这种镶拼方式的凹模或凸模侧向承载能力较强。（a）型一般用于被冲材料较薄和冲裁力不大的冲模，固定板槽的深度一般不小于拼块高度的一半。（b）型和（c）型一般用于材料厚度在 2mm 以下的中等冲裁力的冲模，凸模固定板槽的深度一般不小于拼块高度的 2/5，凹模固定板槽的深度一般不小于拼块高度的 2/3。

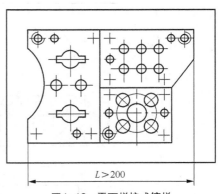

$L>200$

图4-16　平面拼接式镶拼

（3）压入式，如图 4-18 所示，（a）型是将冲孔凹模以过盈配合压入固定板内，适用于形状复杂的小型冲模以及拼块较小不宜用螺钉、销钉紧固的情况。不但节约了钢材，而且避免了热处理的变形。（b）型是把凹模中悬臂很长的危险部分分割出来，做成凸模形式的镶件，压入固定板中。（c）型是把难以加工的窄长槽分割成许多薄片，压入固定板内。

3. 镶拼凹模的结构及其固定方式

镶拼凹模的结构及其固定方式，如图 4-19 所示。

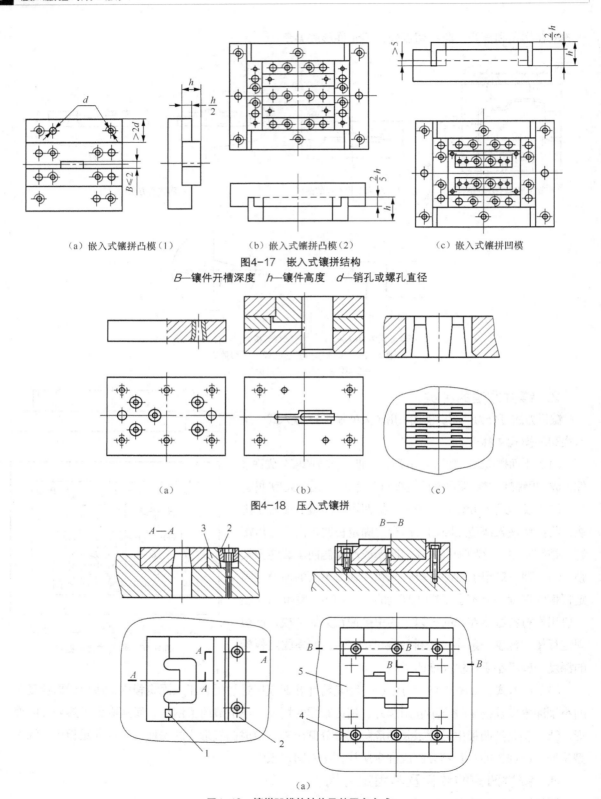

（a）嵌入式镶拼凸模（1）　　（b）嵌入式镶拼凸模（2）　　（c）嵌入式镶拼凹模

图4-17　嵌入式镶拼结构

B—镶件开槽深度　h—镶件高度　d—销孔或螺孔直径

（a）　　　　　　　（b）　　　　　　　（c）

图4-18　压入式镶拼

（a）

图4-19　镶拼凹模的结构及其固定方式

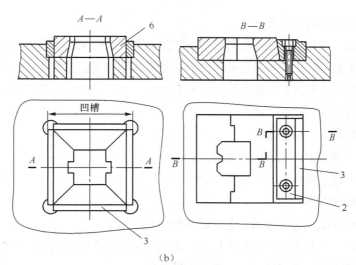

图4-19　镶拼凹模的结构及其固定方式（续）

1—方键　2—楔铁　3—垫片　4—键　5—凹模　6—镶块

4. 镶拼凸模的结构及其固定方式

镶拼凸模的结构及其固定方式，如图 4-20 所示。

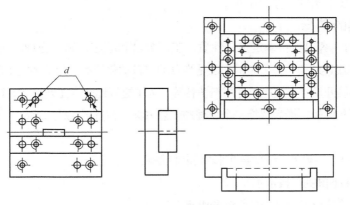

图4-20　镶拼凸模的结构及其固定方式

4.1.6　冲裁模设计要点

1. 冲裁模设计的内容和步骤

（1）分析冲压件的工艺性：根据冲压件图，分析其形状特点、尺寸大小、精度要求及所用的材料是否符合冲压工艺要求。良好的冲压工艺性应保证产品质量稳定、工序数目少、材料消耗少、模具结构简单、操作安全和方便。如果发现冲压件的工艺性差，则应会同设计人员，在保证产品使用要求的前提下对冲压件的形状、尺寸、精度要求乃至材料的选用，进行必要的、合理的修改。

（2）确定工艺方案：对于一个冲压件，其冲压工艺方案（包括工序性质、工序数目、工序顺序及组合方式）可能有几个，应从质量、效率、成本和安全等方面进行分析和比较，然后确定一个最适合于所给生产条件的最佳方案。

在制订工艺方案时，有的需要进行必要的工艺计算，以确定毛坯形状和尺寸，以及工序间尺寸等。有的企业将上述两项工作（分析冲压件的工艺性和制定工艺方案）分给专门的工艺人员来做，但模具设计人员在设计模具前应进行确认。只有产品（冲压件）的工艺性和工艺方案经确认后，才能进行具体的模具设计工作。

（3）选择冲模类型和结构形式。

（4）计算各工序压力，确定压力中心。

（5）确定压力机型号和模具安装尺寸。

（6）画排样图和工序件图。

（7）绘制冲模总图（下平面图、上平面图和剖面图等）。

（8）设计评审。通常对于较复杂的模具，需组织有经验的设计人员、工艺人员、冲压工和模具维修钳工等，对模具结构进行评审，并提出改进意见。

（9）根据评审意见修改冲模总图。

（10）绘制冲模零件图。

（11）零件图标注尺寸、公差及技术条件。

（12）总图标注技术条件及注意事项。

2. 工艺方案的选择

冲压工艺方案的内容包括：确定工序性质、工序数目和顺序；确定合理的排样和工序间尺寸，是工序模还是复合模或连续模；是手工操作还是半自动或自动化模等。为了确定工序数目，有时需要进行仔细计算，如毛坯展开尺寸、工序尺寸材料消耗等。为了更好地确定工艺方案，往往需要对几个不同的工艺方案进行分析和比较，最后选择一个合理的工艺方案，在选择工艺方案时，必须考虑如下因素。

（1）生产纲领。

（2）冲压件的形状、尺寸、精度要求和材料性能等。

（3）现有设备条件和生产技术水平。

（4）模具设计、制造和维修的技术水平和能力。

（5）生产准备的周期。通常，在大批量生产时，为了达到高质量、高效率和低材料消耗的目的，采用高效率的压力机和复杂、高效率的模具，毛坯和产品的送进和取出采用自动化或机械化装置。在成批生产时，多采用单动式压力机和较简单的模具来生产，毛坯和产品的送、取多采用手工机械作业；在小批量生产时，为了降低成本，多采用简易模具或组合模具、通用模具来生产，同时还应允许对零件进行机械和手工精加工。

（6）模具结构的选择。模具结构设计前，应确认的注意事项如下。

① 冲压件的工艺性，冲压件的形状、尺寸、精度和所用的材料，都要适合冲压工艺要求。

② 冲压工艺方案的合理性。合理的工艺方案，应能保证产品（冲压件）质量，同时又适合于所给的生产条件。

模具结构类型选择的主要内容如下。① 模具的类型。② 凸凹模的结构形式、固定方式和镶拼方式等。③ 毛坯的送进、导向、定位形式。④ 毛坯和零件的压料、卸料形式。⑤ 零件的取出和废料的排除方式。⑥ 模架及导向形式。⑦ 弹性元件的种类和形式。⑧ 模具起重形式。⑨ 模具安装到压力机的定位与夹紧形式。

选择模具结构时，需考虑的主要因素如下。① 冲压件的形状、大小和精度。② 冲压工艺。③ 生产批量。④ 所使用的压力机。⑤ 上料和出件的方式。⑥ 操作方便、安全。⑦ 模具制造和维修技术。⑧ 生产准备周期。⑨ 成本。

4.2 注射模具设计

注射模主要被用于成形热塑性塑料制件，近年也广泛地应用于成形热固性塑料制件。由于注射模是成形塑料制件的一种重要工艺装备，所以在塑料制件的生产中起着关键的作用，而且塑件的生产与更新都是以模具的制造和更新为前提。另外，注射模具种类繁多，不仅不同塑件成形可用不同结构的模具，而且同一塑件也可用多种结构模具注塑。模具设计的好坏直接影响着塑件的质量、生产效率、材料利用率、工人劳动强度、模具的使用寿命以及模具制造成本等，因此，要求模具设计者从中选择最佳的模具结构设计方案，以达到最佳效益。

4.2.1 注射模具的设计步骤

1. 设计前的准备工作

模具的设计者应有设计任务书为依据设计模具。模具设计任务书通常由塑料制品生产部门提出，任务书包括以下内容。

① 经过审查的正规塑件图样，并注明所采用的塑料牌号、透明度等，若塑件图样是根据样品测绘的，最好能附上样品，因为样品除了比图样更为形象和直观外，还能给模具设计者许多有价值的信息，如样品采用的浇口位置、顶出位置、分型面等。

② 塑件说明书及技术要求。

③ 塑件的生产数量。

④ 交货期及价格。

在模具设计前，设计者应注意以下几点。

（1）熟悉塑件。

① 熟悉塑件的几何形状。对于没有样品的复杂塑件图样，要借助于手工绘制轴测图或计算机建模方法，在头脑中建立清晰的塑件三维图，甚至用橡皮泥等材料制出塑件的模型，以熟悉塑件的几何形状。

② 明确塑件的使用要求。完全熟悉塑件的几何形状以后，熟悉塑件的用途各部分的作用也是相当重要的，应当密切地关注塑件的使用要求，注意为了满足使用要求的塑件的尺寸公差和技术要求。

③ 注意塑件的原料。塑料具有不同的理化性能、工艺特性和成形性能，应注意塑件的原料，并

明确所选塑料的各种性能，如材料的收缩率、流动性、结晶性、吸湿性、热敏性、水敏性等。

（2）检查塑件的成形工艺性。检查塑件的成形工艺性，以确认塑件的材料、结构、尺寸精度等是否符合注射成形的工艺性条件。

（3）明确注射机的型号和规格。在设计前要根据产品和工厂的情况，确定采用什么型号和规格的注射机，这样在模具设计中才能有的放矢，正确处理好注射模和注射机的关系。

2. 制订成形工艺卡

将准备工作做完后，就应制订出塑件的成形工艺卡，尤其对批量大的塑件或形状复杂的大型模具更有必要制订详细的注射成形工艺卡。工艺卡一般应包括以下内容。

① 产品的概况，包括简图、重量、壁厚、投影面积、外形尺寸、有无侧凹和嵌件等。

② 产品所用的塑料概况，如品名、型号、生产厂家、颜色、干燥情况等。

③ 所选的注射机的主要技术参数，如注射机与安装模具间的相关尺寸、螺杆类型、额定功率等。

④ 注射机压力与行程简图。

⑤ 注射成形条件，包括加料筒各段温度、注射温度、模具温度、冷却介质温度、锁模力、螺杆背压、注射压力、注射速度、循环周期（注射、固化、冷却、开模时间）等。

3. 注射模具结构设计步骤

制订出塑件的成形工艺卡后，就应进行注射模具结构设计，其步骤见表4-20。

表4-20　　　　　　　　　　注射模具结构设计步骤

步骤	设计内容	说　明
1	确定型腔的数目	确定型腔数目的条件有：最大注射量、锁模力、产品的精度要求、经济性等
2	选择分型面	分型面的选择应以模具结构简单、分型容易，且不影响塑件的外观和使用为原则
3	确定型腔的布置方案	型腔的布置应尽可能采用平衡式排列，以保证各型腔的平衡进料。型腔的布置还要注意与冷却弯道、推出机构布置的协调问题
4	确定浇注系统	浇注系统包括主流道、分流道、浇口和冷料穴。浇注系统的设计应根据模具的类型、型腔的数目及布置、塑件的原料及尺寸等因素
5	确定脱模方式	模具脱模方式的设计，首先应根据塑件所留在模具的不同部位，而设计不同的脱模方式。由于注射机的推出顶杆在动模部分，所以，模具的脱模推出机构一般都设计在模具的动模部分。因此，模具应设计使塑件能留在动模部分，设计中，除了将较长的型芯安装在动模部分以外，还常设计用拉料杆来强制塑件留在动模部分。但也有些塑件的结构要求塑件在分型面时留在定模部分，在定模一侧设计推出装置。推出机构的设计业应根据塑件的不同结构设计出不同的形式
6	确定调温系统结构	模具的调温系统主要由塑料种类所决定。模具的大小、塑件的物理性能、外观和尺寸精度都对模具的调温系统有影响
7	确定凹模和型芯的固定方式	当凹模或型芯采用镶件结构时，应合理地划分镶件并同时考虑镶件的强度、可加工性及安装固定方式
8	确定排气形式	一般注射模的排气可以利用模具分型面和推出机构与模具的间隙；而对于大型和高速成形的注射模，必须设计相应的排气形式
9	决定注射模的主要尺寸	根据相应的公式计算成形零件的工作尺寸及决定模具型腔的侧壁厚度、型腔底板、型芯垫板、动模板的厚度、拼块式型腔的型腔板厚度及注射模的闭合高度

续表

步骤	设计内容	说　明
10	选用标准模架	根据设计、计算的注射模的主要尺寸，来选用注射模的标准模架，并尽量选择标准模具零件
11	绘模具的结构草图	在以上工作的基础上，绘制注射模完整的结构草图，绘制模具的结构图是模具设计十分重要的工作
12	校核模具与注射机有关尺寸	对所使用的注射机的参数进行校核，包括最大注射量、注射压力、锁模力及模具的安装部分的尺寸、开模行程和顶出机构的校核
13	注射模结构的审核	根据上述有关注射模结构设计的各项要求设计出来的注射模，应进行初步审查并征得用户的同意，同时，也有必要对用户提出的要求加以确认和修改
14	绘制模具的装配图	装配图是模具装配的主要依据，因此应清楚地标明注射模各个零件的装配关系、必要的尺寸（如外形尺寸、定位圈直径、安装尺寸、活动零件的极限尺寸等）、序号、明细表、标题栏及技术要求。技术要求的内容为以下几项：①对模具结构的性能要求，如对推出机构、抽芯结构的装配要求；②对模具装配工艺的要求，如分型面的贴合间隙、模具上下平面的平行度；③模具的使用要求；④防氧化处理、模具编号、刻字、油封及保管的要求；⑤有关试模及检验方面的要求 如果凹模或型芯的镶件太多，可以绘制动模或定模的部件图，并在部件图的基础上绘制装配图
15	绘制模具零件图	由模具装配图或部件图拆绘零件图的顺序为：先内后外、先复杂后简单、先成形零件后结构零件
16	复核设计图样	注射模设计的最后审核是注射模设计的最后把关，应多关注零件的加工性能。注射模的最后审核要点，见表4-21

4. 注射模具的审核

由于注射模具设计直接关系到能否成形、产品的质量、生产周期及成本等许多至关重要的问题，因此，当设计完成后，应进行审核，审核的内容见表4-21。

表4-21　　　　　　　　　　　　　注射模具的审核

审核方面	审　核　要　点
基本结构	① 注射模的机构和基本参数是否与注射机匹配； ② 注射模是否具有合理导向机构，机构设计是否合理； ③ 分型面选择是否合理、有无生产飞边的可能，塑件是否滞留在设有顶出脱模机构的动模（或定模）一侧； ④ 型腔的布置与浇注系统的设计是否合理。浇口是否与塑料原料相适应，浇口位置是否恰当，浇口与流道几何形状及尺寸是否合适，流动比数值是否合理； ⑤ 成形零部件设计是否合理； ⑥ 脱模机构与侧向分型或抽芯机构是否合理、安全和可靠。它们之间或它们与其他模具零部件之间有无干涉或碰撞的可能；脱模板（推板）是否会与凸模咬合； ⑦ 是否有排气机构，其形式是否合理； ⑧ 是否需要温度调节系统，如果需要，其热源和冷却方式是否合理。温控元件是否足够，精度等级如何，寿命长短如何，加热和冷却介质的循环回路是否合理； ⑨ 支撑零部件结构是否合理； ⑩ 外形尺寸能否保证安装，固定方式的选择是否合理可靠，安装用的螺栓孔是否与注射机动定模固定板上的螺孔位置一致

续表

审核方面	审 核 要 点
设计图纸	① 装配图零部件的装配关系是否明确，配合代号标注得是否恰当合理，零件的标注是否齐全，与明细表中的序号是否对应，有关的说明是否具有明确的标记，整个注射模的标准化程度如何； ② 零件图、零件号、名称、加工数量是否有确切的标注，尺寸公差和形位公差标注是否合理齐全，成形零件容易磨损的部位是否预留了修磨量，哪些零件具有超高精度要求，这种要求是否合理； ③ 制图方法是否正确，是否符合国家标准，图面表达的几何图形与技术要求是否容易理解
注射模设计步骤	① 设计注射模时，是否正确地考虑了塑料原料的工艺特性、成形性能，注射剂类型可能对成形质量产生的影响，对成形过程中可能产生的缺陷是否在注射模设计时采取了相应的预防措施； ② 是否考虑了塑件对注射导向精度的要求，导向结构设计的是否合理； ③ 成形零部件的工作尺寸计算是否正确，能否保证产品的精度，其本身是否有足够的强度和刚度； ④ 支撑部件能否保证模具具有足够的整体强度和刚度； ⑤ 是否考虑了试模和修模要求
装拆及搬运条件	有无便于装拆时用的撬槽、装拆孔、牵引螺钉和起吊装置（如供搬运用的吊环或起重螺栓孔等），对其是否作出了标记

4.2.2 型腔数确定与分型面选择

1. 型腔数目及布置

（1）型腔数目确定：根据塑件生产批量及经济性，通过注射量及锁模力计算，可确定尽可能多的型腔数，以提高生产率。其型腔数目的确定，见表4-22。

表 4-22　　　　　　　　　　　　　型腔数目确定方法

序号	确定依据	确 定 方 法	说　明
1	按塑件经济性确定型腔数	按总成形加工费用最小的原则，并忽略准备时间和试生产时的原材料费用，仅考虑模具费和成形加工费。其型腔数量，可用下式计算： $$n = \sqrt{\dfrac{NY}{60c_1}}$$ 式中：n —— 每副模具型腔数； 　　　N —— 计划生产总塑件数； 　　　Y —— 单位小时模具加工费用（元/h）； 　　　T —— 成形周期（min）； 　　　c_1 —— 每个型腔模具加工费用（元）	单型腔模具比多型腔模具制造成本低，周期短，所以批量较少的塑件不宜采用多型腔，特别是形状复杂、尺寸较大、精度要求较高、小批量试生产的塑件应选用单型腔模具比较经济

续表

序号	确定依据	确 定 方 法	说 明
2	按注射机的最大注射量确定型腔数	塑件的每次注射量总和不能超过注射机最大额定注射量80%，其计算方法是 $$n \leqslant \frac{0.8V_\mathrm{g} - V_\mathrm{j}}{V_\mathrm{s}}$$ 式中：n —— 每台模具允许型腔数； V_g —— 注射机最大注射量； V_j —— 浇注系统凝料量； V_s —— 单个塑件的容积或质量（cm³ 或 g）	若每次注射量总和大于注射机锁定注射模，则型腔数应减少或采用单型腔
3	按注射机额定锁模力确定型腔数	按注射机额定锁模力确定所需设的型腔数，可以按下式核算： $$n \leqslant \frac{F - p_\mathrm{m}A_\mathrm{j}}{p_\mathrm{m}A_\mathrm{z}}$$ 式中：n —— 注射机额定锁模力（kW）； p_m —— 塑料对型腔平均压力（MPa）； A_j —— 浇注系统在分型面上的投影面积（cm²）； A_z —— 单个塑件在分型面上的投影面积（cm²）	所确定的型腔个数总锁模力不应超过注射机额定锁模力，否则合模时，模具难以合严，有溢料产生，应减少型腔个数
4	按制品要求确定型腔数	型腔数越多精度越低，从满足精度要求出发，型腔数可按下式确定： $$n \leqslant 2\,500\frac{\delta}{\Delta L} - 24$$ 式中：L —— 塑件基本尺寸（mm）； δ —— 塑件尺寸公差（mm）； Δ —— 单腔时，塑件可能达到尺寸公差（mm），其中聚甲醛为±0.2%、PE、PP、PC、PVC 为±0.05%	① 根据经验，每增加一个型腔，精度可降低4% ② 一模一腔时，塑件的公差尺寸为：聚甲醛为0.2%，尼龙66 为 0.3%，聚碳酸酯、ABS、聚乙烯等结晶塑料为0.05% ③ 对于高精度塑件，一模不能超过四腔

（2）型腔位置的排列：型腔位置的布置及排列原则，见表4-23。

表 4-23　　　　　　　　　　型腔位置的布置及排列原则

项 目	图 示	布置原则及注意事项
型腔布置原则	 （a）合理　　　　　（b）不合理	型腔的布置和浇口的开设部位应力求对称，以防模具承受偏载而产生溢料，如图（a）的排列要比图（b）的排列合理

续表

项　　目		图　　示	布置原则及注意事项
型腔布置原则		（a）合理　　　　（b）不合理	型腔的排列要紧凑，以免排列分散，浪费定、动模型腔优质钢材，如图（a）的位置布置要比图（b）的位置布置更合理
排列方法	圆形排列		圆形排列平衡好，但加工较难
	直线排列		直线形排列加工容易，但平衡性差，适用于形状简单、尺寸小的零件
	H形排列		H形排列平衡性好，加工较容易，使用比较广泛

2. 分型面选择

模具上用以取出塑件和凝料的可分离的接触表面称为分型面。分型面的选择在注射模设计中占有相当重要的地位。分型面选择得合理与否。直接影响到模具整体结构的复杂程度及塑件质量。分型面选择原则及方法，见表 4-24。

表 4-24　　　　　　　　　　　分型面的选择原则与方法

序号	选择原则	图　　示	选择说明
1	应有利于塑件的脱模与取出	定模　　　　定模 动模　　　　动模 （a）合理　　　（b）不合理	分型面应使塑件在开模后留在有脱模机构的部分，一般应留在动模部分，以便于脱模，如图（a）的设计比图（b）更合理

续表

序号	选择原则	图　　示	选　择　说　明
2	应有利于嵌件的安装	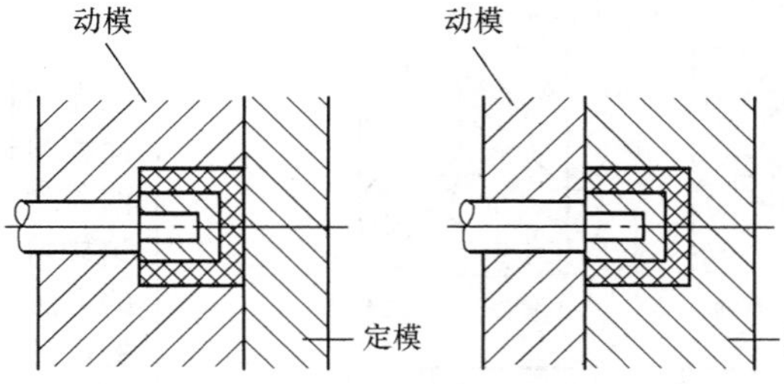 （a）合理　　（b）不合理	由于嵌件一般是金属件，所以收缩率较小，而且在注射成形时，一般黏附在型腔内，故选择分型面时，要考虑将型腔放在动模部位，而使带嵌件不应留在定模部位，以便于嵌件的安装。如图（a）的设计比图（b）合理
3	应有利于模具零件的加工	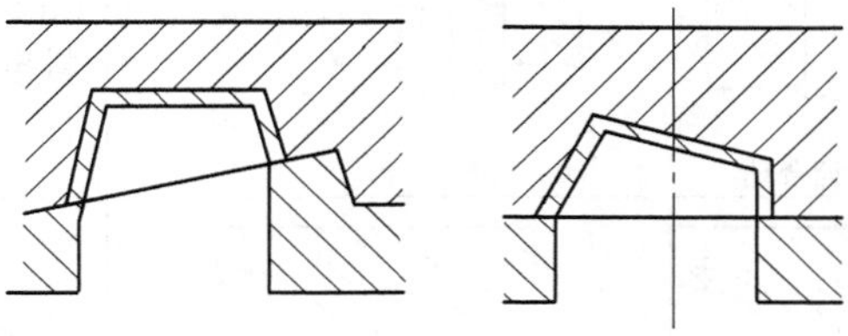 （a）合理　　（b）不合理	设计分型面时，尽量要避开斜面与曲面以便于加工，如图（a）的设计比图（b）合理
4	应有利于模具结构的简化及便于操作	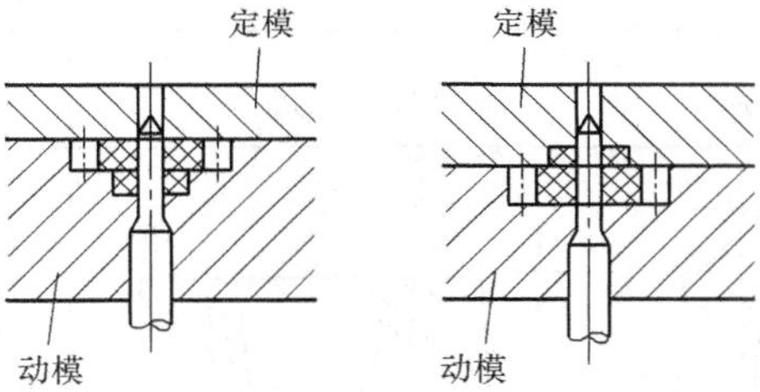 （a）合理　　（b）不合理	选择分型面时，应尽量只采用一个与开模方向垂直的分型面，并尽量避免侧向抽芯和侧向分型。如塑件有侧凹及侧孔必须采用侧向分型及侧向抽芯时，应使侧向抽芯尽可能安放在动模上，而避免在定模抽芯。如图（a）的设计比图（b）合理
5	应有利于塑件的质量及精度要求	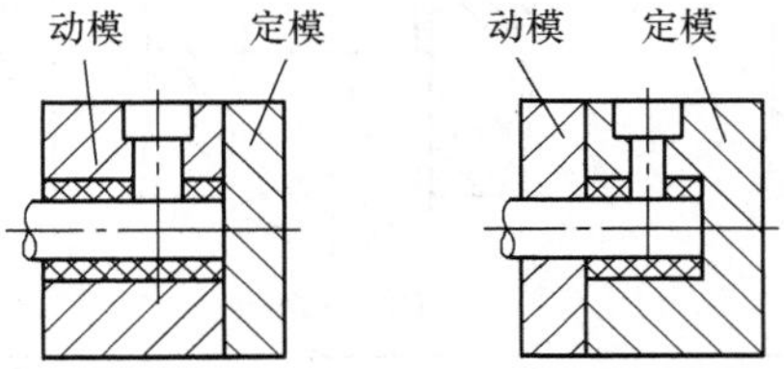 （a）合理　　（b）不合理	对于有同轴度要求的塑件，在设计时，尽可能将型腔设计在同一个型面上，以保证制品精度，如图（a）的设计比图（b）合理
6	应有利于保证塑件的表面质量	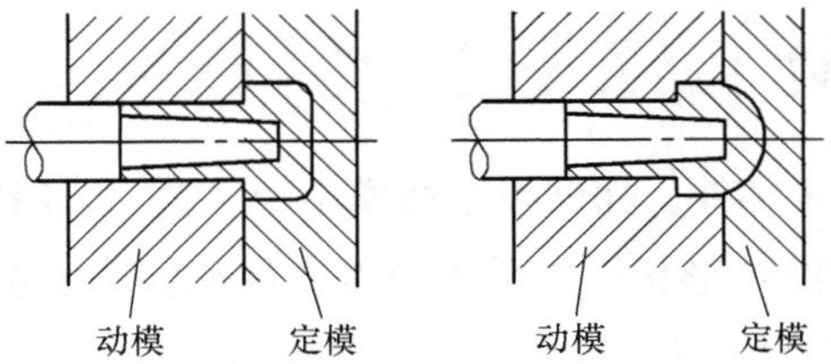 （a）合理　　（b）不合理	选择分型面时，应选在不影响塑件外观和塑件飞边容易修整的部位，以保证塑件表面质量，如图（a）的设计比图（b）合理

续表

序号	选择原则	图　示	选　择　说　明
7	应有利于预防飞边及溢料的产生	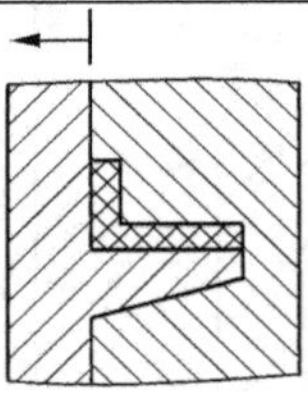 （a）设计合理 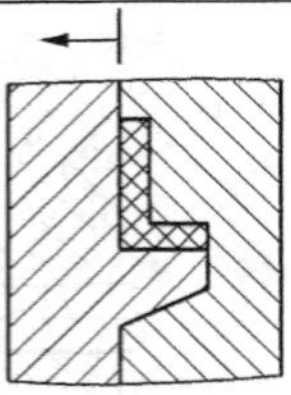　　（b）设计不合理 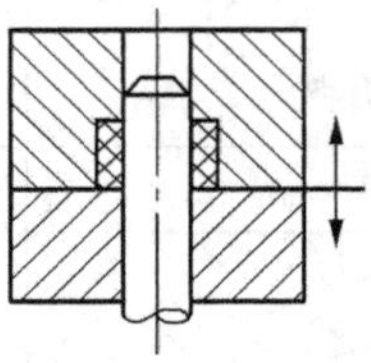 （c）设计合理 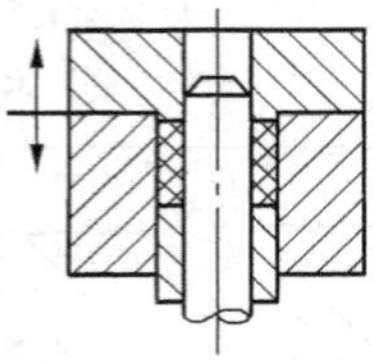　　（d）设计不合理	当塑件在分型面上的投影面积接近于注射机最大注射面积时，就有可能产生溢料，这样可以采用减小投影面积的方法，减少溢料，如图（a）的设计比图（b）合理，而对于流动性较好的塑料采用图（c）分型面结构又比采用图（d）分型面结构飞边要小、溢料也少
8	应有利于排气以确保质量及成形	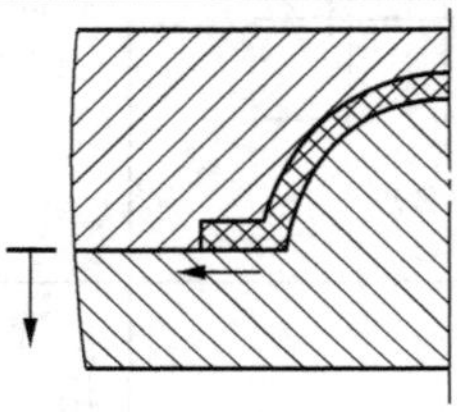 （a）合理 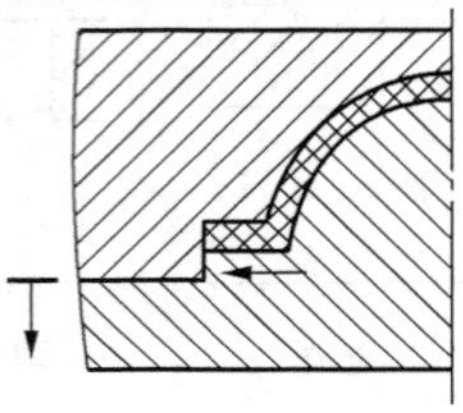　　　　（b）不合理	分型面应尽量选择在塑料流动的末端，以有利于排气，如图（a）的选择要比图（b）的选择合理
9	应有利于制品的成形机模具的制造	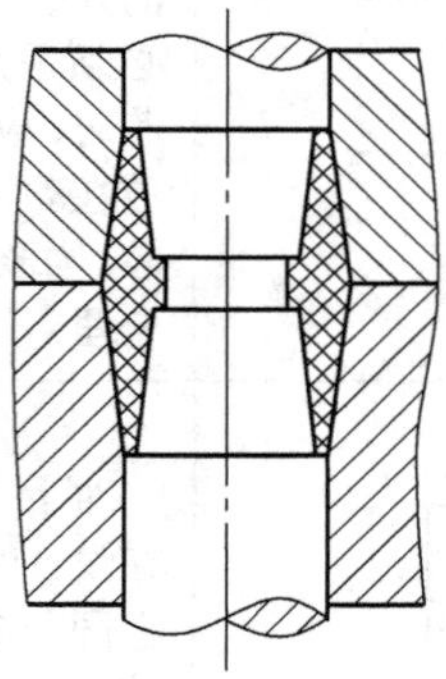 （a）合理 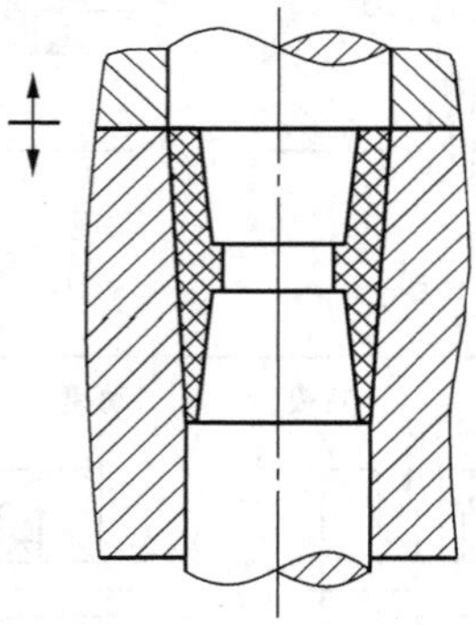　　　　（b）不合理	对于塑件高，脱模斜度又小的塑件，分型面应选在中间位置，尽管动、定模设在两边，但易于脱模，又不产生飞边，模具易于加工制造，如图（a）的设计比图（b）合理

4.2.3　成形零部件设计

　　构成模具型腔的零部件称成形零部件，如凹模、凸模（型芯）、型环和镶件等。成形零件直接决定着塑件的形状和精度，选择结构形状时，首先应考虑保证塑件质量，同时还要考虑便于制造和使用等。

1．成形零部件结构设计

　　（1）凸、凹模结构设计：凹模和凸模的结构形式分为整体式和镶拼组合式两类。整体式适用于形状简单的塑件，镶拼组合式适用于形状复杂的塑件或加工不便的型腔。

① 凸模（型芯）：凸模结构形式如表 4-25 所示。整体式凸模是直接在模板上加工而成的，一般不进行热处理。凸模成形表面粗糙度为 $R_a 0.025 \sim 0.1 \mu m$；配合表面粗糙度为 $R_a 0.1 \sim 0.4 \mu m$，其余表面为 $R_a 1.6 \sim 6.3 \mu m$。

表 4-25　　　　　　　　　　　凸模常见的结构形式示例

形　式		简　图	说　明
整体式		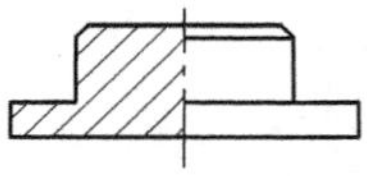	在模板上直接加工出凸模。适用于凸模形状简单的小型模具
镶拼组合式	大直径型芯	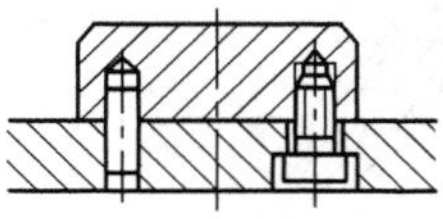	型芯用销定位，螺钉紧固，适用于非回转体型芯
		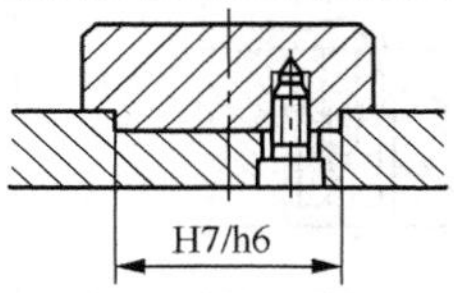 H7/h6	型芯用止口定位，并用螺钉紧固，适用于非回转体型芯，便于型芯侧面加工
		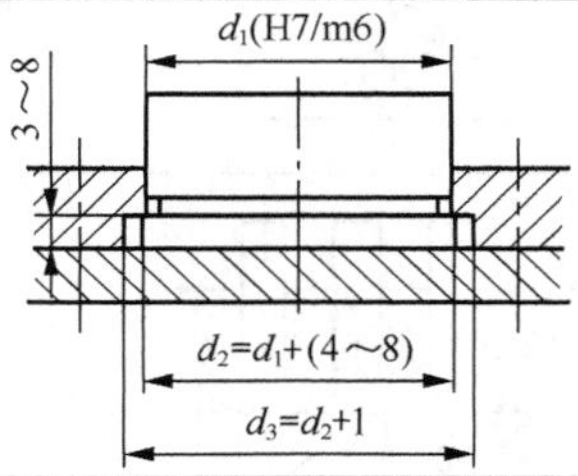 d_1(H7/m6)　$3\sim 8$　$d_2=d_1+(4\sim 8)$　$d_3=d_2+1$	整体嵌入型芯固定板，有利于型芯采用优质钢材和热处理，适用于形状简单的型芯
		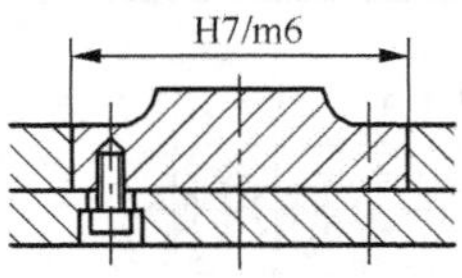 H7/m6	适用于型芯固定板和型腔要求一起加工，并保证同轴度
	小直径型芯	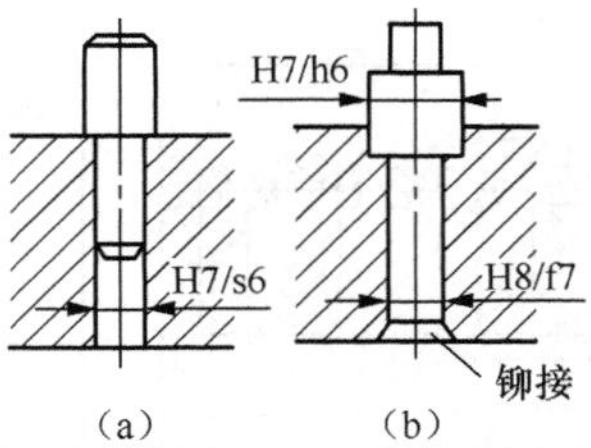 H7/h6　H7/s6　H8/f7　铆接　（a）　（b）	图（a）采用过盈配合将型芯杆部压入模具，图（b）型芯与模具呈间隙配合，底部铆接，不易产生横向飞边
		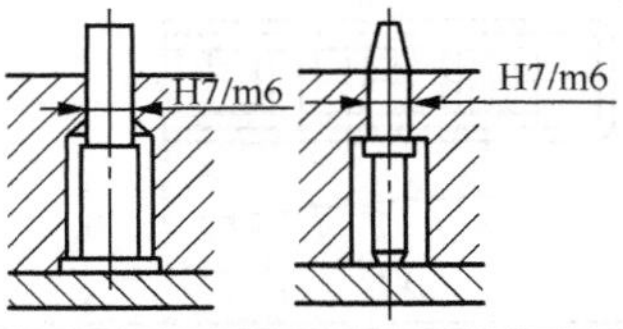 H7/m6　H7/m6	型芯采用垫板固定，调整更换方便

续表

形　式		简　图	说　明
镶拼组合式	小直径型芯	H7/m6	型芯采用螺栓固定，更换方便
			适用于异形型芯，型芯安装部分可做成圆柱形或其他容易定位安装的形状
			适用于多型芯间距较小时，采用底部共用一个大孔将型芯台肩相干涉部分磨去，并用垫板固定与支撑
		（a）　　　　　　（b）	用于形状复杂的型芯，图（a）内外型芯组合，图（b）型芯镶拼组合

② 凹模：凹模的结构形式见表 4-26。整体式凹模一般不进行热处理。凹模成形表面粗糙度

一般为 $R_a0.1\sim0.4\mu m$；特殊要求的为 $R_a0.025\sim0.1\mu m$；配合表面为 $R_a0.8\mu m$；其余表面为 $R_a1.6\sim$ $6.3\mu m$。

表 4-26 凹模常见的结构形式

类 型		简 图	说 明
整体式		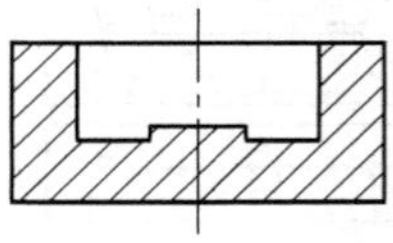	由一整块金属加工而成，其特点是牢固不易变形。适于形状简单、容易制造，或虽形状复杂，但可用仿形机床加工的凹模
镶拼组合式	整体嵌入式	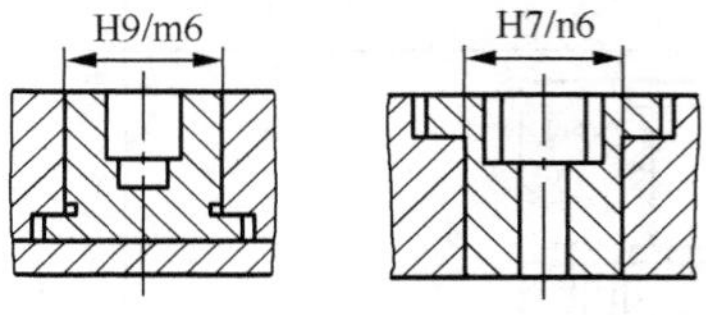 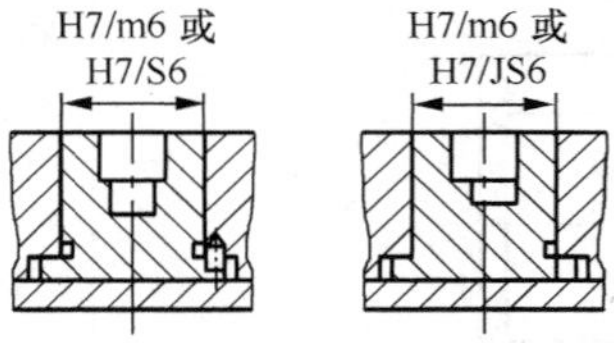 H9/m6　H7/n6 （a） H7/m6 或 H7/S6　H7/m6 或 H7/JS6 （b）	凹模镶件常做成带台肩圆柱形，由下面嵌入凹模固定板中，用垫板螺钉使之牢固（图（a）左），也可由上方压入（图（b）右）；对于不对称形状的塑件，可用销钉或键定位（图（b）），适用于型腔数多、塑件尺寸不大的多腔模
	底部镶拼组合式	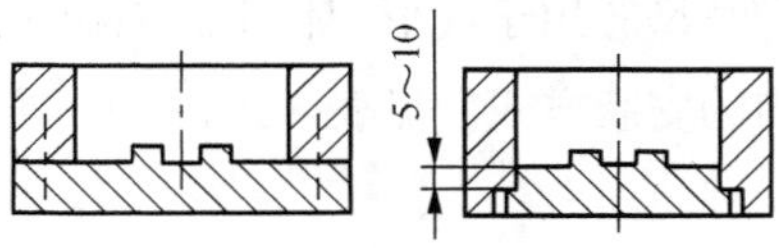 5～10	凹模做成通孔，再镶拼上底部，特点是便于加工，适用于型腔底部形状复杂的情况 左图加工方便，但易产生横向溢边，不利于脱模；右图可避免横向溢边
	局部镶拼式	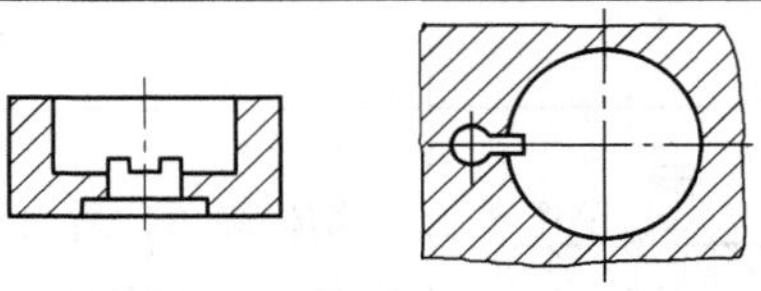	型腔局部镶拼，便于加工和更换
	侧壁镶拼式	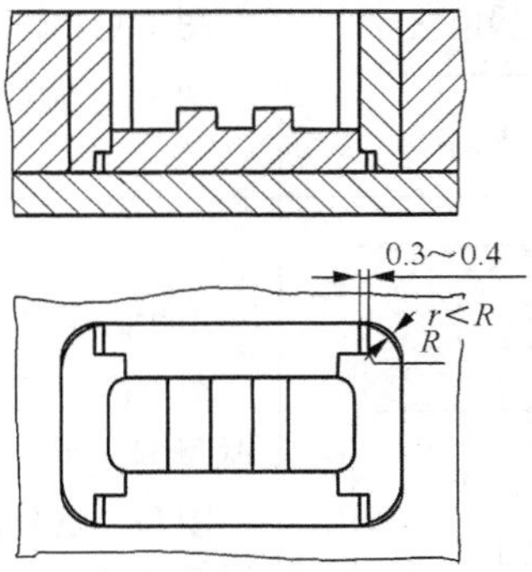 0.3～0.4　$r < R$　R	侧壁与底分别加工后压入模套。侧壁相互采用锁扣连接，并保证接缝紧密。适用于大型复杂的模具

续表

类　型		简　图	说　明
镶拼组合式	瓣合式	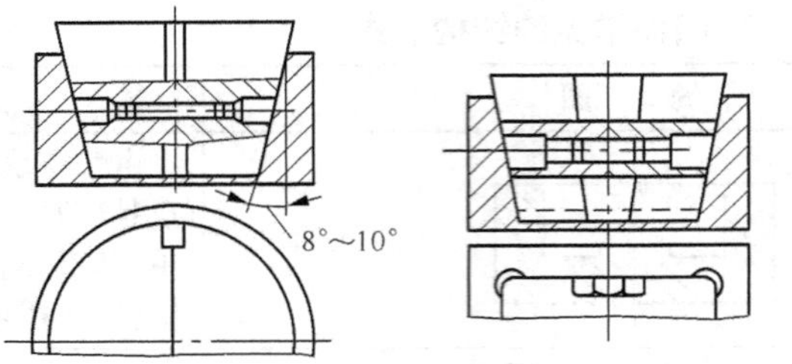	由两个圆形或矩形拼块与锥套组成凹模，适用于小型塑件及成形压力不大的垂直分型面移动式模具
		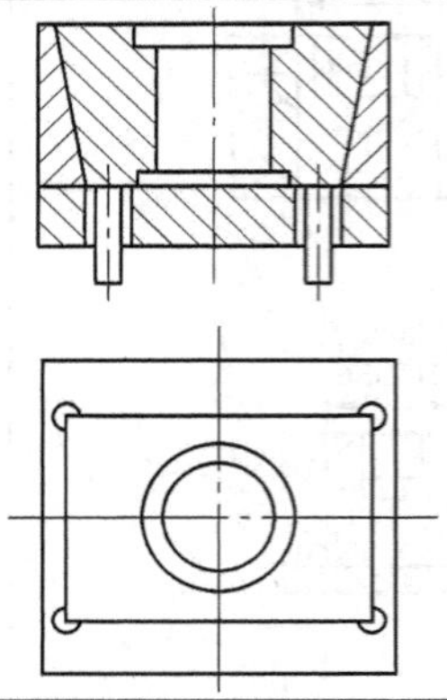	由两个或两个以上斜滑块组成的瓣合式凹模。适用于侧向分型与抽芯的模具

（2）螺纹型芯与螺纹型环的设计：螺纹型芯用于成形塑件上的内螺纹或用于在模内固定带有内螺纹的金属嵌件。其结构形式及在模具内的安装方式，见表4-27。

表4-27　　　　　　　　　　　　　　螺纹型芯的结构及安装

类型	简　图	说　明	
无锁紧装置	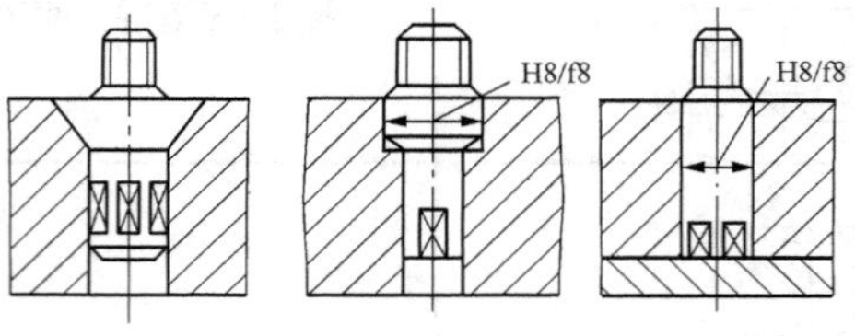 （a）　　（b）　　（c）	结构简单，适用于成形内螺纹。 图（a）圆锥面定位支撑； 图（b）圆柱面定位，台阶面支撑； 图（c）圆柱面定位，垫板支撑	适用于下模
	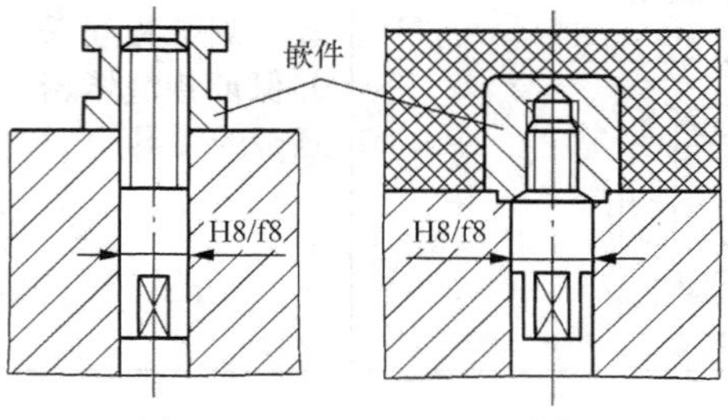 嵌件 （a）　　　（b）	用于固定金属螺纹嵌件。 图（a）结构简单，但不易控制型芯拧入嵌件孔的深度，并易使塑料挤入结合面； 图（b）以金属嵌件下端嵌入模具沉孔，定位可靠	

续表

类型	简　图	说　明
无锁紧装置	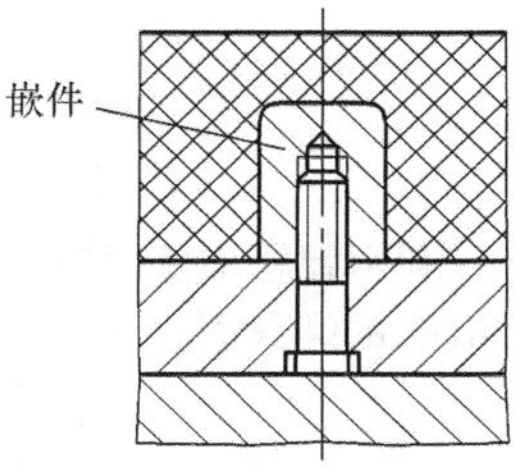 嵌件	采用光杆（圆柱面）固定螺纹嵌件。适用于固定 M3 以下的螺纹嵌件
	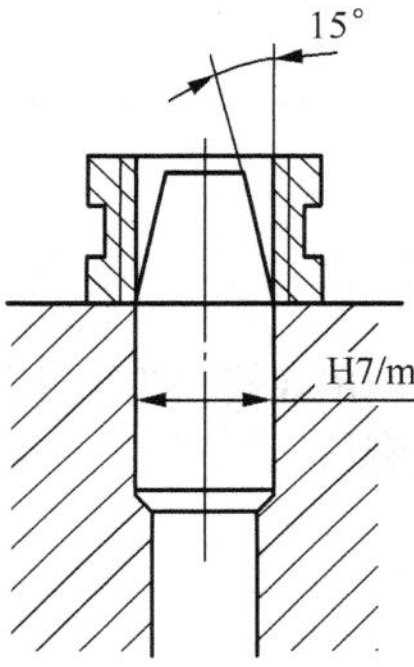 15° H7/m6	锥体装卡螺纹嵌件，使用时将嵌件轻轻砸入锥体部分，使用方便简单
带弹性锁紧装置	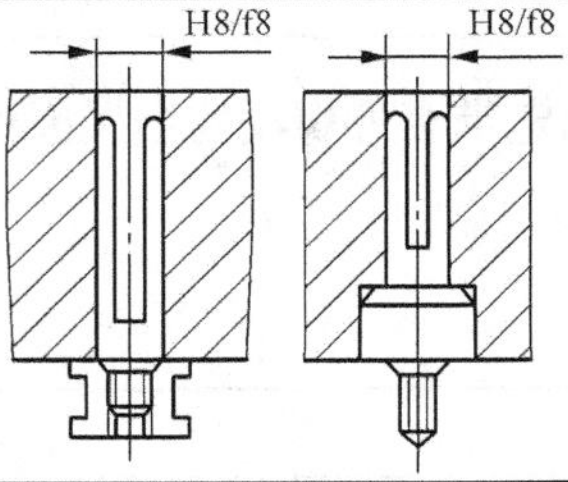 H8/f8　H8/f8	螺纹型芯杆部开槽，热处理后依靠弹性支撑在固定孔处。适用于小于 M8 的螺纹型芯或嵌件
	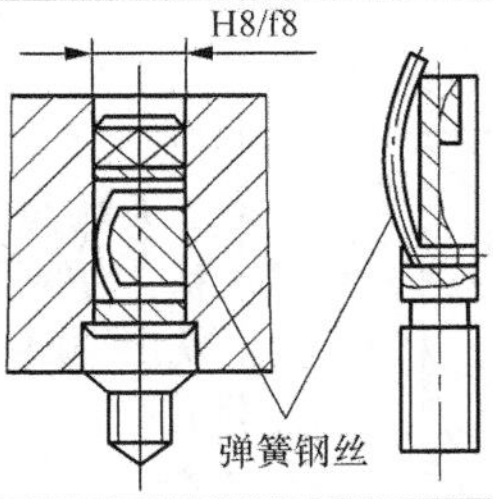 H8/f8　弹簧钢丝	采用弹簧钢丝将型芯可靠地固定在孔内。适用于 M5～M10 的螺纹型芯
	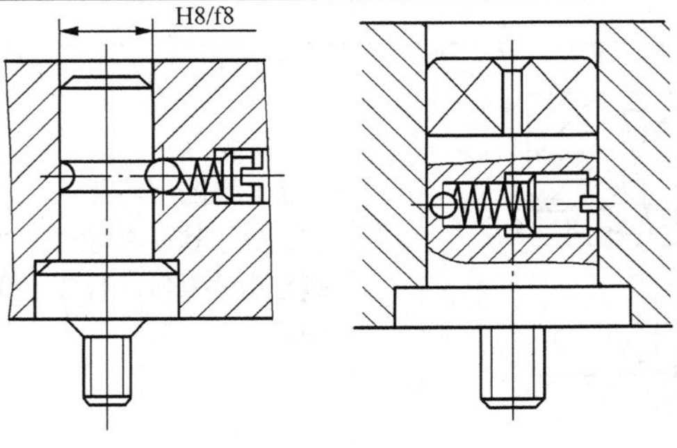 H8/f8 （a）　（b）	采用弹簧钢球锁紧固定。图（a）用于直径大于 M10 的螺纹型芯；图（b）适用于 M15 以上的螺纹型芯

适用于下模

续表

类型	简　图	说　明	
带弹性锁紧装置	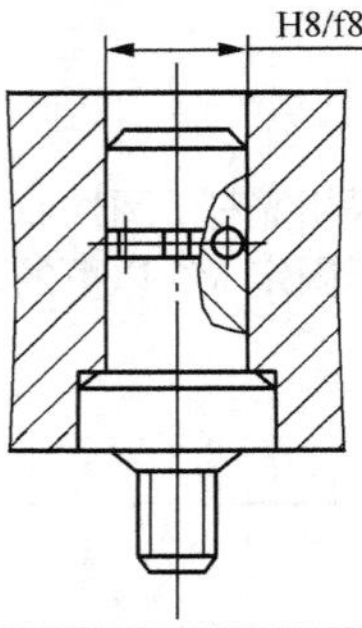 H8/f8	利用弹簧卡圈固定。适用于直径大于M15的螺纹型芯	适用于下模
	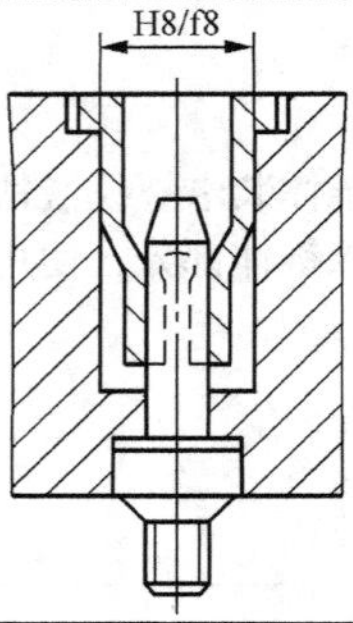 H8/f8	利用弹簧夹头锁紧。锁紧可靠，但制造较麻烦	

螺纹型环用于成形塑件上的外螺纹或用于在模内固定带有外螺纹的金属嵌件，其结构形式及在模内的安装方式，见表4-28。

表4-28　　　　　　　　　　　　　　　螺纹型环

类　型		简　图	说　明
成形塑件外螺纹	整体式	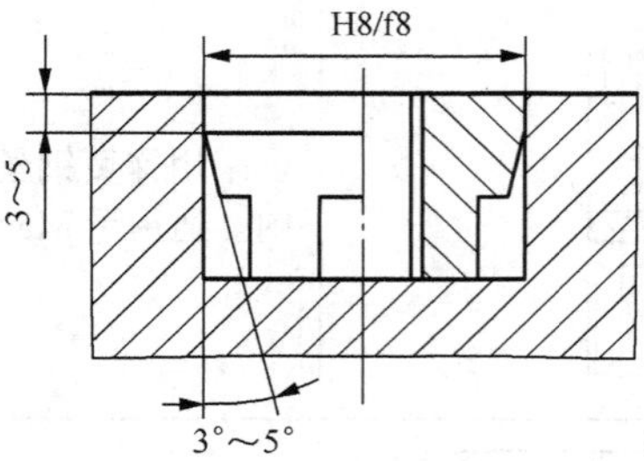 H8/f8　3~5　3°~5°	大端与模具孔配合，其余呈锥状，为便于旋脱螺纹，小端锥部应铣出平面
	瓣合式	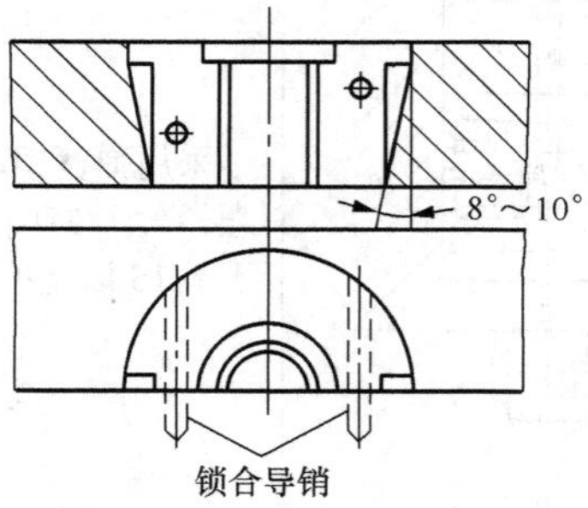 8°~10°　锁合导销	由两瓣组合，用一对导销导向定位，置于锥形模套中。两瓣合面外侧应开有楔形槽，以便卸模时分开型环

续表

类　型	简　图	说　明
模内固定金属嵌件	螺纹型环 嵌件 H8/f8	采用滑动配合,并用弹簧钢丝锁紧,以防脱落

2. 成形零部件工作尺寸计算

成形零件工作尺寸是指成形零件上直接用来成形塑件部位的尺寸。它主要有型腔和型芯的径向尺寸(包括矩形和异形的长度和宽度尺寸)、型腔的深度和型芯的高度尺寸、型腔(型芯)与型腔(型芯)的位置尺寸等。在模具设计中,应根据塑件的尺寸、精度来确定模具成形零件的工作尺寸及精度。

(1)影响塑件尺寸精度的因素如下。

① 成形收缩率:塑料成形后收缩率与塑件的原材料、塑件的结构、模具的结构,以及成形的工艺条件等因素有关,因此,在实际工作中,成形收缩率的波动很大,从而引起塑件尺寸的误差很大。塑件尺寸的变化值为:

$$\delta_S = (S_{max} - S_{min})L_S$$

式中:δ_S——塑料收缩波动而引起的塑件尺寸误差(mm);L_S——塑件尺寸(mm);S_{max}——塑件的最大收缩率(%);S_{min}——塑件的最小收缩率(%)。

一般情况下,为提高模具成形零件表面精糙度,而进行研磨或抛光等,均可造成模具成形零件尺寸的变化。凹模或型腔尺寸变大,凸模或型芯尺寸变小。这种由于摩擦造成的模具成形零件尺寸的变化值与塑件的产量、塑件原料及模具都有关系。当塑件产量较大时,模具表面耐磨性要好(如采用高硬度材料,模具表面镀硬金属层,表面渗氮处理)。对于中、小塑件,模具成形零件由成形收缩率波动而引起的塑件尺寸误差要求控制在塑件尺寸公差的 $\dfrac{1}{3}$ 以内。

② 模具成形零件的制造误差:模具成形零件的制造精度是影响塑件尺寸精度的重要因素之一。模具成形零件的制造误差越小,塑件的尺寸精度越高,但是模具零件加工困难,制造成本和加工周期也会加大加长。实践证明,如果模具成形零件的制造误差在 IT7～IT8 级之间,成形零件的制造公差占塑件尺寸公差的 $\dfrac{1}{3}$。

③ 模具成形零件的磨损:模具在使用过程中,由于塑料熔体流动的冲刷、脱模时与塑料的摩擦、成形过程中可能产生的腐蚀性气体的锈蚀,由于上述原因,成形零件最大的磨损量应取塑件公差的 $\dfrac{1}{6}$。而大型塑件,模具的成形零件最大磨损量应取塑件公差的 $\dfrac{1}{6}$ 以下。

④ 模具安装配合的误差：模具成形零件由于配合间隙的变化，会引起塑件的尺寸变化，模具的配合间隙误差应不影响模具成形零件的尺寸精度和位置精度。

（2）成形零件工作尺寸的计算：工作尺寸计算包括型腔和型芯的径向尺寸、型腔深度及型芯高度尺寸、中心距尺寸的计算，计算公式见表 4-29。

表 4-29　　　　　　　　　　模腔工作尺寸计算

尺寸部分	简　图	计　算　公　式	说　　明
凹模径向尺寸	$L_M^{+\delta_z}$ $L_{S-\Delta}^{\ 0}$	（1）平均尺寸法 $L_M = \left[(1+S_{CP})L_S - \dfrac{3}{4}\Delta\right]_0^{+\delta_z}$ （2）极限尺寸法，按修模时，凹模尺寸增大容易 $L_M = \left[(1+S_{max})L_S\Delta\right]_0^{+\delta_z}$ 校核： $L_M + \delta_z + \delta_C - S_{min}L_S \leqslant L_S$	$\dfrac{3}{4}\Delta$ 项系数随塑件精度和尺寸变化，一般在 0.5～0.8 之间； L_M——凹模径向尺寸（mm）； L_S——塑件径向公称尺寸（mm）； S_{CP}——塑料的平均收缩率（%）； Δ——塑件公差值（mm）； δ_Z——凹模制造公差（mm）； δ_C——凹模的磨损量（mm）； S_{max}——塑料的最大收缩率（%）； S_{min}——塑料的最小收缩率（%）
型芯径向尺寸	$L_{S\ 0}^{+\Delta}$ $L_M^{+0}_{\ \delta_z}$	（1）平均尺寸法 $L_M = (1+S_{CP})L_S + \dfrac{3}{4}\Delta - \delta_Z$ （2）极限尺寸法，按修模时，型芯尺寸减小容易 $L_M = \left[(1+S_{min})L_X - \delta_Z\Delta\right]$ 校核： $L_M - \delta_Z - \delta_C - S_{max}L_S \geqslant L_S$	$\dfrac{3}{4}\Delta$ 项系数随塑件精度和尺寸变化，一般在 0.5～0.8 之间； L_M——凹模径向尺寸（mm）； δ_Z——凹模制造公差（mm）； δ_C——凹模的磨损量（mm）； 其余符号同上
凹模深度尺寸	H_M $H_{S-\Delta}^{\ 0}$	（1）平均尺寸法 $H_M = \left[(1+S_{CP})H_S - \dfrac{2}{3}\Delta + \delta_Z\right]$ （2）极限尺寸法，按修模时，深度减小容易 $H_M = \left[(1+S_{min})H_S - \delta_Z\right]$ 校核： $H_M - S_{max}H_S + \Delta \geqslant H_S$	$\dfrac{2}{3}\Delta$ 项系数，有的资料介绍系数为 0.5； H_M——凹模深度尺寸（mm）； H_S——塑件高度公称尺寸（mm）； δ_Z——凹模深度制造公差（mm）； 其余符号同上
中心距尺寸	$L_S \pm \dfrac{\Delta}{2}$ $L_M \pm \dfrac{\delta_Z}{2}$	$L_M = \left[(1+S_{CP})L_S\right] \pm \left(\dfrac{\delta_Z}{2}\right)$	L_M——模具中心距尺寸（mm）； L_S——塑件中心距尺寸（mm）； S_{CP}——塑料的平均收缩率（%）； δ_Z——模具中心距尺寸制造公差（mm）； 其余符号同上

续表

尺寸部分	简　图	计 算 公 式	说　明
型芯 高度 尺寸	$H_S^{+\Delta}{}_0$ $H_M^{\ 0}{}_{-\delta_Z}$	（1）平均尺寸法 $H_M = \left[(1+S_{CP})H_S + \dfrac{2}{3}\Delta - \delta_Z\right]$ （2）极限尺寸法 ① 修模时型芯增长容易 $H_M = \left[(1+S_{max})H_S + \delta_Z\right]$ 校核： $H_M - S_{min}H_S - \Delta \leqslant H_S$ ② 修模时，型芯减短容易	$\dfrac{2}{3}\Delta$ 项系数，有的资料介绍系数为 0.5； H_M——型芯高度尺寸（mm）； H_S——塑件深度尺寸（mm）； δ_Z——型芯高度制造公差（mm）； 其余符号同上

（3）螺纹型芯及型环尺寸计算：螺纹型芯是用来成形塑件上的内螺纹（螺孔）的。螺纹型环则是用来成形塑件上的外螺纹（螺杆）的。因此它们也属于成形零件。此外它们还可用来固定金属螺纹嵌件。

① 螺纹型芯、型环的形式及固定：无论螺纹型芯还是型环，在模具上都有模内自动卸除和模外手动卸除两种类型。对于批量小、有螺纹的塑件一般采取螺纹型芯（型环）与塑件一起顶出，然后再从塑件上拧下。对于批量大的螺纹塑件，则采用蜗轮蜗杆、斜齿轮或利用注射机上螺杆等方式进行脱模。

螺纹型芯的安装形式，如图 4-21 所示，图 4-22 为螺纹型环的固定形式。

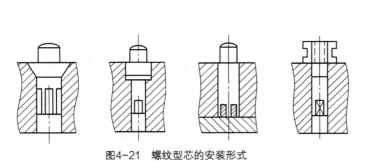

图4-21　螺纹型芯的安装形式

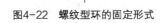

图4-22　螺纹型环的固定形式

② 螺纹型芯和型环的尺寸计算：螺纹的连接种类很多，这里我们只介绍普通连接用螺纹型芯和型环的计算方法。当塑件外螺纹与塑件内螺纹配合时，制造螺纹型芯和型环时可不考虑塑件螺距的收缩率；当塑件螺纹与金属螺纹的配合长度不超过表 4-30 所列范围时，则制造螺纹型芯和型环也可不考虑塑件螺距收缩率；当塑件螺纹与金属螺纹的配合长超过 7～8 牙时，则制造螺纹型芯和型环时应当考虑塑件的收缩率。螺纹型芯和型环径向尺寸及螺距尺寸计算公式，见表 4-31。

表 4-30　　　　　　　　螺距不计算收缩率时螺纹的配合极限长度

螺纹代号	螺纹 T/mm	收缩率 S/%							
		0.2	0.5	0.8	1.0	1.2	1.5	1.8	2.0
		螺纹可以配合的极限长度/mm							
M3	0.5	26	10.4	6.5	5.2	4.3	3.5	2.9	2.6
M4	0.7	32.5	13	8.1	6.5	5.4	4.3	3.6	3.3
M5	0.8	34.5	13.8	8.6	6.9	5.8	4.6	3.8	3.5
M6	1.0	38	15	9.4	7.5	6.3	5	4.2	3.8
M8	1.25	43.5	17.4	10.9	8.7	7.3	5.8	4.8	4.4
M10	1.5	46	18.4	11.5	9.2	7.7	6.1	5.1	4.6
M12	1.75	49	19.6	12.3	9.8	8.2	6.5	5.4	4.9
M14	2.0	52	20.8	13	10.4	8.7	6.9	5.8	5.2
M16	2.0	52	20.8	13	10.4	8.7	6.9	5.8	5.2
M20	2.5	57.5	23	14.4	11.5	9.6	7.1	6.4	5.8
M24	3.0	64	25.4	15.9	12.7	10.6	8.5	7.1	6.4
M30	3.5	66.5	26.6	16.6	13.3	11.1	8.9	7.4	6.7

表 4-31　　　　　　　　螺纹型芯和螺纹型环及螺距的尺寸计算

名称	简图	计算公式	说明
螺纹型芯尺寸	 T_M $d_{M外}$ $d_{M中}$ $d_{M内}$	外径 $d_{M外}=[(1+S_{CP})d_{S外}+\Delta_{中}]-\delta_{中}$ 中径 $d_{M中}=[(1+S_{CP})d_{S中}+\Delta_{中}]-\delta_{中}$	$d_{M外}$、$d_{M中}$、$d_{M内}$——螺纹型芯的外径、中径及内径公称尺寸（mm）； $d_{S外}$、$d_{S中}$、$d_{S内}$——塑件螺纹孔的外径、中径及内径公称尺寸（mm）； S_{CP}——塑料的平均收缩率（%）
螺纹型芯尺寸		内径 $d_{M内}=[(1+S_{CP})d_{S内}+\Delta_{中}]-\delta_{中}$	$\Delta_{中}$——塑件螺纹中径公差值（mm）； $\delta_{中}$——螺纹型芯中径制造公差（mm）； 一般取 $\dfrac{\Delta_{中}}{5}$
螺纹型环尺寸	 T_S $D_{S外}$ $D_{S中}$ $D_{S内}$	外径 $D_{M外}=[(1+S_{CP})D_{S外}-1.2\Delta_{中}]+\delta_{中}$ 中径 $D_{M中}=[(1+S_{CP})D_{S中}-\Delta_{中}]+\delta_{中}$ 内径 $D_{M内}=[(1+S_{CP})D_{S内}-\Delta_{中}]+\delta_{中}$	$D_{M外}$、$D_{M中}$、$D_{M内}$——螺纹型环的外径、中径及内径公称尺寸（mm）； $D_{S外}$、$D_{S中}$、$D_{S内}$——塑件螺纹孔的外径、中径及内径公称尺寸（mm）； S_{CP}——塑料的平均收缩率（%）； $\Delta_{中}$——塑件螺纹中径公差值（mm）； $\delta_{中}$——螺纹型环中径制造公差（mm）； 一般取 $\dfrac{\Delta_{中}}{4}$
螺距尺寸		$T_M=(1+S_{CP})T_S\pm\delta_1$	T_M——螺纹型芯、型环的螺距公称尺寸（mm）； T_S——塑件螺距公称尺寸（mm）； δ_1——螺纹型芯、型环的螺距制造公差（mm）

（4）模具型腔侧壁和底板厚度计算：塑料模在注射成形过程中，由于注射成形压力很高，型腔内部承受熔融塑料的巨大压力，这就要求型腔要有一定的强度和刚度，如果模具型腔的强度和刚度不足，则会造成模具的变形和断裂。型腔侧壁所受的压力应以型腔内所受最大压力为准。对于大型模具的型腔，由于型腔尺寸较大，常常由于刚度不足而弯曲变形，所以应按刚度计算；对于小型模具的型腔，型腔常在弯曲变形之前，其内应力已超过许用应力，所以应按强度计算。

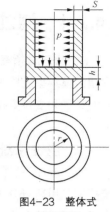

图4-23　整体式
圆形型腔

型腔的形状和结构有各种不同的形式，本书只介绍整体式圆形型腔厚度的计算方法，整体式圆形型腔如图 4-23 所示。

① 整体式圆形型腔侧壁厚度计算如下。

ⅰ 刚度计算。

$$S = r\left[\left(\frac{E[\delta]/rP - \mu + 1}{E[\delta]/rP - \mu - 1}\right)^{\frac{1}{2}} - 1\right]$$

式中：S——圆形型腔的侧壁厚度（mm）；r——型腔半径，可取塑件半径（mm）；P——型腔压力（MPa）；E——模具材料的弹性模量（MPa），碳钢为 2.1×10（MPa）；$[\delta]$——模具材料的需用应力（MPa）；μ——模具材料的波桑比，碳钢为 0.25。

ⅱ 强度计算。

$$S = r\left[\left(\frac{[\delta]}{[\delta] - 2P}\right)^{\frac{1}{2}} - 1\right]$$

式中：S——圆形型腔的侧壁厚度（mm）；r——型腔半径，可取塑件半径（mm）；P——型腔压力（MPa）；$[\delta]$——模具材料的需用应力（MPa）。

② 整体式圆形型腔底板厚度计算。

ⅰ 刚度计算。

$$h = \left(\frac{0.175Pr^4}{E[\delta]}\right)^{\frac{1}{3}} = 0.56r\left(\frac{Pr}{E[\delta]}\right)^{\frac{1}{3}}$$

式中：P——型腔压力（MPa）；r——型腔半径，可取塑件半径（mm）；E——模具材料的弹性模量（MPa），碳钢为 2.1×10（MPa）；h——型腔底板厚度（mm）；$[\delta]$——刚度条件，即允许变形量（mm）。

ⅱ 强度条件。

$$h = \left(\frac{3Pr^2}{4[\delta]}\right)^{\frac{1}{2}} = 0.87r\left(\frac{P}{[\delta]}\right)^{\frac{1}{2}}$$

式中：h——型腔底板厚度（mm）；P——型腔压力（MPa）；r——型腔半径，可取塑件半径（mm）；$[\delta]$——刚度条件，即允许变形量（mm）。

4.2.4　浇注系统设计

浇注系统是指模具中由注射机喷嘴到型腔之间的进料通道。它的作用是使熔融塑料平稳、有序地填充到塑料模具型腔中去，且把压力充分地传递到各个部位，以获得组织致密，外形清晰、美观的制品。它的布置和安排直接关系到成形的难易和模具设计及加工的复杂程度，是注射模设计中的主要内容之一。

1. 浇注系统的组成及设计原则

（1）浇注系统的组成：浇注系统通常分为普通流道浇注系统和无流道浇注系统两大类。浇注系统按工艺用途可分为冷流道浇注系统和热流道浇注系统。普通流道浇注系统属于冷流道浇注系统，应用广泛。无流道浇注系统属于热流道浇注系统，应用日益扩大。普通流道浇注系统一般由主流道、分流道、浇口和冷料穴四部分组成，如图4-24所示。

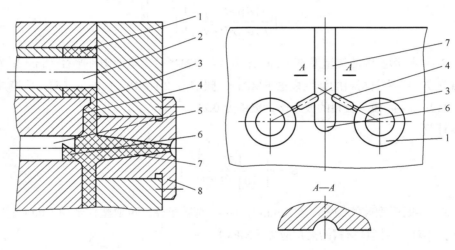

（a）适用于卧式或立式注射机　　　　（b）适用于角式注射机

图4-24　注射模具的普通浇注系统

1—型腔　2—型芯　3—浇口　4—分流道　5—拉料杆　6—冷料穴　7—主流道　8—浇口套

主流道又称主浇道，由注射机喷嘴与模具主流道接触的部位起到分流道为止的一段总流道，它是熔融料进入模具时最先经过的部位。

分流道又称分浇道，它是主流道与浇口之间的过渡段，能使熔融塑料在流动方向上得到平稳的转换。对模腔来说分流道还起着向各型腔分配塑料的作用。

浇口又称进料口，它是分流道与型腔之间的狭小通口，也是最短小部分。其作用使熔融塑料在进型腔时产生加速，有利于迅速充满型腔；成形后浇口塑料先冷凝，以封闭型腔，防止熔融塑料倒流，避免型腔压力下降过快，以致在制品上产生缩孔或凹陷；成形后便于使凝料与制品分离。

冷料穴又称冷料井，它是为贮存两次注射间隔产生的冷料头。防止冷料头进入型腔以致成品熔接不牢，影响制品质量，甚至堵住浇口，而造成成形不良。冷料井常设在主流道末端，当分流道较长时，它的末端也应开设冷料井。

（2）浇注系统的设计原则：

① 能顺利地引导熔融塑料充满型腔，不产生涡流，又有利于型腔内气体的排除；

② 在保证成形和排气良好的前提下，选取短流程，少弯折，以减小压力损失，缩短填充时间；

③ 尽量避免熔融塑料正面冲击直径较小的型芯和金属嵌件，防止型芯位移或变形；

④ 凝料容易清除，整修方便，无损制品的外观和使用；

⑤ 浇注系统流程较长或需开设两个以上浇口时，由于浇注系统的不均匀收缩导致制品翘曲变形，应设法予以防止；

⑥ 一模多腔时，应使各腔同步、连续充浇，以保证各个制品的一致性；

⑦ 合理设置冷料穴、溢料槽，使冷料不得直接进入型腔及减少毛边；

⑧ 在保证制品质量良好的条件下，浇注系统的断面和长度应尽量取小值，以减少对塑料的占用量，从而减少回收料。

2. 普通浇注系统设计

（1）主流道的设计：主流道的结构，如图 4-25 所示。主流道衬套 2 和定位圈 3 设计成两个零件，配合装配且用定位环压住，如图 4-25（a）所示，一般用于中、大型模具。对于小型模具主流道衬套与定位环设计成整体式，如图 4-25（b）和图 4-25（c）所示。

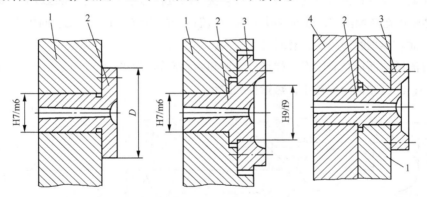

（a）定位圈与主流道衬套分开　　（b）整体式用定模底板固定　（c）整体式用定模底板固定

图4-25　主流道结构

1—定模底板　2—主流道衬套　3—定位圈　4—定模板

注射机的喷嘴头部与主流道衬套的凹下的球面半径 R 相接触，二者必须匹配，无漏料。一般要求主流衬套球面半径比喷嘴球面半径大 1～2mm。主流道进口直径 d，比注射机喷嘴出口直径 d 应大 0.5～1mm。其作用：一是补偿喷嘴与主流道的对中误差；二是避免注射机注射时在喷嘴与主流道之间造成漏料或积存冷料，使主流道无法脱模。为便于取出主流道中的凝料，将主流道做成圆锥形，锥角 α 一般为 2°～4°，对于流动性差的塑料可取 4°～6°。圆锥形表面的粗糙度应在 $R_a=0.8\mu m$ 以上。主流道出口应做成圆角，圆角半径 $r=0.5$～3mm 或 $r=d_2/8$。为减少压力损失和回收料量，主流道长度尽可能短些，常取 60mm 以下。流道出口断面应与定模分型面齐平，以免出现溢料。主流道要与高温塑料及喷嘴反复接触，容易损坏，为便于更换，常设计成可拆卸的主流道衬套结构。主流道衬套的进口端在注射时承受很大的喷嘴压力，同时，其出口端与分流道、浇口也承受型腔的反

压力，因此，主流道衬套应带凸缘，使之固定在定模上。

主流道进、出口直径 d_1、d_2 与注射量、塑料的关系及推荐尺寸见表 4-32。

表 4-32　　　　　　　　　　主流道进、出口直径推荐值　　　　　　　单位：mm

注射量 直径 塑材	0.1N		0.3N		0.6N		1.25N		2.5N		5N		10N	
	d_1	d_2	d_1	d_2	d_1	d_2	d_1	d_2	d_1	d_2	d_1	d_2	d_1	d_2
聚苯乙烯（PS）	3	4.5	3.5	5	4.5	6	4.5	6	4.5	6.5	5.5.	7.5	5.5	8.5
ABS	3	4.5	3.5	5	4.5	6	4.5	6.5	4.5	7	5.5	8	5.5	8.5
聚砜（PSF）	3.5	5	4	5.5	5	6.5	5	7	5	7.5	6	8.5	6	9

主流道进口尺寸 d_1 的大小与塑料进入型腔的流动速度及充模时间密切相关。若 d_1 太大，主流道体积增大，回收冷料增多，冷却时间延长，同时包藏的空气亦多。会造成排气不良，制品易生气泡或组织疏松等缺陷，影响质量。此外，主流道体积大易形成进料旋涡以及冷却不足，进口料脱模困难。若 d_1 太小，则塑料在流动过程中的冷却面积相对增加，热量损失大，黏度提高，易造成成形困难。故 d_1 尺寸应慎重选用。

（2）分流道的设计：分流道是连接主流道与浇口的进料通道。其作用是通过流道截面及方向的变化，使熔体平衡地转换流向，进入模具型腔。分流道的截面应尽量使其比表面积小，热量损失小，摩擦损失小，而在单型腔模具中，有时可以省去。

常用的分流道截面形状有圆形、梯形、U 形和六角形等，如图 4-26 所示。流道的截面积越大，压力损失越小；流道的截面积越小，热量损失越小。

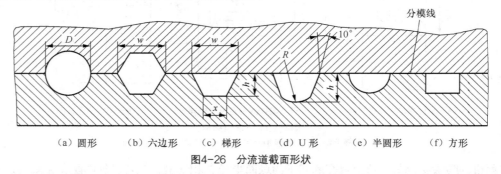

（a）圆形　　　（b）六边形　　　（c）梯形　　　（d）U 形　　　（e）半圆形　　　（f）方形

图4-26　分流道截面形状

用流道的截面积与表面积的比值来表示流道的效率，效率越高，流道设计越合理。各种流道的截面积、效率及性能见表 4-33。常用的分流道直径见表 4-34。

表 4-33　　　　　　　　　　分流道的截面形状选择

流道的截面积形状	流道效率	流 动 阻 力	脱　　模	加　工　性	选用情况
圆形	0.25D	小	好	不易对中	常用
梯形	0.195D	较小	好	好	最常用
半圆形	0.153D	较大	好	好	较常用
方形	0.25D	大	不好	好	不用

表 4-34　　　　　　　　　　　　　常用塑料的分流道直径　　　　　　　　　　单位：mm

塑料品种	分流道直径	塑料品种	分流道直径
ABS、AS	4.8～9.5	PP	4.8～9.5
POM	3.2～9.5	PE	1.6～9.5
丙烯酸酯	8.0～9.5	聚苯醚	6.4～9.5
耐冲击丙烯酸酯	8.0～12.7	PS	3.2～9.5
PA6	1.6～9.5	PVC	3.2～9.5
PC	4.8～9.5		

因此，分流道的截面采用梯形，分流道的表面粗糙度 R_a 的值取 1.6μm，另外，分流道的布置应尽可能采用平衡式的排列。

分流道的尺寸设计，如图 4-27 所示。分流道尺寸应根据制品的壁厚、体积、形状复杂程度和塑料的流动性等因素而定，其具体尺寸见表 4-35。

图 4-27 中 a、b、c 为浇口尺寸。对于大型制品 h 值可取大些，β 角可取小些，分流道长度一般为 8～30mm，为便于修剪，不宜小于 8mm。当分流道较长时，其末端应设置冷料穴。在一模多腔时，主流道截面积应不小于分流道截面积的总和。分流道的表面粗糙度应高于主流道的表面粗糙度，以增大外层料流的阻力，降低流速，以获得与中心料流有相对速度差，有利于熔融塑料冷皮层固定，起到保温作用。

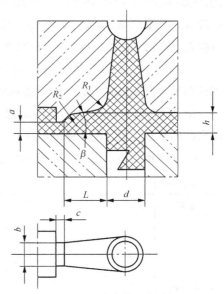

图4-27　分流道尺寸设计

表 4-35　　　　　　　　　　　　　常用分流道截面尺寸　　　　　　　　　　单位：mm

主流道直径	半径	5	6	7	8	9	10	11	12
圆形	半径	5	6	7	8	9	10	11	12
梯形	高	3.5	4	5	5.5	6	7	8	9
	上底	5	5	5	8	9	10	11	12
U 形	高	2.5	3	3.5	4	4.5	5	5.5	6
	下底圆弧半径	5	6	7	8	9	10	11	12

（3）浇口的设计：浇口在浇注系统中处于关键地位，它的形状、尺寸以及开设部位对制品的质量影响很大。浇口设计要点如下。

① 正确选择浇口位置：浇口应开设在制品断面较厚的部位，使熔料从厚断面流入薄断面。应使熔料流程最短，以减少压力损失。应有利于排出型腔中的气体。不宜使熔料直冲入型腔，以免发生旋流在制品上留下螺旋形痕迹。应防止在制品表面产生熔合纹。应尽量开设在边缘、底部，以保证

制品外观不受影响。

② 校核流动比：制品成形的首要条件是能否填充型腔，而填充型腔又与流动性有密切关系，流动性又与流道长度和厚度有关。所谓流道比是指流道长度与厚度之比。

③ 单型腔多浇口浇注系统的平衡：单型腔多浇口浇注系统的平衡有如下三种类型。

ⅰ 平衡浇口以减小制品的变形。对于薄壁的平板制品，若采用单个中心浇口，由于大分子的取向效应，沿熔体流动方向的收缩量大于垂直于熔体流动方向的收缩量，导致制品冷却后的翘曲变形。而采用多浇口时，如图4-28所示。当仅考虑 A 浇口，AB、AC 沿熔体流动方向，收缩较大，而 BC 垂直于熔体流动方向，收缩较小。但对 B 浇口或 C 浇口分别考虑其收缩量，发现 AB、AC 方向和收缩量较小，BC 收缩量较大，总平均结果，使得平板各个方向收缩较一致，故平衡浇口有利于减小制品的变形。

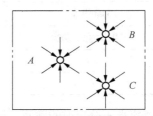

图4-28　平板制品的平衡浇口分析

ⅱ 平衡浇口有利于均匀进料：对于深腔制品成形时，采用多点浇口平衡进料，使侧壁受力均匀、保证芯型不产生偏斜，有利于提高制品质量。

ⅲ 平衡浇口可控制熔合纹的位置：当采用多点浇口时，通过调整各个浇口的位置和进料来控制熔合纹的形成位置，使之避开制品的正面或者受力部位，以改善制品外观和提高制品强度。

（4）常用的浇口形式，如表4-36所示。

表 4-36　　　　　　　　　　　　常用的浇口形式

分类	简图	尺寸及说明	应用
直接浇口（主流道型浇口）		$d=$ 注射机喷嘴直径 $+$（0.5～1）mm $\alpha=2°\sim4°$ D 由锥度 α 和主流道部分模板厚度决定，应尽量小	常用于高黏度塑料的壳体类及大型、厚壁塑件的成形
侧浇口（矩形浇口）		$l=0.7\sim2.0$mm $b=1.5\sim5.0$mm $t=0.5\sim2.0$mm	适用于各种形式的塑件

续表

分　类	简　图	尺寸及说明	应　用
侧浇口 （矩形浇口）	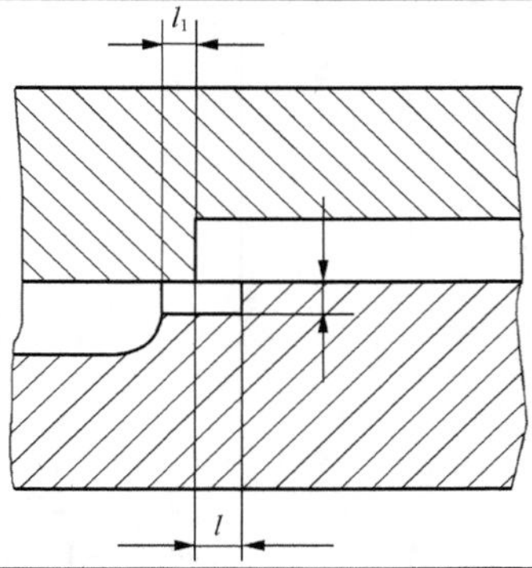	$l_1=2.0\sim3.0$mm $l=(0.6\sim0.9)+b/2$mm 浇口宽度 $$b=\frac{(0.6\sim0.9)\sqrt{A}}{30}\text{mm}$$ A——塑件外侧表面积（mm²）	适用于各种形式的塑件
扇形浇口	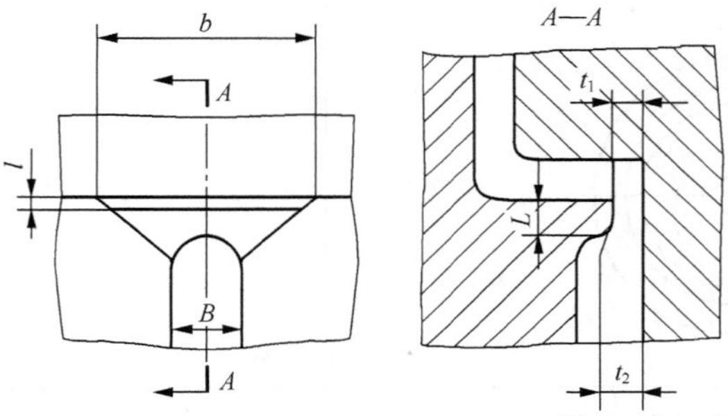	$L=6.0$mm 左右 $l=1.0\sim1.3$mm $t_1=0.25\sim1.0$mm $$t_2=\frac{bt_1}{B}$$ $$b=\frac{K\sqrt{A}}{30}$$ $K=0.6\sim0.9$mm A——塑件外侧表面积（mm²）	与侧浇口类似，适用于面形宽度较大的薄片塑件
平缝式浇口 （薄片式浇口）	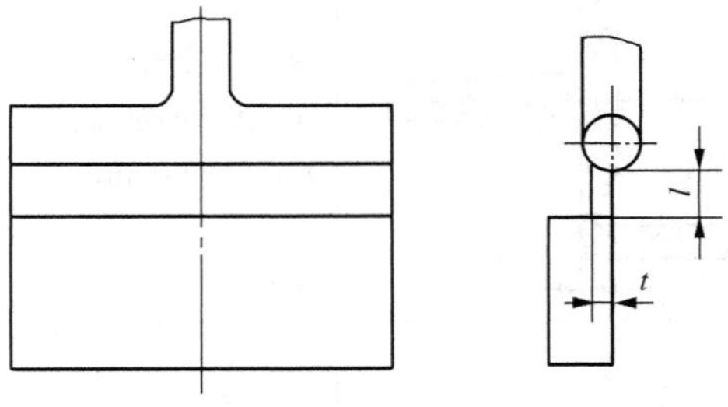	$l=0.65$mm $t=0.25\sim0.65$mm 浇口宽度为模腔宽度的25%～100%	适于成形大面积扁平塑件。该形式可改善熔料流速，降低塑件内应力和翘曲变形
环形浇口	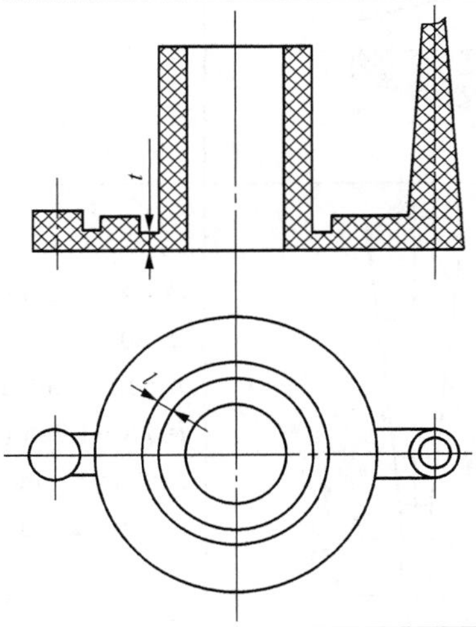	$l=0.7\sim1.2$mm $t=0.35\sim1.5$mm	适用于圆筒形或中间带孔的塑件

续表

分 类	简　图	尺寸及说明	应　用
盘形浇口		$l=0.7\sim1.2$mm $t=0.35\sim1.5$mm	适用于圆筒形或中间带孔的塑件
轮辐式浇口		$l=0.8\sim1.8$mm； $b=0.6\sim6.4$mm； $t=0.5\sim2.0$mm	适用范围和环形浇口相似
爪形浇口			适用于孔径较小的管状塑件和同心度要求较高的塑件的成形
点浇口 （橄榄形浇口或菱形浇口）		$d=0.8\sim2.0$mm； $\alpha=60°\sim90°$； $\alpha_1=12°\sim30°$； $l=0.8\sim1.2$mm； $l_0=0.5\sim1.5$mm； $l_1=1.0\sim2.5$mm	适用于盆型及壳体类塑件成形，而不适宜平薄易变形和复杂形状塑件以及流动性差和热敏性塑料的成形

续表

分类	简　图	尺寸及说明	应　用
潜伏式浇口（隧道式浇口）	$\alpha=45°\sim60°$ ；$l=0.8\sim1.5mm$	左图浇口在塑件外侧；右图浇口在塑件内底部，有二次辅助浇口。$\alpha=45°\sim60°$ ；$l=0.8\sim1.5mm$	适用于要求外表面不留浇口痕迹的塑件,对脆性塑料不宜采用
护耳式浇口（凸耳式浇口） 1—耳槽　2—浇口　3—主流道　4—分流道		$H=1.5$ 倍的分流道直径；$b_0=$ 分流道直径；$t_0=（0.8\sim0.9）mm$ 壁厚；$l_0=300mm$（最大值）；$l=150mm$（最大值）	适用于聚氯乙烯、聚碳酸酯、ABS 及有机玻璃等塑料的成形

3. 热流道浇注系统设计

热流道是指在流道内或流道附近设置加热器，利用加热的方法使注射机喷到浇口之间的浇注系统处于高温状态下，从而让浇注系统内的塑料在生产过程中一直保持熔融状态。

（1）延伸喷嘴：延伸喷嘴是一种最简单的加热流道，它是将普通喷嘴加长以后能与模具上的浇口部位直接接触的一种特别喷嘴，其自身也可以安装加热器，以便补偿喷嘴延长后的散热量，或在特殊要求下使温度高于料筒温度。延伸喷嘴只适于单腔模具结构，每次注射完毕，可使喷嘴稍稍离开模具，以尽量减少喷嘴向模具传导热量。头部是球状的通用式延伸喷嘴，如图 4-29 所示。

（2）半绝热流道：半绝热流道是介于绝热流道和加热流道之间的一种流道形式。如果设计合理，可将注射间歇时间延长到 2～3min。常用的有带加热探针或加热器的半绝热流道两种。带加热探针的半绝热流道，如图 4-30 所示，在浇口始端和分流道之间加设一加热探针，该热探针一直延伸到浇口中心，这样可以有效地将浇口附近的塑料加热，以保证浇口在较长的注射间歇时间内不发生冻结固化。加热探针可用导热性良好的铍铜合金制造，其内部的加热元件可用变压器控制。

（3）多型腔热流道：这类模具的结构形式很多，但大概可归纳为两大类，一类为外加热式，另一类为内加热式。

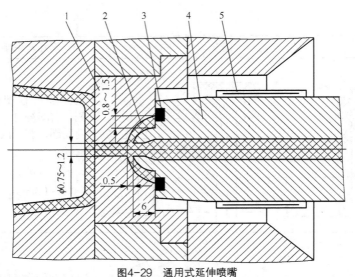

图4-29　通用式延伸喷嘴

1—浇口套　2—塑料绝热层　3—聚四氟乙烯垫片　4—延伸喷嘴　5—加热圈

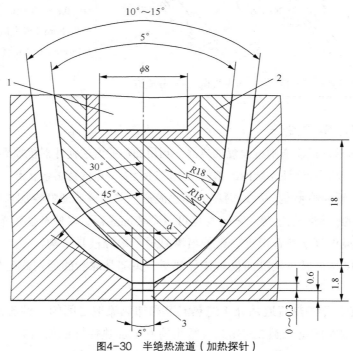

图4-30　半绝热流道（加热探针）

1—加热元件　2—加热探针　3—浇口部分

　　外加热式多型腔热分流道注射模有一个共同的特点，即模内必须设有一块可用加热器加热的热流道板，如图 4-31 所示。主流道和分流道的截面最好均采用圆形，直径约取 5～15mm。分流道内壁应光滑，转折处应圆滑过渡，分流道端孔需采用比孔径粗的细牙螺纹管塞和铜制密封垫圈（或聚四氟乙烯密封垫圈）堵住，以免塑料熔体泄漏，热流道板利用绝热材料（石棉水泥板等）或利用空气间隙与模具其余部分隔热，其浇口形式也有主流道型浇口和点浇口两种，最常用的是点浇口，如

图 4-32 所示。

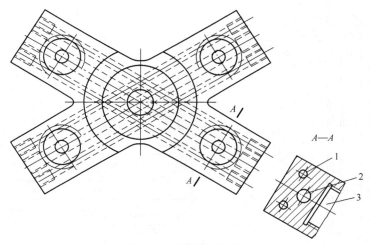

图4-31　热流道板结构图
1—加热器孔　2—分流道　3—二级喷嘴安装孔

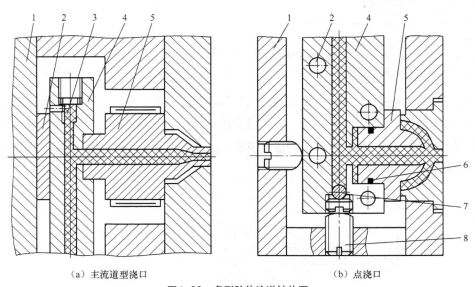

（a）主流道型浇口　　　　　　　　　　（b）点浇口

图4-32　多型腔热流道结构图
1—定模座板　2—垫块　3—加热器　4—热流道板　5—二级喷嘴　6—胀圈　7—流道密封钢球　8—定位螺钉

内加热式多型腔热分流道注射模的共同特点是，即除了在热流道喷嘴和浇口部分设置内加热器之外，整个浇注系统虽然也采用分流道板，但是所有的流道均采用内加热方式而不采用外加热。由于加热器安装在流道中央部分，流道中的塑料熔体可以阻止加热器直接向分流道板或者模具本身散热，所以能大幅度降低加热能量损失并相应地提高加热效率。

（4）二级喷嘴采用导热性优良的铍铜合金或者具有类似导热性能的其他合金制造二级喷嘴，是为了缩小热流道板与浇口之间的温差，以尽量使整个浇注系统保持温度一致，同时以防浇口在注射间隔冻结固化，如图 4-33 和图 4-34 所示。

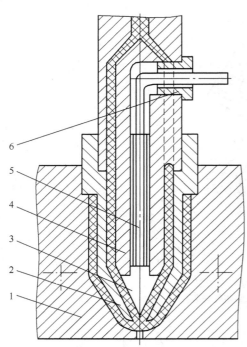

图4-33　带有加热器的热流道二级喷嘴

1—定模板　2—二级喷嘴　3—锥形头　4—锥形体

5—加热器　6—电源引线接头

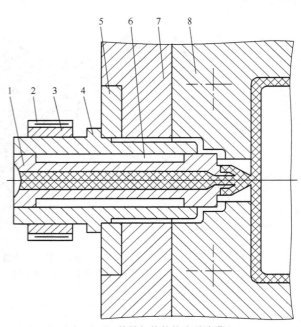

图4-34　热管加热的热流道喷嘴

1—热管内管　2—外加热圈　3—传热铝套　4—热管外壳

5—定位环　6—传热介质　7—定模座板　8—定模板

（5）阀式浇口热流道：使用热流道注射模成形黏度很低的塑料时，为了避免产生流涎和拉丝现象，可以采用阀式浇口，如图 4-35 所示。阀式浇口的工作原理为：在注射和保压阶段，浇口处的针阀 9 开启，塑料熔体通过二级喷嘴和针阀进入模腔，保压结束后，针阀关闭，模具型腔内的塑料不能倒流，二级喷嘴内的塑料也不能流涎。

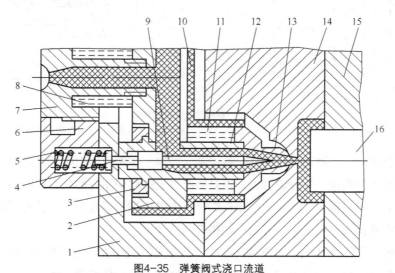

图4-35　弹簧阀式浇口流道

1—定模座板　2—分流道板　3—热流道喷嘴压环　4—活塞环　5—压簧　6—定位圈　7—浇口套　8、11—加热器

9—针阀　10—隔热层　12—热流道喷嘴体　13—热流道喷嘴头　14—定模板　15—推件板　16—凸模

4.2.5　注射模机构设计

1. 抽芯机构设计

注射成形带有侧凹或者侧孔的塑料制品时，模具必须带有侧向分型或侧抽芯机构。

（1）常用抽芯机构的类型及特点：根据动力源的不同，侧向分型与侧抽芯机构一般分为机动、液压（或气动）以及手动抽芯机构三类，见表 4-37。其中以机动抽芯机构应用最广。

表 4-37　　　　　　　　常用抽芯机构的类型及特点

类　　型	简　　图	特点及应用
手动抽芯	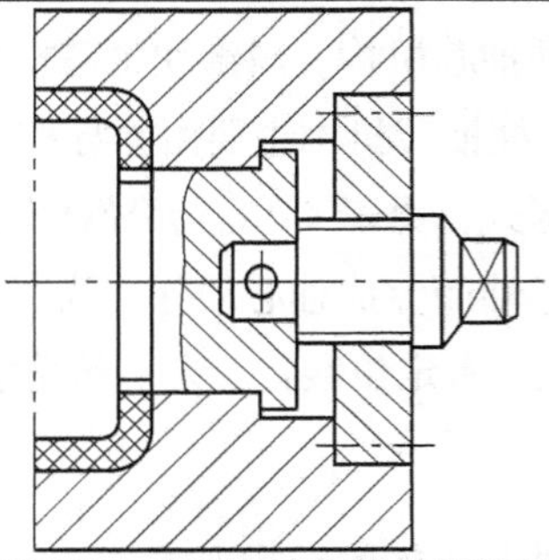	模具结构简单，制造成本低，劳动强度大，生产效率低，适用于小批量生产或产品试制
液压（气动）抽芯	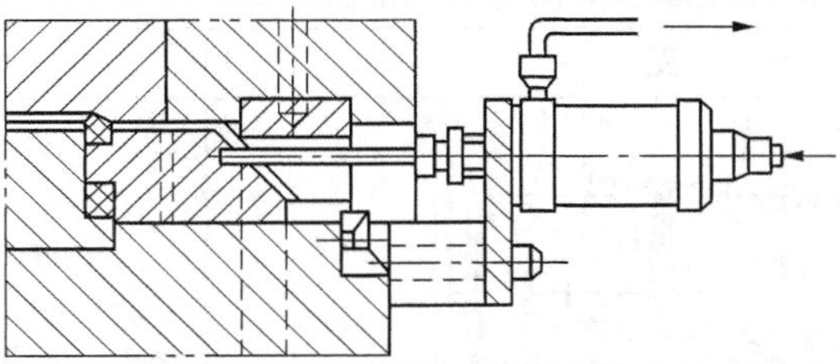	抽拔力大，抽拔距长，运动平稳，但液压或气动装置成本较高，一般用形状复杂、表面积大的大型塑件的抽芯
机动抽芯　斜导柱抽芯	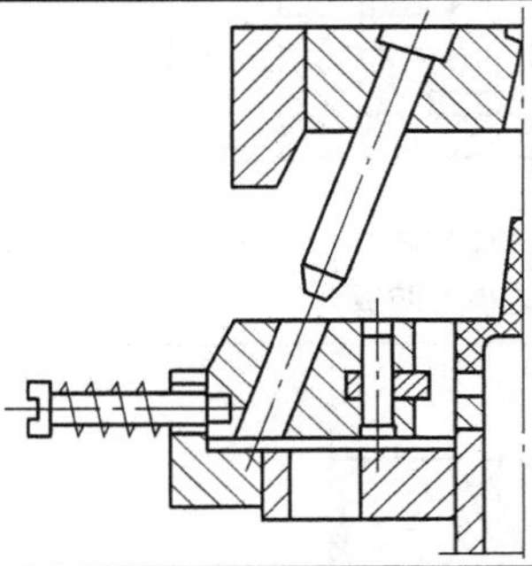	结构紧凑，动作安全可靠，加工方便，生产率高。借助于注射机的开模力与开模行程完成抽芯动作，广泛用于抽拔力和抽拔距不大的场合
机动抽芯　斜滑块抽芯	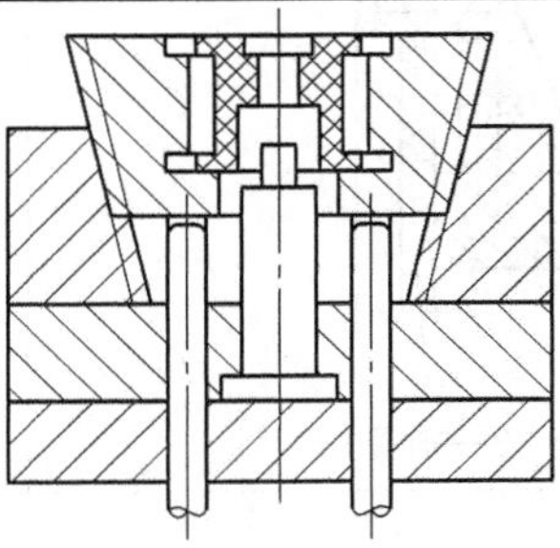	借助于顶出力和推出行程完成抽芯动作。常用于成形面积较大的凸凹型芯及抽拔成形深度较浅的型芯

续表

类　　型		简　　图	特点及应用
机动抽芯	齿轮齿条抽芯	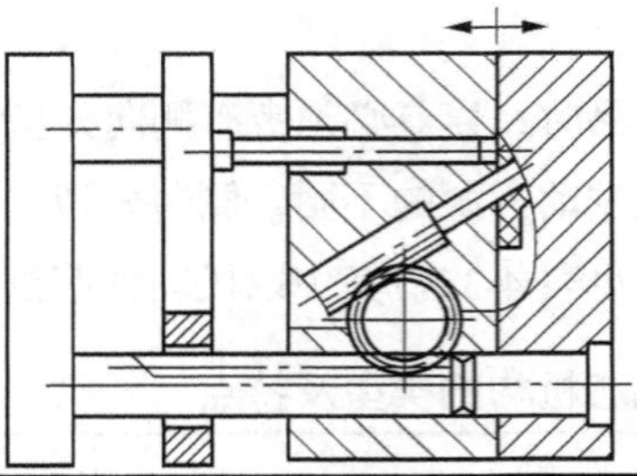	可获得较大的抽拔力和抽拔距，且能抽拔与分型面成一定角度的型芯。模具结构较复杂，适用于简便机构无法抽芯的场合

机动抽芯机构形式繁多，主要由斜导柱抽芯机构、斜滑块抽芯机构及齿轮齿条抽芯机构等。

（2）斜导柱抽芯机构的结构形式：斜导柱抽芯机构主要由斜导柱、滑块（带侧型芯）、锁紧块和定位装置等组成。斜导柱抽芯机构的结构形式，见表4-38。斜导柱固定在定模（或动模）上，开模时，滑块在斜导柱的作用下沿导滑槽侧向移动而完成抽芯动作。为了保证合模时斜导柱能够准确地插入滑块的斜孔中，以使滑块复位，机构上设有定位装置。为了承受成形时，侧型芯所受的侧向力，机构上还设有锁（楔）紧块。

表 4-38　　　　　　　　　斜导柱抽芯机构的结构形式

形　　式	简　　图	说　　明
斜导柱、滑块均定在定模	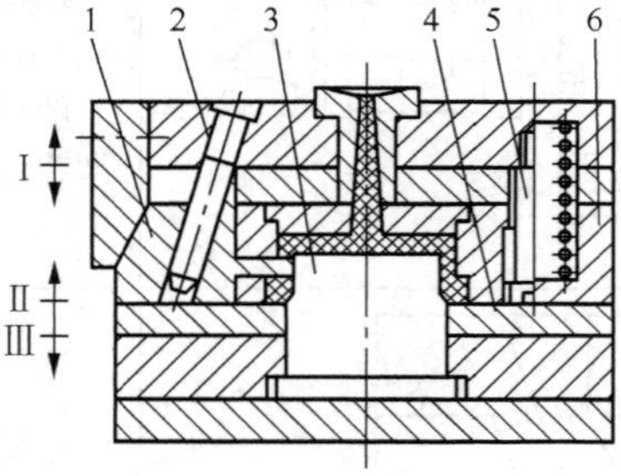 1—滑块　2—斜导柱　3—动模型芯　4—推板 5—定距螺钉　6—定模型腔板	开模时，Ⅰ面先分型，滑块1在斜导柱2的作用下抽芯；抽芯结束，定模型腔板6被定距螺钉5拉住，Ⅱ面分型，塑件留在动模型芯3上，当动模移动一定距离后，顶杆推动推板4推动塑件
斜导柱在定模、滑块在动模	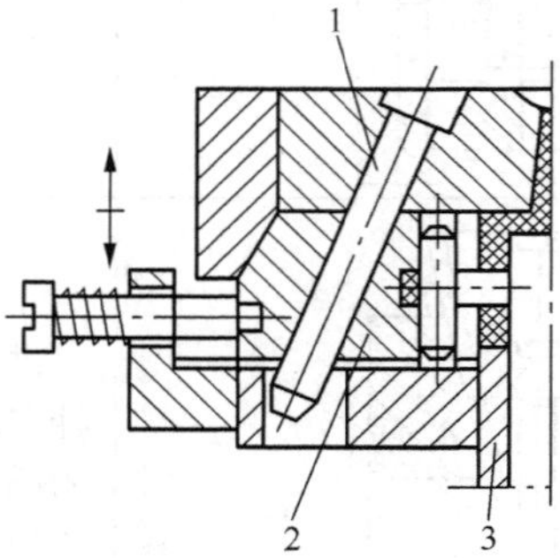 1—斜导柱　2—滑块　3—推管	开模时，动、定模分型，滑块2在斜导柱1的作用下进行抽芯；抽芯完毕，由推管3推出塑件

续表

形　式	简　图	说　明
斜导柱、滑块均在动模	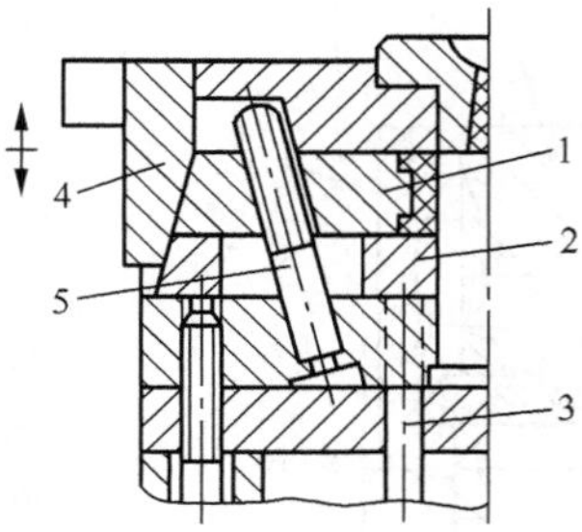 1—滑块　2—推板　3—推杆　4—斜楔　5—斜导柱	开模时，滑块 1 在斜导柱 5 的作用下进行侧抽芯；继续开模，在推杆 3 和推杆 2 的作用下推出塑件；合模时，斜楔 4 使滑块 1 先复位
斜导柱在动模，滑块在定模	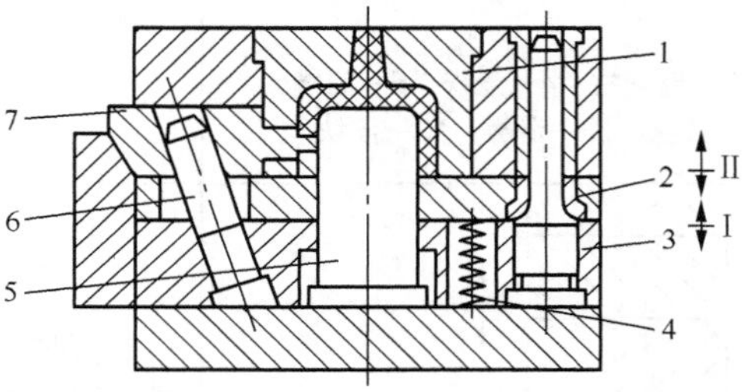 1—凹模　2—推板　3—固定板　4—弹簧 5—型芯　6—斜导柱　7—滑块	开模时，Ⅰ面先分型，型芯 5 不动，固定板 3 移动，滑块 7 在斜导柱 6 带动下抽芯；当固定板与型芯的台肩相碰时，Ⅱ面分型，型芯与塑件一起与定模脱开；有推板 2 推出塑件。弹簧 4 的作用是使推板压靠在凹模 1 的端面上，防止塑件在Ⅰ面分型时，脱离型腔
斜导柱延时抽芯	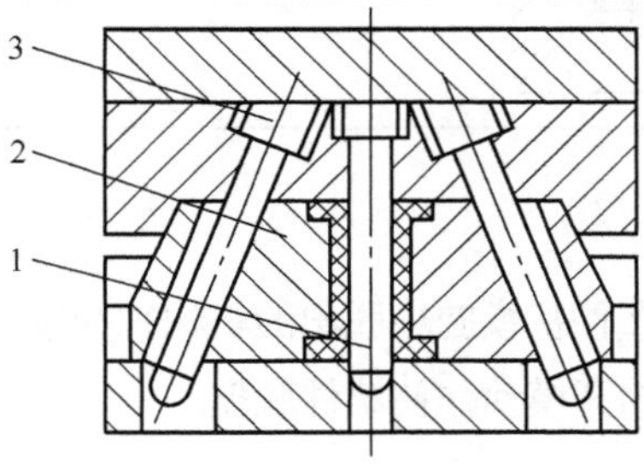 1—定模型芯　2—滑块　3—斜导柱	开模时，动、定模分开，由于滑块斜孔与斜导柱之间留有一定的延时抽芯间隙，滑块 2 不动，定模型芯 1 松动，延时结束，滑块 2 在斜导柱 3 带动下进行侧抽芯，并使塑件脱离型芯 1 留于动模
矩形弯导柱延时抽芯	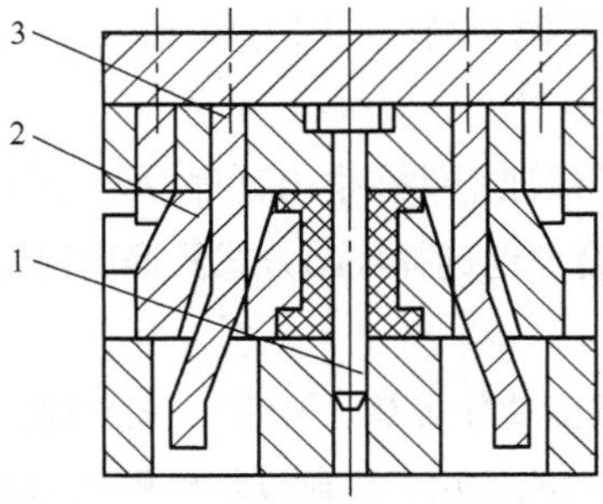 1—型芯　2—滑块　3—弯导柱	开模时，动、定模分开，滑块 2 不动，型芯 1 松动，由弯导柱 3 两段直边起延时作用；延时结束，弯导柱的斜边对滑块进行侧抽芯，并使塑件脱离型芯 1，留于动模

续表

形　式	简　图	说　明
矩形弯导柱内侧抽芯	1—定距螺钉　2—型芯　3—弯导柱　4—滑块　5—凹模 6—推板　7—拉钩　8—固定板　9—滑板　10—压块	开模时，在拉钩7的作用下，Ⅰ面先分型，滑块4在弯导柱3的带动下做内侧抽芯；抽芯完毕，压块10使滑板9与拉钩脱开，固定板8在定距螺钉1作用下，使Ⅱ面分型,塑件留在型芯2上,由推板6推出
矩形弯导柱外侧抽芯	L+0.3　α	开模时，动、定模分型，由弯导柱使滑块左移，进行侧抽芯。销钉弹簧起定位作用

2. 脱模机构设计

在注射成形的每一个循环过程中，使塑件从模腔中脱出的机构称为脱模机构。一般注射模在开模时，让塑件留在动模一侧，利用注射机的开模动作使塑件脱模。

（1）脱模机构设计原则

① 推出机构应尽量设置在动模一侧。由于推出机构的动作是通过装在注射机合模机构上的顶杆来驱动的，所以一般情况下，推出机构设在动模一侧。正因为如此，在分型面设计时应尽量注意，开模后使塑件能留在动模一侧。

② 保证塑件不因推出而变形损坏。为了保证塑件在推出过程中不变形，不损坏，设计时应仔细分析塑件对模具的包紧力和黏附力的大小，合理地选择推出方式及推出位置，从而使塑件受力均匀，不变形，不损坏。

③ 机构简单动作可靠。推出机构应使推出动作可靠、灵活，制造方便，机构本身要有足够的强度、刚度和硬度，以承受推出过程中的各种力的作用，以确保塑件顺利地脱模。

④ 良好的塑件外观。推出塑件的位置应尽量设在塑件内部，以免推出痕迹影响塑件的外观质量。

⑤ 合模时的正确复位。设计推出机构时，还必须考虑合模时机构的正确复位，并保证不与其他模具零件相互干涉。

（2）脱模机构的类型

① 脱模机构按其推出动作的动力来源分为手动脱模机构、机动脱模机构、液压和气动脱模机构。

② 脱模机构按推出零件的类别分为推杆脱模机构、推管脱模机构、推件板脱模机构、凹模或成形推杆（块）脱模机构、多元综合脱模机构等。

③ 脱模机构按模具的结构特征分为简单脱模机构、动定模双向脱模机构、顺序脱模机构、二级脱模机构、浇注系统凝料的脱模机构；带螺纹塑件的脱模机构等。

（3）脱模机构的应用

① 推杆脱模机构的应用如下。

a. 推杆位置的设置。合理地布置推杆的位置是脱模机构设计中的重要工作之一，推杆的位置分布合理，塑件就不至于产生变形或者被破坏。

i 推杆应设在脱模阻力大的地方。如图 4-36（a）所示，型芯周围塑件对型芯包紧力很大，所以可在型芯外侧塑件的端面上设推杆，也可在型芯内靠近侧壁处设推杆。如果只在中心处推出，塑件容易出现被顶坏的现象，如图 4-36（b）所示。

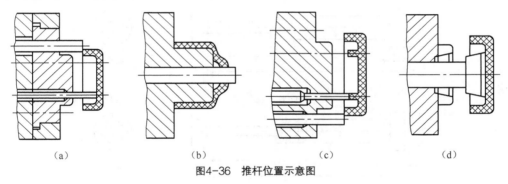

| (a) | (b) | (c) | (d) |

图4-36　推杆位置示意图

ii 推杆应均匀布置。当塑件各处脱模阻力相同时，应均匀布置推杆，保证塑件被推出时受力均匀，推出平稳，不变形。

iii 推杆应设在塑件强度刚度较大处。推杆不宜设在塑件薄壁处，尽可能设在塑件壁厚，凸缘，加强肋处，如图 4-36（c）所示，以免塑性变形损坏。如果结构需要，必须设在薄壁处时，可通过增大推杆截面积，以减低单位面积的推出力，从而改变塑件的受力状况，如图 4-36（d）所示，采用盘行推杆推出薄壁圆盖形塑件，使塑件不变形。

b. 推杆的直径：推杆在推塑件时，应具有足够的刚性，以承受推出力，为此只要条件允许，应尽可能使用大直径推杆，当结构限制，推杆直径较小时，推杆易发生弯曲，变形如图 4-37 所示。在这种情况下，应适当增大推杆直径，使其工作端一部分顶在塑件上，同时，在复位时，端面与分型面齐平，如图 4-36（a）、（c）所示。

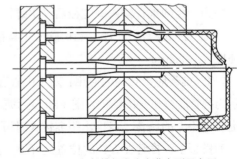

图4-37　细长推杆发生弯曲变形示意图

c. 推杆的形状及固定形式：如图 4-38 所示，是各种形状的推杆。A 型、B 型为圆形截面的推杆，C 型、D 型为非圆型截面推杆。A 型最常用，结构简单，尾部采用台肩的形式，台肩的直径 D 与推杆的直径约差 4～6mm；B 型为阶梯型推杆，由于推杆工作部分比较细小，放在其后部以提高刚性；C 型为整体式非圆形截面的推杆，它是在圆形截面基础上，在工作部分铣削成形；D 型为插入式非圆形截面的推杆，其工作部分与固定部分用两销钉联接，这种形式并不常用。

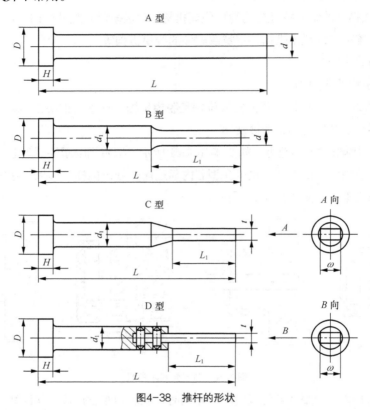

图4-38　推杆的形状

推杆的固定形式，如图 4-39 所示。图（a）为带台肩的推杆与固定板连接的形式，这种形式是最常用的形式；图（b）采用垫块或垫圈来代替图（a）中固定板上的沉孔，这样可使加工简便；图（c）的结构中，推杆的高度可以调节，两个螺母起锁紧作用；图（d）是推杆底部用螺钉固定的形式，它适用于推杆固定板较厚的场合；图（e）是细小推杆用铆接的方法固定的形式；图（f）的结构为较粗的推杆镶入固定板后采用螺钉紧固的形式。

推杆的材料常用 T8、T10 碳素工具钢，热处理要求硬度 HRC≥50，工作端配合部分的表面粗糙度 R_a≤0.8μm。

② 推管脱模结构的应用：对于中心有孔的圆形套类塑件，通常使用推管脱模结构。如图 4-40 所示为推管脱模机构的结构，图（a）是型芯固定在模具底板上的形式，这种结构型芯较长，常用在推出距离不大的场合，当推出距离较大时可采用图 4-40 中的其他形式；图（b）用其方销将型芯固定在动模板上，推管在方销的位置处开槽，推管与方销的配合采用 H8/f7～H8/f8；图（c）为推管在模板内滑动的形式，这种结构的型芯和推管都较短，但模板厚度较大，当推出距离较大时，采用这种

结构不太经济。

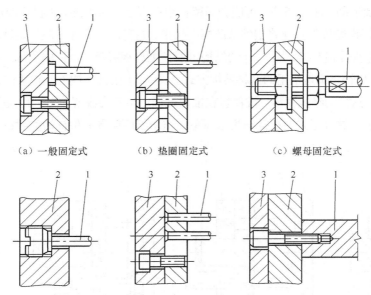

（a）一般固定式　　　　（b）垫圈固定式　　　　（c）螺母固定式

（d）后固定板顶杆固定式　（e）细小顶杆铆接固定式　（f）粗大顶杆螺钉固定式

图4-39　推杆的固定形式

1—推杆　2—推杆固定式　3—推杆

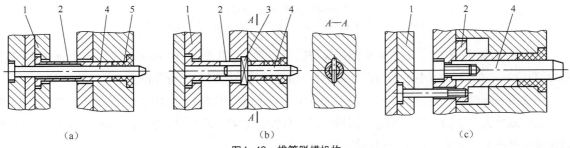

（a）　　　　　　　　　（b）　　　　　　　　　（c）

图4-40　推管脱模机构

1—推管固定板　2—推管　3—方销　4—型芯　5—塑件

推管的配合，如图 4-41 所示推管的内径与型芯相配合，当直径较小时选用 H8/f7 的配合，当直径较大时选用 H7/f7 的配合。推管与型芯的配合长度一般比脱模行程大 3～5mm；推管与模板的配合长度一般取推管外径的 1.5～2 倍。推管的材料、热处理要求及配合部分的表面粗糙度要求与推杆相同。

③ 推件板脱模机构的应用：推件板脱模机构是由一块与凸模按一定配合精度相配合的模板，在塑件的整个端面上推出，因此作

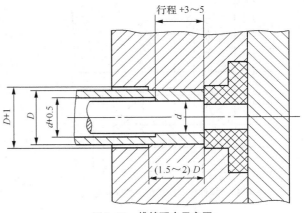

图4-41　推管配合示意图

用面积大，推出力大而均匀，运动平稳，并且塑件上无推出痕迹。但如果型芯和推件板的配合不好，则在塑件上会出现毛刺，而且塑件有可能会滞留在推件板上。推件板推出机构的示例，如图 4-42 所示。图（a）由推杆推着推件板 4 将塑件从凸模中推出，这种结构的导柱应该足够长，并且要控制好推出行程，以防止推件板脱落；图（b）的结构可避免推件板脱落，推杆的头部加工出螺纹，拧入推件板内；图（a）、图（b）是常用的两种结构方式。图（c）推件板镶入动模板内，推件板和推杆之间采用螺纹连接，这样的结构紧凑，推件板在推出过程中也不会脱落；图（d）是注射机上的顶杆直接作用在推件板上，这种形式的模具结构很简单，适用于两侧具有顶杆的注射机，但推件板要增大并加厚。

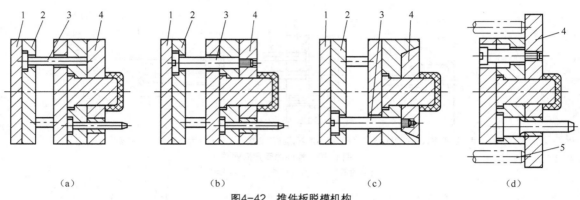

（a）　　　　　　　　　（b）　　　　　　　　　（c）　　　　　　　　　（d）

图4-42　推件板脱模机构
1—推板　2—推杆固定板　3—推杆　4—推件板　5—注射机顶杆

在推件板脱模机构中，为了减小推件板与型芯的摩擦，可采用图 4-43 所示的结构，推件板与型芯间留 0.20～0.25mm 的间隙，并用锥面配合，以防止推件板因偏心而溢料。

推件板脱模时，塑件与型芯间容易形成真空，造成脱模困难，为此考虑增设进气装置。图 4-44 所示结构是靠大气压力，使中间进气阀进气，塑件便能顺利地从凸模上脱出。另外，也可以采用中间直接设置推盘的形式，使推出时很快进气。

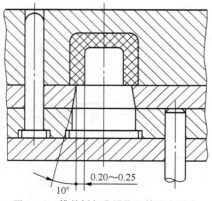

图4-43　推件板与凸模锥面的配合形式

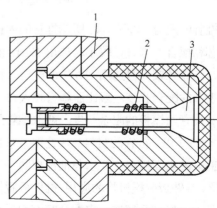

图4-44　推件板脱模机构的进气装置
1—推件板　2—弹簧　3—阀杆

④ 活动镶件及凹模脱模机构的应用：当有些塑件不宜采用上述脱模机构时，可利用活动镶件或凹模将塑件脱模，利用活动镶件或凹模将塑件脱模的结构，如图 4-45 所示。图 4-45（a）是螺纹型环作推出零件，推出后用手工或其他辅助工具将塑件取下，为了便于螺纹型环的安放，采用弹簧先复位；图 4-45（b）是利用活动镶件来推出塑件，镶件与推杆连接在一起，塑件脱模后仍与镶件在一起，故还需要用手将塑件从活动镶件上取下；图 4-45（c）是凹模型腔将塑件从型芯中脱出，然后用手工或其他专用工具将塑件从凹模中取出。当设计推件板上有型腔的推出机构时，应注意推件板上有型腔不能太深，否则手工无法从其上取下塑件，另外，推杆一定要与凹模板螺纹连接，否则取塑件时凹模会从导柱上掉下来。

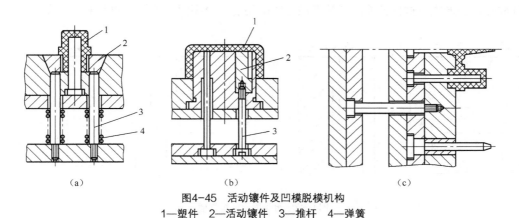

（a）   （b）   （c）

图4-45 活动镶件及凹模脱模机构
1—塑件　2—活动镶件　3—推杆　4—弹簧

⑤ 综合脱模机构的应用：在实际生产中往往还存在着这样一些塑件，如果采用上述单一的脱模机构，不能保证塑件会顺利脱模，甚至会造成塑件变形或损坏等不良后果。因此，就要采用两种或两种以上的脱模形式，这种脱模机构即称为综合脱模机构。综合脱模机构有推杆、推件板综合推出机构，也有推杆推管综合推出机构等，推杆、推管、推件板三元综合推出机构，如图 4-46 所示。

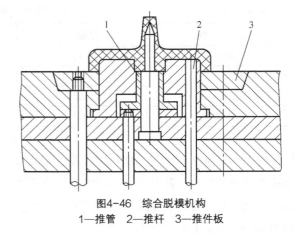

图4-46 综合脱模机构
1—推管　2—推杆　3—推件板

4.2.6 塑料模排气系统设计

当塑料熔体填充型腔时，必须顺序排除型腔及浇注系统内的空气及塑料受热或凝固产生的低分子挥发气体。如果型腔内因各种原因而产生的气体不被排除干净，一方面将会在塑件上形成气泡、接缝、表面轮廓不清及充填缺料等成形缺陷，另一方面气体受压，体积缩小而产生高温会导致塑件局部碳化或烧焦（褐色斑纹），同时寄存的气体还会产生反向压力而降低充模速度，因此设计型腔时

必须考虑排气问题。有时在注射成形中为保证型腔充填量的均匀合适及增加塑料熔体汇合处的熔接强度，还需在塑料最后充填到的型腔部位开设溢流槽以容纳余料，也可以容纳一定量的气体。

注射模型时的排气通常以如下 4 种方式进行。

（1）利用配合间隙排气。通常中、小型模具的简单型腔，可利用推杆、活动型芯以及双支点的固定型芯端部与模板的配合间隙进行排气，其间隙为 0.03～0.05mm。

（2）在分型面上开设排气槽排气。分型面上开设排气槽的形式与尺寸如图 4-47 所示。图 4-47（a）是排气槽在离开型腔 5～8mm 后设计成开放的燕尾式，以使排气顺利、通常；图 4-47（b）的形式是为了防止在排气槽对着操控工人的情况注射时，熔料从排气槽中喷出而发生人身事故，因此将排气槽设计成转弯的形式，这样还能降低熔料溢出时的动能。分型面上排气槽的深度 h 见表 4-39。

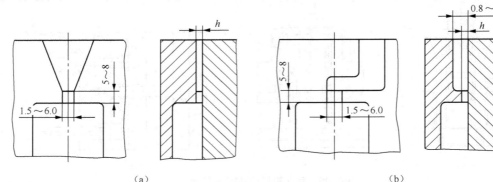

（a）　　　　　　　　　　　　　（b）

图4-47　分型面上的排气槽

表 4-39　　　　　　　　　　　　分型面上排气槽深度　　　　　　　　　　单位：mm

塑　　料	深度 h	塑　　料	深度 h
聚乙烯（PE）	0.02	聚酰胺（PA）	0.01
聚丙烯（PP）	0.01～0.02	聚碳酸酯（PC）	0.01～0.03
聚苯乙烯（PS）	0.02	聚甲醛（POM）	0.01～0.03
ABS	0.03	丙烯酸共聚物	0.03

（3）利用排气塞排气。如果型腔最后充填的部位不在分型面上，其附近有无可供排气的推杆或活动型芯时，可在型腔深处镶排气塞。排气塞可用烧结金属块制成，如图 4-48 所示。

（4）强制性排气。在气体滞留区设置排气杆或利用真空泵抽气，这种方法很有效，只是在塑料上留有杆件等痕迹，因此排气杆应设置在塑件内侧。适用于大型、复杂或加热易放出热量的塑料。

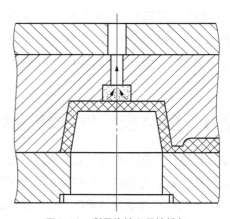

图4-48　利用烧结金属块排气

4.2.7 模具温度调节系统设计

注射模的温度对于塑料熔体的充模流动、固化定型、生产效率及塑件的质量都有重要的影响。所以必须用温度调节系统对模具的温度进行控制。注射模的温度调节系统应具有冷却或加热功能，或者两者兼有。

对模具进行冷却还是加热，需根据塑料品种、塑件的结构形状、尺寸大小、生产率及塑料成形工艺对模具的要求等来确定。

1. 冷却系统设计

模具设置冷却系统的目的是防止塑件脱模变形，缩短成形周期和使塑件形成较低的结晶度，以获得尺寸和形状稳定，变形小和表面质量较高的塑件。

（1）冷却系统的设计原则如下。

① 冷却水道应尽量多、截面尺寸应尽量大。型腔表面的温度与冷却水道的数量、截面尺寸及冷却水的温度有关。图 4-49 所示是在冷却水道数量和尺寸不同的条件下通入不同温度（45℃和 59.83℃）的冷却水后，模具内的温度分布情况。由图可知，采用 5 个较大的水道孔时，型腔表面温度比较均匀，出现 60℃～60.05℃的变化，如图 4-49（a）所示，而同一型腔采用 2 个较小的水道孔时，型腔表面温度出现 53.33℃～58.38℃的变化，如图 4-49（b）所示。由此可以看出，为了使型腔表面温度分布趋于均匀，防止塑件不均匀收缩和产生残余应力，在模具结构允许的情况，应尽量多设冷却水道，并使用较大的截面尺寸。

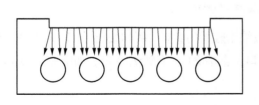
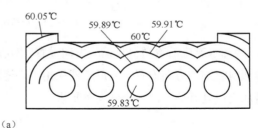

（a）

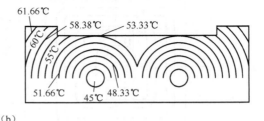

（b）

图 4-49 模具内的温度分布

② 冷却水道至型腔表面距离应尽量相等。当塑件壁厚均匀时，冷却水道到型腔表面最好距离相等，但是当塑件不均匀时，厚的部位冷却水道到型腔表面的距离应近一些，间距也适当小一些。一般水道孔边至型腔表面的距离应大于 10mm，通常 12～15mm。

③ 浇口处加强冷却。塑料熔体充填型腔时，浇口附近温度提高，距浇口越远温度越低，因此浇口附近应加强冷却，通常将冷却水道的入口处设置在浇口附近，使浇口附近的模具在较低温度下冷

却，而远离浇口部分的模具在经过一定程度热交换后的温水作用下冷却。侧浇口、多点浇口、直接浇口的冷却水道的排布形式，如图4-50所示。

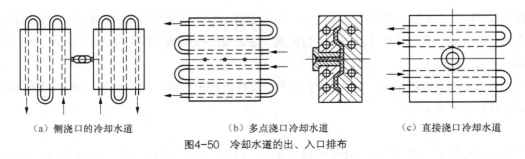

（a）侧浇口的冷却水道　　　（b）多点浇口冷却水道　　　（c）直接浇口冷却水道

图4-50　冷却水道的出、入口排布

④ 冷却水道出、入口温差应尽量小。如果冷却水道较长，则冷却水出、入口的温差就比较大，易使模温不均匀，所以在设计时应引起注意。图4-51（b）的形式比图4-51（a）的形式好，降低了出、入口冷却水的温度，提高了冷却效果。

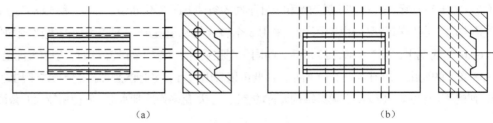

（a）　　　　　　　　　　　　　（b）

图4-51　冷却水道的排列形式

⑤ 冷却水道应沿着塑料收缩的方向设置。对收缩率较大的塑料，例如聚乙烯，冷却水道应该尽量沿着塑料收缩的方向设置。方形塑件采用中心浇口（直接浇口）的冷却水道，如图4-52所示，冷却水道从交口处开始，以方环状向外扩展。

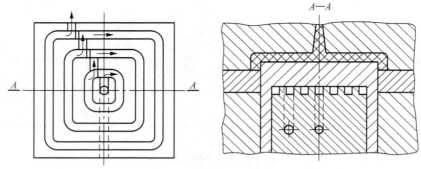

图4-52　方形塑件采用中心浇口时的冷却水道

此外，冷却水道的设计还必须尽量避免接近塑件的熔接部位，以免产生熔接痕，降低塑件强度；冷却水道要易于加工清理，一般水道孔径约为10mm（不小于8mm）；冷却水道的设计要防止冷却水的泄漏，凡是易漏的部位要加密封圈等。

（2）常见冷却系统的结构如下。塑料制件的形状是多种多样的，对于不同形状的塑件，冷却水道的位置与形状也不一样。

① 浅型腔扁平塑件：在使用侧浇口的情况下，通常是采用在动、定模两侧与型腔表面等距离钻孔的形式，如图 4-53 所示。

② 中等深度的塑件：对于采用侧浇口进料的中等深度的壳型塑件，在凹模底部附近采用与型腔表面等距离钻孔的形式，而在凸模中，由于容易贮存热量，所以从加强冷却角度出发，按塑件形状铣出矩形截面的冷却槽，如图 4-54（a）所示。如凹模也需加强冷却，则可采用如图 4-54（b）所示的形式。

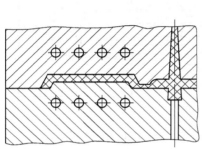

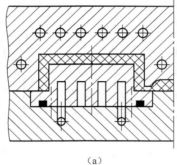
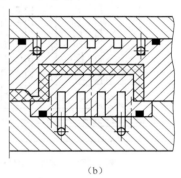

（a）　　　　　　　　　　　　（b）

图4-53　浅型腔塑件的冷却水道　　　　　　　图4-54　中等深度塑件的冷却水道

③ 深型腔塑件：深型腔塑件最困难的是凸模的冷却。大型深型腔塑件，如图 4-55 所示，在凹模一侧从浇口附近进水，水流沿矩形截面水槽（底部）和圆形截面水道（侧部）围绕模腔一周之后，从分型面附近的出口排出。凸模上加工出螺旋槽和一定数量的盲孔，每个盲孔用隔板分成底部连通的两个部分（如图 4-55 中 A—A 所示），从而形成凸模的冷却回路。这种隔板形式的冷却水道加工麻烦，隔板与孔的配合要求紧，否则隔板容易转动而达不到设计目的，所以大型深型腔塑件常采用冷却水道，如图 4-56 所示。凸模及凹模均设置螺旋式冷却水道入水口在浇口附近，水流分别经凸模与凹模的螺旋槽后在分型面附近流出，这种形式的冷却水道的冷却效果特别好。

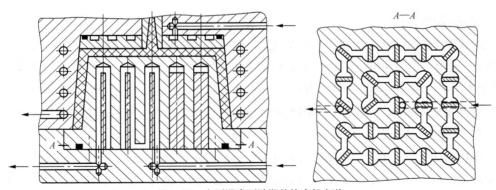

图4-55　大型深度型腔塑件的冷却水道

④ 细长塑件：细长塑件（空心）的冷却水道在细长的凸模上开设比较困难，常常采用喷射式水道或间接冷却法。如图 4-57 所示为喷射式冷却水道，在凸模中部开一个盲孔，盲孔中插入一管子，冷却水流经管子喷射到浇口附近的盲孔底部，然后经过管子与凸模的间隙从出口处流出，使水流对

凸模发挥冷却作用。如图4-58所示为间接冷却法的两个例子，图4-58（a）中凸模用导热性良好的镀铜制造，然后用喷射式将水喷至凸模尾端进行冷却；图 4-58（b）是将铍铜的一端加工出翅片，把另一端插入凸模中，用来扩大散热面积，提高水流的冷却效果。

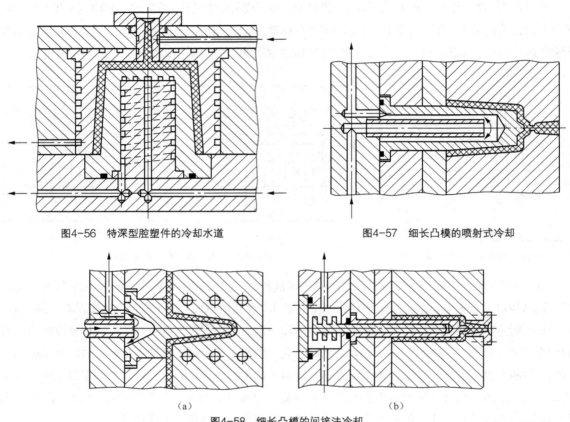

图4-56　特深型腔塑件的冷却水道　　　　　　　图4-57　细长凸模的喷射式冷却

（a）　　　　　　　　　　　　　（b）

图4-58　细长凸模的间接法冷却

2. 加热系统设计

当注射成形工艺要求模具温度在80℃以上时，模具中必须设置加热装置。模具加热方法有很多，可以用热水、热油、蒸汽和电加热等。如果介质采用流体，加热系统的设计方法类似于冷却水道。目前，普遍应用的是电加热温度调节系统。电加热通常采用电阻加热方法，其加热方法有以下三种。

（1）电阻丝直接加热：将选好的电阻丝放进绝缘瓷管中装入模板内，通电后就可对模具加热。电阻丝与空气接触时易氧化，寿命不长，也不太安全。

（2）电热圈加热：将电阻丝绕制在云母片上，再装夹在特制的金属外壳中，电阻丝与金属外壳之间用云母片绝缘，其3种形状如图4-59所示，模具放在其中进行加热。其特点是结构简单、更换方便，但缺点是耗电量大，这种加热装置更适于压缩模、压注模的加热。

（3）电热棒加热。电热棒是一种标准的加热元件，它是由具有一定功率的电阻丝和带有耐热绝缘材料的金属密封管构成，使用时只要将其插入模板上的加热孔内通电即可，如图4-60所示。电热棒加热的特点是使用和安装均很方便。

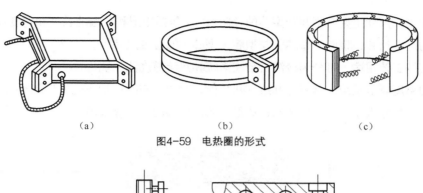

（a）　　　　　　　　　　（b）　　　　　　　　　　（c）

图4-59　电热圈的形式

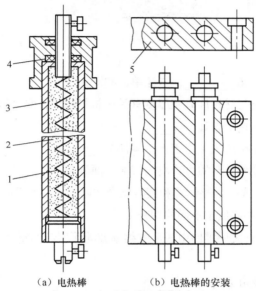

（a）电热棒　　　　　　（b）电热棒的安装

图4-60　电热棒及其安装

1—电阻丝　2—耐热填料（硅砂或氧化镁）　3—金属密封管
4—耐热绝缘垫片（云母或石棉）　5—加热板

本章小结

金属材料冲裁间隙可分成Ⅰ类（小间隙）、Ⅱ类（中间隙）和Ⅲ类（大间隙）3种类型。

凹模的强度校核主要是检查其高度 H。

镶拼方法可分为平面拼接式（用于大型零件）、嵌入式、压入式和斜楔式四种。

凹模和凸模的结构形式分为整体式和镶拼组合式两类。整体式适用于形状简单的塑件，镶拼组合式适用于形状复杂的塑件或加工不便的型腔。

整体式凸模是直接在模板上加工而成的，一般不进行热处理。

螺纹型芯用于成形塑件上的内螺纹或用于在模内固定带有内螺纹的金属嵌件。

螺纹型环用于成形塑件上的外螺纹或用于在模内固定带有外螺纹的金属嵌件。

　　成形零件工作尺寸主要有型腔和型芯的径向尺寸（包括矩形和异形的长度和宽度尺寸）、型腔的深度和型芯的高度尺寸、型腔（型芯）与型腔（型芯）的位置尺寸等。

　　浇注系统按工艺用途，可分为冷流道浇注系统和热流道浇注系统。

　　注射模的温度调节系统应具有冷却或加热功能，对模具进行冷却还是加热需根据塑料品种、塑件的结构形状、尺寸大小、生产率及塑料成形工艺对模具的要求等来确定。

一、填空题

1. 冲裁间隙分_____和_____，未注单面的即为_____。

2. 冲裁间隙的大小主要与材料性质及厚度有关，材料越硬，厚度越大，则间隙值应_____。

3. 凹模的强度校核主要是检查其_____。

4. 镶拼方法可分为平面拼接式（用于大型零件）、_____、_____和_____四种。

5. 模具上用以取出塑件和凝料的可分离的接触表面称为_____。

6. 凹模和凸模的结构形式分为整体式和镶拼组合式两类。整体式适用于_____的塑件，镶拼组合式适用于_____的塑件或加工不便的型腔。

7. 对于中、小塑件，模具成形零件由成形收缩率波动而引起的塑件尺寸误差要求控制在塑件尺寸公差的_____以内。

8. 浇注系统按工艺用途可分为_____和_____。

9. 根据动力源的不同，侧向分型与侧抽芯机构一般分为_____、_____以及_____抽芯机构三类。

二、简答题

1. 简述冲裁间隙的选用依据。

2. 简述凸、凹模刃口尺寸的计算原则。

3. 简述设计镶拼式凸凹模的一般原则。

4. 简述冲裁模的设计步骤。

5. 简述选择模具结构时，需考虑的主要因素。

6. 简述注射模具设计前的准备工作。

7. 简述注射模的设计步骤。

8. 简述影响塑件尺寸精度的因素。

9. 简述浇注系统的设计原则。

10. 简述脱模机构的设计原则。

11. 简述冷却系统的设计原则。

12. 简述模具设置冷却系统的目的。

第5章

| 模具的制造 |

【学习目标】

1. 理解常见模具毛坯的种类和特点。
2. 学会毛坯的选用原则。
3. 了解模架和凸模的加工。
4. 了解模具常见特种加工及加工特点。
5. 了解陶瓷型铸造成形、挤压成形、超塑成形、激光加工、超声波加工的加工特点。
6. 学会常见快速成形制造方法及应用。
7. 了解各种模具的制造方法。

随着信息技术的发展，在模具制造中出现了许多先进的加工工艺方法，可以满足各种复杂型面模具零件的加工需求。模具制造应根据模具设计要求和现有设备及生产条件，恰当地选用模具的加工方法。

本章主要介绍常见模具毛坯的种类、加工方法，了解模具生产的一般原理和模具加工的一些特殊方法及特点。

模具的种类繁多，其组成零件更是多种多样。模具生产具有一般机械产品生产的共性，同时又具有其特殊性。其制造过程主要特点是单件小批量、多品种生产，在制造工艺上尽量采用万能通用机床、通用刀具、量具和仪器，尽可能地减少二类工具的数量，在制造工序安排上要求工序相对集中，以保证加工质量和精度，简化管理和减少工序周转时间。

模具加工的另一特点是机械技术与电子技术的密切结合。随着模具制造技术的进步，采用机、电相结合的方式（如电火花加工技术、数控加工技术）已经成为模具制造中的主要加工方法，尤其是近年来，随着计算机技术的发展应用，数控机床、加工中心在模具制造中的应用已非常广泛，模具的精度、效率、自动化程度得到大幅度提高。

根据模具的设计图样（包括装配图样和零件图样）中的模具构成、零件的结构要素和技术要求，制造完成一副完整模具的工艺过程一般可分为：①毛坯外形的加工；②工作型面的加工；③模具标准零部件的再加工；④模具装配。其完整的制造工艺过程，如图 5-1 所示。

模具作为现代工业生产中的重要工艺装备，其制造质量、使用寿命、生产周期等均对其产品的生产成本、质量、周期有重要影响。因此对加工模具的基本要求是：精度高、寿命长、制造周期短、成套性生产、成本低。

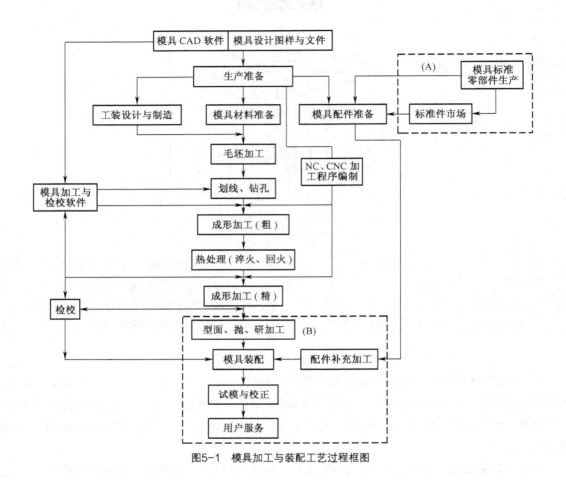

图5-1　模具加工与装配工艺过程框图

5.1　毛坯的种类及特点

在模具生产中，坯料（毛坯）的加工与制造是由原材料转变为成品的生产过程的第一步。模具寿命的长短、质量的好坏，在很大程度上都取决于所选择的毛坯。因此，毛坯的种类和制造方法需根据生产类型和具体生产条件来选择，并注意充分利用新技术、新工艺、新材料以便降低成本，提高质量。

5.1.1　毛坯的种类及特点

模具零件毛坯的种类及特点见表5-1。

表 5-1   毛坯的种类及特点

毛坯类型	特　点	应用范围
铸件毛坯	1. 模具零件的铸件有铸铁件和铸钢件两种； 2. 铸铁件有优良的铸造性能、切削性能和耐磨、润滑性能； 3. 铸件有一定的强度，价格低廉； 4. 铸件由于用木模手工造型，则精度及生产率较低	模具的上、下模座、大型拉深模零件、热锻模的模体
锻件毛坯	1. 材料的组织细密，碳化物分布及锻造后流线合理，改善了热处理性能； 2. 锻件毛坯分自由锻造和模锻件两种，前者精度低表面粗糙，余量大，适于单件小批量零件生产；模锻精度高，表面光整，余量小，纤维组织分布比较均匀，可提高机械强度，可大批量生产	模具的上、下模座、大型拉深模零件、热锻模的模体
型材毛坯	1. 常用的型材有圆形、方形、六角形和其他特殊形状的棒料、条料及不同厚度的板料； 2. 模具零件主要用冷轧棒料及板类	适于对热处理要求较高，使用寿命要求长的凸模、凹模及型腔等零件

5.1.2　选择毛坯的原则

选择毛坯要根据下列各影响因素综合考虑。

1. 零件材料的工艺性、组织和力学性能

零件材料的工艺性是指材料的铸造和锻造等性能，所以零件的材料确定后其毛坯已大体确定。例如，当材料具有良好的铸造性能时，应采用铸件做毛坯。如模座、大型拉深模零件，其原材料常选用铸铁或铸钢，它们的毛坯制造方法也就相应地被确定了。

对于采用高速工具钢、Cr12、Cr12MoV、6W6Mo5Cr4V 等高合金工具钢制造模具零件时，由于热轧原材料的碳化物分布不均匀，必须对这些钢材进行改锻。一般采用镦拔锻造，经过反复地镦粗与拔长，使钢中的共晶碳化物破碎，分布均匀，以提高钢的强度，特别是提高韧性，进而提高零件的使用寿命。

2. 零件的结构形状和尺寸

零件的形状尺寸对毛坯选择有重要影响。例如对阶梯轴，如果各台阶直径相差不大，可直接采用棒料做毛坯，使毛坯准备工作简化。如果阶梯轴各台阶直径相差较大，宜采用锻件做毛坯，以节省材料和减少机械加工的工作量。在这里，锻造的目的在于获得一定形状和尺寸的毛坯。

3. 生产类型

选择毛坯应考虑零件的生产类型。大批量生产宜采用精度高的毛坯，并采用生产率比较高的毛坯制造工艺，如模锻、压铸等；当零件产量较小时，可选用自由锻造毛坯。用于毛坯制造的工装费用可通过减少毛坯材料消耗和降低机械加工费用来补偿。模具生产属于单件小批生产，可采用精度低的毛坯，如自由锻造和手工造型铸造的毛坯。对于大型零件可以选择精度较低的自由锻造毛坯，而对于中小型零件，应选用标准模锻毛坯。

4．工厂生产条件

选择毛坯应考虑毛坯制造车间的工艺水平和设备情况，同时应考虑采用先进工艺制造毛坯的可行性和经济性。如中小工厂的锻压设备能力较差，或根本没有锻压设备，在不影响零件质量及性能的情况下，尽量选用型材毛坯加工，但应该注意提高毛坯的制造水平。

5.2 模具的机械加工

5.2.1 模架的加工

模架的主要作用是用于安装模具的其他零件，并保证模具的工作部分在工作时具有正确的相对位置，其结构尺寸已标准化（GB/T 2851—90、GB/T 2852—90）。常见的滑动导向模架，如图5-2所示，尽管其结构各不相同，但它们的主要组成零件上模座、下模座都是平板形状（故又称上模板、下模板），模架的加工主要是进行平面及孔系加工。模架中的导套和导柱是机械加工中常见的套类和轴类零件，主要进行内外圆柱表面的加工。本节以后侧导柱的模架为例，讨论模架组成零件的加工工艺。

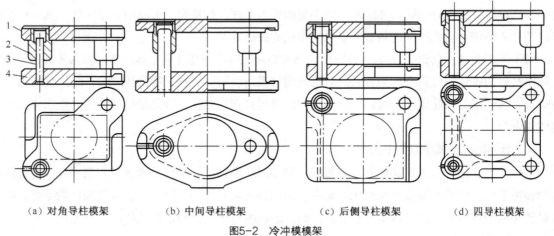

（a）对角导柱模架　　（b）中间导柱模架　　（c）后侧导柱模架　　（d）四导柱模架

图5-2　冷冲模模架

1—上模座　2—导套　3—导柱　4—下模座

1．导柱和导套的加工

图5-3所示分别为冷冲模标准导柱和导套。它们在模具中起定位和导向作用，保证凸、凹模在工作时具有正确的相对位置。为了保证良好的导向，导柱和导套在装配后应保证模架的活动部分移动平稳。所以在加工中除了保证导柱、导套配合表面的尺寸和形状精度外，还应保证导柱、导套各自配合面之间的同轴度要求。

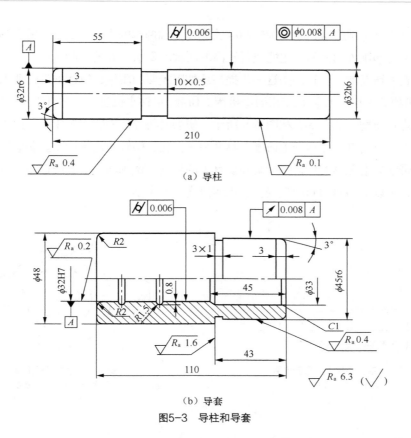

（a）导柱

（b）导套

图5-3 导柱和导套

为提高导柱、导套的硬度和耐磨性并保持较好的韧性，导柱和导套一般选用低碳钢（20 钢）进行渗碳、淬火等热处理，也可选用碳素工具钢（T10A）淬火处理，淬火硬度 HRC58～62。

构成导柱和导套的基本表面都是回转体表面，按照图 5-3 所示的结构尺寸和设计要求，可以直接选用适当尺寸的热轧圆钢做毛坯。

导柱和导套主要是进行内、外圆柱面加工。获得不同精度和表面粗糙度要求的外圆柱和内孔的加工方案有很多。

导柱加工时，外圆柱面的车削和磨削都是以两端的中心孔定位，这样可使外圆柱面的设计基准与工艺基准重合，并使各主要工序的定位基准统一，易于保证外圆柱面间的位置精度和使各磨削表面都有均匀的磨削余量。由于要用中心孔定位，所以首先应加工中心孔，为后续工序提供可靠的定位基准。中心孔的形状精度和同轴度直接影响加工质量，特别是加工高精度的导柱，保证中心孔与顶尖之间的良好配合尤为重要。导柱在热处理后应修正中心孔，以消除中心孔在热处理过程中可能产生的变形和其他缺陷，使磨削外圆柱面时能获得精确定位，以保证外圆柱面的形状和位置精度要求。修正中心孔可以采用研磨、挤压等方法，可以在车床、钻床或专用机床上进行。

导套磨削时要正确选择定位基准，以保证内、外圆柱面的同轴度要求。工件热处理后，在万能外圆磨床上，利用三爪卡盘夹住ϕ48mm 非配合外圆柱面，一次装夹后磨出ϕ32H7 和ϕ45r6 的内、外圆柱面。如果加工同一尺寸数量较多的导套，可以先磨好内孔，再将导套装在专门设计和制造的具

有高精度的锥度心轴（锥度 1/1 000～1/5 000）上，以心轴两端的中心孔定位，借心轴和导套间的摩擦力带动工件旋转磨削外圆柱面，也能获得较高的同轴度要求，如图 5-4 所示。

导柱和导套的研磨加工，目的是进一步提高被加工表面的质量，以达到设计要求。生产数量大时（如专门从事模架生产），可以在专用研磨机床上研磨，单件小批量生产时可采用简单的研磨工具，在普通车床上进行研磨，如图 5-5 和图 5-6 所示。研磨时将导柱安装在车床上，由主轴带动旋转，导柱表面涂上一层研磨剂，然后套上研磨工具并用手握住，做轴向往复运动。研磨导套与研磨导柱类似，由主轴带动研磨工具旋转，手握套在研具上的导套，做轴向往复直线运动。调节研具上的调整螺钉和螺母，可以调整研磨套的直径，以控制研磨量的大小。

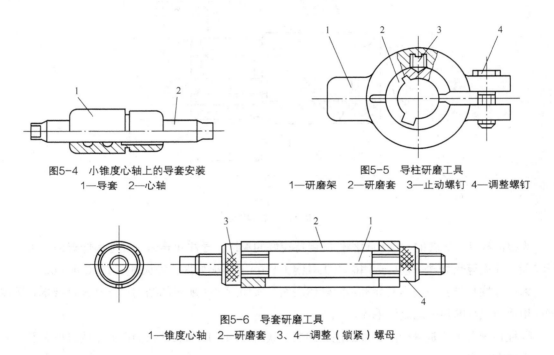

图5-4　小锥度心轴上的导套安装
1—导套　2—心轴

图5-5　导柱研磨工具
1—研磨架　2—研磨套　3—止动螺钉　4—调整螺钉

图5-6　导套研磨工具
1—锥度心轴　2—研磨套　3、4—调整（锁紧）螺母

2. 模座和模板的加工

模座（包括上、下模座，动、定模座板等）和模板（包括各种固定板、套板、支承板、垫板等）都属于板类零件，其结构、尺寸已标准化。冷冲模模座多用铸铁或钢板制造，而塑料模或压铸模的座板和各种模板多用中碳钢制造。在制造过程中，主要是进行平面加工和孔系加工。为保证模架的装配要求，加工后应保证模座上、下平面的平行度要求及装配时有关接合面的平面度要求。

平面的加工方法有车、刨、铣、磨、研磨、刮研，可根据模座与模板的不同精度和表面粗糙度要求选用，并组成合理的加工工艺方案。

加工模座、模板上的导柱和导套孔时，除应保证孔本身的尺寸精度外，还要保证各孔之间的位置精度。可采用坐标镗床、数控镗床或数控铣床进行加工。若无上述设备或设备精度不够时，也可在卧式镗床或铣床上将模座或模板一次装夹，同时镗出相应的导柱孔和导套，以保证其同轴度，如图 5-7 所示。

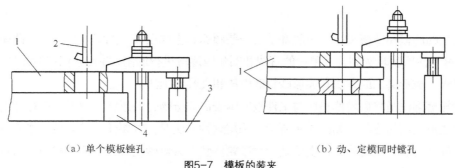

（a）单个模板锉孔　　　　　　　　　　　　（b）动、定模同时镗孔

图5-7　模板的装夹

1—模板　2—镗杆　3—工作台　4—等高垫铁

5.2.2　凸模的加工

1. 凸模加工工艺过程

（1）圆形凸模加工。圆形凸模加工比较简单，热处理前毛坯经车削加工，配合面留适当磨削余量；热处理后，经外圆磨削即可达到技术要求。

（2）非圆凸模加工。非圆凸模加工过程为：下料→锻造→退火→粗加工→粗磨基准面→画线→工作型面半精加工→淬火、回火→磨削→修研。

2. 凹模加工工艺过程

（1）圆形凹模加工：单孔凹模加工比较简单，热处理前可采用钻、铰（镗）等方法进行粗加工和半精加工。热处理后型孔可通过研磨或内圆磨削精加工。多孔凹模加工属于孔系加工，除保证孔的尺寸及形状精度外，还要保证各型孔间的位置精度。可采用高精度坐标镗床加工，也可在普通立式铣床上按坐标法进行加工。多型孔凹模热处理后可采用坐标磨床进行精加工。若无坐标磨床或型孔过小时，也可在镗（铰）时留 0.01～0.02 mm（双面）研磨余量，热处理（严格控制变形）后由钳工对型孔进行研磨加工。

（2）非圆形凹模加工：非圆形凹模的加工过程为：下料→锻造→退火→粗加工六面→粗磨基准面→画线→型孔半精加工→（型孔精加工）→淬火、回火→精磨（研磨）。

3. 凸、凹模工作型面的机械加工方法

凸、凹模零件一般由两部分组成，即工作部分（用于冲压工件）和非工作部分（用于装配和连接等）。非工作部分可采用普通机械加工方法，如车、铣、刨、磨、钳等。工作部分由于形状结构复杂、经热处理后硬度高等原因，热处理之前采用车、铣、刨、磨等进行粗加工或半精加工，热处理之后再进行精加工。

下面介绍冲裁模凸、凹模的常用精加工方法。

（1）成形磨削法：成形磨削可以对凸模、凹模镶件、电火花用电极等零件的成形表面进行精加工，也可加工硬质合金和热处理后的高硬度模具零件。成形磨削对制造精度高、寿命长的模具具有十分重要的意义。成形磨削可以在普通平面磨床、工具磨床或专用磨床上采用专门工具或成形砂轮

进行。

　　形状复杂的凸模和凹模刃口，一般都是由一些圆弧和直线组成。如图 5-8 所示，凸模采用成形磨削加工，可将被磨削轮廓划分成单一的直线和圆弧段逐段进行磨削，并使它们在衔接处平整光滑，达到设计要求。成形磨削的方法有成形砂轮磨削法和夹具磨削法。

　　成形砂轮磨削法是将砂轮修整成与工件被磨削表面完全吻合的形状，对工件进行磨削加工，获得所需要的成形表面的形状，如图 5-9 所示。采用这种方法时，首要任务是把砂轮修整成所需要的形状，并保证精度。砂轮的修整，主要是应用砂轮修整工具对砂轮成形表面不同角度的直线和不同半径的圆弧进行修整。

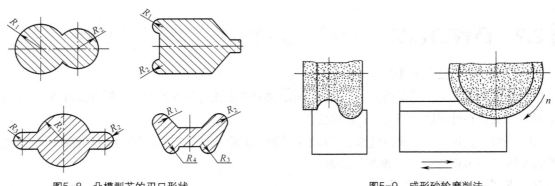

图5-8　凸模型芯的刃口形状　　　　　　　　　图5-9　成形砂轮磨削法

　　夹具成形磨削法是将工件装夹在专用夹具上，利用专用夹具使工件的被磨削表面处于所要求的空间位置上，或者使工件在磨削过程中获得所需要的进给运动，磨削出模具零件的成形表面。

　　成形磨削加工的专用设备有成形磨床、光学曲线磨床，近几年随着数控技术的发展，数控成形磨床也大量用于模具的制造。数控成形磨床是以平面磨床为基础发展起来的，除工作台纵向往复直线运动和前、后（横向）进给及砂轮的旋转运动外，砂轮还可以做垂直进给运动和任意角度的倾斜。对砂轮的垂直进给和工作台的横向进给运动，采用了数字指令控制磨削动作。磨削凸模、型芯时，必须先根据图纸编制出程序，将程序输入到数控装置，便可按程序自动进行加工。如果模具制造部门没有专用设备，可在普通平面磨床上利用专用夹具和成形砂轮进行成形磨削。

　　（2）坐标磨削：坐标磨削加工和坐标镗削加工的有关工艺步骤基本相同，按准确的坐标位置来保证加工尺寸的精度，只是将镗刀改为砂轮。它是一种高精度的加工工艺方法，主要用于淬火工件、高硬度工件的加工。对消除工件热处理变形、提高加工精度尤为重要。坐标磨削范围较大，可以加工直径小于 1 mm 至直径达 200 mm 的高精度孔。加工精度可达 0.005 mm，加工表面粗糙度 R_a 可达 $0.32 \sim 0.08$ μm。

　　坐标磨削对于位置、尺寸精度和硬度要求高的多孔、多型孔的模板和凹模是一种较理想的加工方法。

　　（3）模具的数控加工：数控加工的方式很多，包括数控铣加工、数控电火花加工、数控电火花线切割、数控车削加工、数控磨削加工以及其他一些数控加工方式。这些加工方式，为模具提供了丰富的生产手段。在实际生产中必须合理为模具分类，找到最适合的加工方式，以降低成本，提高生产率。

对于旋转类模具，一般采用数控车削加工，如车外圆、车孔、车平面、车锥面等。酒瓶、酒杯、保龄球、方向盘等，都可以采用数控车削加工。

对于复杂的外形轮廓或带曲面模具，采用电火花成形加工，或采用数控铣加工，如注塑模、压铸模等。

对于微细复杂形状、特殊材料模具、塑料镶拼型腔及嵌件、带异形槽的模具，都可以采用数控电火花线切割加工。

模具的型腔、型孔可以采用数控电火花成形加工，包括各种塑料模、橡胶模、锻模、压铸模、压延拉伸模等。

对精度要求较高的解析几何曲面，可以采用数控磨削加工。

总之，各种数控加工方法为模具加工提供了各种可供选择的手段。随着数控加工技术的发展，越来越多的数控加工方法应用到模具制造中，模具制造的前景更加广阔。

5.3　模具的特种加工

随着工业生产的发展和科学技术的进步，具有高强度、高硬度、高韧性、高脆性、耐高温等特殊性能的新材料不断出现，使切削加工出现了许多新的困难和问题。在模具制造中对形状复杂的型腔、凸模和凹模型孔等采用切削方法往往难以加工。特种加工就是在这种情况下产生和发展起来的。特种加工是直接利用电能、热能、光能、化学能、电化学能、声能等进行加工的工艺方法。与传统的切削加工方法相比，其加工机理完全不同。目前在生产中应用的有电火花加工、电火花线切割加工、电铸加工、电解加工、超声波加工和化学加工等。

5.3.1　电火花加工

电火花加工（也称电蚀加工或放电加工）是直接利用电能、热能对金属进行加工的一种方法，其原理是在一定液体介质中(如煤油等)，通过工具(一般用石墨或纯铜制成，成形部分的形状与待加工工件型面相似)与工件之间产生脉冲性火花放电来蚀除多余金属，以达到零件的尺寸、形状及表面质量要求。电火花机床组成示意图，如图 5-10 所示，其主要组成部分为机床本体、脉冲电源、自动进给调节系统和工作液循环过滤系统。

电火花加工有其独特的优点，在模具成形零件的加工中得到了广泛的应用。其主要特点如下。

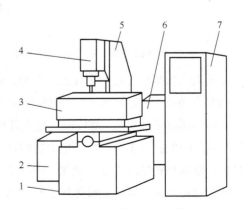

图5-10　电火花成形加工机床

1—机床本体　2—液压油箱　3—工作液槽　4—进给装置
5—立柱　6—工作液循环过滤系统　7—脉冲电源

（1）所用的工具电极不需比工件材料硬，所以它便于加工用机械加工方法难以加工或无法加工的特殊材料（如淬火钢、硬质合金、耐热合金等）。

（2）加工时工具电极与工件不接触，工具与工件之间的宏观作用力极小，所以，它便于加工带小孔、深孔或窄缝的零件，尤其适合于加工凹模中各种形状复杂的型孔型腔。

（3）其他用途，如电火花刻字、打印铭牌和标记、表面强化等。

（4）由于直接利用电、热能进行加工，便于实现加工过程中的自动控制。

（5）电火花加工的余量不宜太大，因此电火花加工前需用机械加工等方法去除大部分多余的金属，此外还需要根据所加工零件的形状尺寸制造工具电极。

5.3.2 电火花线切割加工

数控电火花线切割加工是利用金属（纯铜、黄铜、钨、钼或各种合金等）线或各种镀层金属线作为负电极，将导电或半导电材料的工件作为正电极，在线电极和工件之间加上脉冲电压，同时在线电极和工件之间浇注矿物油、乳化液或去离子水等工作液，不断地产生火花放电，使工件不断地被电蚀，进行所要求的尺寸加工。数控电火花线切割加工的原理图，如图 5-11 所示。在加工中，储丝筒 7 使线电极（钼丝）一方面相对工件不断地往上（下）移动（慢速走丝是单向移动，快速走丝是往返移动）；另一方面，安装工件的十字工作台由数控伺服电动机驱动，在 X、Y 轴方向实现切割进给，使线电极沿加工图形的轨迹对工件进行切割加工。这种切割加工是依靠电火花放电作用来实现的。

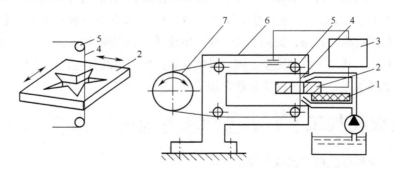

图5-11　电火花线切割加工示意图
1—绝缘底板　2—工件　3—脉冲电源　4—钼丝　5—导向轮　6—支架　7—储丝筒

电火花线切割广泛应用于加工淬火钢、硬质合金等难以用机械加工的模具零件。目前能达到的加工精度为±0.001～±0.01 mm，表面粗糙度 R_a 为 0.32～2.5 μm，最大切割速度可以达到 50 mm²/min 以上，切割厚度最大可达 500 mm。电火花线切割加工也广泛应用于冲模、挤压模、塑料模，电火花型腔模用的电极加工等。由于电火花线切割加工机床的加工速度和精度的迅速提高，目前已达到可与坐标磨床相竞争的程度。例如，中小型冲模材料为模具钢，过去用分开模和曲线磨削的方法加工，现在改用电火花线切割整体加工的方法。

数控电火花线切割加工机床根据电极丝运动的方式可以分成快速走丝数控电火花线切割机和慢速走丝数控电火花线切割机两大类别。

（1）快速走丝数控电火花线切割机床，如图 5-12 所示。这类机床的线电极运行速度快（钼丝电极做高速往复运动 8～10 m/s），而且是双向往返循环地运行，即成千上万次地反复通过加工间隙，一直使用到断线为止。线电极主要是钼丝（0.1～0.2mm），工作液通常采用乳化液，也可采用矿物油（切割速度低，易产生火灾）、去离子水等。电极线的快速运动能将工作液带进狭窄的加工缝隙起到冷却作用，同时还能将加工酚电蚀物带出加工间隙，以保持加工间隙的"清洁"状态，有利于切割速度的提高。相对来说，快速走丝电火花线切割加工机床结构比较简单，但是由于它的运丝速度快、机床的振动较大、线电极的振动也很大、导丝导轮耗损也大，给提高加工精度带来较大的困难。另外线电极在加工反复运行中的放电损耗也是不能忽视的，因而要得到高精度的加工和维持加工精度也是相当困难的。

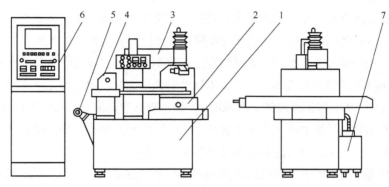

图5-12 快速走丝数控电火花线切割机床
1—床身 2—工作台 3—丝架 4—储丝筒 5—走丝电动机 6—数控箱 7—工作液循环系统

数控线切割机床的床身是安装 X、Y 向工作台和走丝系统的基础，应有足够的强度和刚度。X、Y 向工作台由步进电动机经双片消隙齿轮、传动滚珠丝杠螺母副和滚动导轨实现 X、Y 方向的伺服进给运动。当电极丝和工件间维持一定间隙时，即产生火花放电。工作台的定位精度和灵敏度是影响加工曲线轮廓精度的重要因素。

走丝系统的储丝筒由单独电动机、联轴节和专门的换向器驱动作正反向交替运转，走丝速度一般为 6～10 m/s，并且保持一定的张力。

为了减小电极丝的振动，通常在工件的上下采用蓝宝石 V 形导向器或圆孔金刚石模导向器，其附近装有引电部分，工作液一般通过引电区和导向器再进入加工区，可使全部电极丝的通电部分冷却。

（2）慢速走丝电火花线切割加工机床，如图 5-13 所示。这类机床的运动速度一般为 3 m/min 左右，最高为 15 m/min。可使用纯铜、黄铜、钨、

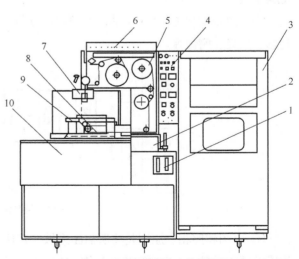

图5-13 慢速走丝数控电火花线切割机床
1—工作液流量计 2—画图工作台 3—数控箱
4—电参数设定面板 5—走丝系统 6—放电电容箱
7—上丝架 8—下丝架 9—工作台 10—床身

钼和各种合金以及金属涂覆线作为线电极，其直径为 0.03～0.35 mm。这种机床线电极只是单方向通过加工间隙，不重复使用，可避免线电极损耗给加工精度带来的影响。工作液主要用去离子水和煤油。使用去离子水生产效率高，不会有起火的危险。慢速走丝电火花线切割机床由于能自动卸除加工废料、自动搬运工件、自动穿电极丝和自适应控制技术的应用，因而已能实现无人操作的加工。

5.3.3　化学与电化学加工

化学加工是利用酸、碱、盐等化学溶液与金属产生化学反应，使金属腐蚀溶解，改变工件尺寸和形状的一种加工方法。化学加工过程没有电化学作用，所以它不属于电化学加工研究的范畴。

1. 化学腐蚀加工

塑料模具型腔表面有时需要加工出图案、花纹、字符等。如果采用手工雕刻，不仅生产率低、劳动强度大，而且需要熟练的技能，若使用化学腐蚀技术则可获得较好的效果。

化学腐蚀加工是将模具零件被加工的部位浸泡在化学介质中，通过产生化学反应，将零件材料腐蚀溶解，从而获得所需要的形状和尺寸。采用化学腐蚀加工时，应先将工件表面不加工的部位用抗腐蚀涂层覆盖起来，然后将工件浸渍于腐蚀液中，使没有被覆盖涂层的裸露部位的余量腐蚀去除，达到加工目的。常见的化学腐蚀加工有照相腐蚀、化学铣削和光刻等。许多电器产品的塑料外壳上的字符、装饰图案等就是用这种方法加工模具型腔而得到的。

（1）照相腐蚀是把所需的文字图像摄影到照相底片上，然后经光化学反应，把图像转移（或称复制）到涂有感光胶的金属表面，再经坚膜固化处理使感光胶具有一定的抗蚀能力，最后经过化学腐蚀，即可获得所需图形的模具或金属表面。

照相腐蚀不仅直接用于模具型腔表面文字图案及花纹加工，而且也可用来加工电火花成形用的工具电极。

（2）照相腐蚀工艺过程框图，如图 5-14 所示。其主要工序包括原图、照相、涂感光胶、曝光、显影、固膜、腐蚀等。

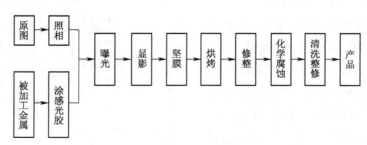

图5-14　照相腐蚀工艺过程框图

① 原图和照相：原图是将所需图形按一定比例放大描绘在纸上，形成黑白分明的文字图案。为确保原图质量，一般都需放大几倍。然后通过照相，将原图按需要的尺寸大小缩小在照相底片上。照相底片一般采用涂有卤化银的感光底片。

② 感光胶的涂覆：首先将需要加工的模具（或其他工件）表面进行去氧化层及去油污处理，

然后涂上感光胶（如聚乙烯醇、骨胶、明胶等），待干燥后就可以贴底片曝光。

③ 曝光、显影与坚膜：曝光是将原图照相底片贴在涂有感光胶的工件表面，并用真空方法使其紧紧密合，然后用紫外光照射，使工件表面上的感光膜按图像感光。照相底片上的不透光部分由于挡住了光线照射，胶膜未参与光化学反应，仍是水溶性的；照相底片上的透光部分由于参与了光化学反应，使胶膜变成不溶于水的络合物。此后经过显影，把未感光的胶膜用水冲洗掉，使胶膜呈现出清晰的图像。为了提高显影后胶膜的抗蚀性，可将其放在坚膜液中（10%的铬酸酐溶液）进行处理。

上述贴底片及曝光过程对于平整的模具表面或电极表面是十分方便的。但模具型腔多为曲面，贴底片及曝光就不容易，一般需采用软膜感光材料做底片，并在图案及软膜上作一定的技术处理后，就可以在曲面型腔上进行照相腐蚀加工。

④ 固化：经感光坚膜后的胶膜抗蚀能力仍不强，必须进一步固化。聚乙烯醇胶一般在 180℃下固化 15 min，即呈深棕色。固化温度及时间随金属材料而异，铝板不超过 200℃，铜板不超过 300℃，时间为 5～7 min，直至表面呈深棕色为止。

⑤ 腐蚀：经固化的工件放在腐蚀液中进行腐蚀，即可获得所需图像。腐蚀液成分随工件材料而异，为了保证加工的形状和尺寸精度，应在腐蚀液中添加保护剂防止腐蚀向侧向渗透，并形成直壁甚至向外形成坡度。腐蚀铜时用乙烯基硫脲和二硫化甲脒组成保护剂。也有用松香粉刷嵌在腐蚀露出的图形侧壁上的。

腐蚀成形结束后，经清洗去胶，然后擦干即加工结束。去胶一般采用氧化去胶法，即使用强氧化剂（如硫酸与过氧化氢的混合液）将胶膜氧化破坏而去除。也有用丙酮、甲苯等有机溶剂去胶的。

化学腐蚀加工的优点是可加工金属和非金属材料（如石板、玻璃等），不受材料硬度影响，加工后表面无变形、毛刺和加工硬化等现象，对难以机械加工的表面，只要腐蚀液能浸入都可以加工。但化学腐蚀加工时腐蚀液和加工中产生的蒸汽会污染环境，对人身体和设备有危害作用，需采用适当的防护措施。

2. 电铸加工

电铸加工是将一定形状和尺寸的母模（或称胎模）放入电解液内，利用电镀的原理在母模上沉积适当厚度的金属层（镍层或铜层），然后将这层金属沉积层从母模上脱离下来，形成所需要的模具型腔或型面的一种加工方法。

电铸加工的优点是：复制精度很高，可获得尺寸和形状精度高、花纹细致、形状复杂的型腔或型面；母模可采用金属或非金属材料制作，也可直接用制品零件制作；可以制造形状复杂，用机械加工难以加工甚至无法加工的工件；电铸的型面具有较好的机械强度，且型面光洁、清晰，一般不需再作光整加工；不需特殊设备，操作简单。但电铸厚度较薄（仅为 4～8 mm），电铸周期长（如电铸镍的时间约需一周），电铸层厚度不均匀，内应力较大，易变形。

3. 电解加工

电解加工是继电火花加工之后发展较快、应用较广泛的一项加工技术，目前国内外已成功地应用于模具、汽车、枪炮、航空发动机、汽轮机及火箭等机械制造行业中。

电解加工是利用金属在电解液中发生阳极溶解的原理将零件加工成形的一种方法。电解加工装置示意图，如图 5-15 所示，加工时工件接直流电源的正极，工具电极（工具材料大多用碳素钢制成，其形状和尺寸根据加工零件的要求及加工间隙来确定）接负极，工具电极（阴极）以一定的速度向工件（阳极）靠近，并保持 0.2～1 mm 的间隙，由泵供给一定压力的电解液从两极间隙中快速流过。工件表面和工具相对应的部分在很高的电流密度下产生阳极溶解，电解产物立即被电解液冲走。工具电极不停地向工件进给，工件金属不断地被溶解，直到工件的加工尺寸及形状符合要求为止。

立柱式电解加工机床外形图，如图 5-16 所示，主要由立柱 1、主轴箱 2、工作箱 3、操作台 4 和床身 5 组成。

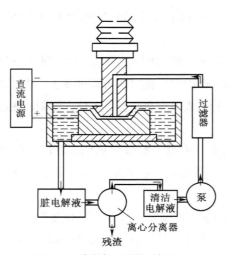
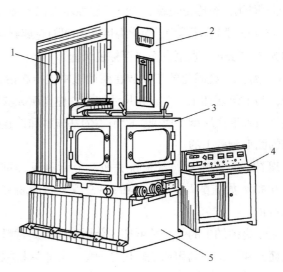

图5-15　电解加工装置示意图　　　　　图5-16　立柱式电解加工机床
　　　　　　　　　　　　　　　　　　　　1—立柱　2—主轴箱　3—工作箱　4—操作台　5—床身

电解加工的优点是：可加工淬火钢、高温合金、硬质合金等高硬度、高强度、高韧性机械切削困难的金属；生产率高，一般用电解加工型腔比用电火花加工提高工效 4 倍以上；加工中工具和工件间无切削力存在，所以适用于加工刚度差而易变形的零件；加工过程中工具电极损耗很小，可长期使用。但电解加工时工具电极的设计与制造较困难，加工不够稳定，加工精度不够高（一般平均精度达± 0.1 mm，表面粗糙度 R_a 为 1.25～0.2 μm），附属设备较多，占地面积较大，电解液和电解产物对机床设备和环境有腐蚀及污染，需妥善处理。

4. 电解磨削加工

电解磨削是电解和机械磨削相结合的一种复合加工方法，其加工原理如图 5-17 所示。磨削时，工件接直流电源正极，导电磨轮接负极。导电磨轮与工件之间保持一定的接触压力，凸出的磨料使工件与磨轮的金属基体之间构成一定的间隙，电解液经喷嘴喷入间隙中。在加工过程中，磨轮不断地旋转，将工件表面因化学反应所形成硬度较低的钝化膜刮去，使新金属露出，再继续产生化学反应，如此反复进行，直至达到加工要求。

电解磨床由机床、电解电源和电解液 3 部分组成，如图 5-18 所示。

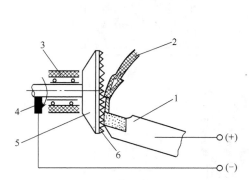

图5-17　电解磨削原理
1—工件　2—喷嘴　3—绝缘层　4—碳刷
5—导电磨轮　6—电解间隙

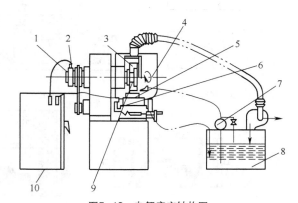

图5-18　电解磨床结构图
1—集电环　2—碳刷　3—磨轮　4—喷嘴　5—工件　6—工作台
7—泵　8—电解液箱　9—绝缘主轴　10—直流电源

电解磨削的特点是加工精度高，表面质量好，无毛刺、裂纹、烧伤现象，表面粗糙度 R_a 可达 $0.012 \sim 0.1\ \mu m$；能够加工任何高硬度与高韧性的金属材料，且生产率高、磨削力小、砂轮寿命长。电解磨削存在的问题是机床等设备需要增加防锈措施，磨轮的刃口不容易磨锋利，电解液有污染，工人劳动条件差。

5.4　模具的其他加工

5.4.1　陶瓷型铸造成形

陶瓷型铸造成形是在一般砂型铸造基础上发展起来的一种新的精密铸造方法。在模具制造中，它常用来成形塑料模、拉深模等模具的型腔。

陶瓷型铸造是用陶瓷浆料作造型材料灌浆成形，经喷烧和烘干后即完成造型工作。然后再用陶瓷型进行铸造，经合箱、浇注金属液铸成所需零件。如图 5-19 所示，其工艺流程如下：母模准备→砂套造型→灌浆（灌注陶瓷浆料）→起模→喷烧→烘干→合箱→浇注合金→清理→铸件（所需的凹模或凸模）。

在陶瓷型铸造成形中，实际应用的陶瓷型仅为型腔表面一层是陶瓷材料，其余仍由普通铸造型砂构成。一般在陶瓷造型中先将这个砂型造好，即所谓"砂套"。如图 5-19（b）所示，砂套造型时用粗母模，砂套造型完成后与精母模配合，形成 $5 \sim 8\ mm$ 的间隙，此间隙即为所需浇注的陶瓷层厚度。

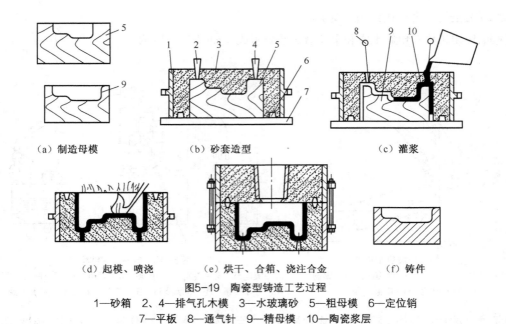

（a）制造母模   （b）砂套造型   （c）灌浆

（d）起模、喷浇   （e）烘干、合箱、浇注合金   （f）铸件

图5-19   陶瓷型铸造工艺过程

1—砂箱   2、4—排气孔木模   3—水玻璃砂   5—粗母模   6—定位销
7—平板   8—通气针   9—精母模   10—陶瓷浆层

采用陶瓷型铸造工艺制造模具的特点是：大量减少了模具型腔制造时的切削加工，节约了金属材料，并且模具报废后可重熔浇注，便于模具的复制；生产周期短，一般有了母模后两三天内即可铸出铸件；工艺设备简单，投资不大；使用寿命一般不低于机械加工的模具。

5.4.2   挤压成形

冷挤压技术一般用来加工凹模的型腔。型腔冷挤压是在常温下利用装在压力机上经淬硬的成形凸模（亦称工艺凸模）在一定的压力和速度下挤压模具坯料，使之产生塑性变形而获得与成形凸模工作表面形状相同的型腔表面，如图 5-20 所示。

型腔冷挤压是利用金属塑性变形的原理得以实现的，是无切屑加工方法，适用于加工低碳钢、中碳钢、有色金属及有一定塑性的工具钢为材料的塑料模型腔和压铸模型腔。

型腔冷挤压工艺的特点是挤压过程简单、迅速，生产率高；加工精度高（可达 IT7 级以上），表面粗糙度 R_a 小（可达 0.32～0.08 μm）；可以挤压难以切削加工的复杂型腔、浮雕花纹、字体等；经冷挤压的型腔，材料纤维未被切断，因而金属组织细密，型腔的强度和耐磨性高。但型腔冷挤压的单位挤压力大，需要具有大吨位的挤压设备才能完成加工。

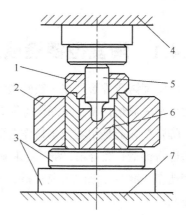

图5-20   挤压成形示意图

1—导向套   2—模套   3—垫板   4—压力机上座
5—挤压凸模   6—坯料   7—压力机下座

5.4.3 超塑成形

模具型腔超塑成形是近十多年来发展起来的一种制模技术，除了锌基和铝基合金超塑成形塑料模具外，钢基型腔超塑成形也取得了进展。

超塑成形的材料在一定的温度和变形速度下呈现出很小的变形抗力和远远超过普通金属材料的塑性——超塑性，其伸长率可达 100%～2 000%。锌铝合金 ZnAl22、ZnAl27 等经超塑处理后均具有优异的超塑性能，是制作塑料模具的较好材料。

模具型腔超塑成形的基本原理是：利用成形凸模（工艺凸模）慢慢挤压具有超塑性的模具坯料，并保持一定温度，便可在不大的压力下获得与凸模工作表面吻合很好的型腔。

超塑成形的特点是成形后的型腔表面光洁，表面粗糙度 R_a 可达 0.4～3.2 μm；尺寸精确，精度可达 IT6～IT8；与型腔冷挤压相比，挤压力降低很多；可以成形难以通过机械加工、冷挤压或电加工成形的复杂型腔，成形的细微部分轮廓清晰；所制作的模具具有较高的综合力学性能和较长的使用寿命；模具从设计到加工都得到简化。但用于超塑成形的材料一般要经过超塑处理，超塑处理的过程较复杂且难以控制。

5.4.4 激光加工

激光加工是 21 世纪不可缺少和替代的重要加工技术。工业激光器价格的不断下降和工业激光加工技术的日益成熟，给模具制造和产品生产工艺带来了重大变革。

激光加工技术是利用激光束与物质相互作用的特性对材料（包括金属与非金属）进行切割、焊接、表面处理、打孔及微加工等的一门技术，涉及光、机、电、材料及检测等多门学科。在模具激光制造、模具表面激光强化和替代、模具激光修复和模具激光清洗等几个方面得到了广泛的应用。

目前，用于激光加工的工业激光器主要有两大类：固体激光器和气体激光器。其中，固体激光器以 Nd:YAG 激光器为代表；而气体激光器则以 CO_2 激光器为代表。随着激光技术的发展，目前人们也开始在某些加工应用场合使用大功率光纤激光器和大功率半导体激光器。

模具激光加工分为激光间接成模工艺和激光直接成模工艺两种。

1. 激光间接成模工艺

激光间接成模工艺指的是立体光造形、薄层叠片制造和选择性激光烧结工艺 3 种。

（1）立体光造形（Stereo Lithography Apparatus，SLA）工艺是利用紫外激光束逐层扫描光固化胶的方法形成三维实体工件的。1986 年美国 3D Systems 公司推出了商品化样机 SLA-1。SLA 工艺的最高加工精度能达到 0.05mm。

（2）薄层叠片制造（Laminated Object Manufacturing，LOM）工艺采用薄片材料，如纸、塑料薄膜等，由美国 Helisys 公司于 1986 年研制成功。通过反复 CO_2 激光器切割和材料粘贴，得到分层制造的实体工件。薄层叠片制造工艺的特点是适合制造大型工件，其精度达到 0.1mm。

（3）选择性激光烧结（Selective Laser Sintering，SLS）工艺是利用粉末状材料成形的，由美国德克萨斯大学奥斯汀分校于 1989 年研制成功，通过用高强度的 CO_2 激光器逐层有选择地扫描烧结

材料粉末而形成三维工件，选择性激光烧结工艺最大的优点在于选材较为广泛。

上述3种激光快速成形技术由于发展时间长，技术相对比较成熟，在国内外都得到了较为广泛的应用。但上述方法形成的三维工件都不能直接作为模具使用，需要进行后续的处理，所以称之为激光间接成模工艺。

激光间接成模工艺形成的工件后续处理方法有以下几种。

① 快速成形工件经处理后用作模具，薄层叠片制造制作的纸模经表面处理直接代替砂型铸造木模；或者用薄层叠片制造制作的纸模具经表面处理后直接用作低熔点合金铸模、注塑模；或失蜡铸造中蜡模的成形模。

② 选择性激光烧结制作的工件经渗铜后，作为金属模具使用。

③ 用快速成形件作母模浇注硅橡胶、环氧树脂、聚氨脂等材料制作软模具。

④ 用快速成形件翻制硬模具，一种是直接用薄层叠片制造制作纸基模具，经表面金属电弧喷镀和抛光后研成金属模；另一种是金属面硬背衬模具。上述硬模具可用于砂型铸造、消失模的压型制作、注塑模以及简易非钢质拉伸模。

用上述激光间接成模工艺制作模具，既避开了复杂的机械切削加工，又可以保证模具的精度，还可以大大缩短制模时间、节省制模费用；对于形状复杂的精度模具，其优点尤为突出。但是，目前还存在着模具寿命相对较短的缺点，所以上述激光间接成形模具较适合于小批量生产。

2. 激光直接成模工艺

激光直接成模工艺指的是选择性激光熔化（Selective Laser Melting，SLM）技术，它是在选择性激光烧结(SLS)技术的基础上发展起来的。

激光直接成模工艺的特点为：第一是使用高功率密度，小光斑的激光束加工金属，使得金属零件具有 0.1mm 的尺寸精度；第二是熔化金属制造出来的零件具有冶金结合的实体，相对密度几乎能达到 100%，大大改善了金属零件的性能；第三是由于激光光斑直径很小，因此能以较低的功率熔化高熔点的金属，使得用单一成分的金属粉末来制造零件成为可能。

激光直接成模工艺工艺制造的全金属零件激光多层（或称三维/立体）熔覆直接快速成形技术是在快速原型技术的基础上结合同步送料激光熔覆技术所发展起来的一项高新制造技术，其实质是计算机控制下的三维激光熔覆。由于激光熔覆的快速凝固特征，所制造出的金属零件具有均匀细密的枝晶组织和优良的质量，其密度和性能与常规金属零件相当。激光多层熔覆发展出了多种方法，其中最具代表性的是美国 Sandia 国家实验室（Sandia National Laboratories）研发的称作激光工程化净成形技术（Laser Engineered Net Shaping，LENS）的金属件快速成形技术。采用该方法已成功制造了不锈钢，马氏体时效钢，镍基高温合金，工具钢，钛合金，磁性材料以及镍铝金属间化合物工件，零件致密度达到近乎 100%。

工程化净成形工艺（LENS）制造的全金属模具选择性激光熔化（SLM）技术和激光工程化净成形（LENS）技术由于成形件致密性好，且具有冶金结合组织及精度高，制成的模具寿命长的特点，已得到了工业界和学术界的普遍重视，在国外已推出了多种设备样机，有的甚至开始商品化了；而国内目前的研究和应用还处于起步阶段。

另外，还有一种基于激光精细切割的金属零件分层制造技术（LOM），具有可快速、低成本制造大型、复杂形状的模具的特点。日本中川威雄研究室早在 20 世纪 80 年代就应用金属薄板 LOM 技术实现了金属模具的分层快速制造。经过发展，金属薄板 LOM 技术已逐渐应用于诸如汽车等大型内外饰件模具及具有复杂流道注塑模的制造。

3. 模具表面激光改性

模具表面处理一直是机械加工领域中所重视的问题。随着新技术新工艺的发展，有许多传统的处理方式已不太适用。对形状复杂的模具，最理想的表面处理方式是用激光进行。它几乎不变形，表面硬度比常规处理方式的高，并且更耐磨，使用寿命更长。

（1）激光相变硬化又称激光淬火。由于激光淬火时冷却速度远远超过常规淬火冷却速度，从而可以获得极细的马氏体组织。激光相变硬化的优点为硬度较常规淬火高、变形小、可实现表面薄层和局部淬火，不影响基材的机械性能等。

（2）激光冲击强化是高功率密度、短脉冲的激光束与物质相互作用产生的强冲击波来改变材料表面物理及机械性能的技术。在激光冲击过程中，由于激光诱导产生的冲击波峰值应力大于材料的动态屈服应力，从而使材料产生密集、均匀及稳定的位错结构，使金属表面发生塑性变形，并形成较深残余压应力，从而提高金属零件的强度、耐磨性、耐腐蚀性和疲劳寿命。其主要优点为：冲击压力高，强化深度达到传统的喷丸强化深度 4~8 倍；能够加工传统工艺不能处理的部位，如小槽、小孔以及轮廓线之类；激光冲击强化后的金属表面不产生畸变和机械损伤，无热应力损伤，不会引起相变等。

（3）激光合金化和激光熔覆是将一层与模具基体成分不同而具有一定性能的材料涂覆在模具基体，同时用高能激光束照射涂覆区域。激光合金化通过调节激光输出功率使涂覆材料与部分基体一起熔化并发生合金化过程；而激光熔覆是涂覆层在激光作用下与基体表面通过融合迅速结合在一起，它与激光合金化的主要区别在于经激光作用后涂层的化学成分基本不变化，基体的成分基本上不进入涂层内。基于快速凝固新材料合成与制备的激光表面合金化及激光熔覆表面改性新技术，是提高模具材料在高温下耐磨耐蚀等高温性能的最有效方法之一。

4. 模具激光修复

模具的失效事实上均因其表层局部材料磨损等原因而报废，而且金属模具的加工周期长、加工费用高。模具使用寿命取决于抗磨损和抗机械损伤能力，一旦磨损过度或机械损伤，须经修复才能恢复使用。目前常采用的维修技术有电镀、堆焊和热喷涂等。电镀层较薄，而且与基体结合差，形状损坏部位难于修复；在堆焊、喷涂时，热量注入大，模具热影响区大。而应用激光进行模具维修，由于激光束的高能量密度所产生的近似绝热的快速加热，对基体的热影响较小，引起的畸变可以忽略。模具的激光修复可采用的方法主要有激光熔覆模具修复和激光沉积焊接模具修复两种。

（1）激光熔覆模具修复是利用激光熔覆的方法实现对模具的修复。用高功率 CO_2 激光束以恒定功率与金属粉流同时入射到模具表面上，金属熔化产生熔池，然后快速凝固形成冶金结合的覆层。此方法一般采用大功率 CO_2 激光器作为热源，适用于体积较大、磨损面积较大的模具修复，以及钢铁轧辊一类的大型工件的修复。

（2）激光沉积焊接模具修复采用中小功率脉冲 Nd:YAG 激光器，模具的缺陷用激光束和丝状填充材料来填补。激光束使焊丝和工件的表面同时熔化，所需沉积物的高度是通过多层焊接的方法来达到的；焊接完毕，模具部件再加工成最终尺寸。此方法适用于体积较小的精密模具。

应用高能激光脉冲去除模具在使用过程中产生的表面污物是激光技术在模具行业中的又一用途。其清洗机理有两个：一是直接利用激光加热污物，使之汽化挥发、或瞬间受热膨胀并被蒸汽带离模具基体表面；还有就是在高能量密度、高频率的脉冲激光作用下，污物层内产生分裂应力，而与模具基体脱离。与传统的喷沙清洗方法相比，激光清洗具有清洗速度快、不损伤模具表面、在线清洗（可节约大量拆卸、安装、调试时间）的优点。目前，德国 JET 激光系统公司生产的激光清洗设备相对较为先进。

5.4.5　超声波加工

超声波加工（Ultrasonic Machining，USM）是利用超声振动的工具在有磨料的液体介质中或干磨料中，产生磨料的冲击、抛磨、液压冲击及由此产生的气蚀作用来去除材料，以及利用超声振动使工件相互结合的加工方法。

早期的超声加工主要依靠工具做超声频振动，使悬浮液中的磨料获得冲击能量，从而去除工件材料达到加工目的。但加工效率低，并随着加工深度的增加而显著降低。随着新型加工设备及系统的发展和超声加工工艺的不断完善，人们采用从中空工具内部向外抽吸式向内压入磨料悬浮液的超声加工方式，不仅大幅度地提高了生产率，而且扩大了超声加工孔的直径及孔深的范围。

近 20 多年来，国外采用烧结或镀金刚石的先进工具，既做超声频振动，同时又绕本身轴线以 1 000～5 000 r/min 的高速旋转的超声旋转加工，比一般超声波加工具有更高的生产效率和孔加工的深度，同时直线性好、尺寸精度高、工具磨损小，除可加工硬脆材料外，还可加工碳化钢、二氧化铁和硼环氧复合材料，以及不锈钢与钛合金叠层的材料等，目前，已用于航空、原子能工业，效果良好。

1. 超声波加工的基本原理

超声波加工时，高频电源连接超声换能器，将电振荡转换为同一频率、垂直于工件表面的超声机械振动，其振幅仅 0.005～0.01 mm，再经变幅杆放大至 0.05～0.1 mm，以驱动工具端面做超声振动。此时，磨料悬浮液（磨料、水或煤油等）工具在超声振动和一定压力下，高速不停地冲击悬浮液中的磨粒，并作用于加工区，使该处材料变形，直至击碎成微粒和粉末。同时，由于磨料悬浮液的不断搅动，促使磨料高速抛磨工件表面，又由于超声振动产生的空化现象，在工件表面形成液体空腔，促使混合液渗入工件材料的缝隙里，而空腔的瞬时闭合产生强烈的液压冲击，强化了机械抛磨工件材料的作用，并有利于加工区磨料悬浮液的均匀搅拌和加工产物的排除。随着磨料悬浮液不断地循环、磨粒的不断更新、加工产物的不断排除，实现了超声加工的目的。总之，超声加工是磨料悬浮液中的磨粒在超声振动下的冲击、抛磨和空化现象综合切蚀作用的结果。其中，以磨粒不断冲击为主。由此可见，愈脆硬的材料受冲击作用愈容易被破坏，故尤其适于超声加工。

2. 超声波加工应用

超声波加工是功率超声技术在制造业应用的一个重要方面，是一种加工如陶瓷、玻璃、石英、宝石、锗、硅甚至金刚石等硬脆性半导体、非导体材料有效而重要的方法。即使是电火花粗加工或半精加工后的淬火钢、硬质合金冲压模、拉丝模、塑料模具等，最终常用超声抛磨、光整加工。

超声加工从 20 世纪 50 年代开始实用性研究以来，其应用日益广泛。随着科技和材料工业的发展，新技术、新材料将不断涌现，超声波加工的应用也会进一步拓宽，发挥更大的作用。目前，超声波加工在生产上多用于以下几个方面。

（1）成形加工：超声波加工可加工各种硬脆材料的圆孔、型孔、型腔、沟槽、异形贯通孔、弯曲孔、微细孔、套料等。虽然其生产率不如电火花、电解加工，但加工精度及工件表面质量则优于电火花、电解加工。例如，生产上用硬质冶金代替合金工具钢制造热深模、拉丝模等模具，其耐用度可提高 80～100 倍。采用电火花加工，工件表面常出现微裂纹，影响了模具表面质量和使用寿命。而采用超声加工则无此缺陷，且尺寸精度可控制在 0.01～0.02 mm 之内，内孔锥度可修整至 8′。

对硅等半导体硬脆材料进行套料等加工，更显示了超声波加工的特色。例如，在直径 90 mm、厚 0.25 mm 的硅片上，可套料加工出 176 个直径仅为 1 mm 的元件，时间只需 1.5 min，合格率高达 90%～95%，加工精度为±0.02 mm。

近年来，在超声波加工领域已经排除其通向微细加工领域的障碍。日本东京大学工业科学学院采用超声波加工方法加工出的微小透孔和玻璃上直径仅 9 μm 的微孔。

（2）切割加工：超声精密切割半导体、铁氧体、石英、宝石、陶瓷、金刚石等硬脆材料比用金刚石刀具切割具有切片薄、切口窄、精度高、生产率高、经济性好的优点。例如，超声切割高 7 mm、宽 15～20 mm 的锗晶片，可在 3.5 min 内切割出厚 0.08 mm 的薄片；超声切割单晶硅片一次可切割 10～20 片。再如，在陶瓷厚膜集成电路用的元件中，加工 8 mm、厚 0.6 mm 的陶瓷片，1 min 内可加工 4 片；在 $4×1 mm^2$ 的陶瓷元件上，加工 0.03 mm 厚的陶瓷片振子，0.5～1 min 以内，可加工 18 片，尺寸精度可达±0.02 mm。

（3）焊接加工：超声焊接是利用超声频振动作用去除工件表面的氧化膜，使新的本体表面显露出来，并在两个被焊工件表面分子的高速振动撞击下摩擦发热，亲和粘接在一起。其不仅可以焊接尼龙、塑料及表面易生成氧化铝的铝制品等，还可以在陶瓷等非金属表面挂锡、挂银、涂覆薄层。由于超声焊接不需要外加热和焊剂，焊接热影响区很小，施加压力微小，故可焊接直径或厚度很小的（0.015～0.03mm）不同金属材料，也可焊接塑料薄纤维及不规则形状的硬热塑料。目前，大规模集成电路引线连接等已广泛采用超声焊接。

（4）超声清洗：超声清洗主要用于几何形状复杂、清洗质量要求高的中、小精密零件，特别是工件上的深小孔、微孔、弯孔、盲孔、沟槽、窄缝等部位的精清洗。采用其他清洗方法效果差，甚至无法清洗，采用超声清洗则效果好、生产率高。目前，应用在半导体和集成电路元件、仪表仪器零件、电真空器件、光学零件、精密机械零件、医疗器械、放射性污染等的清洗中。

一般认为，超声清洗是由于清洗液（水基清洗剂、氯化烃类溶剂、石油熔剂等）在超声波作用下产生空化效应的结果。空化效应产生的强烈冲击波直接作用到被清洗部位上的污物等并使之脱落下来；空化作用产生的空化气泡渗透到污物与被清洗部位表面之间，促使污物脱落，在污物被清洗液溶解的情况下，空化效应可加速溶解过程。

超声清洗时，应合理选择工作频率和声压强度，以产生良好的空化效应，提高清洗效果。此外，清洗液的温度不可过高，以防空化效应的减弱，影响清洗效果。

5.4.6　气辅成型

气辅成型（GIM）是指在塑胶充填到型腔适当的时候（75%～99.9%）注入惰性高压氮气，气体推动融熔塑胶继续充填满型腔，用气体保压来代替塑胶保压过程的一种注塑成型技术。气辅成型可分为短射和满射两种形式。

1. 短射气辅成型原理

短射是标准气体辅助注射成型工艺，模具中只充入部分塑料熔体，而没有必要完全充满。在塑料注射后，立刻或稍后注入气体，模具靠气体压力使熔体完全充满，如图 5-21 所示。适合于棒状制件的成型，也适合于板状制件或局部厚壁的板状制件成型。

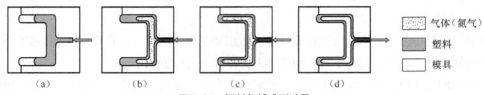

图5-21　短射气辅成型过程

（1）工艺流程：首先型腔填充一定数量的熔体，随后注入高压气体；然后型腔依靠气体压力使熔体完全充满，气体压力保持到熔体冷却定型；最后气体排出减压后，打开模具。

（2）工艺要点：气体注入的开始时间和气体压力对于产品的质量非常重要。气体注入太早或初始压力过高都会导致制件破裂；而气体注入太晚或初始压力过低，则制件表面会产生缺陷，如停止痕会很明显。

（3）特点：缩短了产品的生产周期；减轻了制件重量，从而节省原材料；缩短了制件成型周期，降低了生产成本；降低型腔内的压力，提高了模具的使用寿命。

2. 满射气辅成型原理

满射将型腔全部注满，由于塑料已充满型腔，只有在熔体体积收缩时气体才可以进入。气体起到保压作用。满射气体辅助成型过程，如图 5-22 所示，适于板状制件或局部厚壁的薄板制件成型，也适用于制件材料为半结晶高聚物，如 PP 或 PE 的成型。

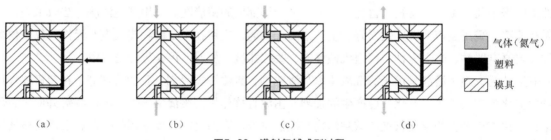

图5-22　满射气辅成型过程

（1）工艺流程：首先型腔被熔融塑料完全充满；然后将氮气注入保压；气体保压抵消制件冷却收缩；气体注射的效果通过型腔内的气体注射组件来实现，减压后打开模具。

（2）工艺要点：由于熔融塑料已完全充满型腔，只有在熔融塑料体积收缩时气体才能注入。因此，气体实际上只起到保压作用。气体注入通常由型腔内的气体注射组件来实现。

（3）特点：缩短了产品的生产周期。减轻了制件重量，从而节省原材料。消除制件表面缩痕，满足高质量的要求；制件内应力降低，不会产生翘曲变形；降低注塑机的锁模压力，在小机台上也可成型大件制件；降低生产成本。

5.5 快速原型制造

快速原型制造（Rapid Prototyping Manufacturing，RPM），RPM 技术诞生于 20 世纪 80 年代后期，是基于材料堆积法的一种高新制造技术，被认为是近 20 年来制造领域的一个重大成果。

RPM 技术综合了机械工程、CAD、数控技术、激光技术及材料科学技术，可以自动、直接、快速、精确地将设计思想转变为具有一定功能的原型或直接制造零件，从而可以对产品设计进行快速评估、修改及功能试验。在快速原型技术领域中，目前发展最迅速、产值增长最明显的应属快速模具 RT（Rapid Tooling）技术。传统模具制造的方法很多，由于工艺复杂、加工周期长、费用高而影响了新产品对于市场的响应速度。而传统的快速模具（例如中低熔点合金模具、电铸模、喷涂模具等）又因其工艺粗糙、精度低、寿命短，所以很难完全满足用户的要求。因此，应用快速原型技术制造快速模具，在最终生产模具开模之前进行新产品试制与小批量生产，可以大大提高产品开发的一次成功率，有效地缩短开发时间和节约开发费用，使快速模具技术具有很好的发展条件。

1. 快速原型制造

快速原型制造又称为层加工（Layered Manufacturing），其基本原理是根据三维 CAD 模型对其进行分层切片，从而得到各层截面的轮廓。依照这样的截面轮廓，用计算机控制激光束固化一层层的液态光敏树脂（或切割一层层的纸，烧结一层层的粉末材料），或利用某种热源有选择性地喷射出一层层热熔材料，从而形成各种不同截面并逐步叠加成三维产品。层加工法弥补了现存的、传统的材料切削加工方法的不足。它不含有切削、装夹和其他一些操作，从而可以节省大量的时间，所以称为快速制造。

国内外较为成熟的快速成形制造技术的具体工艺有 30 多种，按照采用材料及对材料处理方式的不同，可归纳为以下 6 种方法。

（1）立体印刷（Stereo Lithography Apparatus，SLA），又称立体光刻、光造型，其原理如图 5-23 所示。液槽中盛满液态光固化树脂，它在一定剂量的紫外激光照射下就会在一定区域内固化。成形开始时，工作平台在液面下，聚焦后的激光光点在液面上按计算机的指令逐点扫描，在同一层内则逐点固化。当一层扫描完成后被照射的地方就固化，未被照射的地方仍然是液态树脂。然后升降架

带动平台再下降一层高度，上面又布满一层树脂，以便进行第二层扫描，新固化的一层牢固地粘在前一层上，如此重复直到三维零件制作完成。立体印刷制作精度目前已可达±0.1 mm，较广泛地用来为产品和模型的 CAD 设计提供样件和试验模型。

SLA 方法是最早出现的一种 RPM 工艺，目前是 RPM 技术领域中研究最多、技术最为成熟的方法。但这种方法有其自身的局限性，如需要支撑、树脂收缩导致精度下降、光固化树脂有一定的毒性而不符合绿色制造发展趋势等。

（2）分层实体制造（Laminated Object Manufacturing, LOM）方法是根据零件分层几何信息切割箔材和纸等，将所获得的层片粘接成三维实体，其性能接近木模，其原理如图 5-24 所示。首先铺上一层箔材，然后用 CO_2 激光在计算机控制下切出本层轮廓，非零件部分全部切碎以便于去除。当本层完成后，再铺上一层箔材，用滚子碾压并加热，以固化黏结剂，使新铺上的一层牢固地粘接在已成形体上，再切割该层的轮廓，如此反复直到加工完毕。最后去除切碎部分以得到完整的零件。LOM 的关键技术是控制激光的光强和切割速度，使它们达到最佳配合，以便保证良好的切口质量和切割深度。

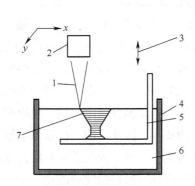

图5-23　SLA方法原理
1—激光束　2—扫描镜　3—z轴升降　4—树脂槽
5—托盘　6—光敏树脂　7—零件原型

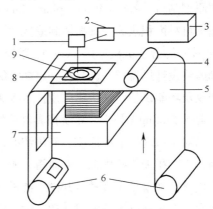

图5-24　LOM方法原理
1—x-y扫描系统　2—光路系统　3—激光器　4—加热器　5—纸料
6—滚筒　7—工作平台　8—边角料　9—零件原型

美国亥里斯公司开发的纸片层压式快速成形制造工艺以纸作为制造模具的原材料，它是连续地将背面涂有热溶性黏结剂的纸片逐层叠加，裁切后形成所需的立体模型，具有成本低、造型速度快的特点，适宜办公环境使用。LOM 模具具有与本模同等水平的强度，可与木模一样进行钻削等机械加工，也可以进行刮腻子等修饰加工。

（3）选择性激光烧结（Selective Laser Sintering, SLS）采用 CO_2 激光器，使用的材料为多种粉末材料，可以直接制造真空注射模，其原理如图 5-25 所示。先在工作台上铺上一层粉末，用激光束在计算机控制下有选择地进行烧结（零件的空心部分不烧结，仍为粉末材料），被烧结部分便固化在一起构成零件的实心部分。一层完成后再进行下一层，新一层与其上一层被牢牢地烧结在一起。全部烧结完成后，去除多余的粉末，便得到烧结成的零件（模具）。常采用的材料为尼龙、塑料、陶瓷和金属粉末。SLS 制作精度目前可达到±0.1 mm。该方法的优点是由于粉末具有自支撑作用，不需要另外支撑，另外材料广泛，不仅能生产塑料材料，还可以直接生产金属和陶瓷零件。

（4）熔融沉积成形（Fused Deposition Modeling，FDM）是一种不使用激光器的加工方法，其原理如图 5-26 所示。技术关键在于喷头，喷头在计算机控制下作 x-y 联动扫描以及 z 向运动，丝材在喷头中被加热并略高于其熔点。喷头在扫描运动中喷出熔融的材料，快速冷却形成一个加工层并与上一层牢牢连接在一起。这样层层扫描叠加便形成一个空间实体。FDM 工艺的关键是保护半流动成形材料刚好在凝固温度点，通常控制在比凝固温度高 1℃ 左右。FDM 技术的最大优点是速度快，此外，整个 FDM 成形过程是在 60℃～300℃ 下进行的，没有粉尘，也无有毒化学气体、激光或液态聚合物的泄漏，适宜办公室环境使用。

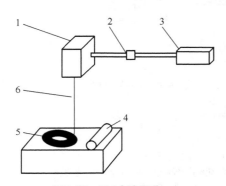

图5-25　SLS方法原理
1—扫描镜　2—透镜　3—激光器　4—压平辊子
5—零件原型　6—激光束

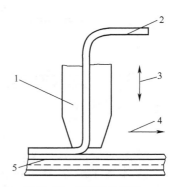

图5-26　FDM方法原理
1—加热装置　2—丝材　3—z 向送丝
4—x-y 驱动　5—零件原型

FDM 制作生成的原型适合工业上各种各样的应用，如概念成形、原型开发、精铸蜡模和喷镀制模等。

（5）三维打印（Three-Dimensional Printing，3D-P）也称粉末材料选择性粘接，其原理如图 5-27 所示。喷头在计算机的控制下，按照截面轮廓的信息，在铺好的一层粉末材料上有选择性地喷射黏结剂，使部分粉末粘接，形成截面层。一层完成后，工作台下降一个层厚，铺粉，喷黏结剂，再进行后一层的粘接，如此循环形成三维产品。粘接得到的制件置于加热炉中作进一步的固化或烧结，以提高粘接强度。

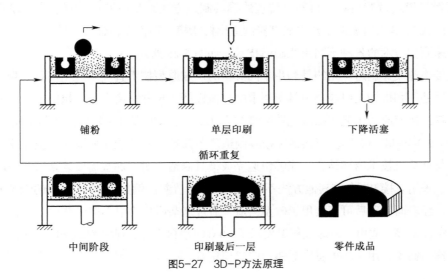

铺粉　　　　　单层印刷　　　　　下降活塞

循环重复

中间阶段　　　　印刷最后一层　　　　零件成品

图5-27　3D-P方法原理

（6）固基光敏液相（Solid Ground Curing，SGC）方法的工艺原理，如图 5-28 所示。一层的成形过程分 5 步来完成：添料、掩膜紫外光曝光、清除未固化的多余液体料、向空隙处填充蜡料、磨平。掩膜的制造采用了离子成像技术，因此同一底片可以重复使用。由于过程复杂，SGC 成形机是所有成形机中最庞大的一种。

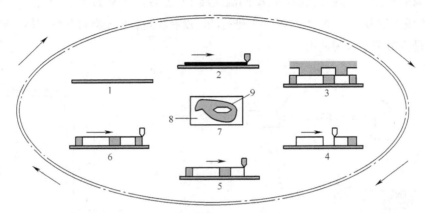

图5-28　固基光敏液相（SGC）方法原理
1—加工面　2—均匀施加光敏液材料　3—掩膜紫外光曝光　4—清除未固化原料
5—填蜡　6—磨平　7—成形件　8—蜡　9—零件

SGC 工艺每层的曝光时间和原料量是恒定的，因此应尽量排满零件。由于多余的原料不能重复使用，若一次只加工一个零件会很浪费。蜡的添加可省去设计支撑结构，逐层曝光比逐点曝光要快得多，但由于多步骤的影响，在加工速度上提高不很明显，只有在加工大零件时才体现出优越性。

2. 快速模具原型制造

目前快速模具制造主要分为直接快速模具制造和间接快速模具制造两大类。间接快速模具制造用快速成形做母模或过渡模具，再通过传统的模具制造方法来制造模具；直接快速模具制造是用 SLS、FDM、LOM 等快速成形工艺方法直接制造出树脂模、陶瓷模和金属模具。

基于快速原型技术的各种不同快速制模技术，如图 5-29 所示。

（1）直接快速模具制造，指的是利用不同类型的快速原型技术直接制造出模具本身，然后进行一些必要的后处理和机加工以获得模具所要求的机械性能、尺寸精度和表面粗糙度。目前能够直接制造金属模具的快速原型工艺包括激光选区烧结（SLS）、三维印刷（3D-P）、形状沉积制造（SDM）和三维焊接（3D-Welding）等。直接快速模具制造环节简单，能够较充分地发挥快速原型技术的优势，特别是与计算机技术密切结合，能够快速完成模具制造，对于那些需要复杂形状的内流道冷却的注塑模，采用直接 RT 有着其他方法不能替代的独特优势。例如，LOM 制成的纸基原型，其性能接近木模，经表面处理后可直接用于砂型铸造，适合复杂形状的中小批量铸件生产；SLA 可以直接制造的真空注射模，适用于成形过程温度低于 60℃的塑料零件；利用 SLA 和 FDM 快速原型技术还可直接制作压铸模，用于小批量失蜡铸造的蜡模压制。

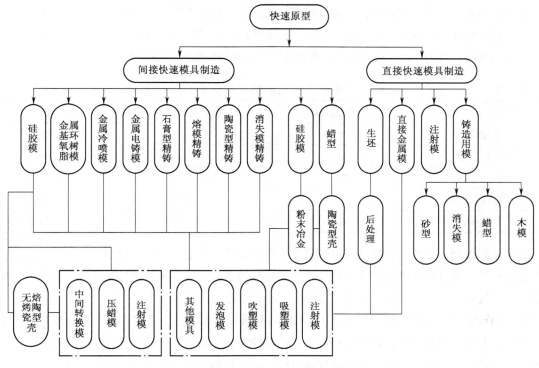

图5-29　快速原型模具制造框图

利用快速原型技术直接制造模具的最典型的工艺方法是美国 DTM 公司的快速模具专利技术，它能在 5～10 天之内制造出生产用的注射模，其主要步骤如下。

① 利用三维 CAD 模型先在烧结站制作产品零件的原型，并进行评价和修改，然后将产品零件设计转换成为模芯设计，并将模芯的 CAD 文件转换成 STL 格式，输入烧结站。

② 烧结站的计算机系统对模芯 CAD 文件进行处理，按照切片后的轮廓将粉末烧结成模芯的半成品。

③ 将制作好的模芯半成品放进聚合物溶液中，进行初次浸渗，烘干后放入气体控制熔炉，将模芯半成品内含有的聚合物蒸发，然后渗铜，即可获得全密度的模芯。

④ 打磨模腔，将模芯镶入模坯，完成注射模的制造。

使用 RT 制模法制造模具的内腔硬度高于 75HRC，如正确使用，可注塑零件 50 000 件以上，属于能直接用于批量生产的模具。

但是，快速原型直接模具制造在模具精度和性能控制方面比较困难，特殊的后处理设备与工艺使成本提高较大，模具的尺寸也受到较大的限制。与之相比，间接快速模具制造通过快速原型技术与传统的模具翻制技术相结合制造模具。由于这些成熟的翻制技术的多样性，可以根据不同的应用要求，使用不同复杂程度和成本的工艺，一方面可以较好地控制模具的精度、表面质量、机械性能与使用寿命，另一方面也可以满足经济性的要求。

（2）间接快速模具制造：用快速原型制母模，浇注蜡、硅橡胶、环氧树脂、聚氨酯等软材料可构成软模具。例如，金属与环氧树脂的混合材料在室温下呈胶体状，能在室温下浇注和固化，因此

特别适合用来复制模具。用这种合成材料制造的注射模，其模具使用寿命可达 50～5 000 件。

用室温固化硅橡胶制作注射模时，寿命一般仅为 10～25 件。采用硫化硅橡胶模作低溶点合金铸造时，模具寿命一般为 200～500 件。几种常用简易模具的性价参数见表 5-2。

表 5-2　　　　　　　　　简易模具的相对成本与寿命

模 具 类 型	相对制造成本	制造周期/周	模具寿命/次
硅胶模	5	2	30
金属树脂模	9	4～5	3 000
电弧热喷模	25	6～7	1 000
镍蒸发沉淀模	30	6～7	5 000
全金属模具	60	15～25	8 万～18 万次

用快速原型制作母模或软模具与熔模铸造、陶瓷型精密铸造、电铸、冷喷等传统工艺结合，即可制成硬模具，能批量生产塑料件或金属件。硬模具通常具有较好的机械加工性能，可进行局部切削加工，以便获得更高的精度，并可嵌入镶件、冷却部件和浇道等。

① 硅胶模具是以原型为原样件，采用硫化的有机硅橡胶浇注，直接制造硅橡胶模具，由于硅橡胶具有良好的柔性和弹性，对于结构复杂、花纹精细、无拔模斜度或具有倒拔模斜度以及具有深凹槽的零件来说，制件浇注完成后均可直接取出，这是其相对于其他模具的独特之处。其工艺过程为：制作原型，对原型表面处理，使其具有较好的表面粗糙度→固定放置原型、模框，在原型表面涂脱模剂→将硅橡胶混合体放置在真空装置中，抽去其中的气泡，浇注硅橡胶混合体得到硅橡胶模具→硅橡胶固化→沿分型面切开硅橡胶，取出原型，即得硅橡胶。如发现模具具有少数的缺陷，可用新调配的硅橡胶修补。

② 树脂型复合模具是以液态的环氧树脂与有机或无机的材料复合作为基体材料，并以原型为基准浇铸模具的一种制模方法。其工艺过程为：原型的制作及表面处理→设计制作模框→选择和设计分型面→在原型表面刷脱模剂（包括分型面）→刷胶衣树脂，目的是防止模具表面受摩擦、碰撞、大气老化和介质腐蚀等，使得模具在实际使用中安全、可靠→浇注凹模→当凹模制造完成后，倒置，同样需在原型表面及分型面上均匀涂脱模剂及胶衣树脂→分开模具，在常温下浇注的模具，一般 1～2 天基本固化定型后，即能分模、取出原型、修模。

对于具有高耐热性、高耐磨性的金属树脂来说，常温固化的环氧树脂常不能满足要求，为此需先用高温固化的环氧树脂。这对于用光敏树脂制作的原型来说，势必带来问题。因为其在 70℃～80℃开始软化，为此需用一过渡模芯。过渡模芯常用环氧树脂、石膏、硅橡胶、聚氨酯等制成，以石膏和硅橡胶模芯较多。这种环氧树脂模具制造技术具有工艺简单、模具传导率高、强度高及型面不加工的特点，适宜于塑料注射模、薄板拉深模及吸塑模和聚氨脂发泡成形模具。

（3）金属喷涂模是以原型为样模，将熔化金属充分雾化后，以一定的速度喷射到样模表面，形成模具型腔表面，背衬充填复合材料，用填充铝的环氧树脂或硅橡胶支撑，将壳与原型分离，得到精密的模具，并加入浇注系统和冷却系统等，连同模架构成注射模。型腔及其表面精细、花纹一次同时形成；省去了传统模具加工中的制图、数控加工和热处理等昂贵、费时的步骤，不需机加工；模具尺寸精度高，缩短了制造周期，节约了生产成本。

（4）化学黏结陶瓷浇注型腔模具的工艺过程为：用快速原型系统制作母模→浇注硅橡胶、环氧树脂、聚氨酯等软材料，构成软模→移去母模，在软模中浇注化学黏结陶瓷（CBC，陶瓷基合成材料）型腔→在 205℃下固化 CBC 型腔→型腔表面抛光→加入浇注系统和冷却系统等→小批量生产用注射模。

这种化学粘结陶瓷型腔的寿命约为 300 件。

（5）用陶瓷或石膏模浇注塑钢或铁型腔的工艺过程为：用快速原型系统制作母模→浇注硅橡胶、环氧树脂、聚氨酯等软材料，构成软模→移去母模→在软模中浇注陶瓷或石膏模→浇注钢或铁型腔→型腔表面抛光→加入浇注系统和冷却系统等→批量生产用注射模。

陶瓷型铸造的优点在于工艺装备简单，所得铸型具有极好的复印性和较好的表面粗糙度以及较高的尺寸精度。它特别适合于零件的小批量生产、复杂形状零件的整体成形制造、工模具制造以及难加工材料成形。

（6）熔模铸造法制造铁/钢模。

① 制作单件铁/钢型腔的工艺过程为：用快速原型系统制造母模→浸母模于陶瓷砂液，形成模壳→在炉中固化模壳，烧去母模→在炉中预热模壳→在模壳中浇注钢或铁型腔→型腔表面抛光→加入浇注系统和冷却系统等→批量生产用注射模。

② 制造多件铁/钢型腔的工艺过程为：用快速原型系统制造母模→用金属表面喷镀，或铝基合成材料，硅橡胶、环氧树脂、聚氨酯浇注法，构成蜡模的成形模→在成形模中，用熔化蜡浇注蜡模→浸蜡模于陶瓷砂液，形成模壳→在炉中固化模壳，熔化蜡模→在炉中预热模壳→在模壳中浇注钢或铁型腔→型腔表面抛光→加入浇注系统和冷却系统等→批量生产用注射模。

它的优点在于可以利用原型制造形状非常复杂的零件。

（7）化学黏结钢粉浇注型腔模的工艺过程为：用快速原型系统制造纸质母模→浇注硅橡胶、环氧树脂、聚氨酯等软材料，构成软模→与母模分离→在软模中浇注化学黏结钢粉型腔在炉中烧除型腔内的黏结剂，浇注钢粉→型腔渗铜→型腔表面抛光→加入浇注系统和冷却系统等→批量生产用注射模。

（8）模具电火花加工电极制作是用快速原型技术制作电火花加工用的电极，也是制造业十分关注的一个应用。通过喷镀或涂覆金属、粉末冶金、精密铸造、浇注石墨或特殊研磨，可制作金属电极、石墨电极或直接作为模具型腔。用 RP 技术制造出的石墨电极精度高、表面质量及尺寸一致性好，而且比机械加工的方法速度快，成本低，污染小。用电铸方法，通过电解液使金属沉淀在原型表面，背衬其他充填材料而制成的模具，具有复制性好、尺寸精度高的特点。它适用于尺寸精度较高、形态均匀一致、形状花纹不规则的型腔模具上，如人物造型及不易加工的奇特形状的塑料模型腔等，如玩具和鞋模。通常有如下方法。

① 研磨法：用快速原型系统制造母模→在母模中充入环氧树脂和碳化硅粉的混合物，构成研磨模（砂轮）→固化研磨模，与母模分离→在研磨机上研磨出石墨电极。

② 精密铸造法：用快速原型系统制造母模→在母模中充入蜡，构成蜡模→用失蜡铸造工艺构成紫铜电极。

③ 电铸法：用快速原型系统制造母模→通过电解液使铜沉淀在原型表面，与原型分离，得到电极壳体→在电极壳体的下工作表面镀紫铜，将电机固定座与电极壳体连接，构成金属电极。

④ 粉末冶金法：用快速原型系统制造母模→在母模中充入钨铬钴合金钢（或 A6 工具钢、铜钨合金）粉→用液压机压实合金粉→从母模中取出压实后的合金粉模→在高温炉中烧结合金粉模→构成金属电极。

⑤ 浇注法：用快速原型系统制造母模→在母模中充入石墨粉与黏结剂的混合物→固化石墨粉→构成石墨电极。

RP 技术直接快速制造模具环节简单，能够较充分地发挥快速原型技术的优势。特别是与计算机技术密切结合，可以快速完成模具制造。对于那些需要复杂形状的内流道冷却的注塑模具，RT 技术有着其他方法不能替代的独特优势。利用 SLA 和 FDM 快速原型技术还可以直接制作压铸模，用于小批量失蜡铸造的蜡模压制。RP 技术发展迅速，新的 RP 技术层出不穷，也出现了与 CNC 相结合、与模具成形相结合的快速成形工艺。

5.6　模具表面的精饰加工

在模具制造过程中，形状加工后的光滑加工和镜面加工称为零件表面的研磨与抛光加工。它是提高模具表面质量及使用寿命的重要工序。

研磨与抛光的目的如下。

（1）提高塑料模具模腔的表面质量，以满足塑件质量的要求。

（2）提高塑料模具浇注系统的表面质量，以降低注射的流动阻力。

（3）使塑件易于脱膜。

（4）提高模具接合面精度，防止树脂渗漏。

（5）在金属塑性成形加工中，防止出现粘黏，提高成形性能，并使模具工作零件型面与工件之间的摩擦和润滑状态良好。

（6）去除电加工时所形成的熔融再凝固层和微裂纹，以防止在生产过程中此层脱落而影响模具精度和使用寿命。

（7）减少由于局部过载而产生的裂纹或脱落，提高模具工作零件的表面强度和模具寿命，同时还可防止产生锈蚀。

5.6.1　研磨与抛光

1. 研磨

研磨是将研具表面嵌入磨料或敷涂磨料并添加润滑剂，在一定的压力作用下，使研具与工件接触并做相对运动。通过磨料作用，从工件表面切去一层极薄的切屑，使工件具有精确的尺寸、准确的几何形状和较低的表面粗糙度，这种对工件表面进行最终精密加工的方法叫做研磨。

　　研磨是一种重要的进行精饰加工的工艺方法。一般说来，研磨同其他机械加工方法，如车、钳、铣、刨、磨比较，具有加工余量小、精度高、研磨运动速度慢和研具比工件材质软等特点。

　　研磨是在工件和工具（研具）之间加入研磨剂，在一定压力下由工具和工件间的相对运动，驱动大量磨粒在加工表面上滚动或滑擦，切下微细的金属层而使加工表面的粗糙度减小。同时研磨剂中加入的硬脂酸或油酸与工件表面的氧化物薄膜产生化学作用，使被研磨表面软化，从而促进了研磨效率的提高。

　　研磨剂由磨料、研磨液（煤油或煤油与机油的混合液）及适量辅料（硬脂酸、油酸或工业甘油）配制而成。研磨钢时，粗加工用碳化硅或白刚玉，淬火后的精加工则使用氧化铬或金刚石粉作磨料。磨料粒度选择可参考表 5-3。

表 5-3　　　　　　　　　　　　　　　磨粒的粒度选择

粒　　　度	能达到的表面粗糙度 R_a/μm	粒　　　度	能达到的表面粗糙度 R_a/μm
100～120	0.8	W28～W14	0.20～0.10
120～320	0.8～0.20	≤W14	≤0.10

　　研磨工具根据不同情况可用铸铁、铜或铜合金等制作。对一些不便进行研磨的细小部，如凹入的文字、花纹，可将研磨剂涂于这些部位用铜刷反复刷擦进行加工。

　　（1）研磨的工作原理：研磨加工时，在研具和工件表面间存在着分散的磨料或研磨剂，在两者之间施加一定的压力，并使其产生复杂的相对运动，这样经过磨粒的切削作用和研磨剂的化学和物理作用，在工件表面上即可去掉极薄的一层，获得较高的尺寸精度和较低的表面粗糙度。

　　研磨时的金属去除过程，除磨粒的切削作用外，还常常伴随着化学或物理作用。在湿研磨时，所用的研磨剂内除了有磨粒外，还常加有油酸、硬脂酸等酸性物质，这些物质会使工件表面产生一层很软的氧化物薄膜。钢铁成膜时间只要 0.05s，凸点处的薄膜很容易被磨粒去除，露出的刚加工完的表面很快被继续氧化，继续被去掉，如此循环，加速了去除的过程。除此之外，研磨时在接触点处的局部高温高压，也有可能产生局部挤压作用，使高点处的金属流入低点，降低了工件表面粗糙度。

　　（2）研磨的分类如下。

　　① 湿研磨：湿研磨即在研磨过程中将研磨剂涂抹在研具或工件上，用分散的磨粒进行研磨。它是目前最常用的研磨方法。研磨剂中除磨粒外还有煤油、机油、油酸、硬脂酸等物质。磨粒在研磨过程中有的嵌入了研具，极个别的嵌入了工件，但大部分存在于研具与工件之间，如图 5-30（a）所示。此时磨粒的切削作用以滚动切削为主，生产效率高，但加工出的工件表面一般没有光泽。加工的表面粗糙度 R_a 一般达到 0.025 μm。

　　② 干研磨：干研磨即在研磨以前，先将磨粒压入研具，用压砂研具对工件进行研磨。这种研磨方法一般在研磨时不加其他物质，如图 5-30（b）所示。磨粒在研磨过程中基本固定在研具上，它的切削作用以滑动切削为主。磨粒的数目不能很多，且均匀地压在研具的表面上形成很薄的一层，在研磨的过程中始终嵌在研具内，很少脱落。这种方法的生产效率不如湿研磨，但可以达到很高的尺寸精度和很低的表面粗糙度。

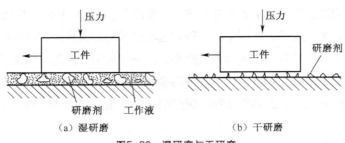

图5-30　湿研磨与干研磨

2. 抛光

抛光加工多用来使工件表面显现光泽，在抛光过程中，化学作用比在研磨中要显著得多。抛光时，工件的表面温度比研磨时要高（抛光速度一般比研磨速度高），有利于氧化膜的迅速形成，从而能很快地获得较高的表面质量。

抛光可以选用较软的磨料。例如在湿研磨的最后，用氧化铬进行抛光，这种研磨剂粒度很细，硬度低于研具和工件，在抛光过程中不嵌入研具和工件，完全处于自由状态。由于磨料的硬度低于工件的硬度，所以磨粒不会划伤工件表面，可以获得很高的表面质量。因此，抛光主要是利用化学和物理作用进行加工的，即与被加工表面产生化学反应形成很软的薄膜来进行加工。

模具工作型面的精度和粗糙度要求越来越高，尤其是长寿命、高精度模具，其精度已经要求达到微米级。其成形表面一部分可以采用超精密磨削达到设计要求，但异型和高精度的模具工作表面都需要进行抛光加工。

模具成形表面的粗糙度对模具寿命和制造质量都有较大影响。磨削成形表面不可避免地要留下磨痕、裂纹和伤痕等缺陷，这些缺陷对于某些精密模具影响较大，它们会造成模具刃口崩刃，尤其是硬质合金材料对此反应更为敏感。为消除这些缺陷，应在磨削后进行抛光处理。

各种中小型冷冲压模和型腔模的工作型面采用电火花和线切割加工之后，成形表面形成一层薄薄的变质层，变质层上的许多缺陷也需要用抛光来去除，以保证成形表面的精度和表面粗糙度。

抛光加工是模具制造过程中的最后一道工序。抛光工作的好坏直接影响模具使用寿命、成形制品的表面光泽度、尺寸精度等。抛光加工一般依靠钳工来完成，传统方法是用锉刀、纱布、油石或电动软轴磨头等工具。随着现代制造技术的发展，引用了电解、超声波加工等技术，出现了电解抛光、超声波抛光以及机械—超声波抛光等抛光新工艺，可以减轻劳动强度，提高抛光速度和质量。下面介绍几种常用的抛光工艺。

（1）手工抛光，主要有以下几种方式。

① 用油石抛光：油石抛光主要是对型腔的平坦部位和槽的直线部分进行抛光。抛光前应做好以下准备工作。

ⅰ选择适当种类的磨料、粒度、形状和硬度的油石。

ⅱ应根据抛光面大小选择适当大小的油石，以使油石能纵横交叉运动。当油石形状与加工部位的形状不相吻合时，需用砂轮修整器对油石形状进行修整。

抛光过程中由于油石和工件紧密接触，油石的平面度将因磨损而变差，对磨损变钝的油石应及时在铁板上用磨料加以修整。

用油石抛光时为获得一定的润滑冷却作用，常用 LAN15 全损耗系统用油作抛光液。精加工时可用 LAN15 全损耗系统用油 1 份，煤油 3 份，透平油或锭子油少量，再加入适量的轻质矿物油或变压器油。

在加工过程中要经常用清洗油对油石和加工表面进行清洗，否则会因油石气孔堵塞而使加工速度下降。

② 用砂纸抛光：手持砂纸，压在加工表面上做缓慢运动，以去除机械加工的切削痕迹，使表面粗糙度减小，这是一种常见的抛光方法。操作时也可用软木压在砂纸上进行。根据不同的抛光要求可采用不同粒度号数的氧化铝、碳化硅及金刚石砂纸。抛光过程中必须经常对抛光表面和砂纸进行清洗，并按照抛光的程度依次改变砂纸的粒度号数。

（2）电解接触抛光（或称电解修磨），是电解抛光的形式之一，是利用通电后的电解液在工件（阳极）与金刚石抛光工具（阴极）间流过，发生阳极溶解作用，来进行抛光的一种表面加工方法。

电解接触抛光装置，如图 5-31 所示。被加工的工件 8 由一块与直流电源正极相连的永久磁铁 7 吸附在上面，修磨工具由带有喷嘴的手柄 2 和磨头 3 组成，磨头连接负极。电源 4 供应低压直流电，输出电压为 30V，电流为 10A，外接一个可调的限流电阻 5。离心式水泵 13 将电解液箱 9 内的电解液通过控制流量的阀门 1 输送到工件与磨头两极之间。电解液可将电解产物冲走，并从工作槽 6 通过回液管 10 流回电解液箱中，箱中设有隔板 12，起到过滤电解液的作用。

加工时握住手柄，使磨头在被加工表面上慢慢滑动，并稍加压力，工具磨头表面上敷有一层绝缘的金刚石磨粒，防止两电极接触时发生短路，如图 5-32 所示。当电流及电解液在两极间通过时，工件表面发生电化学反应，溶解并生成很薄的氧化膜，这层氧化膜被移动着的工具磨头上的磨粒所刮除，使工件表面露出新的金属表面，并继续被电解。刮除氧化膜和电解作用如此交替进行，达到抛光表面的目的。抛光速度为 $0.5 \sim 2 \ cm^2/min$，抛光后的工件应立即用热水冲洗，如再用油石及砂布加工，表面粗糙度能较容易地达到 $R_a 0.63 \sim 0.32 \ \mu m$。

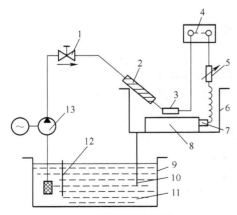

图5-31　电解接触抛光装置
1—阀门　2—手柄　3—磨头　4—电源　5—电阻
6—工作槽　7—磁铁　8—工件　9—电解液箱　10—回液管
11—电解液　12—隔板　13—离心式水泵

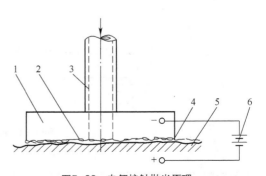

图5-32　电解接触抛光原理
1—工具（阴极）　2—磨料　3—电解液管
4—电解液　5—工件（阳极）　6—电源

电解液常用每升水中溶入 150 g 硝酸钠（NaNO₃）、50g 氯酸钠（NaClO₃）制成。

电解接触抛光不会使工件引起热变形或产生应力；工件表面的硬度不影响溶解速度，对模具型腔不同的部位及形状可选用相适应的磨头，操作灵活；工作电压低，电解液无毒，生产安全。但仍是手工操作，去除硬化层后，一般还需手工抛光达到要求；人造金刚石寿命高，刃口锋利，去除电加工硬化层效果很好，但容易使表面产生划痕，对减小加工表面粗糙度不利。

（3）超声波抛光：人耳能听到的声波频率为 16～16 000 Hz，频率低于 16 Hz 的声波为次声波，频率超过 16 000 Hz 的声波为超声波。用于加工和抛光的超声波频率为 16 000～25 000 Hz，超声波比普通声波的频率高、波长短、能量大和有较强的束射性。

超声波抛光是超声加工的一种形式，超声加工是利用超声振动的能量通过机械装置对工件进行加工。

超声波加工的基本原理是利用工具端面作超声频率振动，迫使磨料悬浮液对硬脆材料表面进行加工。

超声波抛光装置，如图 5-33 所示，由超声波发生器、换能器、变幅杆、工具等部分组成。超声波发生器是将 50Hz 的交流电转变为有一定功率输出的超声频电振荡，以提供工具振动能量。换能器将输入的超声频电振荡转换成机械振动，并将其超声机械振动传送给变幅杆（又称振幅扩大器）加以放大，再传至固定在变幅杆端部的工具，使工具产生超声频率的振动。

散粒式超声波抛光，如图 5-33（a）所示，在工具与工件之间加入混有金刚砂、碳化硼等磨料的悬浮液，在具有超声频率振动的工具作用下，颗粒大小不等的磨粒将产生不同的激烈运动，大的颗粒高速旋转，小的颗粒产生上下左右的冲击跳跃，对工件表面均起到细微的切削作用，使加工表面平滑光整。

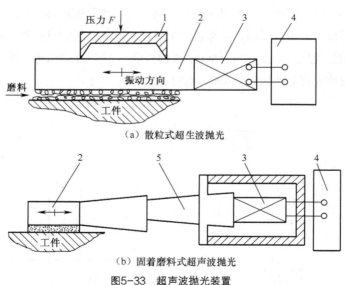

（a）散粒式超生波抛光

（b）固着磨料式超声波抛光

图5-33　超声波抛光装置

1—固定架　2—工具　3—换能器　4—超声波发生器　5—变幅杆

固着磨料式超声波抛光，如图 5-33（b）所示，这种方法是把磨料与工具制成一体，就如使用油石一样，用这种工具抛光，无需另添磨剂，只要加些水或煤油等工作液，其效率比手工用油石抛光高十多倍。为什么会有如此高的效率呢?这是由于振动抛光时，工具上露出的磨料都在以每秒两万次以上的频率进行振动，也就是露出的每一颗磨粒都在以如此高的频率进行微细的切削，虽然振幅仅有 0.01～0.025 mm，但每秒钟都切削几万次，切除的金属量还是不少的。因为工具的振幅很小，所以加工表面的切痕均匀细密，能达到抛光目的。这种形式较散粒式节约研磨剂，使磨剂利用率和抛光效率提高。这种形式的超声波抛光机，如图 5-34 所示。

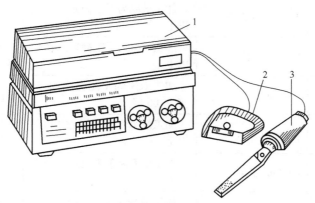

图5-34　超声波抛光机
1—超声波发生器　2—脚踏开关　3—手持工具

超声抛光前，工件表面粗糙度 R_a 应为 2.5～1.25 μm，经抛光后 R_a 可达 0.63～0.08 μm 或更小，抛光精度与操作者的熟练程度和经验有关。

超声抛光的加工余量与抛光前被抛光表面的质量及抛光后的表面质量有关。最小抛光余量应保证能完全消除由上道工序形成的表面微观几何形状误差或变质层的深度。如对于采用电火花加工成形的型腔，对应于粗、精加工标准，所采用的抛光余量也不一样。电火花中、精标准加工后的抛光余量一般为 0.02～0.05 mm。

超声波抛光具有以下优点。

① 抛光效率高，能减轻劳动强度。

② 适用于各种型腔模具，对窄缝、深槽、不规则圆弧的抛光尤为适用。

③ 适用于不同材质的抛光。

（4）流体抛光，是依靠高速流动的液体及其携带的磨粒冲刷工件表面以达到抛光的目的，常用方法有磨粒喷射加工、液体喷射加工和流体动力研磨粉等。其中，流体动力研磨是由液压驱动，使携带磨粒的液体介质高速往复流过工件表面，液体介质主要采用在较低压力下流动性较好的特殊化合物（聚合物状物质），并掺上磨粒制成，磨粒可采用碳化硅粉末。

（5）磁研磨抛光，是利用磁性磨粒在磁场作用下形成磨粒刷对工件进行磨削加工。这种加工方法效率高、质量好，并且加工条件容易控制。工作条件好的情况下采用合适的磨料，被加工零件的表面粗糙度可以达到 $R_a0.1$ μm。

除以上介绍的几种抛光方法，模具表面抛光方法还有很多，其目的就是将模具表面的粗糙度与强度进一步提高，使模具寿命和制造的产品表面粗糙度值达到预期的目的。其他表面抛光方法作一些简要的对比，如表 5-4 所示。

表 5-4　　　　　　　　　　几种抛光方法的简要对比

抛光类型	表面粗糙度 R_a	加工效率	加工成本
手工抛光	100μm 左右	效率较低	从 R_a0.8μm 到镜面成本为 0.5 元/cm² 左右
超声波抛光	1～0.1μm 以下	加工效率为手工抛光的10倍以上	从 R_a0.6μm 到镜面成本不到 0.1 元/cm²
混粉电火花大面积抛光	0.1μm 以下	加工效率为手工抛光的10倍以上	从 R_a0.6μm 到镜面成本为 0.1 元/cm² 左右
电子束抛光	0.01μm 以下	加工效率为手工抛光的 50 倍～100 倍	加工到镜面的成本小于 0.05 元/cm²
超声电火花复合抛光	0.08～0.16μm 以下	加工效率为手工抛光的40倍以上	成本为 0.08 元/cm² 左右
电解电火花复合抛光	0.08μm 以下	加工效率为手工抛光的10倍以上	成本低于手工抛光
超声电解复合抛光	0.5～0.05μm 以下	加工效率为手工抛光的 30 倍～40 倍	从 R_a0.6μm 到镜面成本不到 0.1 元/cm²
脉冲电化学抛光	0.44μm 左右	加工效率为手工抛光高数倍	成本低于手工抛光

5.6.2　照相腐蚀

　　照相腐蚀常用于模具工作零件工作型面上的复杂图形、文字和花纹的加工，如目前十分流行的皮革纹、橘皮纹、雨花纹、亚光表面的塑件，其模具工作零件型面上的花纹都是由照相腐蚀方法来加工的。前述电火花加工的电极上的图文也可由照相腐蚀来制作。这种制作方法克服了机械刻制和电火花加工的不足，是一种高质量、低成本、可靠、高效的加工工艺，它是照相制版和化学腐蚀相结合的技术。照相腐蚀是通过在模具工作零件型面上所要加工图文的部分，涂布一层感光胶，紧贴上要加工的透明图案膜板，经感光、显影、清洗，利用感光后胶膜稳定的原理，采用化学腐蚀去掉未被感光部分的金属，以获得带有所需要图文的模具型腔或电极，如图 5-35 所示。

（a）阳文腐蚀

（b）阴文腐蚀

图5-35　照相腐蚀文稿

1. 特点及其对模具工作零件的要求

（1）照相腐蚀的特点：照相腐蚀作为模具工作零件型面精饰加工的一种特殊工艺，有以下优点。

① 用照相腐蚀加工的图文精度高，图案仿真性强，腐蚀深度均匀，保证加工的塑件具有良好的外观质量。

② 用照相腐蚀法加工模具的图文可在零件淬火、抛光后进行，不会因淬火、热处理使零件变形。

③ 可以加工模具工作零件的曲面型腔。对于大型模具零件型面可采用滴加腐蚀液进行局部腐蚀，而不影响整个已加工好的表面。

④ 由于所加工的图文均匀，模具寿命会提高。

⑤ 不需要大型、专用的设备。

⑥ 由于加工图文是模具工作零件加工的最后一道工序，应保证安全可靠，不可靠的操作会使整个零件报废，而照相腐蚀是一种安全、可靠的工艺。

（2）照相腐蚀对模具工作零件的要求如下。

① 对模具工作零件材料的要求：用照相腐蚀制作图文的钢材除应具有选材的要求，即强度高，韧性强，硬度高，耐磨性、耐腐蚀性好，切削加工性能优良，易抛光性等优点，还应具有良好的图文饰刻性能，即钢质纯洁，结晶细小，组织结构均匀。常用的钢材（如：45 钢、T8、T10、P20、40Cr、CrWMn 等）均具有良好的饰刻性，而 Cr12、Cr12MoV 等材料的饰刻性较差，花纹装饰效果不太理想。另外，由于轧钢厂生产出钢材的纯净程度、有无偏析及方向性等问题的控制不一定一致，在做照相腐蚀之前，应预先检查一下模具凹模是否存在偏析现象，钢质是否有杂质，以预测花纹的装饰效果，没把握时，应做一个同样钢种的饰刻试验，经确认后，再在模具工作零件型面上进行照相腐蚀。

在模具的设计制造过程中，凡是凹模要饰刻的部位，材料应使用同一品种、同一批号的钢材，如果在有嵌件和补焊部分的工作零件上加工装饰花纹，就会由于不同钢材的腐蚀参数不同，出现花纹不一致，影响装饰效果。

材料的一致性并不仅是对一副模具的工作零件饰刻处的材料而言，而应对整个产品及整个系列产品而言。例如，为了使某种型号的轿车车体内具有同一装饰花纹，各工作零件所用材料要尽可能相同。

如果在模具工作零件的补焊部分需要装饰花纹，要选择与其基体一致或相近的材料进行补焊，以免由于材料的腐蚀参数不同，而使腐蚀出的花纹不一致，影响装饰效果。

某些表面热处理工艺，如氮化、电火花强化处理等，使得模具凹模表面钢材的饰刻性降低，均匀性变差，因此，这些表面热处理工艺应尽量安排在制作花纹之后再进行。

② 对模具拔模斜度的要求：如果型腔的侧壁要做图文，则要求其有一定的拔模斜度。拔模斜度除了要根据塑件的材料、尺寸、尺寸精度来确定以外，还必须要考虑图文深度对拔模斜度的要求，图文越深，拔模斜度也就要求越大，一般来说，它的值在 1°～2.5°，如果图文深度在 100 μm 以上，拔模斜度需要增大到 4°。如果制件不允许做较大的拔模斜度，图文要做浅，如果是花纹，也可以考虑做成浅花纹或细砂纹。

③ 对模具凹模表面粗糙度的要求：如果模具凹模表面光洁，无疑使工件美观，注塑工艺性变好，但增加了加工难度和工时，另外，如在表面粗糙度要求较高的型腔表面上制作图文，则在表面涂感光胶和贴花纹版时，会打滑，不易粘牢；如果模具凹模表面太粗糙，图文的效果就差。因此，应根据图文的要求，给出型腔适当的表面粗糙度。如果是亚光细砂纹，取表面粗糙度 R_a 为 $0.8\sim$ $0.4\ \mu m$；细花纹或砂纹取表面粗糙度 R_a 为 $1.6\ \mu m$；一般花纹取表面粗糙度 R_a 为 $3.2\ \mu m$；如果是粗花纹，表面粗糙度还可适当增加。

④ 尽量采用镶镶件结构：如果图文面积很小，应该尽量做成镶镶件，只对镶镶件做照相腐蚀，其优点是：小块腐蚀的工艺性好，容易制作；安全，不会因为腐蚀的失败而破坏已加工好的模具工作零件；工作零件的工作型面磨损后，更换方便。

一般的模具生产单位不具备用照相腐蚀制作图文的技术。这门技术专业性强，一旦有些差错，会使已加工好的模具工作零件损坏，甚至报废，因此，可把已加工好并已试模成功的模具工作零件，连同试模件一同送到专门加工模具图文的单位进行加工。

2. 应用

照相腐蚀这门技术已成功地应用于塑胶成形模具和有色金属压铸模具的凹模型腔花纹加工。如汽车驾驶室内花纹装饰板的注塑模，带有文字、符号的电闸盒压塑模，轧制带有花纹的铝合金钢模等。

3. 工艺过程

模具工作零件的表面处理→涂感光胶→贴膜→曝光→显影→坚膜及修补→腐蚀→去胶及整修。

| 5.6.3　表面强化技术 |

表面强化技术可以提高模具的质量和使用寿命，具有广泛的功能性、良好的环保性以及巨大的增效性等优势，对改善模具的综合性能、充分发挥传统模具的性能潜力具有十分重要的意义。目前，随着表面强化技术的不断发展和完善，在原有的常规表面强化技术如表面淬火、化学热处理技术等的基础上，一大批实用、有效的表面强化技术相继得以开发和利用，促进了模具加工技术的发展。现就几种典型的表面强化技术做简要的介绍。

1. 热喷涂技术

热喷涂技术是利用热源将喷涂材料加热至熔融状态，通过气流吹动使其雾化，高速喷射到零件表面，并在零件表面形成喷涂层的表面加工技术。目前，热喷涂技术在模具行业中主要的应用有火焰喷涂和等离子喷涂等。由于热喷涂层具有耐磨、耐蚀、抗咬合等性能，因此，特别适用于大型模具的表面强化及严重磨损条件下的模具修复。

等离子喷涂技术是最常用的热喷涂技术之一，它是以氮、氩等惰性气体作为工作介质，在专用的喷枪内发生电离以形成热等离子，再将进入该等离子弧区的粉末状涂层材料熔融、雾化、快淬、固结等过程为一体，且所获组织致密，结合牢固，因此在涂层技术中占主导地位。但等离子喷涂也存在缺点，如需要高纯气体、成本较高等。目前，除常压下气稳式喷涂工艺外，又发展出优点更为突出的低压等离子喷涂及液态稳式喷涂工艺，并正逐步推广使用。

　　火焰喷涂技术与等离子喷涂技术相比，成本较为低廉，且操作简便，但结合的轻度和密度相对较弱。近年来，通过对此项技术的发展和完善，已开发出性能更为优良的超音速火焰喷射技术，并投入了实际应用。如采用超音速喷涂硬质合金工艺可使 Cr12 不锈钢拉深模的修模效率从原来的 500件 1 次提高到 7 000 件 1 次，寿命提高了 3～8 倍，获得了十分可观的经济效益。

2. 气相沉积技术

　　气相沉积技术是利用气相中发生的物理、化学过程，在工件表面形成功能性或装饰性的金属、非金属或化合物涂层。气相沉积技术按照成膜机理，可分为化学气相沉积、物理气相沉积和等离子体化学气相沉积。它们的共同特点是将具有特殊性能的稳定化合物如 TiC、TiN、TiCN、SiN 等直接沉积于金属工件表面，形成一层超硬覆盖膜，从而使工件具有高硬度、高耐磨性、高抗蚀性等一系列优异功能。

　　（1）化学气相沉积：化学气相沉积（Chemical Vapor Deposition，简称 CVD）是在高温条件下（800℃以上），混合气体在模具表面发生化学反应，并在模具表面生成一层薄的固相成积物层。由于 CVD 沉积温度高，涂层结合牢固，而且对形状复杂或带有沟槽及孔的工件可进行均匀涂覆，若加入 TiC 等涂层硬度相当高（可达 3 000HV），而且耐磨性极好，具有很好的减磨性和抗咬合性，可大大提高模具的使用寿命。常用模具若采用 CVD 法涂覆后会改变模具的使用寿命，见表 5-5。但是由于 CVD 处理的温度较高，基体硬度会随之降低，同时处理后还需进行淬火处理，会产生较大变形，因此不适用于高精度的模具处理。

表 5-5　　　　　　　　　　模具采用 CVD 法涂覆后对使用寿命的影响

模具种类	模具零件材料	涂层种类	寿命提高倍数
切边模	W6Mo5Cr4V2	TiN +TiC	8
弯曲工具	Cr12	TiN	8
弯曲模	Cr12MoV	TiC	8
深冲模	Cr12	TiC	10
冲模	Cr12MoV	TiC+TiN	8

　　（2）物理气相沉积：物理气相沉积（Physical Vapor Deposition，简称 PVD）是通过蒸发，电离或溅射等过程，产生金属粒子，并与反应气体反应，形成化合物沉积在工件表面。物理气象沉积方法有真空镀，真空溅射和离子镀 3 种。目前，在模具的表面强化技术方面，阴极溅射法和离子镀方法应用较多。由于 PVD 法克服了 CVD 法沉积温度高、废气中含 HCl 等缺点，具有沉积温度低（通常小于 550℃），沉积层成分可以控制，工件几乎无变形及无公害等优点，因此适用于冷作模具，尤其是精度要求很高的冷作模具。但是，PVD 法也存在着自身的缺点，如绕镀性比较差，不适合对有小孔、凹槽等复杂形状的模具进行处理，而且 PVD 设备成本比较高，膜基结合强度比 CVD 的差。

　　（3）等离子体化学气相沉积：等离子体化学气相沉积（Plasma Chemical Vapor Deposition，PCVD）是一种用等离子体激活反应气体，促进在基体表面或近表面空间进行化学反应，生成固态膜的技术。等离子体化学气相沉积技术的基本原理是在高频或直流电场作用下，源气体电离形成等离子体，利用低温等离子体作为能量源，通入适量的反应气体，利用等离子体放电，使反应气体激活并实现化学气相沉积的技术。PCVD 与传统 CVD 技术的区别在于等离子体含有大量的高能量电子，这些电子可以提供化学气相沉积过程中所需要的激活能，从而改变了反应体系的能量供给方式。由于等离子体中的电子温度高达 10 000K，电子与气相分子的碰撞可以促进反应气体分子的化学键断裂和重新组合，生成活性更高的化学基团，同时整个反应体系却保持较低的温度。这一特点使得原来需要在高温下进行的 CVD 过程得以在低温下进行。由于其兼有 CVD 的良好绕镀性和 PVD 的低温成膜的优点，而且采用直流脉冲电源时零件上的小孔、凹槽也可均匀沉积优质镀层，因此 PVCD 法十分适用于形状复杂的精密模具(如密纹盘、及光盘等镜面模具)。在模具上用 PVCD 法涂覆 NiCN、TiCN、TiC、TiN 等，涂层结合力高，模具使用性能良好，使用寿命得到显著的提高，且模具的材料不会劣化，经济效益十分显著。PVCD 法在今后的模具制造领域中有着巨大的应用前景。

3. 化学镀技术

在模具制造领域中，目前化学镀技术研究和应用最为广泛的是化学镀镍磷合金工艺。由于镍磷合金镀层具有较高的硬度，在常温下 Ni-P 层的硬度大约为 $300\sim600$HV，经过 $200\sim400$℃的热处理后，硬度可达 $600\sim1\,100$HV，可使镀件具有相当高的耐磨能力。采用化学镀 Ni-P 层处理 Cr12MoV 拉深模可提高模具寿命 4 倍以上，具有良好的经济效益。

同时对于 Ni-P 合金镀层，低磷状态时以镍为基体的固溶体具有较强的耐蚀性能，当磷的质量分数超过 8% 时，其组织由结晶态向非结晶态转化，最终形成均一的单项非晶组织，不存在晶界、位错和化学成分偏析等缺陷，具有较强的抗电化学腐蚀的作用，效果明显优于电镀硬铬层。另外，化学镀不存在尖端效应，对于不通孔、沟槽、螺纹等部位均可获得均匀的镀层，具有良好的仿型性，非常适合于形状复杂的模具表面处理。目前，随着化学镀技术进一步完善和发展，一些性能更优、效果更好的新技术也不断产生并运用于实践中。

4. 稀土元素表面强化技术

在模具表面强化中，稀土元素的加入对改善钢的表层组织结构、物理、化学及机械性能都有极大影响。稀土元素具有提高渗速(渗速可提高 25%～30%，处理时间可缩短 1/3 以上)，强化表面(稀土元素具有微合金化作用，能改善表层组织结构，强化模具表面)，净化表面(稀土元素与钢中 P、S、As、Sn、Sb、Bi、Pb 等低熔点有害杂质发生作用，形成高熔点化合物，同时抑制这些杂质元素在晶界上的偏聚，降低渗层的脆性)等多种功能。

（1）稀土碳共渗：RE-C 共渗可使渗碳温度由 $920\sim930$℃降低至 $860\sim880$℃，减少模具变形及防止奥氏体晶粒长大；渗速可提高 25%～30%(渗碳时间缩短 $1\sim2$h)；改善渗层脆性，使冲击断口裂纹形成能量和裂纹扩展能量提高约 30%。

（2）稀土碳氮共渗：RE-C-N 共渗可提高渗速 25%～32%，提高渗层显微硬度及有效硬化层深度；使模具的耐磨性及疲劳极限分别提高 1 倍及 12% 以上；模具耐蚀性提高 15% 以上。RE-C-N 共渗处理用于 5CrMnMo 钢制热锻模，其寿命提高 1 倍以上。

（3）稀土硼共渗：RE-B 共渗的耐磨性较单一渗硼提高 $1.5\sim2$ 倍，与常规淬火态相比提高 $3\sim4$ 倍，而韧性则较单一渗硼提高 $6\sim7$ 倍；可使渗硼温度降低 100℃～150℃，处理时间缩短一半左右。采用 RE-B 共渗可使 Cr12 钢制拉深模寿命提高 $5\sim10$ 倍，冲模寿命提高几倍至数十倍。

（4）稀土硼铝共渗：RE-B-AI 共渗所得共渗层，具有渗层较薄、硬度很高的特点，铝铁硼化合物具有较高的热硬性和抗高温氧化能力。H13 钢稀土硼铝共渗渗层致密，硬度高（HV011900～2000），相组成为 d 值发生变化(偏离标准值)的 FeB 和 Fe2B 相。经稀土硼铝共渗后，铝挤压模使用寿命提高 2～3 倍，铝材表面质量提高 1～2 级。

稀土元素表面强化技术目前已广泛地应用于模具制造领域中，并获得显著的经济效益。

5. 复合表面强化技术

复合表面强化处理具有单一工艺不能达到的复合性能和效果。目前此项技术的应用还不是很多，但其优良的使用效果以及经济性正逐渐被人们所认识和运用。例如，3Cr2W8V 热镦模经过气体碳氮共渗之后，再补充一次气体碳氮共渗，其表面抗塌陷性、耐蚀性以及抗粘附性都会明显地改善，使用寿命将提高 5 倍以上。又如，将低温碳氮共渗和化学镀技术两者结合起来，从而形成了一种新的钢表面低温复合强化途径，经该渗镀复合强化处理以后，模具的使用寿命比采用单一的碳氮共渗处理提高了 2～4 倍，效果十分显著。由此可见，复合表面强化技术也必将是今后模具表面强化处理的一个重要发展趋势，有待于进一步研发和推广。

随着现代科技的不断发展，表面强化技术以其高效、实用、环保等优势在模具制造领域显示出强大的发展潜力，它必将成为今后模具制造业中一种非常重要途径。因此在实践中必须结合各种表面强化工艺特点和模具的工作条件及经济性等因素来综合考虑，才能达到延长模具寿命的效果，获取显著的经济效益。

6. 离子注入技术

离子注入技术是将注入元素的原子电离成离子，并在获得较高速度后射入放在真空靶室中的工件表面的一种表面处理技术。由于离子以很高的速度强行注入工件表面，所以不受基体金属的扩散速率以及固溶度的限制，而且离子以很高的速度强行注入后不仅不改变模具基体表面的几何尺寸，还能形成与基体材料完全结合的表面合金，并且不存在因明显的分界面而产生剥落的问题。同时由于大量离子的注入使模具基体表面产生明显的硬化效果，大大降低了摩擦因数，提高了模具表面的耐磨性、耐腐蚀性以及抗疲劳等多种性能。

近年来，离子注入技术在模具领域中如冲裁模、拉丝模、挤压模、塑料模等方面得到了广泛应用，其平均寿命可提高 2～10 倍。目前，离子注入技术在运用中还存在着离子注入层较薄、小孔难处理、设备昂贵等不足之处，其应用也受到一定的限制。

5.7 模具的先进制造技术

5.7.1 高速铣削加工技术

高速铣削加工技术是切削技术的主要发展方向之一，随着 CNC 技术、微电子技术、新材料和

新结构等基础技术的发展而迈上更高的台阶，是集高效、优质、低耗于一身的先进制造技术，目前已发展成为第三代制模技术。

1. 高速铣削加工技术的特点

传统铣削加工采用低的进给速度和大的切削参数，而高速铣削加工则采用高的进给速度和小的切削参数，高速铣削加工相对于普通铣削加工具有如下特点。

（1）高效：高速铣削的主轴转速一般为 15 000r/min～40 000r/min，最高可达 100 000r/min。在切削钢时，其切削速度约为 400m/min，比传统的铣削加工高 5～10 倍；在加工模具型腔时与传统的加工方法（传统铣削、电火花成形加工等）相比其效率提高 4～5 倍。

（2）高精度：高速铣削加工精度一般为 10μm，有的精度还要高。

（3）高的表面质量：高速铣削加工单位功率的金属切除率提高了 30%～40%，切削力降低了 30%，刀具的切削寿命提高了 70%，并且残留于工件的切削热大幅度降低（加工工件温升约为 3℃），故表面没有变质层及微裂纹，热变形也小。最好的表面粗糙度 R_a 小于 1μm，减少了后续磨削及抛光工作量。

（4）可加工高硬材料和薄壁零件：可铣削 50～54HRC 的钢材，铣削的最高硬度可达 60HRC。高速铣削时切削力小，有较高的稳定性，可加工薄壁零件。采用分层铣削的方法，可切削出壁厚 0.2mm，壁高为 20mm 的薄壁。

鉴于高速加工具备上述优点，所以高速铣削加工在模具制造中正得到广泛应用，并逐步替代部分磨削加工和电加工。但是，高速铣削在加工过程中应满足无干涉、无碰撞、光滑、切削负荷平滑等条件，而这些条件造成高速切削对刀具材料、刀具结构、刀具装夹，以及机床的主轴、机床结构、进给驱动和 CNC 系统提出了特殊的要求，并且主轴在加工过程中易磨损且成本高。

2. 高速铣削加工机床

由于模具加工的特殊性及高速铣削加工技术的自身特点，对模具高速加工的相关技术及工艺系统（加工机床、数控系统、刀具等）提出了比传统模具加工更高的要求。

（1）高稳定性的机床支撑部件：高速切削机床的床身等支撑部件应具有很好的动、静刚度，热刚度和最佳的阻尼特性。大部分机床都采用高质量、高刚性和高抗张性的灰铸铁作为支撑部件材料，有的机床公司还在底座中添加高阻尼特性的聚合物混凝土，以增加其抗震性和热稳定性，这不但可保证机床精度稳定，也可防止切削时刀具震颤。采用封闭式床身设计，整体铸造床身，对称床身结构并配有密布的加强筋等，也是提高机床稳定性的重要措施。一些机床公司的研发部门在设计过程中，还采用模态分析和有限元结构计算等，优化了结构，使机床支撑部件更加稳定可靠。

（2）机床主轴：高速机床的主轴性能是实现高速切削加工的重要条件。高速切削机床主轴的转速范围为 10 000～100 000m/min，主轴功率大于 15kW。通过主轴压缩空气或冷却系统控制刀柄和主轴间的轴向间隙不大于 0.005mm。还要求主轴具有快速升速、在指定位置快速准停的性能（即具有极高的角加减速度），因此高速主轴常采用液体静压轴承式、空气静压轴承式、热压氮化硅（Si3N4）陶瓷轴承磁悬浮轴承式等结构形式。润滑多采用油气润滑、喷射润滑等技术。主轴冷却一般采用主轴内部水冷或气冷。

（3）机床驱动系统：为满足模具高速加工的需要，高速加工机床的驱动系统应具有下列特性。

① 高的进给速度：研究表明，对于小直径刀具，提高转速和每齿进给量有利于降低刀具磨损。目前常用的进给速度范围为 20～30m/min，如采用大导程滚珠丝杠传动，进给速度可达 60m/min；采用直线电机则可使进给速度达到 120m/min。

② 高的加速度：对三维复杂曲面廓形的高速加工要求驱动系统具有良好的加速度特性，要求提供高速进给的驱动器（快进速度约 40m/min，3D 轮廓加工速度为 10m/min），能够提供 0.4m/s^2 到 10m/s^2 的加速度和减速度。

机床制造商大多采用全闭环位置伺服控制的小导程、大尺寸、高质量的滚珠丝杠或大导程多头丝杠。随着电机技术的发展，先进的直线电动机已经问世，并成功应用于 CNC 机床。先进的直线电动机驱动使 CNC 机床不再有质量惯性、超前、滞后和震动等问题，加快了伺服响应速度，提高了伺服控制精度和机床加工精度。

（4）数控系统：先进的数控系统是保证模具复杂曲面高速加工质量和效率的关键因素，模具高速切削加工对数控系统的基本要求为：

① 高速的数字控制回路（Digital control loop），包括：32 位或 64 位并行处理器及 1.5Gb 以上的硬盘；极短的直线电机采样时间。

② 速度和加速度的前馈控制（Feed forward control）；数字驱动系统的爬行控制（Jerk control）。

③ 先进的插补方法（基于 NURBS 的样条插补），以获得良好的表面质量、精确的尺寸和高的几何精度。

④ 预处理（Look-ahead）功能。要求具有大容量缓冲寄存器，可预先阅读和检查多个程序段（如 DMG 机床可多达 500 个程序段，Simens 系统可达 1 000～2 000 个程序段），以便在被加工表面形状（曲率）发生变化时，可及时采取改变进给速度等措施以避免过切等。

⑤ 误差补偿功能，包括因直线电机、主轴等发热导致的热误差补偿、象限误差补偿、测量系统误差补偿等功能。此外，模具高速切削加工对数据传输速度的要求也很高。

⑥ 传统的数据接口，如 RS232 串行口的传输速度为 19.2kb，而许多先进的加工中心均已采用以太局域网（Ethernet）进行数据传输，速度可达 200kb。

（5）冷却润滑：高速铣削加工技术采用带涂层的硬质合金刀具，在高速、高温的情况下不用切削液，切削效率更高。这是因为：铣削主轴高速旋转，切削液若要达到切削区，首先要克服极大的离心力；即使它克服了离心力进入切削区，也可能由于切削区的高温而立即蒸发，冷却效果很小甚至没有；同时切削液会使刀具刃部的温度激烈变化，容易导致裂纹的产生，所以要采用油/气冷却润滑的干式切削方式。这种方式可以用高压气体迅速吹走切削区产生的切削，从而将大量的切削热带走，同时经雾化的润滑油可以在刀具刃部和工件表面形成一层极薄的微观保护膜，可有效地延长刀具寿命，并提高零件的表面质量。

3. 高速铣削用刀柄和刀具

由于高速切削加工时离心力和震动的影响，要求刀具具有很高的几何精度、装夹重复定位精度、

刚度和高速动平衡的安全可靠性。由于高速切削加工时较大的离心力和震动等特点，传统的 7:24 锥度刀柄系统在进行高速切削时表现出明显的刚性不足、重复定位精度不高、轴向尺寸不稳定等缺陷，主轴的膨胀引起刀具及夹紧机构质心的偏离，影响刀具的动平衡能力。目前应用较多的是 HSK 高速刀柄和国外现今流行的热胀冷缩紧固式刀柄。热胀冷缩紧固式刀柄有加热系统，刀柄一般都采用锥部与主轴端面同时接触，其刚性较好，但是刀具可换性较差，一个刀柄只能安装一种连接直径的刀具。由于此类加热系统比较昂贵，在初期时采用 HSK 类的刀柄系统即可。当企业的高速机床数量超过 3 台以上时，采用热胀冷缩紧固式刀柄比较合适。

刀具是高速切削加工中最重要的因素之一，它直接影响着加工效率、制造成本和产品的加工精度。刀具在高速加工过程中要承受高温、高压、摩擦、冲击和震动等载荷，高速切削刀具应具有良好的机械性能和热稳定性，即具有良好的抗冲击、耐磨损和抗热疲劳的特性。高速切削加工的刀具技术发展速度很快，应用较多的如金刚石（PCD）、立方氮化硼（CBN）、陶瓷刀具、涂层硬质合金、（碳）氮化钛硬质合金 TIC（N）等。

在加工铸铁和合金钢的切削刀具中，硬质合金是最常用的刀具材料。硬质合金刀具耐磨性好，但硬度比立方氮化硼和陶瓷低。为提高硬度和表面光洁度，采用刀具涂层技术，涂层材料为氮化钛（TiN）、氮化铝钛（TiALN）等。涂层技术使涂层由单一涂层发展为多层、多种涂层材料的涂层，已成为提高高速切削能力的关键技术之一。直径在 10~40mm 范围内，且有碳氮化钛涂层的硬质合金刀片能够加工洛氏硬度小于 42 的材料，而氮化钛铝涂层的刀具能够加工洛氏硬度为 42 甚至更高的材料。高速切削钢材时，刀具材料应选用热硬性和疲劳强度高的 P 类硬质合金、涂层硬质合金、立方氮化硼（CBN）与 CBN 复合刀具材料（WBN）等。切削铸铁，应选用细晶粒的 K 类硬质合金进行粗加工，选用复合氮化硅陶瓷或聚晶立方氮化硼（PCNB）复合刀具进行精加工。精密加工有色金属或非金属材料时，应选用聚晶金刚石 PCD 或 CVD 金刚石涂层刀具。选择切削参数时，针对圆刀片和球头铣刀，应注意有效直径的概念。高速铣削刀具应按动平衡设计制造。刀具的前角比常规刀具的前角要小，后角略大。主副切削刃连接处应修圆或导角，来增大刀尖角，防止刀尖处热磨损。应加大刀尖附近的切削刃长度和刀具材料体积，提高刀具刚性。在保证安全和满足加工要求的条件下，刀具悬伸尽可能短，刀体中央韧性要好。刀柄要比刀具直径粗壮，连接柄呈倒锥状，以增加其刚性。尽量在刀具及刀具系统中央留有冷却液孔。球头立铣刀要考虑有效切削长度，刃口要尽量短，两螺旋槽球头立铣刀通常用于粗铣复杂曲面，四螺旋槽球头立铣刀通常用于精铣复杂曲面。

5.7.2　电火花铣削加工技术

电火花加工是模具加工的重要组成部分，尤其是在注塑模制造中发挥着举足轻重的作用。目前高速铣削技术的进步已经取代了模具制造一些电火花加工工序，因此有人认为其发展趋势将替代电火花加工。但如果对这两大模具成形技术各自优势及不足给予认真分析，就可以发现，高速铣削加工由于受铣削加工方式本身特点的制约，并不能替代电火花加工。像深槽、窄缝、内清角、棱边清晰的加工。细微、复杂、精密的加工，深型腔的加工，还有超硬材料的加工，这些都是高速铣削加工欠缺之处，相反电火花加工却占有绝对优势。另外，电火花加工在目前数控技术发展新形势的影响下，朝着更深层次、更高水平的数控化方向快速发展。由此，一种新型的加工方式就形成了——电火花铣削加工技术。

电火花铣削加工技术也称电火花创成加工技术，是一种替代传统的用成型电极加工腔体的新技术，它是电火花成型加工领域的重大发展。电火花铣削加工是在综合考虑电火花成型加工和高速铣削加工两种工艺的优势基础上提出的，一方面继承了高速铣削技术加工速度快、加工柔性好等优点；另一方面又具有电火花成型加工适合于精密型腔加工，具有深槽、窄缝的型腔加工及高硬材料加工的优点，必将成为复杂型腔快速加工的最佳选择。

1. 电火花铣削加工技术工作原理

电火花铣削加工（ED - Milling）采用简单圆柱形电极，在数控系统控制下，使其旋转并按照一定轨迹作类似于机械铣削的成形运动，通过电极与工件之间的火花放电来蚀除金属材料，最终获得所需的零件形状。它克服了传统电火花成型加工需要制作复杂成型电极的缺点，可缩短加工周期、降低加工成本，提高加工柔性。

电火花铣削加工的成形运动与数控机械铣削加工类似，又独具特色，能够进行孔、平面、斜面、沟槽、曲面、螺纹等典型零件的加工。其工具电极在加工中可以作类似铣刀的高速旋转。这种情况下 C 轴用于展成运动，这一点是数控机械铣削加工所不能实现的。如采用方形电极不旋转，可以加工清棱清角的表面。

2. 电火花铣削加工技术特点

电火花铣削加工与传统电火花成型加工相比较，具有如下优点。

（1）电火花铣削加工可以对传统成形加工有困难、甚至无法加工的工件进行加工，如复杂圆弧、直线组成的又长又深的窄槽。

（2）采用简单、标准电极加工，简化了加工工艺，极大地改善了加工条件，放点间隙的电介液流场均匀稳定。

（3）加工更加稳定。由于在电火花铣削加工过程中，电极高速旋转以及相对放电位置的不断改变等，大大改善了放电条件，使得加工稳定，有效避免了电弧放电和短路现象。

（4）采用简单电极加工减小电容效应。在传统成形加工中，由于电容效应的作用，很难获得较高的表面质量，而简单电极则可在保持相对加工面积较小的状态下进行加工，有效地减小电容效应，获得更低的表面粗糙度。

综上所述，数控电火花铣削加工技术具有柔性好，适应范围大，工具电极设计简单，制造技术简单等优点。这种融合电火花成型加工与数控铣削加工方式的工艺方法，是电火花成型加工柔性化发展的方向。

3. 电火花铣削加工成型方式

电火花铣削加工的成形方式与数控机床及传统的电火花的"拷贝"成形加工不尽相同。下面以平面类零件和三维型面类零件的加工成形方式为例介绍它们之间的差别。

（1）平面类零件加工：加工面平行于水平面或者与水平面夹角为定角的零件称为平面类零件。平面类零件特点是各个加工单元面是平面或可以展成平面。平面类零件的数控电火花铣削加工一般只需用三坐标数控电火花成型机床，使用两坐标联动就可以加工。典型的加工方法有轮廓加工、沟槽加工和平面内槽加工等。

目前，针对此类零件的主要加工方法是采用分层去除加工，即利用棒（管）状电极的底面部分放电，以层状形式去除材料，并且重复进行，达到所需的深度，粗加工去除厚度为 $10\sim300\,\mu m$，精加工去除厚度为 $1\sim10\,\mu m$。

（2）三维型面类零件加工：对于三维型面的加工，在两轴半电火花数控成型机床上采用电火花铣削加工工艺有相当大的难度。如果采用平面类零件的分层加工方式，型腔侧面不可避免地存在微观台阶，虽然可以通过减少分层厚度来缩小台阶，但是会降低加工效率。

在传统的机械铣削加工过程中，加工三维型面可以采用球头铣刀作为成型刀具，刀位的计算直观简单，不易产生干涉。电火花铣削加工是利用工具电极与工件之间的放电腐蚀效应去除工件材料，其材料去除原理与机械铣削完全不同。根据电火花加工的特点，平头电极尖角处放电集中，损耗快，变形大，不宜用铣削加工，而球头电极则没有上述缺点，因此，基于二轴半的数控电火花铣削加工三维型面时可以采用球头电极。其基本原理是平行于 $Y-Z$ 平面的平面于被加工曲面相交，产生一系列交线，通过各层平面上加工出来的交线组成的轮廓就可以形成被加工曲面，电极通过相应的运动轨迹就可以完成曲面加工。

4. 电火花铣削加工机床

目前，国外已有多家公司生产电火花铣削加工机床，并应用于模具加工中。国内尚处于起步阶段。电极高速旋转是电火花铣削加工的特点，与普通机械铣削类似，电火花铣削机床按照电极旋转轴的倾斜位置可分为立轴、横轴和斜轴电火花铣削机床。

立轴、横轴电火花铣削机床通常用于大直径圆柱或圆锥零件的侧向三维型面的加工，采用电极一般为实心球头电极。而斜轴电火花铣削机床应用较广，对于大直径的圆柱或圆锥零件，其侧向的螺旋型槽、二维轮廓的台阶或腔，均可通过斜轴的加工方法，利用空心圆柱电极加工实现。对于某些航空大直径的薄壁零件，在其侧向壁上常会有一些异型二维腔、台阶、槽，这类零件受电火花机床油槽等限制，一般只能采用竖轴放置，显然，这些异型加工面用机械加工方法，由于材料难加工及零件刚性差等因素，是很难加工的。但是采用电火花斜轴或横轴铣削加工是可行、有效的加工方法。

5.7.3　可重构模具加工技术

在传统板材成型方法中，为了成型一种板件，一般需要一套或数套模具，设计、制造与调试这些模具，要消耗大量的人力、物力和时间。而采用可重构技术可以将传统的整体模具离散化，变成形状可变的可重构模具。该模具就可以用于多种形状的板件成型。

可重构模具技术是在刚性整体模具的基础上，利用先进的模具设计和制造技术，能够对模具的型腔或者成型表面进行快速更换、重构、调整，以适应形状结构相似的一类板件的成形和制造，生产过程中无须换模。该技术具有"柔性""绿色环保"等特点。所谓"柔性"就是指一套模具通过重构即可实现多种板件的加工，所谓"绿色环保"是指该模具只要重构和调整，无需进行重新切削加工，实现了绿色环保的加工方式。

可重构冲压模具的研究始于 20 世纪 70 年代，日本的 Nakajima 制造了第一个可自动调节模具型面的多点模具，该模具由紧密排列的圆柱形冲头组成，通过安装在数控机床头部的铁针来调节每个冲头的高度。20 世纪 80 年代，日本三菱重工制造了一个 3 列包含 30 个冲头的板材成型机，成功地用于船体的成形。此后许多学者为开发多点成形技术进行了大量的探索与研究，研制了不同的样机。下面介绍几种应用比较多的可重构模具。

1. 无模多点成形模具

无模多点成形是一种先进的板类件三维曲面数字化成形技术，其核心原理是将传统的整体模具离散成一系列规则排列、高度可调的基本体，通过对各基本体运动的实时控制，自由地构造出成型面，从而实现板材三维曲面成型，如图 5-36 所示。

通过基本体调整，实时控制成型曲面，可随意改变板材的变形路径和受力状态，提高材料成型极限，实现难加工材料的塑性变形，扩大加工范围。同时可采用分段成型新技术，实现小设备成形大型件，大大降低设备尺寸和功率，极大拓展多点设备的成型能力与范围。由 1 000 多个基本体组成的上、下基本体群构成的成型面，如图 5-37 所示。目前研发的一种适合于多点成形的新型柔性压边装置，在成型用的基本体群四周布置可以对板材施加压力的压边装置，该装置由很多个上下液压缸组成，这些液压缸对边圈施加的压边力可实现无级调节。在板材成型过程中压边面是不固定的，而是依据成型板件形状的不同变为一个曲面。通过调节柔性压边力，可明显改善薄板类板件的成形质量。

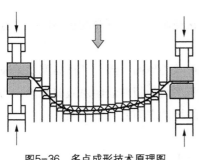

图5-36　多点成形技术原理图

图5-37　多点成形柔性模具

2. 用于飞机蒙皮拉形的多点模具

该模具的工作原理是多点模具以多个高度可调的顶杆代替固定的实体模具基体，以各个顶杆顶端构成的包络面取代实体模具的表面，通过调整顶杆的高度，可使杆端表面近似地构成任意曲面，如图 5-38 所示。板料两端在拉形机夹钳的夹持下，与被加工作台顶升的多点模具表面接触贴合，通过产生不均匀的平面拉伸应变而成形出蒙皮板件，其工作过程，如图 5-39 所示。

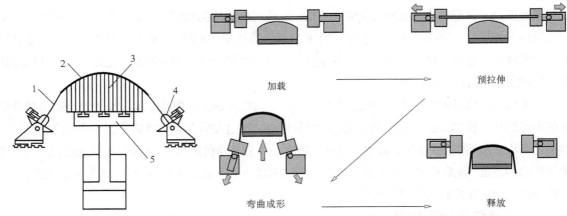

图5-38　模具型面可变拉弯成形装置
1—蒙皮　2—垫层　3—顶杆　4—夹钳　5—工作台

图5-39　飞机蒙皮在多点模具中的拉伸过程

拉伸过程如下。

（1）加载。

（2）预拉伸，将板料拉伸到材料屈服点。

（3）弯曲成形，提升工作台，使板料贴合在下模表面，移动拖板，使板料在两侧的拉伸力作用下完全贴合下模表面。

（4）释放。当板料弯曲成形后，释放拉伸力，松开夹钳，拖板和工作台复位。该装置的主要优点是可控制压边力，可快速变换曲面形状，可替换材料。

3．橡胶垫成形模具

该模具以橡胶垫代替了传统模具中的上模，下模由传统的整体式转变为离散单元杆，下模成型面由单元杆杆头拟合形成。其离散模具成形过程，如图 5-40 所示。

（1）板定位：将板件定位于下模上。

（2）板成形：橡胶垫下行，橡胶产生弹性变形，形状渐渐改变成下模的包络面，并且驱使板料贴合下模成型面。

（3）最终成形板件：由于下模的离散杆件单元杆头形状为球面，当相邻杆高度相差较大时，板在冲压成形时易产生局部凹陷或凸起，或板件曲面过渡不平滑，板件表面由皱曲现象。为了抑制皱曲的产生，在下模与板件之间添加橡胶插入层，成形后的板件表面就比较光顺。

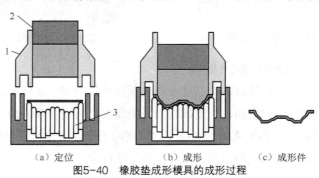

（a）定位　　　　　（b）成形　　　　（c）成形件

图5-40　橡胶垫成形模具的成形过程

4. 多点"三明治"成形模具

该模具融合了多点成形和聚氨酯成形的特点，由一定间距的基本体构成的离散模和金属护板代替了传统模具的下模，上模用聚氨酯代替。聚氨酯垫板的使用可以消除由基本体产生的护板压痕，获得光滑的工件表面。在成形过程中，聚氨酯上模、板材、弹性垫板和金属护板随着压力机滑块的运动一起变形，直至金属护板和每一个多点凹模冲头相接触为止，从而完成板材成形。工作过程，如图 5-41 所示。该模具可以根据工件形状只调整下模中基本体的各自高度，有效地节省了时间和经费。

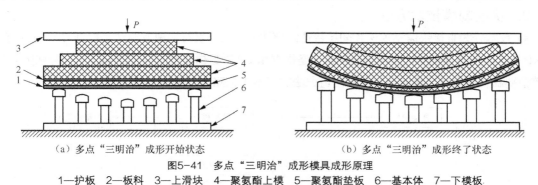

（a）多点"三明治"成形开始状态　　　　　　（b）多点"三明治"成形终了状态

图 5-41　多点"三明治"成形模具成形原理

1—护板　2—板料　3—上滑块　4—聚氨酯上模　5—聚氨酯垫板　6—基本体　7—下模板

将"可重构技术"融入到冲压模具中，使得模具具有柔性和可重构性，可根据产品需求重新安排或改变成形工具，快速生产出新产品，大大缩短产品试制时间，对市场做出快速反应，并且显著降低综合开发成本。

5.7.4　快速制模加工技术

快速成形（Rapid Prototyping，RP）技术是 20 世纪 80 年代中期发展起来的一种高、新技术，是造型技术和制造技术的一次飞跃，是基于材料堆积法的一种高新制造技术，被认为是近 20 年来制造领域的一个重大成果。它集机械工程、CAD、逆向工程技术、分层制造技术、数控技术、材料科学、激光技术于一身，可以自动、直接、快速、精确地将设计思想转变为具有一定功能的原型或直接制造零件，从而为零件原型制作、新设计思想的校验等方面提供了一种高效低成本的实现手段。即快速成形技术就是利用三维 CAD 的数据，通过快速成型机，将一层层的材料堆积成实体原型。

快速制模（Rapid Tooling，RT）技术是以 RP 技术制造的圆形零件为母模，采用直接或间接的方法，实现硅胶模、金属模、陶瓷模等模具的快速制造，从而形成新产品的小批量制造。大量生产实践证明，运用 RT 技术比传统的数控加工制造模具生产周期缩短 1/10～1/3，制造费用降低 1/5～1/3。由于 RT 技术经济效益显著，近年来，工业界对 RT 技术的研究开发投入了更多的人力和财力。至今为止，RT 技术已广泛应用于机械、汽车、电器、航天航空、军工等工业领域，开创了模具快速制造的新时代。

1. 快速制模技术特点

（1）RT 技术能解决大量传统加工方法难以解决甚至不能解决的问题，可获得一半切削加工不能获得的复杂形状，可根据 CAD 模型无需数控切削加工，直接将复杂的型腔曲面制造出来。

（2）RT 技术制模周期短，工艺简单，易于推广，制模成本低。精度和寿命都能满足特定的功能需要，特别适用于新产品开发试制、工艺验证和功能验证以及多品种小批量生产。

（3）基于 RP 和 RT 集成环境的快速模具制造技术，可实现最终零件或产品的快速制造，这对多样化、个性化、准时化、小批量的现代制造模式和瞬息万变的市场需求无疑是强有力的技术支撑。

（4）应用 RT 技术快速制造模具，在最终生产模具之前进行新产品试制或小批量生产，可大大提高产品开发的一次成功率，有效地缩短开发时间，节约开发费用。

2. 快速制模技术方法

RT 技术分为直接快速制模法和间接快速制模法两大类。直接快速制模法是根据 CAD 数据直接由 RP 系统制造金属模具。间接快速制模法是根据由 CAD 数据及 RP 系统制作的快速成型或其他实物模型复制金属模具。快速金属模具制造方法的基本工艺路线，如图 5-42 所示。

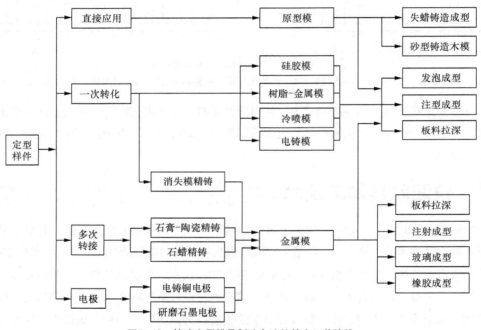

图5-42　快速金属模具制造方法的基本工艺路线

（1）直接快速制模法：直接快速制模法直接采用 RP 技术制造模具，然后进行一些后处理和机加工获得模具所要求的机械性能、尺寸精度和表面粗糙度。该方法在制作模具时不需要工艺转换，在缩短模具制造周期、节约资源、充分发挥材料性能、提高模具精度、降低生产成本等方面具有很大的应用潜力，尤其对于那些形状复杂，需要内流道冷却的注塑成型的应用更显优势。目前直接快速制模法的典型方法如下。

① 直接利用树脂、金属粉末通过选择性激光烧结法（SLS）制成凸模、凹模，可以做成薄板的简易冲压模、汽车覆盖件成形模等。

② 利用叠层实体制造法（LOM）制成的纸基原形模具，其性能接近木模，可以承受 200℃高温，经表面处理（如喷涂清漆、高分子材料或金属）后，可用作砂型铸造木模、低熔点合金铸造模、试

制用注塑模以及熔模铸造的蜡模压型。该方法适合复杂形状的中小批量铸件生产。

③ 用 SLS 快速成形技术选择性地熔合包裹热塑性黏结剂的金属粉，构成模具的半成品，然后将其置于加热炉中，烧除内含的黏结剂，烧结金属粉，并在空隙中渗入第二种金属（如铜），从而制作金属模。

它的成形工艺比较简单，一般的激光烧结快速成形设备就可以满足，运行成本比较低，便于推广。

基于 RP 技术的 RT 技术制作的模具具有显著的优势。但是，该方法有些不可避免的缺陷。由于直接快速制模法基于堆积成型原理，不可避免要产生侧表面阶梯效应，致使精度低，表面质量差，综合力学性能不高，而且有的工件后处理比较复杂。

（2）间接快速制模法：由于 RP 方法制造的模具原型主要以非金属材料（如纸、ABS、蜡、尼龙、树脂等）为主，大多数情况下这些非金属原型无法直接作为模具使用，间接快速制模工艺则没有这个问题。依据材质的不同，间接快速制模法生产出来的模具一般为硬质模具和软质模具两大类。

① 硬质模具：对于大批量生产，要靠硬质模具。目前制造硬质模具的方法主要有熔模精密铸造法、陶瓷型精密铸造法、电火花加工法等。

a. 熔模精密铸造法的长处就是利用模型制造复杂的零件，RP 技术的优势能迅速制造出模型，二者的结合就可制造出无需机械加工的复杂零件。其制造过程为 RP 原型→用金属喷镀过的表面构成蜡模的成形模→浇注蜡模→浸蜡模于陶瓷砂液，形成模壳→熔化蜡模，预热模壳→浇注钢或铁型腔→冷却→制件。

采用熔模精密铸造法制作拨叉的流程，其优点是制造的制件表面光洁，如图 5-43 所示。如批量较大，可由 RPM 原型制得硅橡胶模，再用硅橡胶模翻制多个消失模，用于精密铸造。这一方法已实用化，产生了巨大的经济效益。目前存在的主要问题是烧掉原型时发气量大，模具变形较大。

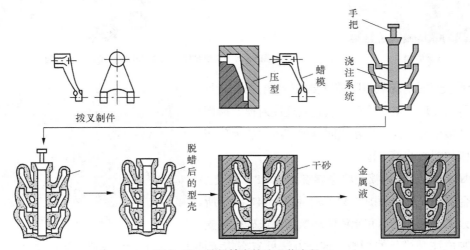

图 5-43　熔模精密铸造工艺流程

b. 陶瓷型或石膏型精密铸造法用快速成型系统制造母模，浇注硅橡胶、环氧树脂或聚氨酯等软材料，构成软膜。移去母模，在软模中浇注陶瓷或石膏，得到陶瓷或石膏模。再在陶瓷或石膏模中

浇注钢水，得到所需要的型腔。型腔经表面抛光后，加入相关的浇注系统或冷却系统后，即成为可批量生产用的注塑模。该方法得到的铸型有很好的复印性和较好的表面粗糙度以及较高的尺寸精度，特别适合于小批量零件的生产、复杂形状零件的整体成形制造。

c. 电火花加工法通过喷镀或涂覆金属、粉末冶金、精密铸造、浇注石墨或特殊研磨，可制作金属电极、石墨电极或直接作为模具型腔。该方法的工艺路线是用 RP 原型→翻制三维砂轮→研磨整体石墨电极→使用电火花加工钢模的工艺制作硬模具。

② 软质模具使用的材料多为硅橡胶、环氧树脂、聚氨酯、低熔点合金——金、铝合金等软质材料。由于其制造成本低及制造周期短，在小批量产品生产等方面受到高度重视，尤其适合批量小、品种多、改型快的现代制造模式。目前提出的软质模具制造方法主要有硅橡胶浇注法、树脂浇注法、金属喷涂法和电铸制模法等。

a. 硅橡胶浇注法，该模具具有良好的柔性和弹性，能够制造出结构复杂、花纹精细、无拔模斜度或倒拔模斜度以及具有深凹槽的零件。模具的寿命一般为 20～50 件产品，适用于批量不大的塑件生产。其工艺路线为制作原型（表面处理）→放置原型（表面涂脱模剂）、模框→浇注抽真空后的硅橡胶混合体→固化→沿分型面切开硅橡胶，取出原型→修补。

硅橡胶模具，如图 5-44 所示，硅橡胶模具制造的小批量塑料件、橡胶件，如图 5-45 所示。

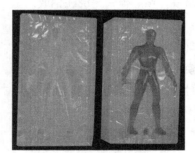

图5-44　硅橡胶模具

图5-45　硅橡胶模具制造的小批量塑料件、橡胶件

b. 树脂浇注法，环氧树脂模具传热较好，强度高且分型面无需后处理，工艺简单，适宜制造注射模、薄板拉深模、吸塑模等。其工艺路线同硅橡胶浇注法大致相同。树脂模如图 5-46 所示。

c. 金属喷涂法，采用喷枪将金属喷涂到 RP 原型上，形成一个金属硬壳层，如图 5-47（a）和图 5-47（b）所示，将其分离下来，用填充铝粉的环氧树脂或硅橡胶支

图5-46　树脂模

撑。即可制成注塑模具的型腔。这一方法可省略传统加工工艺的详细画图、数控加工和热处理 2 个耗时费钱的过程，成本只有传统方法的几分之一。生产周期也从 3～6 周减少到一周，模具寿命可达 10 000 次。该方法制作精度高（喷涂工具钢时最小表面涂层可达 0.038mm，制造精度可达 ±0.025mm～±0.05mm），时间短（普通模具一周之内即可成型），造价低（一般为传统模具制造

费用 1/2～1/10），型腔及其表面的精细花纹可一次同时成型，耐磨性能好，尺寸精度高。

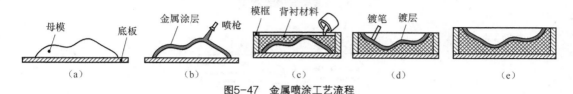

图5-47　金属喷涂工艺流程

d. 电铸制模法的模具复制效果好，尺寸精度高，适合于精度要求较高，形态均匀一致和花纹形状不规则的型腔模具，如人物造型模具、儿童玩具模具和鞋模等。

通过 RT 模具可快速而低成本地批量试制与所设计产生性能极为接近的原型件，为下游设计和制造提供了可靠参考，实现了"并行化"工作，避免对经验的过分依赖，减少了人为错误和设计反复。RT 技术可以使模具设计制造的周期平均减少 1/3，成本降低 20%～30%，并能很好地解决模具生产赶不上产品开发需要的矛盾。

制造模具的工艺过程为毛坯外形的加工、工作型面的加工、模具标准零部件的再加工、模具装配。

选择毛坯的原则：零件材料的工艺性和组织及力学性能、零件的结构形状和尺寸、生产类型和工厂生产条件。

模架的加工主要是进行平面及孔系加工。

模具的数控加工包括数控铣加工、数控电火花加工、数控电火花线切割、数控车削加工和数控磨削加工等。

特种加工是直接利用电能、热能、光能、化学能、电化学能、声能等进行加工的工艺方法。

一、填空题

1. 模具零件毛坯分为＿＿＿＿＿、＿＿＿＿＿和＿＿＿＿＿。

2. 气辅成型可分为＿＿＿＿＿和＿＿＿＿＿两种形式。

3. 研磨是将研具表面嵌入＿＿＿＿＿或敷涂＿＿＿＿＿并添加润滑剂，在一定的压力作用下，使研具与工件接触并做＿＿＿＿＿运动。

二、简答题

1. 简述选择模具毛坯的原则。

2. 模具的化学加工指的是什么？

Chapter

6

第6章

| 模具设计及制造的基本要求 |

【 学习目标 】

1. 理解模具精度、寿命、成本的概念。
2. 掌握模具精度的具体要求。
3. 掌握影响模具精度和寿命的因素。
4. 学会提高模具精度和寿命的方法。
5. 学会降低模具成本的方法。
6. 掌握各类模具的常见故障及维修方法。
7. 学会使用各类常用的模具维修工具。

模具是一种高精度、高效率的工艺装备，是生产制件的专用工具，模具的精度直接影响制件的质量。对于模具精度的基本要求是使模具在足够的寿命期内，能够稳定地生产出质量合格的制件。因此，对模具的基本要求是：精度高、质量好、寿命长、安全可靠、成本低。

在对模具提出上述基本要求的同时，还要求合理地使用、维护与修理模具，这对于延长模具的使用寿命并保证安全生产是十分重要的。

本章主要介绍影响模具的一些因素和提高模具精度和寿命的一些方法。

6.1 模具的精度

模具的精度主要是指模具成形零件的工作尺寸及精度和成形表面的表面质量。模具精度可分为模具零件本身的精度和发挥模具效能所需的精度，如凸模、凹模、型芯等零件的尺寸精度、形状精度和位置精度，是属于模具零件本身的精度；各零件装配后，面与面或面与线之间的平行度、垂直度，定位及导向配合等精度，都是为了发挥模具效能所需的精度。但通常所讲的模具精度主要是指模具工作零件或成形零件的精度及相互位置精度。

模具的精度越高，则成形的制件精度也越高。但过高的模具精度会受到模具加工技术手段的制约。所以，模具精度的确定一般要与所成形的制件精度相协调，同时还要考虑现有模具生产条件。今后随着模具加工技术手段的提高，模具精度会有很大的提高，模具工作零件或成形零件的互换性生产将成为现实。

6.1.1 模具的精度要求

模具的精度要求主要是指模具成形零件的工作尺寸及精度和成形表面的表面质量。成形零件的原始工作尺寸（设计和制造尺寸）一般以制件设计尺寸为基准，应先考虑制件在成形后的尺寸收缩和模具成形表面应有足够的磨损量等因素，然后按经验公式计算确定。对于一般模具的工作尺寸，其制造公差应小于制件尺寸公差的 $\frac{1}{4} \sim \frac{1}{3}$。冲裁模除了应满足上述要求外，还需考虑工作尺寸的制造公差对凸、凹模初始间隙的影响，即应保证凸、凹模工作尺寸的制造公差之和小于凸、凹模最大初始间隙与最小初始间隙之差，模具成形表面的表面质量应根据制件的表面质量要求和模具的性能要求确定，对于一般模具要求其成形表面的表面粗糙度 $R_a \leqslant 0.4\mu m$。

模具上、下模或动、定模之间的导向精度，坯料在冲模中的定位精度等对制件质量也有较大的影响，它们也是衡量模具精度的重要指标。此外，为了保证模具的精度，还应注意零件相关表面的平面度、直线度、圆柱度等形状精度和平行度、垂直度、同轴度等位置误差，以及模具装配后零件与零件相关表面之间的平行度、垂直度、同轴度等位置误差。

6.1.2 影响模具精度的因素

1. 模具的原始精度

模具的原始精度即模具的设计和制造精度，它是保证模具具有较高精度的基础。模具只有具备足够的原始精度，才能充分发挥模具的效能，保证模具具有足够的使用寿命，在较长时期内稳定地生产出质量合格的制件。

2. 模具的类型和结构

模具的类型和结构对模具的精度有一定的影响。例如，带有导向装置的模具，其精度要高于无导向装置的敞开式模具。

3. 模具的磨损

模具在使用过程中，成形零件的工作表面在制件成形和起模时因与制件材料的摩擦而产生磨损，这种磨损直接导致成形零件的工作尺寸和制件尺寸发生变化。当磨损量达到一定程度时，将使制件的尺寸超出公差范围，或使制件产生其他质量问题，也就标志模具失去了应有的精度。模具的定位零件、导向零件和其他有相对运动的零件也都会产生磨损，这些零件的磨损或者降低制件的质量，或者恶化模具的工作状态，将直接或间接地影响模具的精度。

4. 模具的变形

模具受力零件在刚度、强度不足时，会发生弹性变形或塑性变形，从而会降低模具的精度。例如：塑料模、压铸模中的型腔在熔融塑料或合金液的压力作用下的变形，细小型芯在熔融塑料或合金液冲击作用下的变形，都会降低模具的精度。

5. 模具的使用条件

模具的使用条件，诸如成形设备的刚度和精度，原材料的性能变化，模具的安装和调整是否得当等，都会影响到模具的精度。

6.1.3　模具的精度检测

利用模具生产制品的特点之一是生产效率高、生产批量大，如果将精度不足的模具投入生产，就有可能产生大量的废品。为了将这种损失防患于未然，就有必要对模具的精度进行经常而仔细的检查。

1. 模具制造过程的精度检查

为了保证模具具有良好的原始精度，在模具制造过程中就应注意模具的精度检查。首先应严格检查和控制模具零件的加工精度及模具的装配精度，其次应通过试模验收工作综合检查模具的精度状况。只有在试模验收合格后，模具才可以交付用户投入使用。

2. 新模具入库前的精度检查

新模具在办理入库手续前必须进行精度检查。首先应通过外观检查和测量模具成形零件的工作尺寸、表面质量及其他有关指标是否达到设计要求，然后通过试模检验来检查制件的质量是否合乎要求。在判断模具精度是否合格时，要注意模具使用后的磨损对制件尺寸的影响，尤其是对于尺寸精度要求较严的制件，应考虑避免出现试制件的尺寸在规定的公差范围之内、但在模具使用后不久制件的尺寸就超出公差范围的情况。一般对于模具磨损后减小的制件尺寸，试制件的尺寸应接近于制件的最大极限尺寸；对于模具磨损后增大的制件尺寸，试制件的尺寸应接近于制件的最小极限尺寸。由于冲裁模的凸、凹模间隙可直接影响制件的毛刺高度，所以还需通过测量试制件的毛刺高度来判断凸、凹模间隙是否合适。此外，有时还应考虑修整模具或修磨刃口对模具和制件尺寸的影响。

如果直接使用用户的生产设备进行模具的试模验收工作，新模具入库前的精度检查可以与试模验收工作同时进行。否则，就要注意试模验收所用的设备和用户生产设备之间的差别，有时即使试模验收时的试制件是合格的，但在使用用户的设备进行生产时，由于设备之间存在差别，也有可能生产出不合格品。此时，在新模具入库前有必要在用户的设备上对模具的精度作重新检查。

新模具精度检查的结果应记入有关档案卡片，模具入库时应附带几个合格试制件一同入库。

3. 模具使用过程中的精度检查

模具使用时的精度检查包括首件检查、中间检查和末件检查。

有时，制件质量不合格的原因可能不在于模具，而是模具安装、调整不当造成的。模具安装、调整不当也是加工模具磨损和造成模具安全事故的重要原因。因此，在开始生产作业时，应试制、检查几个初期制件，并将检查结果与模具入库前的精度检查结果或上次使用时的末件检查结果相比较，以确认模具安装、调整是否得当。制件的成批生产必须在首件检查合格后才能开始。

在生产作业过程中，间隔一定时间或生产一定数量的制件后，应对制件进行抽样检查，即进行中间检查。中间检查的目的是了解模具在使用时的磨损速度，评估磨损速度对模具精度和制件质量的影响情况，以预防不合格品的成批出现。

生产作业终了时，应对最终制造的制件进行检查，同时结合对模具的外观检查，来判断模具的磨损程度和模具有无修理或重磨的必要。此外，通过对首件检查和末件检查的结果比较，能够测算模具的磨损速度，以便合理安排下一次作业的制件生产批量，避免模具在下次使用时因中途需要重磨或修理而中断作业所造成的损失。

4. 模具修理后的精度检查

模具在修理时，更换零件和对模具进行拆卸、装配、调整等工作，都有可能使模具的精度发生变化，因此在模具修理结束后必须进行精度检查。检查的方法、要求与新模具入库前的精度检查相同。

6.2 模具的寿命

6.2.1 模具寿命的基本概念

模具的寿命是指模具能够生产合格制品的耐用程度，一般以模具所完成的工作循环次数或所生产的制件数量来表示。

模具在使用过程中，其零件将由于磨损或损坏而失效。如果磨损或损坏严重，导致模具无法修复时，模具就应报废。如果模具的零件都具有互换性，零件失效后能够得到更换，那么模具的寿命在理论上将是无限的。但是，模具在长时间使用后，零件趋于老化，故障概率大大增加，修理费用随之增加，同时模具经常修理会直接影响制件的生产。因此，当修理模具在经济上并不合理时，也应考虑将其报废。

模具在报废前所完成的工作循环次数或所生产的制件数量称为模具的总寿命。除此之外，还应考虑模具在两次修理之间的寿命，如冲裁模的刃磨寿命。

在设计和制造模具时，用户都会提出关于模具寿命的要求，这种要求称为模具的期望寿命。确定模具的期望寿命应综合考虑两方面的因素：一是技术上的可能性；二是经济上的合理性。一般而言，当制件生产批量较小时，模具寿命只需满足制件生产量的要求就足够了，此时在保证模具寿命的前提下应尽量降低模具的成本；当制件为大批大量生产时，即使需要很高的模具成本，也应尽可能地提高模具的使用寿命和使用效率。

6.2.2 影响模具寿命的因素

模具寿命指的是模具因为磨损或其他形式失效终至不可修复而报废之前所成形的制件总数。

　　模具的寿命是由其所成形的制件是否合格决定的，如果模具生产的制件报废，那么该模具就没有价值了。对用户来说，总是希望模具好用，而且要求模具的寿命长。对于大量生产，模具使用寿命长短直接影响到生产效率的提高和生产成本的降低，所以模具寿命对使用者来说是个非常重要的指标。使用者根据生产批量要求模具达到多长寿命，模具制造者就应尽量满足使用者的要求。

　　影响模具寿命的因素是多方面的，在设计与制造模具时应全面分析影响模具寿命的因素，并采取切实有效的措施提高模具的寿命。

1．制件材料对模具寿命的影响

　　实际生产中，由于冲压用原材料的厚度公差不符合要求、材料性能的波动、表面质量差和不干净等原因造成模具工作零件磨损加剧、崩刃的情况时有发生。由于这些制件材料因素的影响，直接降低了模具使用寿命，所以冷冲压制件所用的钢板或其他原材料，应在满足使用要求的前提下，尽量采用成形性能好的材料，以减少冲压变形力，改善模具工作条件。另外，保证材料表面的质量和清洁对任何冲压工序都是必要的。为此，材料在加工前应擦洗干净，必要时还要清除表面氧化物和其他缺陷。

　　对塑料制件而言，不同塑料品种的模塑成形温度和压力是不同的。由于工作条件不同，对模具的寿命就有不同的影响。以无机纤维材料为填料的增强塑料模塑成形时，模具磨损较大。

　　模塑过程中产生的腐蚀性气体会腐蚀模具表面。因此，应在满足使用要求的前提下，尽量选用模塑工艺性能良好的塑料来成形制件，这样既有利于模塑成形，又有利于提高模具寿命。

2．模具材料对模具寿命的影响

　　据统计，模具材料性能及热处理质量是影响模具寿命的主要因素。对冲压模具，因工作零件在工作中承受拉伸、压缩、弯曲、冲击摩擦等机械力的作用，因此冲模材料应具备抗变形、抗磨损、抗断裂、耐疲劳、抗软化及抗黏性的能力。对塑料模和压铸模，因型腔一般比较复杂，表面粗糙度值要求小，且工作时要承受熔体较大的冲击、摩擦和高温的作用，所以要求模具材料具有足够的强度、刚度、硬度和具有良好的耐磨性、耐腐蚀性、抛光性和热稳定性。近年来开发出的新型模具材料，既有优良的强度和耐磨性等，又有良好的加工工艺性，不仅大大提高了制件质量，而且大大提高了模具寿命。

3．模具热处理对模具寿命的影响

　　模具的热处理质量对模具的性能与使用寿命影响很大。因为热处理的效果直接影响着模具用钢的硬度、耐磨性、抗咬合性、回火稳定性、耐冲击以及抗腐蚀性，这些都是与模具寿命直接有关的性质。根据模具失效原因的分析统计，热处理不当引起的失效占50%以上。实践证明，高级的模具材料必须配以正确的热处理工艺才能真正发挥材料的潜力。

　　通过热处理可以改变模具工作零件的硬度，而硬度对模具寿命的影响是很大的。但并不是硬度越高，模具寿命越长。这是因为硬度与强度、韧性及耐磨性等有密切的关系，硬度提高，韧性一般要降低，而抗压强度、耐磨性、抗黏合能力则有所提高。有的冲模要求硬度高、寿命长，例如采用T10钢制造硅钢片的小冲孔模，硬度为HRC56～58时只冲几千次制件时毛刺就很大，如果将硬度提高到 HRC60～62，则刃磨寿命可达到 2 万～3 万次；但如果继续提高硬度，则会出现早期断裂。有的冲模硬度不宜过高，例如采用 Cr12MoV 制造六角螺母冷镦冲头，其硬度为 HRC57～59 时模具寿命一般为 2 万～3 万件，失效形式是崩裂，如将硬度降到 HRC 52～54，寿命则提高到 6 万～8 万件。由此可见，热处理应达到的模具硬度必须根据冲压工序性质和模具的失效形式而定，应使硬度、强度、韧性、耐磨性、疲劳强度等达到特定模具成形工序所需的最佳配合。

为延长模具寿命，可采取下述方法来改善模具的热处理。

（1）完善和严格控制热处理工艺，如采用真空热处理防止脱碳、氧化、渗碳，加热适当，淬火充分。

（2）采用表面强化处理，使模具成形零件"内柔外硬"，以提高耐磨性、抗黏性和抗疲劳强度。其方法主要有高频感应加热淬火、喷丸、机械滚压、电镀、渗氮、渗硼、渗碳、渗硫、渗金属、离子注入、多元共渗等。还可采用电火花强化、激光强化、物理气相沉积和化学气相沉积等表面处理新技术。

（3）模具使用一段时期后应进行一次消应力退火，以消除疲劳，延长寿命。

（4）在热处理工艺中，增加冰冷（低于-78℃）或超低温（低于-130℃）处理，以提高耐磨性。

（5）热处理时，注意强韧匹配，柔硬兼顾。有时为了提高模具的韧性，可以适当地降低硬度。

（6）热处理变形要小，可采用非常缓慢的加热速度、分级淬火、等温淬火等减小模具变形的热处理工艺。

4. 模具结构对模具寿命的影响

合理的模具结构是保证模具高寿命的前提，因而在设计模具结构时，必须认真考虑模具寿命问题。

模具结构对模具受力状态的影响很大，合理的模具结构，能使模具在工作时受力均匀，应力集中小，也不易受偏载，因而能提高模具寿命。

为了提高模具寿命，在设计模具结构时应注意以下几方面。

（1）适当增大模座的厚度，加大导柱、导套直径，以提高模架的刚性。

（2）提高模架的导向性能，增加导柱、导套数量。如冲模可采用导柱模架、用卸料板作为凸模的导向和支承部件（卸料板自身亦有导向装置）等。

（3）选用合理的模具间隙，在工作状态下保证间隙均匀。一般来说，冲模中采用较大的间隙有利于减小磨损，提高模具寿命。

（4）尽量使凸模或型芯工作部分长度缩短，并增大其固定部分直径和尾端的承压面积。

（5）适当增加冲裁凹模刃口直壁部分的高度，以增加刃磨次数。

（6）尽量避免模具成形零件截面的急剧变化及尖角过渡，以减小应力集中或延缓磨损，防止模具过早损坏。

（7）在冲压成形工序中，模具成形零件的几何参数应有利于金属或制件的变形和流动，工作表面的粗糙度值尽可能地减小。

（8）保持模具的压力中心与压力机、注塑机或压铸机等成形设备的压力中心基本一致。

5. 模具加工工艺对模具寿命的影响

模具工作零件需要经过车、铣、刨、磨、钻、冷压、刻印、电加工、热处理等多道加工工序。加工质量对模具的耐磨性、抗断能力、抗黏合能力等都有显著的影响。

为了提高模具寿命，在模具加工时可采取如下一些措施。

（1）采用合理的加工方法和工艺路线。尽可能通过加工设备来保证模具的加工质量。

（2）对尺寸和质量要求均较高的模具零件，应尽量采用精密机床（如坐标镗床、坐标磨床等）和数控机床（如数控铣床、数控磨床、数控线切割机、数控电火花机、加工中心等设备）加工。

（3）消除电加工表面不稳定的淬硬层（可用机械或电解、腐蚀、喷射、超声波等方法去除），电加工后进行回火，以消除加工应力。

（4）严格控制磨削工艺条件和方法（如砂轮硬度、精度、冷却、进给量等参数），防止磨削烧伤和裂纹的产生。

（5）注意掌握正确的研磨、抛光方法。抛光方向应尽量与金属的变形流动方向保持一致，并注意保持模具成形零件形状的准确性。

（6）尽量使模具材料纤维方向与受拉力方向一致。

6. 模具的使用、维护和保管对模具寿命的影响

一副模具即使设计合理、加工装配精确、质量良好，但如使用、维护及保管不当，也会导致模具变形、生锈、腐蚀，失效加快，寿命降低。为此，可采用下述方法以提高模具寿命。

（1）正确地安装与调整模具。

（2）在使用过程中，注意保持模具工作面的清洁，定期清洗模具内部。

（3）注意合理润滑与冷却。

（4）对冲模，应严格控制冲裁凸模进入凹模的深度，并防止误送料、冲叠片，还应严格控制校正弯曲、整形、冷挤等工序中上模的下止点位置，以防模具超负荷。

（5）当冲裁模出现 0.1 mm 的钝口磨损时，应立即刃磨，刃磨后要研光，最好使表面粗糙度 $R_a < 0.1 \ \mu m$。

（6）选取合适的成形设备，充分发挥成形设备的效能。

模具应编号管理，在专用库房里进行存放和保管。模具储藏期间，要注意防锈处理，最好使弹性元件保持松弛状态。

对使用者而言，模具的使用寿命当然越长越好。但模具使用寿命的增加，需伴随着制造成本的提高，因此设计和制造模具时，不能盲目追求模具的加工精度和使用寿命，应根据模具所加工制件的质量要求和产量，确定合理的模具精度和寿命。

6.2.3 提高模具寿命的途径

模具磨损的根本原因是模具零件与制件（或坯料）之间或模具零件与零件之间的相互摩擦作用。

降低这种摩擦作用或者提高模具零件耐磨性的途径都是降低模具的磨损速度、提高模具有效磨损寿命的有效途径。

1. 合理选择模具材料

模具材料的耐磨性是决定模具零件磨损速度的主要因素之一，材料的耐磨性主要取决于材料的种类和热处理状态。常用模具材料中，以冷作模具用钢为例，硬质合金的耐磨性最高，其次是高碳高铬工具钢，再次是低合金工具钢，碳素工具钢的耐磨性最低。一般情况下，需要耐磨的模具零件都应通过淬火或其他热处理方法提高材料的硬度。材料越硬，耐磨性就越好。

2. 提高模具零件表面质量

首先，要提高模具零件表面的精加工质量。零件加工越精细，表面粗糙度值越小，则模具的磨损速度就越慢，使用寿命就越高。其次，要尽力避免零件表层材料在加工过程中发生软化现象，防止材料耐磨性的降低。例如，在磨削加工时，如果工艺条件选择不当，就会产生磨削烧伤，使模具的表层材料的硬度降低，大大降低了零件的耐磨性。

3. 润滑处理

模具的导柱、导套及其他有相对运动的部位应经常加注润滑油。冲压加工时，一般应在凸、凹模工作表面或毛坯表面涂覆润滑油或润滑剂。变形抗力大的冲压加工，如冷挤压、厚料拉深、变薄拉深等，应对坯料进行表面润滑处理，例如：对碳钢坯料进行磷化皂化处理；对不锈钢坯料进行草酸盐处理。锻模、塑料模和压铸模等模具在成形前都应将润滑剂或起模剂喷涂于成形零件表面。

4. 防止粘模

如果制件材料与模具材料之间有较强的亲和力，两者之间会产生很强的黏附作用，甚至相互间在高压作用下产生冷焊，这就是所谓的粘模现象。粘模现象严重时，将在起模时导致制件和模具零件表面的材料撕裂脱落，一方面影响制件的表面质量，另一方面将使模具零件产生剧烈的粘着磨损，同时脱落的材料颗粒还会加剧模具零件的磨损。因此，无论是对于制件质量，还是对于模具寿命，粘模现象都是极为有害的，应采取措施加以预防。预防粘模的方法有：采用与制件材料亲和力较小的模具材料；采用可靠的润滑措施，防止润滑膜在高压下被挤破；采用渗氮、碳氮共渗等表面处理方法，改变模具零件表层材料的组织结构。

5. 合理选择模具结构参数和成形工艺条件

在保证制件质量的前提下，对于冲裁模适当加大凸、凹模间隙，对于弯曲模、拉深模适当加大凸、凹模间隙和凹模口部圆角半径，对于冷挤压模适当减小凹模入口角和凸、凹模工作带高度，以及增加制件的起模斜度，都能提高模具寿命。对于塑料模、压铸模等模具，适当减小成形压力、温度和速度，提高模具温度，既能减小熔融塑料或合金液在充模时对模具成形表面的冲击磨损，又能减小制件对模具的胀模力，从而减小模具在制件起模时的磨损。

6. 表面强化

表面强化的目的是提高模具零件表面的耐磨性。常用的表面强化方法有表面电火花强化、硬质合金堆焊、渗氮、碳氮共渗、渗硫处理、表面镀铬等。表面电火花强化、硬质合金堆焊常用于冲裁模。渗氮（硬氮化）主要用于 3Cr2W8V、5CrMnMo 等热加工模具钢零件的表面强化，此方法除能

提高零件的耐磨性外，还能提高零件的耐疲劳性、耐热疲劳性和耐磨蚀性，主要用于压铸模、塑料模等模具。碳氮共渗（气体软氮化）不受钢种的限制，能应用于各类模具。渗硫处理能减小摩擦系数，提高材料的耐磨性，一般只用于拉深模、弯曲模。表面镀铬主要用于塑料模及拉深模、弯曲模。除了上述常用方法外，模具的表面强化还有渗硼处理、渗金属处理、TD 法处理、化学气相沉积处理、碳氮硼多元共渗等许多方法。

6.3　模具的成本与安全

　　模具作为生产各种工业产品的重要工艺装备，一般不直接进入市场流通交易，而是由模具使用者与模具制造企业双方进行业务洽谈，明确双方的经济关系和责任，并以订单或经济合同的形式来确定双方经济技术关系。那么模具的定价是否合理，不仅关系到用户的切身利益，而且还关系到模具制造企业的盈利水平、市场的竞争以及预定的经营目标是否能顺利实现等，因此模具价格的制订是模具制造企业经营决策的重要内容之一。为了制订出合理的模具价格，必须搞清楚模具从设计到生产以及企业的管理、销售等各环节所花费的成本。

6.3.1　模具成本的概念

　　模具的制造和其他任何商品一样，只要投入了人力、物力，就要花费成本。对于成本的估算，社会上有"模具不过是一种半手工业劳动"的偏见，忽略了现代模具生产是人才、技术和资金高度密集的地方，模具成本中应含有很高的技术价值。模具产品成本根据在生产中的作用可分为固定成本和变动成本两大类，这两种成本均对模具的价格产生直接影响。

　　固定成本是指在一定时期、一定产量范围内不随模具产品数量变动而变动的那部分成本，如厂房和设备的折旧费、租金、管理人员的工资等。这些费用在每一个生产期间的支出都是比较稳定的，它们将被平均分摊到模具产品中去，不管产品的产量如何，其支出总额是相对不变的。但单位产品上分摊的固定费用却随产量的变化而变化。模具产量越高，每副模具产品分摊的固定费用就越少；反之每副模具产品分摊的固定费用就越高。因此模具企业可以采用压缩固定成本总额或增加模具产量的方法来控制模具的固定成本。

　　变动成本是指模具的成本总金额随模具产品数量的变动而成正比例变动的成本，主要包括制造模具的原材料、能源、计件工资、直接营业税等。变动成本的总额虽然随模具产量的变大而变大，但对于每副模具的变动成本却是相对稳定的，不随产量变动。一般情况下，只能通过控制单位产品（每副模具）的消耗量，才能达到降低单位变动成本的目的。

　　综合上述固定成本和变动成本这两大类因素，可以认为模具的价格是由模具的生产成本、销售费用（包装运输费、销售机构经费、宣传广告费、售后服务费等）、利润和税金四部分构成。

　　实践证明，模具价格中的主要成分是生产成本。生产成本是指生产一定数量的产品所耗用的物质资料和支付劳动者的报酬。生产成本由以下内容组成。

（1）模具设计费。模具一般不具有重复生产性，每套模具在投产前均需设计。

（2）模具的原材料费。铸件、锻件、型材、模具标准件及外购件费用等。

（3）动力消耗费。水、电、气、煤、燃油费等。

（4）工资。工人工资、奖金，按规定提取的福利基金。

（5）车间经费。管理车间生产发生的费用以及外协费等。

（6）企业管理费。管理人员与服务人员工资、消耗性材料、办公费、差旅费、运输费、折旧费、修理费及其他费用。

（7）专用工具费。专用刀具、电极、靠模、样板、模型所耗用的费用等。

（8）试模费。模具生产本身具有试制性，在交货前均需反复试模与修整。

（9）试制性不可预见费。由于模具制造中存在着试制性，成本中就包含着不可预见费和风险费。

由于模具制造具有单件试制性特点，而且生产实践也表明，模具是物化劳动少而技术投入多的产品，其"工费"在生产成本中占有很大比例（70%~80%）。用户通常对模具的生产成本只想到工费和材料费，不考虑其他费用，造成用户和模具制造者在模具价格认识上的差距。

6.3.2　降低模具成本的方法

获取最大盈利是模具企业追求的重要目标之一。但是企业追求最大盈利并不等于追求最高价格。当产品价格过高时，销售量会相应减少，最终导致销售收入的降低，使企业盈利总额下降。众所周知，产品成本制约着产品价格，而产品价格又影响到市场需求、竞争等因素。从这个角度来看，模具的成本应越低越好。

降低模具成本的方法如下。

（1）模具企业对内部各部门从严管理、提高效率，从每一个细节上深挖潜能，杜绝浪费和人浮于事的现象。

（2）模具企业通过发挥规模经济效应，增加产量，降低成本，刺激社会需求。

（3）设计模具时应根据实际情况作全面考虑，即应在保证制件质量的前提下，选择与制件产量相适应的模具结构和制造方法，使模具成本降到最低程度。

（4）要充分考虑制件特点，尽量减少后续加工。

（5）尽量选择标准模架及标准零件，以便缩短模具生产周期，从而降低其制造成本。

（6）设计模具时要考虑试模后的修模方式，应留有足够的修模余地。

（7）在模具制造中，合理选择机械加工、特种加工和数控加工等加工方法，以免造成各种形式的浪费。

（8）对于一些精度和使用寿命要求不高的模具，可用简单方便的制模法快速制成模具，以节省成本。

（9）尽量采用计算机辅助设计（CAD）与计算机辅助制造（CAM）技术。

在一般情况下，模具生产成本（主要包括材料费、动力消耗、工资及设备折旧费等）的大小是决定模具价格高低的主要因素，若想降低模具价格，首先必须设法降低其成本。此外，当模具价格不变时，成本越低，企业纯收入越大；成本越高，纯收入越小。因此，模具企业要想获取更多的盈利，就必须加强内部管理，精打细算，不断把降低成本作为企业生存的必由之路。

6.3.3　模具设计和制造过程中出现的安全问题

模具安全技术包括人身安全和设备与模具安全技术两个方面。前者主要是保护操作者的人身（特别是双手）安全，也包括降低生产噪声。后者主要是防止设备事故，保证模具与压力机、注射机等设备不受意外损伤。

发生事故的客观原因是：因为冲压设备多为曲柄压力机和剪切机，其离合器、制动器及安全装置容易发生故障；模塑成形设备和压铸机的液压、电器、加热装置等失灵，一个零件发生"灾难性"的故障，因此可能造成其他零件损坏，导致设备失效。发生事故的主观原因是主要的，包括操作者对成形设备的加工特点缺乏必要的了解，操作时又疏忽大意或违反操作规程；模具结构设计的不合理或模具没有按要求制造，或未经严格检验导致强度不够或机构失效；模具安装、调整不当；设备和模具缺乏安全保护装置或维修不及时等。

模具在设计、制造、使用过程中易出现的安全问题如下。

（1）操作者疏忽大意，在冲床滑块下降时将手、臂、头等伸入模具危险区。

（2）模具结构不合理，模具给手指进入危险区造成方便，在冲压生产中工件或废料回升而没有预防的结构措施，或单个毛坯在模具上定位不准确而需用手校正位置等。

（3）模具的外部弹簧断裂飞出，模具本身具有尖锐的边角。

（4）塑料模具或模塑设备中的热塑料溢出，压缩空气溢出，液压油溢出。

（5）热模具零件裸露在外，电接头绝缘保护不好。

（6）模具安装、调整、搬运不当，尤其是手工起重模具。

（7）压力机的安全装置发生故障或损坏。

（8）在生产中，缺乏适当的交流和指导文件（操作手册、标牌、图样、工艺文件等）。

从事故发生的统计数据表明：在冲压生产中发生的人身事故比一般机械加工多。目前新生产的压力机，国家规定都必须附设安全保护装置才能出厂。压力机用的安全保护装置有安全网、双手操作机构、摆杆或转板护手装置、光电或安全保护装置等。在保障冲压加工的安全性方面，除压力机应具有安全装置外，还必须使所设计的模具具有杜绝人身事故发生的合理结构和安全措施。

6.3.4　提高模具安全的方法

在设计模具时，不仅要考虑到生产效率、制件质量、模具成本和寿命，同时必须考虑到操作方便、生产安全。

1．技术安全对模具结构的基本要求

（1）不需要操作者将手、臂、头等伸入危险区即可顺利工作。

（2）操作、调整、安装、修理、搬运和贮藏方便、安全。

（3）不使操作者有不安全的感觉。

（4）模具零件要有足够的强度，应避免有与机能无关的外部凸、凹部分，导向、定位等重要部位要使操作者看得清楚，原则上冲压模具的导柱应安装在下模并远离操作者，模具中心应通过或靠近成形设备的中心。

2．模具的安全措施

（1）设计自动模：当压力机没有附设的自动送料装置时，可将冲模设计成自动送料、自动出件的半自动或自动模。这是防止发生人身安全事故的有效措施。

（2）设置防护装置：设置防护装置的目的是把模具的工作区或其他容易造成事故的运动部分保护起来，以免操作者接触危险区。在冲模设计时可采取下列一些防护装置。

① 防护挡板：用带槽形窗口的防护板将冲压的危险区围起来（一般装在下模上）。防护板的结构以安全又不妨碍观察冲压工作情况为原则。

② 防护罩：对于较大的开式冲模，可设置折叠式防护罩或锥形弹簧防护罩（自由状态的间隙小于 8 mm），将凸模围起来。对于其他裸露的可动部分，也要用防护罩罩起来。

（3）设置模外装卸机构：对于单个毛坯的冲压，当无自动送料装置时，为了避免手伸入危险区，可以设置模外手动装料的辅助机构，在模外手工装料，然后利用斜面料槽将待冲工件滑到冲模工作位置。

（4）防止工件或废料回升：在冲裁模中，落料制件或冲孔废料有时被粘附在凸模端面上带回凹模面造成冲叠片，这不仅会损坏模具刃口，有时还会造成碎块伤人的事故。为此，通常在凸模中采用顶料杆或通入压缩空气的方法，迫使制件（落料）或废料（冲孔）从凹模中漏下，如图 6-1 所示。

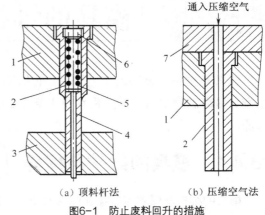

（a）顶料杆法　　（b）压缩空气法

图6-1　防止废料回升的措施

1—凸模固定板　2—凸模　3—卸料板　4—顶料杆
5—弹簧　6—螺塞　7—垫板

（5）缩小模具危险区的范围：在无法安装防护挡板和防护罩时，可通过改进冲模零件的结构和有关空间尺寸以及冲模运动零件的可靠性等安全措施，以缩小危险区域，扩大安全操作范围。具体方法如下。

① 凡与模具工作需要无关的角部位置都倒角或设计成一定的铸造圆角。

② 手工放置工序件时，为了操作安全与取件方便，在模具上开出让位空槽，如图 6-2 所示。

③ 当上模在下极点时，使凸模固定板与卸料板之间保持 15～20 mm 的空隙，以防压伤手指。当上模在上极点时，使凸模（或弹压卸料板）与下模上平面之间的空隙小于 8 mm，以免手指伸入。

④ 单面冲裁或弯曲时，将平衡块安置在模具的后面或侧面，以平衡侧压力对凸模的作用，防止因偏载折断凸模而影响操作者的安全。

⑤ 模具闭合时，上模座与下模座之间的空间距离不小于50 mm。

（6）模具的其他安全措施。

① 合理选择模具材料和确定模具零件的热处理工艺规范。

② 设置安装块和限位支撑装置，如图 6-2 所示。对于大型模具，设置安装块不仅给模具的安装、调整带来方便，也增强安全系数，而且在模具存放期间，能使工作零件保持一定距离，以防上模倾斜和碰伤刃口，并可防止橡胶老化或弹簧失效。而限位支撑装置则可限制冲压工作行程的最低位置，避免凸模伸入凹模太深而加快模具的磨损。

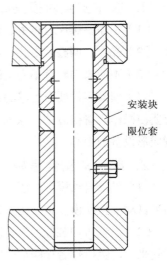

安装块

限位套

图6-2　冲模的安装块与限位支撑装置

③ 对于重量较大的模具，为便于搬运和安装，应设置起重装置。起重装置可采用螺栓吊钩或焊接吊钩，原则上一副模具使用 2～4 个吊钩，吊钩的位置应使模具起重提升后保持平衡。

6.4　模具的维护与修理

模具是精密和复杂的工艺装备。它的制造周期较长，生产中又具有成套性。为了保证正常生产，提高制件质量，延长模具使用寿命，改善模具技术状态，必须要对模具进行精心维护与保养。

6.4.1　模具的维护与保养

模具的维护与保养应贯穿在模具的使用、修理、保管各个环节之中，其方法见表 6-1。

表 6-1　模具的维护与保养

序号	维护保养项目	内　　容
1	模具使用前的准备工作	1. 对照工艺文件，检查所使用的模具是否正确，规格、型号是否与工艺文件统一； 2. 操作者应首先了解所用模具的使用性能、方法及结构特点，动作原理； 3. 检查一下所使用的设备是否合理，如压力机的行程、开模距、压射速度等是否与所使用的模具配套； 4. 检查一下所用的模具是否完好，使用的材料是否合适； 5. 检查一下模具的安装是否正确，各紧固部位是否有松动现象； 6. 开机前工作台、模具上杂物是否清除干净，以防开机后损坏模具或出现安全隐患

续表

序号	维护保养项目	内　容
2	模具使用过程中的维护	1. 模具在开机后，必须认真检查首件合格后才能开始生产，如检查不合格应停机检查原因； 2. 遵守操作规程，防止乱放、乱砸、乱碰及违规操作； 3. 模具运转时，随时检查，发现异常立刻停机修整； 4. 要定时对模具各滑动部位进行润滑，防止野蛮操作
3	模具的拆卸	1. 模具使用后，要按正常操作程序将模具从机床上卸下，绝对不能乱拆乱卸； 2. 拆卸后的模具要擦试干净，并涂油防锈； 3. 模具吊运要稳妥：慢起、轻放； 4. 选取模具工作后的最后几个件检查确定需要检修与否； 5. 确定模具技术状态，使其完整及时送入指定地点保管
4	模具的检修养护	1. 根据技术鉴定状态定期进行检修，以保证良好的技术状态； 2. 要按检修工艺进行检修； 3. 检修后要进行试模、重新鉴定技术状态
5	模具的存放	保管存放的地点一定要通风良好、干燥且不潮湿

6.4.2　模具维修常用设备工具与修配工艺过程

1. 模具维修常用的设备工具

模具维修使用的设备与工具见表 6-2。

表 6-2　　　　　　　　模具维修常用的设备与工具

序号	项目	名　称	用　途
1	使用设备	压力机	能供一般小型冲模冲裁、压弯及拉深用，如 J21-63 型压力机。对于大型冲模、塑料模、锻模、压铸模，可在生产车间内设备上进行
		手动压力机	供小型制件模具调整导柱、导套的压入、压出
		0.5kN 齿条式手动压力机	供小型零件的压入或压出以及制备件时的压印锉修
		锉床	供锉修零件用
		手推起重小车	供模具运输及搬运用
2	工具	撬杠　R_4 R_2 R R_1 R_3 L	主要用于开启模具

序号	项目	名　称	用　途
2	工具	卡钳 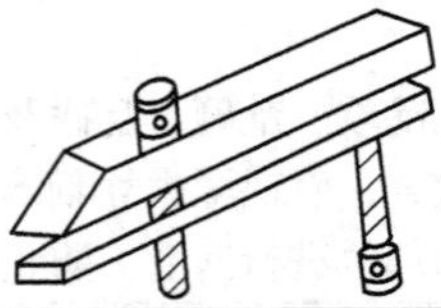 	卡零件用
		样板夹 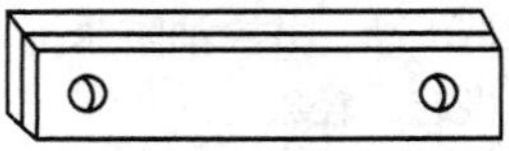 	夹示样板、配作模具零件用
		退销棒与拔销器 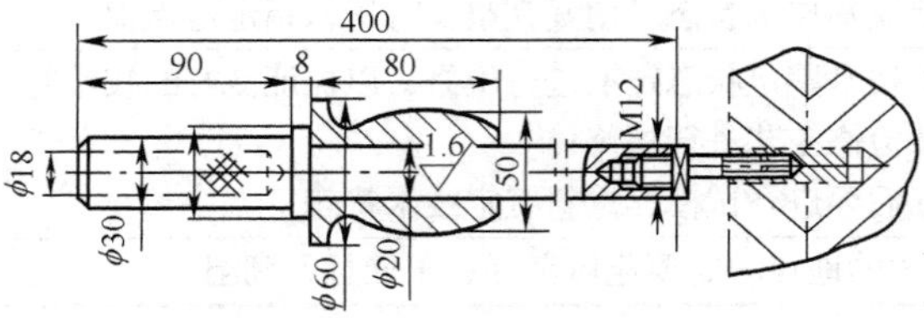 	用于取、装圆柱销
		螺钉定位器  	安装螺钉定位用
		铜锤	调整冲模间隙及相互位置
		各种尺寸内六角螺钉扳手	取出或拧紧螺钉用
3	切削工具	细纹什锦锉	5 支至 12 支组锉，用于锉修成形
		油石	各种规格型号的油石，粒度在 100～200，用于修磨零件
		砂轮磨头 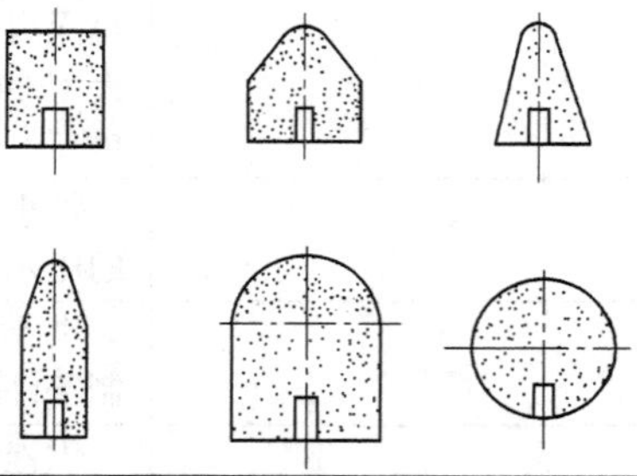 	粒度：40、60、80，用于修磨零件
		抛光轮 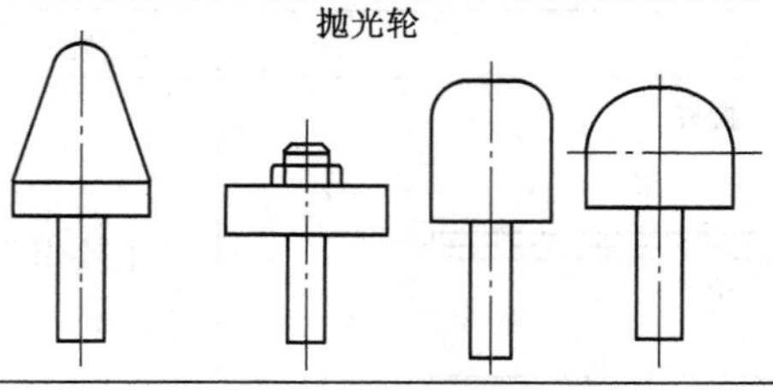 	布、皮革及毛毡 3 种，用于抛光零件用
		砂布	粒度：46、80、120、180，用于零件抛光

续表

序号	项目	名 称	用 途
4	量具	游标卡尺 高度游标卡尺 角度尺 0.02 mm 塞尺 半径 1 mm 以上半圆规	划线、测量及检验用

2. 修配工艺过程

模具修配工艺过程见表 6-3。

表 6-3   模具修配工艺过程

序 号	修 配 工 艺	简 要 说 明
1	分析修理原因	1. 熟悉模具图样，掌握其结构特点及动作原理； 2. 根据制件情况，分析造成模具需修配的原因； 3. 确定模具需修理部位，观察其损坏情况及部位损坏情况
2	制订修理方案	1. 制订修理方案和修理方法，即确定出模具大修或小修方案； 2. 制订修理工艺； 3. 根据修理工艺，准备必要的修理专用工具及备件
3	修配	1. 对模具进行检查，拆卸损坏部位； 2. 清洗零件，并核查修理原因及方案的修订； 3. 配备或修整损坏零件，使其达到原设计要求； 4. 更换修配后的零件，重新装配模具
4	试模与验证	1. 将修配后的模具用相应的设备进行试模与调整； 2. 根据试件进行检查，确定修配后的模具质量状况； 3. 根据试冲制品情况，检查修配后是否将原弊病消除； 4. 确定修配合格的模具，打刻入库存放

6.4.3   各类冲模的常见故障及修理方法

1. 冲裁模的常见故障及修理方法

冷冲模在使用过程中，总会出现一些大、小故障。这些故障可以通过各种方法来进行修理，一方面可以增加模具的使用寿命，同时也降低了模具的成本。常见故障现象、产生的原因及修理的方法见表 6-4。

表 6-4　　　　　　　　　　　　　冲裁模常见故障及修理方法

现象	产　生　原　因	修　理　方　法
制件的外形及尺寸发生变化	1. 凸模与凹模尺寸发生变化或凹模刃口被啃坏，凸、凹模损坏了某部位； 2. 定位销、定位板被磨损，不起定位作用 3. 在剪切模或冲孔模中，压料板不起作用，而使制品受力引起弹性跳起； 4. 条料没有送到规定位置或条料太窄，在导板内发生移动	1. 制品外形尺寸变大，可卸下凹模，将其更换或采用挤捻、嵌镶、推焊等方法修配；制品内孔变小，可以用同样的方法修配； 2. 检查原因，重新更换新的定位零件，或仔细调整位置继续使用 3. 修理承压板或压料橡皮，使其压紧坯料后进行冲裁； 4. 改善工艺条件，按规定的工艺制度严格执行
制品内孔与外形尺寸相对位置发生变化	1. 凸模与凹模由于长期使用，紧固零件或固紧方式变化发生位置移动； 2. 在连续模中，侧刃长期被磨损而尺寸变小； 3. 导钉位置发生变化；两个导钉定位时，导钉由于受力后发生扭转，使定位、导向不准； 4. 定位零件失灵	1. 固紧凸、凹模或重新安装，保证原来精度及间隙值； 2. 侧刃长度应与步距尺寸相等，当变小时，应更换新的侧刃凸模； 3. 更换导钉，调好位置； 4. 重新更换、安装定位零件
制品产生了毛刺，而且越来越大	1. 凸、凹模刃口变钝、局部磨损及破裂； 2. 凸、凹模硬度太低、长期磨损刃口变钝； 3. 凸、凹模间隙不均匀； 4. 凸、凹模相互位置变化，造成单边间隙； 5. 凹模刃口做成倒锥形； 6. 拼块凹模拼合不紧密，配合面有缝隙存在； 7. 凸、凹模局部刃口被啃坏或产生凹坑及印痕； 8. 搭边值小，模具设计不合理	1. 修磨刃口，使其变锋利； 2. 更换新的凸、凹模零件； 3. 调整导柱、导套配合间隙把凸、凹模间隙调匀； 4. 调整间隙及凸、凹模相对位置，并紧固螺钉； 5. 修磨刃口或更换新的凸、凹模； 6. 检查拼块拼合状况，若发现松动产生缝隙应重新镶拼； 7. 更换凸、凹模，或在平面磨床修磨刃口平面； 8. 加大搭边值
制品表面越来越不平	1. 压料板失灵，制品冲压时翘起； 2. 卸料板磨损后与凸模间隙变大，在卸料时易使制品单面及四角带入卸料孔内，使制品发生弯曲变形； 3. 凹模有倒锥； 4. 条料本身不平	1. 调整及更换压料板，使之压力均匀（0.5mm板料可以用橡皮压料）； 2. 重新浇注（低熔点合金）卸料孔，始终与凸模保持适当间隙值； 3. 更换凹模或进行修整； 4. 更换条料
工件制品与废料卸料困难	1. 复合模中顶杆、打料杆弯曲变形； 2. 卸料弹簧及橡皮弹力失效； 3. 卸料板孔与凸模磨损后间隙变大，凸模易于把制品带入卸料孔中，卡住条料及制品不易卸出； 4. 复合模中卸料器顶出杆长短不正或歪斜； 5. 工作时润滑油太多，将制品粘住； 6. 漏料孔太小或被制品废料堵塞	1. 更换修整打料杆、顶杆； 2. 更换新的弹簧及橡皮； 3. 重新修整及浇注卸料孔； 4. 修整卸料器顶杆； 5. 适当放润滑油； 6. 加大漏料孔
制品只有压印而剪切不下来	1. 凸、凹模刃口变钝； 2. 凸模进入凹模深度太浅； 3. 凸模长期使用，与固定板配合发生松动，受力后凸模被拔出	1. 磨修刃口，使其变锋利； 2. 调整压力机闭合高度，使凸模进入凹模深度适中； 3. 重新装配凸模

续表

现象	产 生 原 因	修 理 方 法
凸模弯曲或断裂	1. 凸模硬度太低，受力后弯曲，硬度高则易折断碎裂； 2. 在卸料装置中顶杆弯曲，致使活动卸料器在冲压过程中将凸模折断或弯曲； 3. 上、下模板表面与压力机台面不平行，致使凸模与凹模配合间隙不均，使凸模折断或弯曲； 4. 长期使用的螺钉及销钉松动，使凹模孔与卸料板孔不同轴，致使凸模折断； 5. 导柱、导套、凸模由于长期受冲击振动而与支撑面不垂直； 6. 凹模孔被堵，凸模被折断，凹模被挤裂	1. 正确控制热处理硬度； 2. 检查卸料器受力状况，若发现顶杆长短不一或弯曲，应及时更换； 3. 重新安装模具于压力机上； 4. 经常检查模具，预防螺钉及销钉松动； 5. 重新调整、安装模具； 6. 经常检查漏料孔状况，发生堵塞及时疏通
凹模碎裂或刃口被啃坏	1. 凹模淬火硬度过高； 2. 凸模松动与凹模不垂直； 3. 紧固件松动，致使各零件发生位移； 4. 导柱、导套间隙发生变化； 5. 凸模进入凹模太深或凹模有倒锥； 6. 凹模与压力机工作台面不平行	1. 更换凹模； 2. 重新装配； 3. 紧固各紧固件，重新调整模具； 4. 修理导向系统； 5. 调整压力机闭合高度，或更换凸、凹模； 6. 重新在压力机台面上安装冲模
送料不通畅或被卡死	1. 导料板之间位置发生变化； 2. 有侧刃的连续模，导料板工作面和侧刃不平行使条料卡死； 3. 侧刃与侧刃挡块松动； 4. 凸模与卸料孔间隙太大	1. 调整导料板位置； 2. 重装导料板； 3. 修整侧刃挡块，消除两者之间间隙； 4. 重新浇注或修整卸料孔

2. 弯曲模常见故障及修理方法

弯曲模常见故障及修理方法见表 6-5。

表 6-5 　　　　　　　　　弯曲模常见故障及修理方法

故 障 现 象	产 生 原 因	修 理 方 法
弯曲制件形状和尺寸超差	1. 定位板或定位销位置变化或被磨损后，定位不准确； 2. 模具内部零件由于长期使用后松动或凸、凹模被磨损	1. 更换新的定位板及定位销或重新调整使定位准确； 2. 紧固零件，修整或更换凸、凹模
弯曲件弯曲后产生裂纹或开裂	1. 凸模与凹模位置发生偏移； 2. 凸、凹模长期使用后表面粗糙； 3. 凸、凹模表面本身有裂纹或破损	1. 重新调整凸、凹模位置； 2. 抛光； 3. 更新凸、凹模
弯曲件表面不平或出现凹坑	1. 凸、凹模表面粗糙； 2. 在冲压时，有杂物混入凹模中，碰坏凹模或使制品每次冲压时有凹坑； 3. 凸、凹模本身有裂纹	1. 抛光、修磨； 2. 每次冲压后，要清除表面杂物； 3. 更换凸、凹模

3. 拉深模常见故障及修理方法

拉深模常见故障及修理方法见表 6-6。

表 6-6 　　　　　　　　　　　　　拉深模常见故障及修理方法

故障现象	产 生 原 因	修 理 方 法
拉深制品的形状及尺寸发生变化	1. 冲模上的定位装置磨损后变形或偏移； 2. 凸、凹模间隙变大； 3. 冲模中心线与压力机中心线以及与压力机台面垂直度发生变化	1. 更换新的定位装置或调整； 2. 修整凸、凹模或更换； 3. 重新安装模具于压力机上
拉深件出现皱纹及裂纹现象	1. 凸、凹模表面有明显的裂纹及破损； 2. 压边圈压力过大或过小； 3. 凹模圆圈半径破坏，产生锋刃； 4. 间隙小被拉裂，间隙大易起皱	1. 更换凸、凹模； 2. 调整压边力大小； 3. 修整凹模圆角半径； 4. 重新调整间隙，使之均匀合适
制件表面出现擦伤及划痕	1. 凸、凹模部分损坏，有裂纹或表面碰伤； 2. 冲模内部不清洁，有杂物混入； 3. 润滑油质量差； 4. 凹模圆角被破坏或表面粗糙	1. 更换凸、凹模； 2. 清除表面杂物； 3. 更换润滑油； 4. 修整凹模并抛光表面

4. 冷挤压模常见故障及修理方法

冷挤压模常见故障及修理方法见表 6-7。

表 6-7 　　　　　　　　　　　　　冷挤压模常见故障及修理方法

故障现象	产 生 原 因	修 理 方 法
制件被拉裂	1. 凸、凹模的中心轴线发生相对位移，不同心； 2. 凸模的中心轴线与机床台面不垂直	1. 重新调整凸、凹模相对位置； 2. 在压力机上重新安装冲模，使其中心轴线垂直于工作台面
制件从冲模中取不下来	1. 冲模的卸料装置长期使用后，内部机构相对位置发生变化及损坏； 2. 润滑油太少，或毛坯未经表面处理	1. 更换及调整卸料装置零件； 2. 正确使用润滑剂或处理毛坯表面
凸模被折断	1. 毛坯端面不平或与凹模之间间隙过大、凸凹模不同心； 2. 表面质量降低，有划痕及磨损，引起应力集中； 3. 工作过程中，反复受压缩应力和拉应力影响	1. 保证毛坯端面平整，凸、凹模同心度 < 0.15mm，凹模与毛坯间隙应控制在 0.1mm 左右； 2. 抛光凸、凹模表面； 3. 更换凸模，选用高强度、高韧性材料
凹模碎裂	1. 表面质量差； 2. 硬度不均匀； 3. 截面过渡处变化大； 4. 加工质量差； 5. 组合凹模的预应力低； 6. 润滑不良； 7. 表面脱碳	1. 采用氮化处理，强化表面层； 2. 改善热处理条件，使表面硬度均匀； 3. 改善凹模，重新制造凹模； 4. 改善加工质量，增大过渡圆弧； 5. 增大组合凹模的预应力； 6. 提高坯料的润滑质量； 7. 热处理采取防脱碳措施或盐浴炉加热

6.4.4　锻模的常见故障及修理方法

型腔模主要包括锻模、塑料压缩模、挤缩模、塑料注射模、合金压铸模等。这类模具除锻模外，在工作时受的冲击力较小、故不易损坏与破裂，只是在使用时，型腔受材料影响而表面质量降低。因此，必须及时对其进行抛光，使其恢复到原来的工作状态，保证产品质量。其他部件，如导向机构、制件推出机构等发生故障后的修理方法基本与冷冲模相同。锻模由于工作条件恶劣，受冲击较大，损坏、破损的机会较多。

锻模的常见故障及修理方法见表 6-8。

表 6-8　　　　　　　　　　　　锻模常见故障及修理方法

故障现象	简图	修理方法
局部表面微裂纹、圆角部分隆起、突起部分塌陷、局部开裂、模膛变形		微小裂损，可在工位上用电动或气动砂轮机（带有软轴及磨头）、手凿、刮刀、扁铲等工具进行现场修理
锻模局部锻裂	焊接　裂纹	锻打时由于预热不好、砧座不平等原因，结果致使锻模锻裂，可在锻模两侧以补焊方法修复
复杂型面处断裂		利用补焊修复
筋、凸起和毛边槽桥部碎裂		采用堆焊同类金属方法修复，堆焊后用手砂轮打磨出所需形状

本章小结

模具的精度主要是指模具成形零件的工作尺寸及精度和成形表面的表面质量。

模具精度可分为模具零件本身的精度和发挥模具效能所需的精度。

模具受力零件在刚度、强度不足时，会发生弹性变形或塑性变形，从而会降低模具的精度。

新模具精度检查的结果应记载入有关档案卡片，模具入库时应附带几个合格试制件一同入库。

模具磨损的根本原因是模具零件与制件（或坯料）之间或模具零件与零件之间的相互摩擦作用。

模具产品成本根据在生产中的作用可分为固定成本和变动成本两大类，这两种成本均对模具的价格产生直接影响。

模具生产成本是决定模具价格高低的主要因素。

一、填空题

1. 模具精度可分为_____的精度和_____的精度。

2. 模具使用时的精度检查包括_____、_____和_____。

3. 模具受力零件在刚度、强度不足时，会发生_____变形或_____变形，降低模具的精度。

4. 模具安全技术包括_____安全和_____安全技术两个方面。

二、简答题

1. 简述影响模具精度的因素。

2. 简述影响模具寿命的因素。

3. 简述提高模具寿命的途径。

4. 简述模具磨损的根本原因。

5. 简述降低模具成本的方法。

6. 简述提高模具安全的方法。

7. 简述型腔模主要包括什么？

第7章

| 典型模具零件的加工工艺 |

【学习目标】

1. 了解典型模具零件的加工工艺过程。
2. 掌握典型模具零件的工艺路线。
3. 掌握典型模具零件的加工过程。

  制件的精度高低、表面质量好坏，取决于模具零件的制造工艺。设计科学合理的制造工艺，是保证模具零件中成形零件质量，也是保证产品质量的关键。成形零件主要有两类：凸模（型芯）和凹模（型腔）。简单的凸模（型芯）和凹模（型腔）以机械切削加工（主要指的是数控加工）为主，经过抛光工序；复杂的凸模（型芯）和凹模（型腔）以机械切削进行粗加工，精加工以电加工为主；复杂的小型异型凹模（型腔）以电加工为主。

  本章主要介绍典型冷冲模和典型塑料模零件的加工工艺。

7.1 典型冷冲模零件的加工工艺

| 7.1.1 技术要求 |

1. 冷冲模的主要技术要求

（1）保证凸、凹模尺寸精度和凸、凹模之间的间隙均匀。

（2）表面形状和位置精度应符合要求，如侧壁应该平行，凸模的端面应与中心线垂直；多孔凹模、级进模、复合模都有位置精度要求。

（3）表面光洁、刃口锋利，刃口部分的表面粗糙度 R_a 为 0.4 μm，配合表面的粗糙度 R_a 为 0.8～1.6 μm，其余 R_a 为 6.3 μm。

（4）凸、凹模工作部分要求具有较高的硬度、耐磨性及良好的韧性。凹模工作部分的硬度要求通常为 60～64HRC，凸模为 58～62HRC。铆式凸模多用高碳钢制造，配合部分不要求淬硬，工作部分采用局部淬火。

2. 材料与热处理

冲模常用材料为 T8A、T10A、9Mn2V、9CrSi、CrWMn、Cr12、Cr12MoV 及硬质合金等。

冲模工作零件毛坯的预备热处理常采用退火、正火工艺，其目的主要是消除内应力，降低硬度以改善切削加工性能，为最终热处理作准备。

冲模工作零件的最终热处理是在精加工前进行淬火、低温回火处理，以提高其硬度和耐磨性。

7.1.2　凸模的机械加工工艺过程

1. 圆形凸模的机械加工工艺过程

图 7-1 所示为圆形凸模零件图。圆形凸模的机械加工工艺规程见表 7-1。

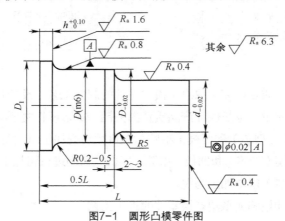

图7-1　圆形凸模零件图

表 7-1　　　　　　　　　　　　　圆形凸模机械加工工艺规程

工序号	工序名称	工序内容	定位基准	加工设备	备注
0	生产准备	领取毛坯，检查合格印，检查材料牌号，下料尺寸（D_1+2）（L+8）			
5	车削	1. 车两端面，打中心孔 2. 切断	棒料外圆	卧式车床	
10	车削	粗车、半精车外圆，留磨量 0.3 mm（单面）	中心孔	卧式车床	
15	热处理	淬火、低温回火 62～65HRC			
20	车削	修研中心孔，60° 外圆 R_a12.5 μm	外圆	卧式车床	
25	磨削	磨削 D 及 $D_{-0.02}^{\ 0}$ 外圆 R_a0.8～0.5 μm，圆滑过渡	中心孔	万能外圆磨床	
30	磨削	粗磨、半精磨 d，R5 圆滑过渡	中心孔	万能外圆磨床	
35	线切割	切去小端中心孔，保持总长 L		电火花线切割机床	

续表

工序号	工序名称	工 序 内 容	定位基准	加 工 设 备	备注
40	钳工	1. 去毛刺 2. 研磨刃口			
45	检验	根据图纸对尺寸和形状位置精度进行检验			

2. 非圆形凸模的机械加工工艺过程

加工过程为：下料→锻造→退火→粗加工→粗磨基准面→划线→工作型面半精加工→淬火、低温回火→磨削→修研。

图 7-2 所示为凸、凹模零件图。凸、凹模的机械加工工艺规程见表 7-2。

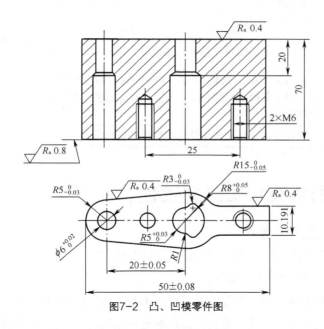

图7-2 凸、凹模零件图

表 7-2　　　　　　　　　　凸、凹模机械加工工艺规程

工序号	工序名称	工 序 内 容	定位基准	加工设备	备注
0	生产准备	领取毛坯，检查合格印，检查材料牌号			
5	刨削	1. 刨 6 个面，保证对角尺寸 2. 去毛刺	上、下平面，相邻侧面	牛头刨床	
10	平磨	1. 磨上、下两平面，留磨量 2. 磨角尺，对角尺	上、下平面，相邻侧面	平面磨床	
15	钳工	1. 去毛刺 2. 划 2 个螺孔位置线、钻螺纹底孔、攻丝 3. 划型孔和非圆孔预制孔的位置线	平面、侧面		
20	镗削	按线钻、镗型孔和非圆孔的预制孔	平面、侧面	坐标镗床	

续表

工序号	工序名称	工 序 内 容	定位基准	加工设备	备注
25	钳工	1. 去毛刺 2. 划凸模外轮廓线			
30	铣削	铣削外形，留磨量 0.3～0.5 mm		数控铣床	
35	钳工	1. 去毛刺 2. 划凸模外轮廓			
40	热处理	淬火、低温回火 58～62HRC			
45	平磨	磨削上、下平面	上、下平面 互为基准	平面磨床	
50	钳工	1. 去毛刺 2. 研磨内孔			
55	成形磨削	按一定的磨削程序磨削凸模外形	平面、凸模 外轮廓	磨床（配 夹具）	
60	钳工	精修内型孔，按冲孔凸模，修出间隙；或在冲孔凸模头部修出间隙，保证凸模外形与凹模的配合间隙			
65	检验	根据图纸对尺寸和形状位置精度进行检验			

7.1.3　凹模的机械加工工艺过程

1. 圆形凹模加工工艺路线

（1）单孔凹模加工：钻→铰（镗）→热处理→磨削→研磨。

（2）多孔（孔系）凹模加工方案如下。

方案1：在普通立式铣床上钻、镗孔→热处理→磨削（在坐标磨床）（适用于型孔间距要求不太高的加工），或在普通立式铣座上钻、镗孔，留研磨量→热处理→钳工研磨型孔。

方案2：在高精度坐标镗床上钻、镗孔→热处理→磨削（在坐标磨床）（适用于型孔间距要求高的加工），或在高精度坐标镗床上钻、镗孔，留研磨量→热处理→钳工研磨型孔。

2. 非圆形凹模加工工艺路线

下料→锻造→毛坯退火→粗加工六面→粗磨基准面→划线→型孔加工（型孔半精、精加工）→淬火、低温回火→磨上、下平面及角尺面→精磨（研磨）。

若采用电火花线切割加工，工艺路线如下所示。

下料→锻造→毛坯退火→粗加工六面→粗磨基准面→划线→钻穿丝孔→淬火、低温回火→磨上、下平面及角尺面→电火花线切割加工型孔（粗、半精、精加工）→钳工研磨型孔。

7.2 典型塑料模零件的加工工艺

7.2.1 圆柱型芯的机械加工工艺过程

图 7-3 所示为圆柱型芯的零件图。圆柱型芯的机械加工工艺规程见表 7-3。

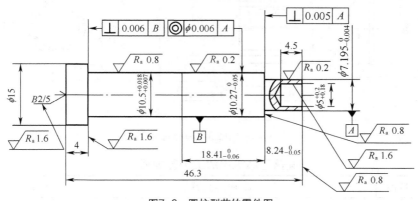

图7-3 圆柱型芯的零件图

表 7-3 　　　　　　　　　　　　　圆柱型芯机械加工工艺规程

工序号	工序名称	工 序 内 容	定位基准	加 工 设 备
0	生产准备	领取毛坯，检查合格印，检查材料牌号，锯 Cr12MoV 圆钢 ϕ16 mm × 50 mm 毛坯		锯床
5	车削	车床上装夹找正，平端面，打中心孔，掉头装夹找正，粗车大头外圆至 ϕ15 mm 及平端面，保证总长 47.5 mm（在小端留工艺余量 1 mm），打中心孔	棒料外圆	卧式车床
10	车削	用鸡心夹头（拨盘）装夹 ϕ15 mm 外圆，粗车小头各外圆至 ϕ11 mm、ϕ8 mm，半精车外圆至 ϕ10.75 mm、ϕ7.5 mm；钻铰 ϕ5 mm 孔至图纸尺寸，深度为 ϕ3mm	ϕ15mm 外圆	卧式车床
15	热处理	淬火加低温回火，表面硬度达 58～62HRC		热处理炉
20	钳工	钳工研磨中心孔		
25	磨削	精磨小头两外圆 ϕ10.75 mm、ϕ7.5 mm 至图纸要求	中心孔	万能外圆磨床
30	磨削	调整磨床装夹工件锥度为 1°30′，磨削脱模斜度、长度（按图纸尺寸）	中心孔	万能外圆磨床
35	磨削	在平面磨床上装夹找正，磨 ϕ7 mm 端面至总长 46.3 mm		平面磨床
40	钳工	钳工对型芯沿脱模方向进行纵向抛光		
45	检验	按图纸对尺寸和形状位置精度进行检验		

7.2.2 圆筒型芯的机械加工工艺过程

图 7-4 所示为圆筒型芯的零件图。圆筒型芯的机械加工工艺规程见表 7-4。

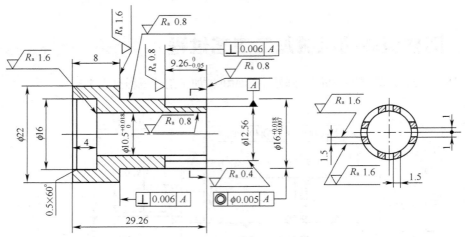

图7-4 圆筒型芯的零件图

表 7-4　圆筒型芯机械加工工艺规程

工序号	工序名称	工序内容	定位基准	加工设备
0	生产准备	领取毛坯，检查合格印，检查材料牌号，锯 Cr12MoV 圆钢ϕ25 mm × 32mm 毛坯		锯床
5	车削	车床上装夹找正，平端面，打中心孔，粗车外圆至 ϕ23 mm 及平端面，钻ϕ9 mm 通孔，镗ϕ15 mm 内孔，深度 4.5 mm，各锐角处倒钝	棒料外圆	卧式车床
10	车削	掉头装夹ϕ23 mm 外圆，平端面至总长 30 mm，粗车外圆至ϕ17 mm，车外圆至ϕ13.5 mm。车退刀槽两处	ϕ23 m 外圆	卧式车床
15	热处理	调质		热处理炉
20	车削	装夹ϕ17 mm 外圆，车外圆ϕ22.5 mm，平端面扩孔至ϕ9.9 mm，铰孔或镗孔至图纸要求。镗ϕ16 mm 内孔，深度 4 mm		卧式车床
25	车削	掉头用心轴装夹，半精车外圆至ϕ16.4 mm，再至ϕ13 mm，各长度的台肩留磨削余量 0.15 mm，精车外圆至ϕ22 mm	上一工序铰好的内孔定心、端面定位	卧式车床
30	热处理	淬火加低温回火，表面硬度达 58～62HRC		热处理炉
35	钳工	用铸铁芯棒研磨定位ϕ10.5 mm 的中心孔		
40	磨削	用心轴装夹，粗、精磨各外圆孔至图纸要求及各台肩至图纸要求	中心孔	万能外圆磨床
45	磨削	磨削ϕ12.5 mm 的端面，保证尺寸公差	ϕ22.5 mm 端面	平面磨床
50	线切割	用专用夹具装夹，切割轴向 8 条槽		电火花线切割机床

续表

工序号	工序名称	工 序 内 容	定位基准	加工设备
55	钳工	线切割面进行修磨抛光		
60	检验	按图纸对尺寸和形状位置精度进行检验		

7.2.3　齿轮型腔的机械加工工艺过程

图 7-5 所示为齿轮型腔的零件图。齿轮型腔的机械加工工艺规程见表 7-5。

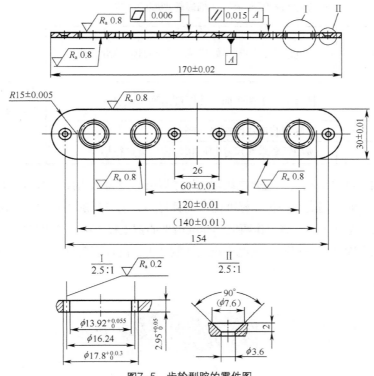

图7-5　齿轮型腔的零件图

表 7-5　　　　　　　　　　　　　齿轮型腔机械加工工艺规程

工序号	工序名称	工 序 内 容	定位基准	加工设备
0	生产准备	领取毛坯,检查合格印,检查材料牌号,锯 Cr12MoV 圆钢ϕ30 mm × 48 mm 毛坯。考虑锻造坯料拔长时端部圆弧的材料消耗		锯床
5	锻造	锻坯料至尺寸厚 13 mm、宽 42 mm、长 206 mm		锻压机
10	铣削	1. 铣削成 200 mm × 39 mm × 10 mm 的一个六方体，注意铣出两个互成直角的基准面 2. 以铣出的基准面为基准,钻 4 个齿轮型腔的穿丝孔ϕ3.5 mm（减小线切割的工时和材料消耗） 3. 锪 4 个ϕ3.5 mm 的沉头螺纹孔,深 2 mm		数控铣床

续表

工序号	工序名称	工 序 内 容	定位基准	加工设备
15	铣削	铣 4 个型腔的底孔，壁厚留 35 mm；铣齿轮型腔周边槽，壁厚留 3.5 mm（减小线切割的工时和材料消耗）	下平面	数控铣床
20	热处理	淬火加低温回火，表面硬度达 58～62HRC		热处理炉
25	磨削	磨削上、下平面，尺寸不要求，以磨平为准	上、下平面互为基准	平面磨床
30	线切割	装夹以基准面校正，编程切割出齿轮型腔，表面粗糙度达到图纸要求。切割齿轮型腔的外周	下平面	慢走丝电火花线切割机床
35	线切割	侧立装夹，切割出厚度为 3.2 mm 齿轮型腔薄片		慢走丝电火花线切割机床
40	磨削	精磨上、下两平面，使厚度达到图纸要求	上、下平面互为基准	平面磨床
45	钳工	齿轮型腔周边倒棱去毛刺		
50	检验	按图纸要求对尺寸和形状位置精度进行检验		

　　齿轮型腔的加工可采用慢走丝电火花线切割加工以外，还可采用插齿刀插削加工，或电火花成形加工。但插齿加工时，需定做一把非标准齿形的插齿刀，而且插削以后的表面粗糙度比较高，不易于抛光；而用电火花加工时，需制作两把非标准齿形的铜电极（粗、精加工各一把），加工速度比较慢，生产效率低。因此，采用慢走丝电火花线切割加工，既保证各项精度，又方便快捷，且成本相对较低。

本章小结

　　制件的精度高低、表面质量好坏，取决于模具零件的制造工艺，设计科学合理的制造工艺，是保证成形零件质量、也是保证产品质量的关键。

思考与练习

简答题

1. 简述非圆形凹模加工工艺路线。
2. 简述圆形凹模（单孔凹模）加工工艺路线。

Chapter 8

第8章

| 模具的装配与调整 |

【学习目标】

1. 掌握常用模具的装配方法。
2. 理解模具的装配方法及装配工艺过程。
3. 掌握冷冲模、塑料模的装配与调整方法。

  模具的装配和调整是模具制造中的关键工作。模具装配质量的好坏直接影响制件的质量、模具的技术状态和使用寿命。

  本章主要介绍常见模具的装配与试模一般步骤，冷冲模和塑料模的装配技术要求和常见方法。

  模具装配是指把组成模具的零部件按照图纸的要求连接或固定起来，使之成为满足一定成形工艺要求的专用工艺装备的工艺过程。

  模具装配图及验收技术条件是模具装配的依据；构成模具的所有零件，包括标准件、通用件及成形零件等符合技术要求是模具装配的基础。但是，并不是有了合格的零件就一定能装配出符合设计要求的模具，合理的装配工艺及装配经验也很重要。

  模具装配过程是模具制造工艺全过程中的关键环节，包括装配、调整、检验和试模。

  在装配时，零件或相邻装配单元的配合和连接均需按装配工艺确定的装配基准进行定位与固定，以保证它们之间的配合精度和位置精度，从而保证模具凸模与凹模之间精密均匀的配合、模具开合运动及其他辅助机构（如卸料、抽芯、送料等）运动的精确性，进而保证制件的精度和质量及模具的使用性能和寿命。

8.1 模具的装配方法及装配工艺过程

  模具与一般机械产品不同，它既是终端产品，又是用来生产其他制件的工具。因此模具零件制

造的完成不能成为模具制造的终点，必须将模具调整到可以生产出合格制件的状态后，模具制造才算完成。

1. 模具装配调试的特点

模具装配与调试同一般机械产品的装配相比有以下特点。

（1）模具属于单件小批量生产，常用修配法和调整法进行装配，较少采用互换法，生产效率较低。

（2）模具装配多采用集中装配，即全过程由一个或一组工人在固定地点来完成，对工人的技术水平要求较高。

（3）装配精度并不是模具装配的唯一标准，能否生产出合格制件才是模具装配的最终检验标准。

（4）模具装配技术要求主要是根据模具功能要求提出来的，用以指导模具装配前对零件、组件的检查、指导模具的装配工作以及指导成套模具的检查验收。

评定模具精度等级、质量与使用性能的技术要求如下。

① 通过装配与调整，使装配尺寸链的精度能完全满足封闭环（如冲模凸、凹模之间的间隙）的要求；

② 装配完成的模具，冲压、塑料注射、压铸出的制件（冲压件、塑件、压铸件）完全满足合同规定的要求；

③ 装配完成的模具使用性能与寿命，可达预期设定的、合理的数值与水平。

（5）模具的检查与调试是指按模具图样和技术条件，检查模具各零件的尺寸、表面粗糙度、硬度、模具材质和热处理方法等，检查与调试模具组装后的外形尺寸、运动状态和工作性能等。检查内容主要包括外观检查、尺寸检查、试模和制件检查、质量稳定性检查、模具材质和热处理要求检查等。

根据模具装配图样和技术要求，将模具的零部件按照一定工艺顺序进行配合、定位、连接与紧固，使之成为符合制品生产要求的模具，称为模具装配。其装配过程称为模具装配工艺过程。模具装配工艺过程通常按照模具装配的工作顺序划分为相应的工序和工步。一个装配工序可以包括一个或几个装配工步。模具零件的组件组装和总装都是由若干个装配工序组成的。

模具装配图及验收技术条件是模具装配的依据。构成模具的标准件、通用件及成型零件等符合技术要求是模具装配的基础。但是，并不是有了合格的零件，就一定能装配出符合设计要求的模具，合理的装配工艺及装配经验也是很重要的。

模具装配过程是按照模具技术要求和各零件间的相互关系，将合格的零件按一定的顺序连接固定为组件、部件，直至装配成合格的模具。它可以分为组件装配和总装配等。

2. 模具装配的内容

模具装配的内容有选择装配基准、组件装配、调整、修配、总装、研磨抛光、检验和试模、修模等工作。在装配时，零件或相邻装配单元的配合和连接，必须按照装配工艺确定的装配基准进行定位与固定，以保证它们之间的配合精度和位置精度，从而保证模具零件间精密均匀的配合，模具开合运动及其他辅助机构（如卸料、抽芯、送料等）运动的精确性。实现保证成形制件的精度和质量，保证模具的使用性能和寿命。通过模具装配和调试也将考核制件的成形工艺、模具设计方案和模具制造工艺编制等工作的正确性和合理性。

3. 模具装配顺序的一般原则

模具装配工艺规程是指导模具装配的技术文件，也是制订模具生产计划和进行生产技术准备的依据。模具装配工艺规程包括：模具零件和组件的装配顺序，装配基准的确定，装配工艺方法和技术要求，装配工序的划分及关键工序的详细说明，必备的二级工具和设备，检验方法和验收条件等。

（1）预处理工序在前。如零件的倒角、去毛刺、清洗、防锈、防腐处理应安排在装配前。

（2）先下后上。使模具装配过程中的重心处于最稳定的状态。

（3）先内后外。先装配产品内部的零部件，使先装部分不妨碍后续的装配。

（4）先难后易。在开始装配时，基准件上有较开阔的安装、调整和检测空间，较难装配的零部件应安排在先。

（5）可能损坏前面装配质量的工序应安排在先。如装配中的压力装配、加热装配、补充加工工序等，应安排在装配初期。

（6）及时安排检测工序。在完成对装配质量有较大影响的工序后，应及时进行检测，检测合格后方可进行后续工序的装配。

（7）使用相同设备、工艺装备及具有特殊环境的工序应集中安排。这样可减少产品在装配地的迂回。

（8）处于基准件同一方位的装配工序应尽可能集中连续地安排。

（9）电线、油、气管路的安装应与相应工序同时进行，以防零部件反复拆装。

（10）易碎、易爆、易燃、有毒物质或零部件的安装，尽可能放在最后，以减少安全防护工作量。

4. 模具的装配精度

模具的装配精度是确定模具零件加工精度的依据。一般由设计人员根据产品零件的技术要求、生产批量等因素确定。模具的装配精度包括相关零部件间的位置精度（如平行度、垂直度等）、相对的运动精度、配合精度及接触精度，只有当各精度要求得到保证，才能使模具的整体要求得到保证。

（1）相关零部件的位置精度　例如定位销孔与型孔的位置精度；上、下模之间，动、定模之间的位置精度；凸模、凹模，型腔、型孔与型芯之间的位置精度等。

（2）相关零部件的运动精度　包括直线运动精度、圆周运动精度及传动精度。例如导柱和导套之间的配合状态，顶块和卸料装置的运动是否灵活可靠，送料装置的送料精度。

（3）相关零部件的配合精度　相互配合零件的间隙或过盈量是否符合技术要求。

（4）相关零部件的接触精度　例如模具分型面的接触状态如何，间隙大小是否符合技术要求，弯曲模、拉深模的上下成形面的吻合一致性等。

模具装配精度的具体技术要求参考相应的模具技术标准。

|8.1.1　模具的装配方法 |

1. 模具装配的组织形式

模具装配的组织形式主要取决于模具生产批量的大小，根据模具生产批量大小的不同选择组织形式，主要的组织形式有固定式装配和移动式装配两种。

（1）固定式装配，是指从零件装配成部件或模具的全过程是在固定的工作地点完成。它可以分为集中装配和分散装配两种形式。

① 集中装配，是指从零件组装成部件或模具的全过程，由一个（或一组）工人在固定地点完成全部的装配工作。

由于此种装配形式必须由技术水平较高的工人承担，且装配周期长、效率低、工作地点面积大。所以该装配形式只适用于单件、小批量或装配精度要求较高及需要调整的部位较多的模具装配。

② 分散装配，是指将模具的装配全部工作分散为各种部件装配和总装配，在固定地点完成模具装配工作。

由于此种装配形式参与的装配工人较多，工作面积大、生产效率高、装配周期较短，所以该装配形式适用于成批量模具的装配工作。

（2）移动式装配，是指每一装配工序按一定的时间完成，装配后的组件（部件）或模具经传送工具输送到下一个工序。根据输送工具的运动情况可分为断续移动式和连续移动式两种。

① 断续移动式装配，是指每组装配工人在一定的周期内完成一定的装配工序，组装结束后由输送工具周期性输送到下一道装配工序。

由于此种装配形式对装配工人的技术水平要求低、效率高、装配周期短，所以该装配形式适用于大批和大量模具的装配工作。

② 连续移动式，是指装配工作是在输送工具以一定速度连续移动的过程中完成装配工作。其装配的分工原则与断续移动式基本相同，所不同的是输送工具做连续运动，装配工作必须在一定的时间内完成。

由于此种装配形式对装配工人的技术水平要求低，但必须操作熟练，装配效率高，装配周期短，所以该装配形式适用于大批量模具的装配工作。模具的装配方法是根据模具的产量和装配精度要求等因素来确定的。一般情况下，模具的装配精度要求越高，则其零件的精度要求也越高。

根据模具生产的实际情况，采用合理的装配方法，也可能用较低精度的零件装配出较高精度的模具，所以选择合理的装配方法是模具装配的首要任务。

2. 模具的装配方法

（1）互换装配法：根据待装零件能够达到的互换程度，互换装配法可分为完全互换法和不完全互换法。

① 完全互换法是指装配时，各配合零件不经过选择、修理和调整即可达到装配精度要求的装配方法。采用这种方法时，如果装配精度要求高而且装配尺寸链的组成环较多，容易造成各组成环的公差很小，使零件加工困难。该法的优点是：装配工作简单，质量稳定，易于流水作业，效率高，对装

配工人技术水平要求低，模具维修方便，只适用于大批、大量和尺寸链较短的模具零件的装配工作。

② 不完全互换法（部分互换法）是指装配时，各配合零件的制造公差将有部分不能达到完全互换装配的要求。这种方法解决了完全互换法导致的零件尺寸公差偏高、制造困难的问题，使模具零件的加工变得容易和经济。它充分改善了零件尺寸的分散规律，在保证装配精度要求的情况下降低了零件的加工精度，适用于成批和大量生产的模具的装配。

互换装配法的优点如下。

① 装配过程简单，生产率高。

② 对工人技术水平要求不高，便于流水作业和自动化装配。

③ 容易实现专业化生产，降低成本。

④ 备件供应方便。

但是互换法将提高零件的加工精度（相对其他装配法），同时要求管理水平较高。

（2）分组装配法：分组装配法是将模具各配合零件按实际测量尺寸进行分组，在装配时按组进行互换装配，使其达到装配精度的方法。

在成批或大量生产中，当装配精度要求很高时，装配尺寸链中各组成环的公差很小，使零件的加工非常困难，有的可能使零件的加工精度难以达到。此时可先将零件的制造公差扩大数倍，以经济精度进行加工，然后将加工出来的零件按扩大前的公差大小和扩大倍数进行分组，并用不同的颜色加以区别，然后按组进行装配。这种方法在保证装配精度的前提下，扩大了组成零件的制造公差，使零件的加工制造变得容易，适用于装配精度要求高的成批或大量生产模具的装配。

（3）修配装配法：修配装配法是指在装配指定零件上预留修配量，以达到装配精度要求的方法。

① 指定零件修配法是在装配尺寸链的组成环中，指定一个容易修配的零件为修配件（修配环），并预留一定的加工余量，装配时对该零件根据实测尺寸进行修磨，达到装配精度要求的方法。

指定修配的零件应易于加工，而且在装配时它的尺寸变化不会影响其他尺寸链。热固性塑料压模，如图 8-1 所示，装配后要求上型芯 1 的端面和凹模 4 的底面 B、凹模的上平面和上固定板 3 的下平面 A 及凹模下平面和下固定板 6 的上平面 C 同时接触。为了保证零件的加工和装配简化，选择凹模为修配环。凹模的上、下平面在加工时预留一定的修配余量，其大小可根据具体情况或

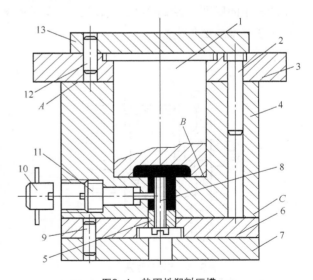

图8-1　热固性塑料压模
1—上型芯　2—导柱　3—上固定板　4—凹模　5—下型芯
6—下固定板　7—模板　8—型芯　9—销　10—工具
11—型芯　12—销　13—上模板

经验确定。修配前应进行预装配，测出实际的修配余量大小，然后拆开凹模，按测出的修配余量修配后，再重新装配达到装配要求。

该法是模具装配中广泛应用的方法，适用于单件或小批量生产的模具装配工作。

② 合并加工修配法。合并加工修配法是将两个或两个以上的配合零件装配后，再进行机械加工使其达到装配要求的方法。

几个零件进行装配后，其尺寸可以作为装配尺寸链中的一个组成环对待，从而使尺寸链的组成环数减少，公差扩大，容易保证装配精度的要求。如图 8-2 所示，凸模和固定板装配后，要求凸模上端面和固定板的上平面为同一平面。采用合并加工修配法后，在加工凸模和固定板时对 A_1 和 A_2 尺寸就不必严格控制，而是将凸模和固定板装配后再进行磨削上平面来保证装配要求。

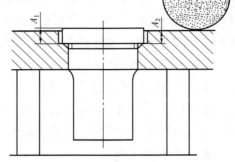

图8-2　合并加工修整法

（4）调整装配法：调整装配法是用改变模具中可调整零件的相对位置或选用合适的调整零件，以达到装配精度的方法。可分为以下两种。

① 可动调整法，是在装配时用改变调整件的位置来达到装配精度的方法。如图 8-3 所示，用螺钉调整塑料注射模具自动脱螺纹装置滚动轴承的间隙。转动调整螺钉，可使轴承外环作轴向移动，使轴承外环、滚珠及内环之间保持适当的配合间隙。此法不用拆卸零件，操作方便，应用广泛。

② 固定调整法，是在装配过程中选用合适的调整件，达到装配精度的方法。塑料注射模具滑块型芯水平位置的调整，如图 8-4 所示。可通过更换调整垫的厚度达到装配精度的要求，调整垫可制造成不同厚度，装配时根据预装配时对间隙的测量结果，选择一个适当厚度的调整垫进行装配，达到所要求的型芯位置。

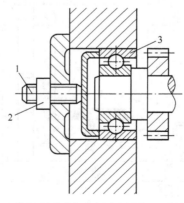

图8-3　可动调整法
1—调整螺钉　2—锁紧螺母　3—滚动轴承

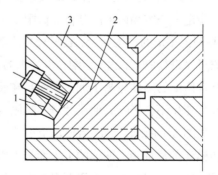

图8-4　固定调整法
1—调整垫　2—滑块型芯　3—定模板

8.1.2　装配工艺过程

在总装前应选好装配的基准件，安排好上、下模（或动、定模）装配顺序。如以导向板作基准进行装配时，则应通过导向板将凸模装入固定板，然后通过上模配装下模。在总装时，当模具零件装入上下模板时，先装作为基准的零件，检查无误后再拧紧螺钉，打入销钉。其他零件以基准件配装，但不要拧紧螺钉，待调整间隙试冲合格后再固紧。

型腔模往往先将要淬硬的主要零件（如动模）作为基准，全部加工完毕后，再分别加工与其有关联的其他零件。然后加工定模和固定板的 4 个导柱孔、组合滑块、导轨及型芯等零件，配镗斜导柱孔，安装好顶杆和顶板。最后将动模板、垫板、垫块、固定板等总装起来。

模具的装配工艺过程，如图 8-5 所示。

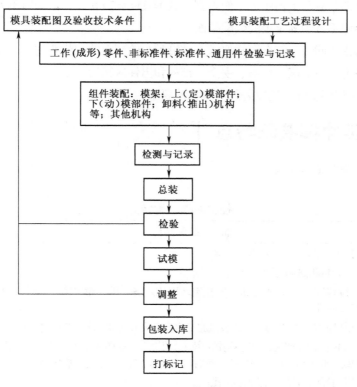

图8-5　装配工艺过程

8.2　冷冲模的装配与调整

8.2.1　冷冲模装配技术要求

（1）模具各零件的材料、几何形状、尺寸精度、表面粗糙度和热处理等均需符合图样要求。零件的工作表面不允许有裂纹和机械伤痕等缺陷。

（2）模具装配后，必须保证模具各零件间的相对位置精度。尤其是制件的某些尺寸与几个冲模零件有关时，需予以特别注意。

（3）装配后的所有模具活动部位应保证位置准确，配合间隙适当，动作可靠，运动平稳。固定的零件应牢固可靠，在使用中不得出现松动和脱落。

（4）选用或新制模架的精度等级应满足制件所需的精度要求。

（5）上模座沿导柱上、下移动应平稳和无滞住现象，导柱与导套的配合精度应符合标准规定，且间隙均匀。

（6）模柄圆柱部分应与上模座上平面垂直，其垂直度误差在全长范围内不大于 0.05mm。

（7）所有凸模应垂直于固定板的装配基面。

（8）凸模与凹模的间隙应符合图样要求，且沿整个轮廓上的间隙要均匀一致。

（9）被冲毛坯定位应准确、可靠、安全，排料和出件应畅通无阻。

（10）应符合装配图上除上述以外的其他技术要求。

8.2.2　各类冲模装配特点

各类冲模装配特点见表 8-1。

表 8-1　　　　　各类冲模装配特点

冲模类型	加工、装配特点	说　明
连续模	1. 先加工凸模，并经火淬硬； 2. 对卸料板进行划线，并加工成形； 3. 将卸料板、凸模固定板、凹模毛坯四周对齐，用夹钳夹紧，同时钻销孔及螺纹底孔； 4. 用已加工好的凸模在卸料板粗加工的孔中采用压印锉修法将其加工成形； 5. 把加工好的卸料板与凹模用销钉固定，用加工好的卸料孔对凹模进行凹模形孔划线，卸下后粗加工凹模孔，然后用凸模压印锉修，保证间隙均匀； 6. 用同样的方法加工固定板孔； 7. 进行装配，先装下模，装好后配装上模； 8. 试冲与调整	假如有电加工设备，应先加工凹模，再以凹模为基准配做卸料板及凸模固定板
复合模	1. 首先加工冲孔凸模，淬火淬硬； 2. 对凸凹模进行粗加工，按图纸划线，加工后用冲孔凸模压印锉修成形凸凹模内孔； 3. 制做一个与工件完全相同的样件，把凸凹模与样件粘合或按图样划线； 4. 按样件或划线加工凸凹模外形尺寸； 5. 把加工好的凸凹模切下一段，作为卸料器； 6. 淬硬凸凹模，用此压印锉修凹模孔； 7. 用冲孔凸模通过卸料器压印加工凸凹模固定板； 8. 先装上模，再以上模配装下模； 9. 试模与调整	若有电火花加工设备时，应先加工凸模，将凸模做长一些，以此做电极加工凹模； 有线切割设备时，可在冲模零件分别加工成形后装配

续表

冲模类型	加工、装配特点	说　明
弯曲模	1. 弯曲模工作部分形状比较复杂，几何形状及尺寸精度要求较高，在制造时，凸、凹模工作表面的曲线和折线需用事先做好的样板及样件来控制。样板与样件的加工精度为±0.05 mm； 2. 工作部分表面应进行抛光，R_a 应达到 0.40 μm 以下； 3. 凸、凹模应在尺寸及形状修理试模合适后进行淬硬并要一致，凸模工作部分要加工成圆角； 4. 在装配时，按冲裁模装配方法装配。借助样板或样件调整间隙	选用卸料弹簧及橡皮时，一定要保证弹力，一般在试模时确定
拉深模	1. 拉深模工作部分边缘要求修磨出光滑的圆角； 2. 拉深模应边试模边对工作部分锉修，一直修锉到冲出合格件后再淬硬； 3. 借助样件调整间隙； 4. 大中型拉深模的凸模应留有通气孔，以便于工件的卸出	试冲后确定前道工序坯料尺寸，装配时应注意凸、凹模相对位置

8.2.3　单工序冲裁模的装配

单工序冲裁模分无导向装置的冲裁模和有导向装置的冲裁模两种类型。对于无导向装置的冲模，在装配时，可以按图样要求将上、下模分别进行装配，其凸、凹模间隙在冲模被安装在压力机上时进行调整。而对于有导向装置的冲模，装配时首先要选择基准件，然后以基准件为准，再配装其他零件并调好间隙值，如图 8-6 所示。其装配方法见表 8-2。

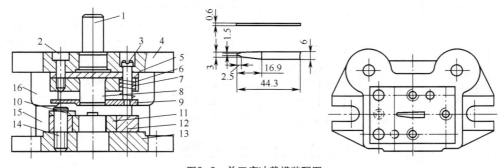

图8-6　单工序冲裁模装配图

1—模柄　2—内六角螺钉　3—卸料螺钉　4—上模板　5—垫板　6—凸模固定板　7—弹簧　8—凸模　9—卸料板
10—定位板　11—凹模　12—凹模套　13—下模座　14—螺钉　15—导柱　16—导套

表 8-2　　　　　　　　　单工序冲裁模装配方法（参见图 8-6）

序号	工　序	图　　示	工 艺 说 明
1	装 配 前 的准备		1. 通读总装配图，了解所冲零件的形状、精度要求及模具结构特点、动作原理和技术要求； 2. 选择装配顺序及装配方法； 3. 检查零件尺寸、精度是否合格，并且备好螺钉、弹簧、销钉等标准件及装配用的辅助工具

续表

序号	工 序	图 示	工 艺 说 明
2	装配模柄	*F* 模柄 上模座 垫板 磨削余量 （a）压入模柄　（b）磨平上模板	1. 在手扳压力机上，将模柄压入模板 4 中；压实后，再把模柄端面与上模板 4 的底面在平面磨床上磨平； 2. 用角尺检查模柄与上模板 4 的垂直度，并调整直到合适为止
3	导柱、导套的装配	*F* *F* （a）压入导柱　（b）压入导套	1. 在压力机上分别将导柱 15、导套 16 压入下模板 13 和上模板 4 内； 2. 用角尺检查其垂直度，如超过垂直度误差标准，应重新安装
4	凸模的装配	*F* 磨平 （a）压入凸模　（b）磨平工作部位端面	1. 在压力机上将凸模 8 压入固定板 6 内，并检查门模 S 与固定板 6 的垂直度； 2. 装配后将固定板 6 的上平面与凸模 8 尾部一起磨平； 3. 将凸模 8 的工作部位端面磨平，以保持刃口锋利
5	弹压卸料板的装配		1. 将弹压卸料板 9 套在已装入固定板的内凸模上； 2. 在固定板 6 与卸料板 9 之间垫上平行垫块，并用平行夹板将其夹紧； 3. 按照卸料板 9 上的螺孔，在固定板 6 的相应位置上划线； 4. 拆下固定板后，钻削固定板上的螺钉通孔
6	装凹模		1. 把凹模 11 装入凹模套 12 内； 2. 压入固紧后，将上、下平面在平面磨床上磨平

续表

序号	工　序	图　示	工 艺 说 明
7	安装下模		1. 在凹模与凹模套 12 组合上安装定位板 10，并把其组合安装在下模板 13 上； 2. 调好各零件间相对位置后，在下模座按凹模套 12 螺纹孔配钻，加工螺孔、销钉孔； 3. 装入销钉，拧紧螺钉
8	配装上模		1. 把已装入固定板 6 的凸模 8 插入凹模孔内； 2. 将固定板 6 与凹模套 12 间垫上适当高度的平行垫铁； 3. 将上模板 4 放在固定板 6 上，对齐位置后，夹紧； 4. 用固定板 6 螺孔为准，配钻上模板螺孔； 5. 放入垫板 5，拧上紧固螺钉
9	调整凸凹模间隙		1. 先用透光法调整间隙，即将装配柄后的模具翻过来，把模座夹在台虎钳上，用手灯照射，从下模座的漏料孔中观察间隙大小及均匀性，并调整使之均匀； 2. 在发现某一方向不均匀时，可用锤子轻轻敲击固定板 6 侧面，使上模的凸模 8 位置改变，以得到均匀间隙为准
10	固紧上模		间隙均匀后，将螺钉紧固入模座螺钉孔，并打入销钉
11	装入卸料板		1. 将卸料板 9 固紧在已装好的上模上； 2. 检查卸料板是否在凸模内，上、下移动灵活，并观察凸模端面是否缩入卸料孔内约 0.5mm； 3. 检查合适后，最后装入弹簧 7
12	试切与调整		1. 用与制件同样厚度的底板作为工件材料，将其放在凸、凹模之间； 2. 用手锤轻轻敲击模柄进行试切； 3. 检查试件毛刺大小及均匀性。若毛刺小或均匀，表明装配正确，否则应重新装配调整
13	打刻编号		试切合格后，根据厂家要求编号

8.2.4　试模

冲模装配完成后，在生产条件下进行试冲，可以发现模具的设计和制造缺陷，进而找出产生缺陷的原因。对模具进行适当的调整和修理后再进行试冲，直到模具能正常工作、冲出合格制件，模具的装配过程即告结束。

8.2.5　凸、凹模间隙调整方法

在制造冲模时，必须保证凸、凹模间隙的均匀和一致。为此在装配时，一般先根据图纸的技术要求确定凸模或凹模其中一件在模具中的正确位置，然后以该零件为基准，用找正间隙的方法来确定另外一个零件的位置。常见的凸、凹模间隙找正方法有以下 5 种。

（1）测量法：将凸模和凹模分别用螺钉固定在上、下模板的适当位置后，将凸模合入凹模内，用塞尺检查凸、凹模之间的间隙，并测量凸、凹模全部轮廓，根据测量结果即可判断间隙是否均匀；再根据测量结果校正凸模或凹模（后安装的、未放定位销的）的位置，使其周围间隙均匀，用螺钉固定并装上定位销。

（2）透光法：适用于形状和尺寸不便于用塞尺来测量间隙的情况。透光法就是用灯光透过凸、凹模之间的间隙，凭肉眼根据凸、凹模间隙之间透过来的光线的强弱来判断间隙的大小。

（3）垫片法：根据凸、凹模之间配合间隙的大小，在凸、凹模的配合间隙内垫上厚度均匀的纸条或金属垫片，使凸、凹模配合间隙均匀，如图 8-7 所示。

（4）利用工艺定位器：如图 8-8 所示，图中 d_1 与凸模滑配合，d_2 与凹模滑配合，d_3 与凸、凹模的孔滑配合，并且尺寸 d_1、d_2、d_3 都是在车床的一次装夹中完成，以保证三者之间的同轴度。

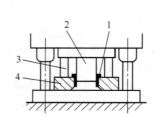

图8-7　垫片法调整间隙示意图
1—垫片　2—凸模　3—凸模固定板　4—凹模

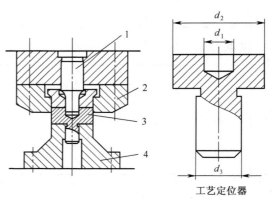

工艺定位器

图8-8　工艺定位器调整间隙示意图
1—凸模　2—凹模　3—工艺定位器　4—下模座

（5）利用工艺尺寸：制造凸模时，将凸模的工作部分加长 1～2 mm，将加长部分的尺寸增加到正好与凹模滑配。装配时，凸、凹模容易对中，保证二者之间的配合间隙均匀。在装配完成后将凸模加长部分的工艺尺寸磨去。

另外，也可采用涂层法、镀铜法和化学腐蚀法等方法调整间隙。

塑料模的装配与调整

8.3.1　塑料模装配技术要求

装配塑料模的主要技术要求如下。

（1）组成塑料模具的所有零件，在材料、加工精度和热处理质量等方面均应符合相应图样的要求。

（2）组成模架的零件应达到规定的加工要求，见表 8-3；装配成套的模架应活动自如，并达到规定的平行度和垂直度等要求，见表 8-4。

表 8-3　　　　　　　　　　　　模架零件的加工要求

零件名称	加工部位	条　件	要　求
动定模板	厚度 基准面 导柱孔	平行度	300:0.02 以内
		垂直度	300:0.02 以内
		孔径公差	H7
		孔距公差	±0.02 mm
		垂直度	100:0.02 以内
导柱	压入部分直径	精磨	k6
	滑动部分直径	精磨	f7
	直线度	无弯曲变形	100:0.02 以内
	硬度	淬火、回火	55HRC 以上
导套	外径	磨削加工	k6
	内径	磨削加工	H7
	内外径关系	同轴度	0.012 mm
	硬度	淬火、回火	55HRC 以上

表 8-4　　　　　　　　　　　　模架组装后的精度要求

项　目	要　求	项　目	要　求
浇口板上平面对底板下平面的平行度	300 : 0.05	固定结合面间隙	不允许有
导柱导套轴线对模板的垂直度	100 : 0.02	分型面闭合时的贴合间隙	<0.03 mm

（3）装配后的闭合高度和安装部分的配合尺寸要求。

（4）模具的功能必须达到设计要求。

① 抽芯滑块和推顶装置的动作要正常。

② 加热和温度调节部分能正常工作。

③ 冷却水路畅通且无漏水现象；顶出形式、开模距离等均应符合设计要求及使用设备的技术条

件，分型面配合严密。

（5）为了鉴别塑料成形件的质量，装配好的模具必须在生产条件下（或用试模机）试模，并根据试模存在的问题进行修整，直至试出合格的成形件为止。

8.3.2 各类塑料模装配特点

各类塑料模装配特点见表 8-5。

表 8-5 各类塑料模装配特点

模具类型	装配步骤	装配工艺要点
热固式塑料移动压缩模	1. 修刮凹模	1. 用全部加工完并经淬硬的压印冲头压印，锉修型腔凹模； 2. 精修型腔凹模配合面及各型腔表面到要求尺寸，并保证尺寸精度及表面质量要求； 3. 精修加料腔的配合面及斜度； 4. 按划线钻铰导钉孔； 5. 外形锐边倒圆角，并使凹模符合图纸尺寸及技术要求标准； 6. 热处理淬硬、抛光研磨或电镀铬型腔工作表面
	2. 修整固定板形孔	1. 上固定板形孔，用上型芯压印锉修；下固定板形孔，用压印冲头压印锉修成形或按图样加工到尺寸； 2. 修制形孔斜度及压入凸模的导向圆角
	3. 将型芯压入规定板	1. 将上型芯压入上固定板，下型芯压入下固定板； 2. 保证型芯对固定板平面的垂直度
	4. 修磨	按型芯与固定板装配后的实际高度修磨凹模上、下平面，使上、下型芯相接触，并使上型芯与加料腔相接触
	5. 复钻并铰导钉孔	在固定板上复钻导钉孔，并用铰刀铰孔到尺寸
	6. 压入导钉	将导钉压入固定板
	7. 磨平固定板底平面	将装配后的固定板底面用平面磨床磨平
	8. 镀铬、抛光	拆下预装后的凹模、拼块、型芯镀铬抛光，使其达到 $R_a 0.20$ 以下
	9. 总装配	按图样要求，将各部件及凹模型芯重新装入，并装配各附件，使之装配完整
	10. 试压	用压机试压。边压制、边修整，直到试压出合格塑件为止
热固式塑料注射模	1. 同镗定模底板动模导柱、导套孔	1. 将预先按划线加工好的定模底板及定模板配制好，钻导柱、导套形孔； 2. 采用辅助定位块，使动模与定模板合拢，在铣床上同镗导柱、导套孔，并锪台阶及沉坑
	2. 装配导柱及浇口套	清除导柱孔的毛刺，钳工修整各台肩尺寸。压入浇口套及导柱（导柱、导套压入最好二者配合进行，以保证导向精度）
	3. 装配型芯及导套	1. 清除动模板导套孔毛刺，将导套压入动模板； 2. 在动模上画线，确定型芯安装位置，并钻各螺孔、销孔； 3. 装入型芯及销钉

续表

模具类型	装配步骤	装配工艺要点
热固式塑料注射模	4. 装滑块	将滑块装入动模，并使其修配后滑动灵活、动作可靠、定位准确
	5. 修配定模板斜面	修配定模板的斜面与滑块，使其密切配合
	6. 装楔块	装配后的楔块与滑块密合
	7. 镗制限位导柱孔及斜销孔	在定模座上用钻床镗到尺寸要求
	8. 安装斜销及定位导柱	将定模拼块套于限位导柱上进行装配
	9. 安装定位板及复位杆	推板复位杆孔及各螺孔，一般通过复钻加工
	10. 总装配	按图纸要求，将各部件装配成整体结构
	11. 试模，修正推杆及复位杆	将装配好的模具在相应机床上试压，并检查制品质量和尺寸精度，边试边修整；并且，根据制品出模情况，修正推杆及复位杆的长短
热塑性塑料注射模	1. 修整定模	以定模为加工基准，将定模型腔按图样加工成形
	2. 修整卸料板的分型面	使卸料板与定模相配并使其密合。分型面按定模配磨
	3. 同镗导柱、导套孔	将定模、卸料板和动模固定板叠合在一起，使分型面紧密配合接触，然后夹紧，同镗导柱、导套孔
	4. 加工定模与卸料板外形	将定模与卸料板叠合在一起，压入工艺定位销，用插床精加工其外形尺寸
	5. 加工卸料形孔	用机械或电加工法，按图样加工卸料板形孔
	6. 压入导柱、导套	在定模板、卸料板及动模板上，分别压入导柱、导套，并保证其配合精度
	7. 装配动模型芯	1. 修配卸料板形孔，并与动模固定板合拢，将型芯的螺孔涂抹红粉放入卸料板孔内，在动模固定板上复印出螺孔位置； 2. 取出型芯，在动模固定板上钻螺钉孔； 3. 将拉料杆装入型芯，并将卸料板、型芯、动模固定板装合在一起，调整位置后用螺钉紧固； 4. 划线同钻销钉孔，压入销钉
	8. 加工推杆孔及复位杆孔	采用各种配合，进行复钻加工
	9. 装配模脚及动模固定板	先按划线加工模脚螺孔、销钉孔，然后通过复钻加工动模固定板各相应孔
	10. 装配定模型芯	将定模型芯装入定模板中，并一起用平面磨床磨平
	11. 钻螺钉通孔及压入浇口套	1. 在定模上钻螺钉孔； 2. 将浇口套压入定模板
	12. 装配定模部分	将定模与定模座板夹紧，通过定模座板复钻定模销孔；位置合适后，打入销钉及螺钉，固紧
	13. 装配动模并修磨推杆、复位杆	将动模部分按已装配好的定模相配进行装配，并修整推杆、复位杆
	14. 试模	通过试模来验证模具的质量，并进行必要的修整

8.3.3　塑料模的装配

塑料注射模装配，如图 8-9 所示，其装配工艺见表 8-6。

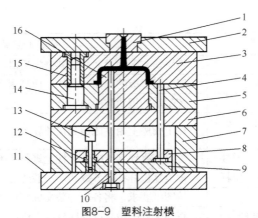

图8-9 塑料注射模

1—浇口套 2—定模板 3—定模 4—顶杆 5—动模固定板 6—垫板 7—支撑板 8—推板 9—推板垫板
10—顶件杆 11—动模板 12—顶板导套 13—顶板导柱 14—导柱 15—导套 16—动模型芯

表 8-6 塑料注射模装配工艺

序号	工 序	工 序 说 明
1	精修定模	1. 定模经锻、刨后，磨削六面。上下平面留修磨余量； 2. 划线加工型腔。用铣床铣削型腔或用电火花加工型腔，深度按要求尺寸增加 0.2 mm； 3. 用油石修整型腔表面
2	精修动模型芯及动模固定板形孔	1. 按图样将预加工的动模型芯精修成形，钻、铰顶件孔； 2. 按划线加工动模固定板型孔，并与型芯配合加工
3	同镗导柱、导套孔	1. 将定模、动模固定板叠合在一起，使分型面紧密接触，然后夹紧镗导柱、导套孔； 2. 锪导柱、导套孔台肩孔
4	复钻螺孔销及推件孔	1. 将定模 3 与定模板 2 叠合在一起，夹紧后复钻螺孔、销孔； 2. 将动模板 11、动模固定板 5、垫板 6、支撑板 7 叠合夹紧，复钻螺孔、销孔
5	动模型芯压入动模固定板	1. 将动模型芯压入固定板，并配合紧密； 2. 装配后，型芯外露部分要符合图样要求
6	压入导柱导套	1. 将导套压入定模； 2. 将导柱压入动模固定板； 3. 检查导柱、导套配合松紧程度
7	磨安装基面	1. 将定模 3 上基面磨平； 2. 将动模固定板 5 下基面磨平
8	复钻推板上的推杆孔	通过动模固定板 5 及型芯 16，复钻推板上的推杆及顶杆孔，卸下后再复钻垫板各孔
9	将浇口套压入定模板	用压力机将浇口套压入定模板
10	装配定模部分	在定模板 2、定模 3 上复钻螺孔、销孔后，拧入螺钉和敲入销钉紧固
11	装配动模	将动模固定板、垫板、支撑板、动模板复钻后，拧入螺钉、打入销钉固紧
12	修正推杆及复位杆、顶杆长度	1. 将动模部分全部装配后，使支承板底面和推板紧贴于定模板。自型芯表面测出推杆、复位杆及顶件杆长度； 2. 修磨长度后，进行装配，并检查各推件、顶杆的灵活性
13	试模	各部位装配完后进行试模，并检查制品，验证模具质量状况

8.3.4　试模

（1）试模前，必须对设备的油路、水路以及电路进行检查，并按规定保养设备，作好开机前的准备。

（2）原料应该合格。根据推荐的工艺参数将料筒和喷嘴加热。制件大小、形状和壁厚不同，以及设备上热电偶位置的深度和温度表的误差也各有差异，因此资料上介绍的加工某一塑料的料筒和喷嘴温度只是一个大致范围，还应根据具体条件试调。判断料筒和喷嘴温度是否合适的最好办法，是在喷嘴和主流道脱开的情况下，用较低的注射压力，使塑料自喷嘴中缓慢地流出，以观察料流。如果没有硬块、气泡、银丝、变色，而是光滑明亮，即说明料筒和喷嘴温度是比较合适的，这时就可以开始试模。

（3）在开始试模时，原则上选择在低压、低温和较长的时间条件下成形，然后按压力、时间、温度这样的先后顺序变动。最好不要同时变动 2 个或 3 个工艺条件，以便分析和判断情况。压力变化的影响，马上就可从制件上反映出来；如果制件充不满，通常首先是增加注射压力。当大幅度提高注射压力仍无显著效果时，才考虑变动时间和温度。延长时间实质上是使塑料在料筒内受热时间加长，注射几次后若仍然未充满，最后才提高料筒温度。但料筒温度的上升以及塑料温度达到平衡需要一定的时间（一般约 15 min），不是马上就可以从制件上反映出来的，因此必须耐心等待；不能一下子把料筒温度升得太高，以免塑料过热而发生降解。

（4）注射成形时可选用高速和低速两种工艺。一般在制件壁薄而面积大时，采用高速注射，而壁厚面积小，则采用低速注射。在高速和低速都能充满型腔的情况下，除玻璃纤维增强塑料外，均宜采用低速注射。

（5）对黏度高和热稳定性差的塑料，采用较慢的螺杆转速和略低的背压加料和预塑，而黏度低和热稳定性好的塑料可采用较快的螺杆转速和略高的背压。在喷嘴温度合适的情况下，采用喷嘴固定的形式可提高生产率。但当喷嘴温度太低或太高时，需要采用每成形周期向后移动喷嘴的形式（喷嘴温度低时，由于后加料时喷嘴离开模具，减少了散热，故可使喷嘴温度升高；而喷嘴温度太高时，后加料时可挤出一些过热的塑料）。

在试模过程中应作详细记录，并将结果填入试模记录卡，注明模具是否合格。如需返修，则应提出返修意见。在记录卡中应摘录成形工艺条件及操作注意要点，最好能附上加工出的制件，以供参考。

试模后，将模具清理干净，涂上防锈油，然后分别入库或返修。

试模过程中易产生的缺陷及原因见表 8-7。

表 8-7　　　　　　　　　　　　试模时易产生的缺陷及原因

缺陷 原因	制件不足	溢边	凹痕	银丝	熔接痕	气泡	裂纹	翘曲变形
料筒温度太高		√	√	√		√		
料筒温度太低	√				√		√	
注射压力太高		√					√	√
注射压力太低	√		√		√	√		
模具温度太高			√					√
模具温度太低	√		√	√	√	√		
注射速度太慢	√							

续表

原因＼缺陷	制件不足	溢边	凹痕	银丝	熔接痕	气泡	裂纹	翘曲变形
注射时间太长				√	√		√	
注射时间太短	√		√					
成形周期太长		√		√	√			
加料太多		√						
加料太少	√							
原料含水分过多			√					
分流道或铸口太小	√		√	√	√			
模穴排气不好	√			√		√		
制件太薄	√							
制件太厚或变化大			√			√		√
成形机能力不足	√		√					
成形机锁模力不足		√						

注：√表示所存在的缺陷。

本章小结

　　模具的装配和调整是模具制造中的关键工作。模具装配质量的好坏直接影响制件的质量、模具的技术状态和使用寿命。

　　模具装配过程是模具制造工艺全过程中的关键环节，包括装配、调整、检验和试模。

　　模具的装配方法是根据模具的产量和装配精度要求等因素来确定的。一般情况下，模具的装配精度要求越高，则其零件的精度要求也越高。

　　在制造冲模时，必须保证凸、凹模间隙的均匀和一致。

思考与练习

一、填空题

1. 模具的装配方法有_____、_____、_____和_____。

2. 调整装配法是用改变模具中可调整零件的_____或选用合适的调整零件，以达到装配精度的方法。

二、简答题

1. 简述模具装配的一般原则。

2. 简述塑料注射的装配工艺。

Chapter 9

第9章

| 模具生产过程中的管理 |

【学习目标】

1. 理解模具生产过程中经营管理的主要内容。
2. 理解模具生产计划管理、生产调度和生产定额的概念。
3. 学会模具制造中的技术管理。
4. 学会模具加工工艺规程的编制。
5. 理解模具生产过程中的质量管理。
6. 学会编制模具加工工艺规程的各种卡片。

　　企业生产的核心是提高经济效益，即以尽量少的物质消耗和劳动消耗，生产出更多的、符合社会需求的产品。要提高效益，一靠技术，二靠经营管理。同样，在模具生产中，靠技术能生产出优质的模具；靠经营管理，通过提高工时利用率、设备开工率、消除生产中的薄弱环节来缩短模具制造周期以增加产品产量，通过减少原材料消耗和科学的技术管理及全面质量管理来降低废品率和工时浪费以降低模具成本，从而可获得较高的经济效益。因此，在模具生产过程中，科学的经营管理，合理地组织模具生产工艺过程，是确保提高模具质量、降低模具制造成本、提高企业经济效益的重要环节，对发展促进生产有着决定性的重要意义。

　　本章主要介绍模具生产过程中的管理方法和模具质量控制的措施。

9.1 模具生产过程中经营管理的主要内容

　　模具是工业生产中的基础工艺装备，它具有很高的经济效益和社会效益。一副模具制成以后，可以生产数以万计的制品零件，但模具的生产具有典型的单件生产和按照用户签订的模具合同来安排生产计划的特点。因此，模具生产工艺管理方式、制定模具制造工艺规程，应具有独特的规律和生产特点才能制造出优质的模具来。要搞好模具生产过程中的经营管理，首先必须要了解、

掌握模具生产过程中的特点及要求，然后才能制订出合理的经营管理方案，用以指导模具生产的正常进行。

　　一般来说，模具生产的特点主要是按照用户合同，组织单件生产。由于其精度要求比较高，结构趋于复杂，加工难度较大，所以在模具生产中需具备专业化的生产组织形式，并且要求工人有较高的技能和素质。在组织生产中，模具的工艺过程应满足下列基本要求。

　　（1）在正常生产条件下，按工艺过程及图样要求进行生产，必须保证模具的质量。

　　（2）在合同期限内，要确保模具的制造周期并按时交出。

　　（3）在正常的工艺条件下，要保证模具的使用寿命。

　　（4）在加工及装配中，要保证模具的制造精度，关键零部件要保持良好的互换性。

　　（5）在不影响模具产品质量情况下，要确保模具成本低廉。

　　（6）在模具加工中，要尽量采用新工艺、新技术、新材料，以提高模具加工工艺水平，提高劳动生产率，达到降低成本、提高产品质量的目的，使模具生产有较高的经济效益和技术水平。

　　鉴于上述要求，模具生产过程中的经营管理内容见表9-1。

表9-1　　　　　　　　　　模具生产过程中经营管理的内容

管理项目	管理形式	管理内容	管理项目	管理形式	管理内容
生产管理	以生产为中心的企业内部管理活动	1. 生产计划及生产作业管理； 2. 技术文件及技术工艺管理； 3. 劳动工时生产定额管理； 4. 生产过程中的质量管理； 5. 生产经营分析及成本管理	营销管理	以物资供应及生产销售为中心的企业外部活动	1. 原材料的购进及物资供应； 2. 产品订货与销售管理； 3. 市场调查与预测； 4. 与用户的关系并为用户服务； 5. 设备、劳动力的调整与补充

9.2　模具制造中的生产和技术管理

9.2.1　生产计划管理

　　生产计划管理是企业管理的首要职能。因为实施生产计划管理是现代化大生产的客观要求，也是合理利用企业的人力、物力和财力及提高经济效益的重要手段。

　　工业企业计划按时间长短可分为长远计划、年度计划和生产作业计划；按计划的内容可分为生产计划、劳动工资计划、物资供应计划和成本计划；按计划的适用范围可分为全厂计划、车间计划、工段及班组计划等。

　　在生产中，制订各种计划的依据是一些计划指标。对工业、企业进行考核的主要指标有：产品产量、产品品种、产品质量、原材料、燃料及动力消耗、劳动生产率、产品成本、流动资金和利润这八项指标。近年来由于计划经济转向市场经济，企业实行自主经营、自负盈亏的法人制，所以对企业只考核产量、质量、利润及合同执行情况这四项指标。在模具生产制造中，企业的计划部门首先应根据模具的订货合同及数量、品种，按计划安排生产，并根据现有生产设备、技术能力等情况，有计划、保质、保量按时地完成合同。同时，也应根据计划，计算出产品的利润、成本，以保证企业能获得较好的经济效益。

工业企业计划类型见表 9-2。

表 9-2　　　　　　　　　　　　　工业企业计划类型

计划内容	作　用	编 制 说 明
企业生产计划	企业生产计划又称生产大纲，它是企业其他计划的主体和基础，是总的生产安排，一般由厂部计划部门直接编制，指导全厂生产、经营	1. 规定企业年、季度生产产品的品种、数量、交货期。如企业每年根据合同生产的模具数量、种类及完成时间等； 2. 根据生产计划总的安排对各生产车间分配任务
生产作业计划	生产作业计划，是企业生产计划的具体执行计划，它是连接供、产、销以及技术、经济活动的纽带。在生产中，企业可按生产作业计划的要求指导、组织和生产	1. 将产品分解为零件、工序分配到车间、工段、班组机台和个人； 2. 把生产任务细分到月、旬、日或小时； 3. 生产作业计划的编制一般由厂、车间、工段（班组）3 级分别编制
车间内部作业计划	车间内部作业计划主要包括：工段和工作地的任务安排。它是工段（小组）的月计划任务，一般是根据生产作业计划进行安排的	1. 工段（小组）和工作地（机台）的任务安排； 2. 一般按生产定额来安排任务，规定数量、完成时间； 3. 计划一般由车间、班组制订

9.2.2　生产调度工作

生产调度，即是生产指挥。调度工作一般应按生产作业计划组织、协调生产的正常进行。

生产调度工作的内容、管理体制及调度方法见表 9-3。

表 9-3　　　　　　　　　　生产调度的内容、管理体制及调度方法

项目	作　用
工作内容	1. 检查生产准备和生产进度； 2. 检查生产设备的运行和利用情况； 3. 检查原材料、半成品的供应情况； 4. 检查生产中的服务工作； 5. 对零件及半成品、原材料的运输、传递进行工序间的调度； 6. 检查计划完成情况； 7. 召开生产调度会及进行统计分析工作

续表

项目	作　用
管理体制	调度工作应与作业计划体制一致，一般实行3级管理体制，即厂级调度人员可根据具体情况采取不同的分工形式： 　1. 按条条分工。即调度人员分管一种或几种产品的调度业务。如根据合同，某一模具的生产制造，统一由一个调度人员管理调度； 　2. 按块块分工。即调度人员分工管一个或几个生产车间的调度业务。如模具热处理，凡厂内所有模具热处理零件，均由一个调度人员管理负责； 　3. 按条块结合分工。即调度人员既分工主管有关产品，又要协调有关车间的调度业务。 企业可根据生产的实际来对其进行分工。总之，要使调度工作达到指挥有力、方便的原则
工作方法	1. 定期或不定期地召开生产调度会； 2. 随时检查生产报表记录及工艺路线的正确性； 3. 把生产的准备、供产销、后勤服务有机地联系起来，成为一个强有力的生产指挥系统

9.2.3　生产定额的制定

1．制定生产定额的意义

在工业生产中，完成某项生产作业所需的时间，称为生产定额，也称时间定额或劳动工时定额。制定生产定额是生产经营管理的主要基础工作之一，特别是在模具制造中，制定生产定额，加强生产定额的管理，对于组织模具生产具有很重要的作用。生产定额是掌握生产进度情况、安排生产计划、进行成本核算的基础，是实行计划工资管理和奖励制度的依据，也可作为企业开展劳动竞赛评比活动的重要指标之一，它又是计算设备和工人劳动量的标准。因此，在模具生产中，制定和执行生产定额管理，对企业的发展和进步有着重要的意义。

2．生产定额的组成

生产定额是指在一定的生产条件下，规定生产一件产品或完成一道工序所消耗的时间。其中，完成零件一个工序的时间定额，又称为工序单件的时间定额。工序单件时间定额可由下式计算：

$$T_单 = T_基 + T_辅 + T_布 + T_休$$

式中：$T_单$——零件单件时间定额（min）；$T_基$——基本时间，即完成零件加工的时间（min）；$T_辅$——辅助时间（min）；$T_布$——布置场地的时间（min）；$T_休$——休息时间（min）。

3．制定生产定额的要求

在模具生产过程中，生产定额的制定关系到模具成本的核算、模具制造周期及操作者和企业的效益。因此，生产定额的制定必须尽可能地做到合理、精确。其基本要求如下。

（1）制定生产定额时，应组成专门小组，除主管定额的工作人员参加外，还应有具有实践经验的生产骨干参加，使制定出的生产定额尽量趋于合理。

（2）确定定额时，必须要有科学的依据和计算方法，以保证所制定的定额既合乎实际又先进合理。

（3）在同一企业内的车间、班组、工种、工序之间要保证相同工作定额的统一，对不同工作的定额也要保持相互之间的平衡。

（4）定额的制定必须结合企业发展情况，总结推广先进经验，挖掘生产潜力，做到定期修正，不断提高定额制定水平。

（5）制定生产定额有利于调动生产工人的积极性，起到鼓励先进、带动中间、促进落后的作用。

4. 生产定额的制定方法

一般来说，先进合理的生产定额水平就是指在正常的生产技术组织条件下，经过一定时间的努力，大多数工人都可以达到、部分工人可以超过、少数工人可以接近的水平。在制定定额时，既要考虑到新的技术条件，推广先进经验和操作方法，又要考虑到能调动操作工人的积极性。并且要从企业的实际出发，适用多数工人的技术水平，根据生产技术以及各项管理水平，把定额建立在积极可靠、切实可行的基础之上。

在模具生产中，生产定额的制定方法见表 9-4。

表 9-4　　　　　　　　　　　　　生产定额的制定方法

序号	制定方法	说　　明	应 用 范 围
1	经验估工法	由定额员及技术人员和有经验的工人，根据实践经验，在对图样、工艺和生产条件进行分析的基础上，参照以往同类型工作的定额来估计定额	单件、小批量生产及临时性生产
2	统计分析法	根据以往生产实践提供的统计资料，参考实际生产条件，在对统计资料分析、整理的基础上制定劳动定额	适用于模具标准件生产
3	比较类推法	以相同类型产品中的典型定额为基础，通过分析、比较制定定额，即从同类型零件中选出代表，尽可能准确地制定出工时定额，其他可以以此比较、确定	品种多、规格杂、单件小批生产
4	技术测定法	按照工时定额的各个组成部分，分别确定定额时间，以技术规定和科学计算为手段得到定额	一般零件

5. 生产定额的管理办法

（1）劳动工时定额一旦确定，要由专人负责工时定额的标准审查、平衡，并要定期分析考查定额工时水平，检查其执行情况。

（2）定额执行后，经过一段时间要进行修订。经修订后的工时定额水平必须先进合理，即在修改后的半年内，在正常情况下大部分工人经努力能达到、部分工人可超过、少数工人能接近新的定额水平。

（3）定额资料必须经常积累，作为今后修订定额时的参考依据。

（4）在填写施工单时，严格按工艺、工时定额填写。

6. 提高模具劳动生产率的途径

劳动生产率是指在单位时间内生产的合格产品的数量，或指用于生产单件合格产品所需的劳动时间。劳动生产率与加工经济性密切相关。在模具生产中，设法提高工艺过程中的生产率，是降低

模具产品成本，提高企业经济效益的重要措施。

在模具生产中，提高劳动生产率的主要措施与途径见表 9-5。

表 9-5　　　　　　　　模具生产过程中提高劳动生产率的主要途径

主要途径	具体措施及优点
简化模具结构设计	1. 在能满足产品质量的前提下，模具的结构设计要尽量简化。其结构尽量要小，重量要轻而且各组成零件要便于加工，原材料要消耗小，以减少加工的劳动量； 2. 模具结构要采用标准化设计，要多采用标准件及外协件，以缩短制模周期、降低制模成本； 3. 模具零件的设计。要注意工艺性。其尺寸精度、表面质量要求要合理，以减少不必要的辅助加工工序和减少加工过程及装配过程中所消耗的工作量
提高毛坯的制造质量	模具的坯件如铸件、锻件等应尽量使其形状和尺寸接近零件的形状和尺寸，以减少加工余量，降低原材料的消耗和加工工时
采用新的加工工艺方法	在编制工艺规程时，零件的加工工艺要根据生产实际尽量采用新工艺、新技术，力求使加工工艺做到既合理又经济。在有条件的工厂中，尽量多采用电加工工艺来代替机械及手工加工，以提高效率与加工质量
改善生产组织形式	在加工模具时，根据模具的加工流程和机床的类别，工件的加工要做到传递合理、有条不紊地进行，并做到文明生产
加强企业的科学管理	组织模具生产时，要加强加工现场的管理，合理地安置工位器具，实现技术人员现场服务，及时解决生产中出现的问题。并要加强操作者的劳动纪律，注意安全。加强业务学习、培训，不断改善企业管理，逐步实现企业管理现代化

7. 模具生产的经济分析

模具生产的经济分析是指在模具生产过程中，对其零件的加工、装配与调整可预先提出不同的施工方案，在进行充分分析比较后，从中选出能以尽量少的物质消耗和劳动消耗生产出合格的优质产品的最佳方案，并予以实施。企业在生产中，只有通过经常的分析、论证，才能实现科学管理、合理地组织模具的生产工序、确保模具的质量、降低模具成本的目的。这对模具质量和经济效益的提高，有着十分重要的意义。

模具生产过程中经济分析的方法及内容见表 9-6。

表 9-6　　　　　　　　模具生产过程中经济分析的方法及内容

分析项目	内　容	分 析 方 法
保证模具制造周期	冲模制造周期是指在合同规定的日期内，能将模具制造完毕，以保证交货期，维护企业信誉	1. 分析模具施工进度加快的方法； 2. 分析影响进度的原因。 通过分析，应力求缩短成形加工工艺路线，制定合理的加工工序，及时调整、调度、争取按时、提前完工
保证模具的质量	在正常的生产条件下，按工艺过程所加工的零件应能达到图样规定的全部精度和表面质量要求	1. 分析加工过程、加工的质量状况和影响质量的原因； 2. 分析加工中各机床所发挥的效率情况。 通过分析，找出原因、制定改进措施，既要保证质量，又要保证效率，以提高经济效益

续表

分析项目	内　容	分　析　方　法
保证模具成本低廉	模具成本，是指完成模具制作所需要的总费用。模具成本的高低，是模具生产中提高经济效益的关键。 　模具制造成本越低越好	1. 分析工艺过程总的成本费用情况； 　2. 分析模具可变费用情况，如材料的消耗费用，加工零件和装配、调试时所消耗的工时费用等。 　通过分析，找出费用升高的原因和降低费用的方法，并及时改进，以降低成本
不断提高加工工艺水平	在模具生产中不断提高加工工艺水平，采用新工艺、新技术、新材料是提高模具生产效率、降低成本的主要途径	1. 分析模具结构、生产批量大小，确定不同的加工方式； 　2. 分析模具精度要求，确定使用设备、材料。 　通过分析，可根据不同情况采取不同措施，以达到提高工艺水平、降低成本的目的

　　总之，模具生产过程中的经济分析，是提高经济效益、杜绝浪费比较好的方法之一，也是经营管理的主要环节。在生产中，只有通过经常不断的经济分析，才能更好地达到提高经济效益、保证模具产品质量的目的。

8. 提高经济效益的措施

　　（1）努力提高模具专业化及标准化程度，培植自己的特色和专长，并按本厂的生产模具类别和工艺特点配备必要的设备，以减少投资，提高设备利用率，降低制模成本。

　　（2）在条件允许的情况下，采取多种经营。如在设备齐备时，可以根据市场需求，生产标准件或标准模架，除了供应本厂使用外，还可以提供给其他厂或作为商品出售，以提高经济效益和机床利用率。

　　（3）提倡一专多能，可以根据用户需求，搞延伸服务，代客冲压加工或塑压加工。

　　（4）提高工人及技术人员素质，不断加强技术培训，研制新产品、新工艺。

　　（5）加强厂际之间协作，取长补短，以提高产品竞争能力。

9.3　模具制造中的技术管理

9.3.1　技术管理内容

　　模具生产中的技术管理，是经营管理的重要组成部分，它主要包括如下内容。

　　（1）模具技术文件资料管理与发放。

　　（2）模具加工工艺的制定与编制。

　　（3）模具所用的各种标准件规格与编制。

　　（4）模具加工消耗定额的制定。

（5）模具加工工时定额的制定。

（6）模具技术、质量检验标准的制定。

9.3.2 模具加工工艺规程的编制

模具加工工艺规程是指从事模具制造的工艺人员，在模具加工与制造之前所编制的一种能指导整个生产过程的工艺性技术文件。它是在组织施工前将所设计的模具结构及其构成零件进行进一步工艺性审查，确定其设计结构、尺寸是否合理，并提出修改意见。然后，根据零件的结构形状、尺寸精度要求，确定出合理的施工方案、检验方法、所使用的设备及制定工时定额、计算成本等一系列的前期准备工作，并以工艺文件形式，提供给管理人员和操作者，达到以此来组织、安排、指挥生产的目的。

1. 工艺规程的作用

技术上先进、经济上合理的工艺规程是指导生产的重要文件。在组织模具生产时，都是按工艺规程所规定的加工工艺路线和工序进行的。按照工艺规程组织生产，可以使生产有秩序、有条不紊，既能保证产品加工质量又能提高劳动生产率，加工出来的模具也能满足优质、低消耗的要求，确保经济性及合理地配备人员等。一般来说，一个编制合理的工艺规程，不仅能使生产稳定、高效，而且还能确保产品质量，达到降低成本的目的。因此，在模具生产中，编制工艺规程是制造模具、合理组织生产中的一项不可缺少的重要工作。

2. 模具零件工艺规程的编制

（1）编制原则：编制模具零件工艺规程的基本原则是，在一定的生产条件下，要以最少的劳动量和最低的费用，按生产计划规定的速度，可靠地加工出符合图样上所提出的各项技术要求的零件。此外，还应在保证达到加工质量的基础上，争取获得较高的生产率和经济效益。合理的模具零件工艺规程应满足下述要求。

① 采用的技术要先进，即所编制的工艺规程尽量采用新技术、新工艺和新材料，以先进的技术及装备获得较高的生产率、质量及尺寸精度。

② 采用的工艺要合理，即所编制的工艺规程应该首先选择最能保证产品质量和较可靠性的加工方案。在选择加工方案时，应优先考虑能保证模具零件的质量。

③ 采用经济合理的加工方案，即零件所需的原材料要少，工序数目要少而简单。对加工要求不高的零件，尽量不要使用高精度的加工设备。

④ 生产准备周期要短，成本要低廉，即所编制的工艺规程，在满足零件加工精度的前提下，尽可能减少不必要的加工工序和尽量采用标准件，以减少工序，缩短制造周期，降低成本。

⑤ 要创造必要的工作条件，做到安全生产。尽量采用技术等级不高的劳动力，同时要在加工中减轻工人的劳动强度。

（2）编制方法与步骤：编制模具零件的工艺规程的步骤大致如下。

① 读懂、分析模具总装配图：熟悉和了解整副模具工作时的动作原理和各个零件在装配图中的

位置、作用及相互间的配合关系。

② 零件图的工艺分析：编制模具零件工艺规程必须根据零件形状结构、加工质量要求、加工数量、毛坯材料性质和具体生产条件进行。因此，在编制工艺规程时，首先要对零件进行工艺分析，再根据现有的生产条件及工艺装备，确定其加工方法及加工方案。

③ 确定零件的加工工艺路线：一种零件，往往可以采用几种加工方法进行加工，在编制工艺规程时，应对各种方法进行认真的分析研究，最后确定出一种既方便又省事的加工工艺路线，以降低零件成本，提高加工质量与精度。

④ 确定毛坯的形状和大小：模具零件的坯料大多数是以计算后加修正值来确定的，在加工允许的情况，尽量使坯料接近零件形状及尺寸，以降低原材料消耗，达到降低成本的目的。

⑤ 确定加工工序数量、工序顺序、工序的集中与组合。

⑥ 选择机床及工艺装备：在选择机床时，应根据零件的加工尺寸精度，结合本厂现有的生产设备，既要考虑生产的经济性，又要考虑其适用性和合理性。

工艺装备的选择，主要包括夹具、刀具、量具和工具电极等，它们将直接影响机床的加工精度、生产率和加工可能性，因此要按不同要求，适当选用。对于夹具，由于模具是单件小批量生产，尽量选用通用性较强的夹具；对于工具电极，由于在冲模及型腔模制造时，对加工型孔起着重要作用，它的制造精度直接影响到模具制造质量，因此对于其设计与制造应给以充分重视。

⑦ 工序尺寸及其公差的确定：零件的工艺路线拟订之后，在设计、定位和测量基准统一的情况下，应计算出各个工序加工后的尺寸和公差；当定位基准或测量基准与设计基准不重合时，则需要进行工艺尺寸换算。

⑧ 确定每个工序的加工用量和时间定额。

⑨ 确定重要工序和关键尺寸的检查方法。

⑩ 填写工艺卡片。

3. 装配工艺规程的编制

模具的装配工艺规程是规定模具总装配或部件装配工艺过程和操作方法的工艺文件。它是指导装配工作的技术性规程，也是进行装配生产计划和技术准备的依据。装配工艺规程的编制，必须依照模具生产的特点和要求，以及本厂或车间组织形式和具体要求进行。

（1）原始资料的准备：编制装配工艺规程时，必须具备以下技术资料及文件。

① 模具的总装配图、部件图。

② 模具零部件明细表。

③ 模具验收技术条件。

④ 模具部颁及国家标准、标准化资料。

（2）编制内容：装配工艺规程作为装配工作的指导性文件，必须具备下述内容。

① 规定模具零件和部件的装配顺序。

② 对所有的装配单元和零件，规定出既能保证装配精度又是最合理、最经济的方法。

③ 对装配工作，划分出工序及决定各工序的工作内容。

④ 确定装配的工时定额。

⑤ 确定装配所需的工人技术等级。

⑥ 选择装配的设备及工艺装备。

⑦ 确定验收方法和技术条件。

⑧ 确定各工序的检查标准。

（3）编制方法和步骤如下。

① 分析装配图样，掌握其结构特点、动作原理，确定装配方式。

② 决定装配的组织形式。根据生产模具的周期长短，确定由个人或几个人共同装配并确定负责人。

③ 确定模具的装配顺序。

④ 选择工艺装备及工具。

⑤ 确定检查、验收方法。

⑥ 确定装配工人技术等级及时间定额。

⑦ 编写装配工艺文件，如装配工序卡。

9.3.3　工艺文件的编写与应用

模具零件工艺规程确定之后，各工序的任务一般都以表格的形式或卡片的形式固定下来，作为指导工人操作和用以生产、工艺管理等的技术文件，即工艺文件。在模具生产中，都应根据零件的结构形状、复杂程度、加工要求和生产类型及现有设备条件编制相适应的工艺文件。工艺文件应力求简明扼要，表达清楚，以达到指导生产的目的。

1. 工艺过程卡片

工艺过程卡片是以工序为单位简要说明模具或零、部件的加工与装配过程的一种工艺文件。它主要按加工顺序，列出整个模具产品或零部件加工所经过的工艺路线、工艺内容、使用设备及工艺装备、时间定额等，它是生产准备、编制生产计划和组织生产的依据，一般掌握在生产调度及生产工艺管理人员手中，用以组织及指挥生产的全过程。

2. 工艺卡片

工艺卡片是零件的工艺过程卡片中为某一工序所编制的一种工艺文件。它是为某一个工序详细制定的，用于具体指导工人进行生产操作的一种工艺文件。在卡片中列有该工序的技术要求、工件简图、工艺简图、工艺要求等必要内容，生产工人可按此工艺卡片进行生产操作。

由于各厂生产组织形式不一样，因此工艺文件的具体格式也不尽一样，但基本内容都相似。工艺文件是组织及指挥模具生产的重要依据，是模具生产与制造的规范性文件。

9.3.4　模具生产技术文件的发放与管理

技术文件、模具图样是模具生产中的主要技术依据，其发放及管理的方法见表9-7。

表 9-7　　　　　　　　　　　　　　　技术文件的发放与管理

序号	项　目	说　明
1	生产用图的份数及用途	模具生产一般应准备 3 套图样及技术文件。有非标准铸件的，应另附铸件工艺图。 $1^{\#}$图——供编制工艺规程及加工用； $2^{\#}$图——供制造样板及模具制造后随模入库存放用； $3^{\#}$图——供技术部门备查及检验用
2	图样的传递路线	$1^{\#}$图——生产计划→工艺部门→生产调度→备料→加工车间→模具装配→调整与试模； $2^{\#}$图——生产计划→工艺部门→生产调度→调整与试模→随模入库保存； $3^{\#}$图——技术部门存档以备查
3	图面质量要求	1. 图样（蓝图）必须完整、清楚，非标准件必须有零件图、标准件有代号； 2. 图样必须有设计、校对、审核签字； 3. 紧急任务允许使用的图，签署意见必须齐全，图中所有文字、代号用钢笔书写清楚； 4. 外厂订货的模具标准件，应由订货单位负责改为本厂标准件代号，不能代用零件图
4	图样更改手续	1. 图样的更改由设计人员或订货单位委托代表负责，工艺人员一般不能更改原蓝图； 2. 设计人员在更改图样时，必须将更改处通知所有工艺人员； 3. 更改时必须将 3 份图样同时更改； 4. 设计上的错误或试验后决定的尺寸必须记录，并在底图上更改后签字及填写更改日期
5	图样污损、丢失后申请更换补图手续	申请补图时，由责任者说明原因并采取预防措施，再由负责人向技术部门申请后，更换补发
6	图样的销毁与处理	$1^{\#}$图——待模入库后，可销毁； $2^{\#}$图——随同模具一起入库、保存； $3^{\#}$图——保留 3 个月，不再使用其制作新模具时可销毁

9.4　模具生产过程中的质量管理

在模具生产过程中，技术检验及质量控制工作是非常重要的。因为模具制造一般属于单件生产，并且所使用的原材料比较昂贵，所以，为杜绝浪费、减少废品，提高单个零件的质量及部件装配质量，在生产过程中必须按图样对其进行严格检查，使其达到所要求的各项技术指标。

9.4.1　技术检验内容

（1）模具材料的质量检验。

（2）模具加工零件尺寸精度的测量。

（3）模具加工零件的形位误差的测量。

（4）模具零件的硬度检验。

（5）模具零件表面质量检验。

（6）模具装配后外观质量的检验。

（7）模具零件内在质量的破损探伤。

（8）模具整体装配后运行情况检验。

9.4.2　模具生产过程中质量控制方法

在模具生产过程中，要实现质量控制，必须提高管理人员及操作者的质量意识，实现全面质量管理，加强质量教育，提高技术及管理水平，人人把好质量关，树立"质量就是企业生命"的观念。在生产过程中，生产工人要认真搞好自检、互检；车间要设立质量管理小组、班组，工段要专设质检员；定期召开质量分析会，做到自检、互检、专职检验相结合。

模具生产过程中的质量控制方法见表9-8。

表9-8　　　　　　　　　　　模具生产过程中的质量控制

工 作 职 别	工 作 内 容
操作者	1. 严格按照工艺要求进行操作，在保证质量的基础上提高数量； 2. 操作前要对设备、工具及坯料进行检查，积极排除影响质量的隐患； 3. 加强工作责任心。在加工时做到首件及中间抽查，并在工序间互检及装配前检查； 4. 上、下工序主动联系，及时交流质量状况，做好产品质量情况的交接工作； 5. 检查发现问题后，要及时与有关部门共同分析原因，找出补救办法，避免发生废品及严重的质量事故
检查员	1. 经常向操作者宣传重视质量的意义，提高操作者的责任心； 2. 遵守检查制度，按产品图样及技术条件、技术标准、工艺规程对产品进行验收，做好首件检查、中间抽查、尾件验收； 3. 正确办理验收、退修和报废手续，及时填写原始质量记录，做到不误检、不漏检； 4. 坚持原则，发现影响产品质量问题应及时提出改进意见； 5. 参加质量分析会及全面质量管理活动，协助分析废品原因，共同研究改进措施； 6. 维护保养好检验用具，帮助操作者正确使用量具、夹具及样板
车间质量管理小组（老工人、管理人员、技术人员组成）	1. 采用各种形式宣传提高产品质量的重要性，定期总结、推广提高产品质量的经验； 2. 对操作者进行质量教育； 3. 组织制定改进产品质量措施的意见； 4. 定期召开质量分析会，提出提高质量的措施及方法

9.4.3　模具的检查与验收

1．验收检查项目

模具在制造、调整试模后，要按技术条件及合同规定的内容进行验收。验收时需要检查的项目如下。

（1）模具的外观检查。

（2）模具的尺寸及闭模高度检查。

（3）调整试模后的制件检查。

（4）模具稳定性检查。

（5）模具材料及热处理要求检查。

（6）工作部位状况及表面质量状况检查。

（7）模具滑动部位活动灵活性检查。

2．验收检查方法

在验收检查时，按模具的图样、技术条件及合同的特殊要求，逐项对模具的工作零件尺寸精度、材质及热处理硬度、表面质量状况、动作情况及性能等，通过实地检验和调整试模、制品质量情况检查和验收。并将检查项目、检查部位、检查方法、检查内容填入模具检验卡，以便交付使用。

3．通过试模验证模具的质量

经检验合乎质量要求的模具，还应安装在指定的压力机上进行试模。通过试模，可以验证模具的可靠性、动作的灵敏性、定位的正确性。

对试模的制品进行检查，看其是否符合制品技术要求。但要注意：试模提取的检验用试件应在工艺参数稳定后提取。在最后一次试模时，可连续取一定数量的试件交付模具制造单位及用户双方联合检查。在双方确认合格后，由模具制造单位开合格验收证明，连同试件与模具一起交付用户。

4．模具稳定性检查

模具稳定性检查的批量及制件数量，应按合同协议进行。

 模具的管理

9.5.1　模具的标准化管理

1．模具实现标准化的意义

模具是机械工业的基础工业，是实现无切削、少切削加工不可少的工艺装备。在模具生产过程中，采用模具标准化进行生产是发展模具生产技术的一项综合性技术工作。所谓模具标准化，就是

将模具的许多零件的形状和尺寸以及各种典型组合和典型结构按统一的结构形式及尺寸，实行标准系列并组织专业化生产，以充分满足用户选用，像普通工具一样在市面上销售和选购。模具标准化涉及模具生产技术的各个环节，它包括模具设计、制造、材料、验收和使用等方面。模具标准化是建设模具工业的支柱，是提高模具行业经济效益的最有效手段，也是采用专业化和现代化生产技术的基础。在生产中，实现模具标准化生产的主要意义如下。

（1）模具标准化是模具生产的基础。这是由于模具标准化工作是制定和修订模具标准、贯彻执行模具标准的过程。制定了模具标准，而且模具标准得到广泛地贯彻和使用之后，才能根据标准组织专业化生产，从而得到较高的经济效益。

（2）模具标准化是提高模具制造质量、提高生产率、缩短模具制造周期和降低生产成本的根本途径。一般来说，专业化生产的模具标准件具有质量可靠，精度高，成本低的优点。模具制造时广泛使用模具标准件，可使模具制造质量大幅度提高。同时，模具制造周期可以缩短 20%～40%，模具成本可降低 20%～30%。

（3）模具标准化是开展模具计算机辅助设计和辅助制造（CAD/CAM）的先决条件。在模具生产中，采用 CAD/CAM 技术生产模具，不但可以保证和提高模具的精度和质量，而且可以大大降低模具制造成本，是改变模具生产落后状况的唯一途径。但要实现 CAD/CAM 生产技术，必须要由模具标准化来配合，即从模具图样的绘制规则、图形的简易画法、标准模架、典型结构到设计参数、零件形状与结构、工艺要求都应有相应的标准，否则模具的 CAD/CAM 工作很难实现。

（4）模具标准化可以促进国际间的技术交流与合作，有利于增强模具在国际贸易中的竞争力，有利于扩大模具的出口创汇。

2. 模具标准简介

模具标准化是建设模具工业的支柱，是模具专业化生产和采用现代化生产的技术基础，是提高模具行业经济技术指标和效益的最有效的技术手段。为了提高模具标准化水平，实现模具标准化，我国早在 20 世纪 80 年代就成立了全国模具标准化技术委员会。模具标准化技术委员会为我国模具标准化的实施作出了突出贡献，并制定了很多国家标准及行业标准。

3. 实现模具标准化管理方法

在模具生产过程中实现标准化管理，主要应从以下几方面进行。

（1）建立专门机构，制定模具标准。

（2）积极推广、贯彻已实施制定的标准。

（3）实行模具产品按标准设计。

（4）积极组织模具标准件生产。

（5）实现模具标准件的商品化。

9.5.2　模具的管理方法

模具管理要做到物、账、卡相符，分类管理。

1. 模具管理卡

模具管理卡是指记载模具号和名称、模具制造日期、制造单位、制件名称、制件图号、材料规格型号、零件草图、所使用的设备、模具使用条件、模具加工件数及质量状况的记录卡片，一般还记录有模具技术状态鉴定结果及模具修理、改进的内容等。模具管理卡，一般挂在模具上，要求一模一卡。在模具使用后，要立即填写工作日期、制件数量及质量状况等相关事项，与模具一并交库保管。模具管理卡一般存放塑料袋中，以免因长期使用损坏。

2. 模具管理台账

模具管理台账是对库存全部模具进行总的登记与管理，主要记录模具号及模具存放、保管地点，便于使用时及时取存。

3. 模具的分类管理

模具的分类管理是指模具应按其种类和使用机床分类进行保管。也有的是按制件的类别分类保管，一般是按制件分组整理。如一个冲压制品，分别要经冲裁、拉深、成形 3 个工序才能完成，可将这 3 个工序中所使用的冲裁（落料）模、拉深（多次拉深）模、成形模等一系列冲模统一放在一块管理和保存，以方便在使用时存取模具，并且根据制件情况维护和保养。

在生产过程中，应经常按上述方法对库存模具进行检查，使其物、账、卡相符，若发现问题，应及时处理，防止影响正常生产进行。管理好模具，对改善模具技术状态，保证制品质量和确保冲压生产顺利进行至关重要，因此，必须认真做好这项工作。

9.5.3 模具的入库与发放

模具的保管，应使模具经常处于可使用状态。为此，模具入库与发放应做到以下几点。

（1）入库的新模具必须要有检验合格证，并要带有经试模后或使用后的后几件合格制品件。

（2）使用后的模具若需重新入库保管，一定要有技术状态鉴定说明，确认下次是否还能继续使用。

（3）维修保养恢复技术状态的模具，应是经自检和互检确认合格后能使用的模具。

（4）修理后的模具，须经检验人员验收调试合格并带有试件。

不符合上述要求的冲模，一律不允许入库，以免鱼目混珠，防止模具在下次使用时，造成不应有的损失。

模具的发放须凭生产指令即按生产通知单，填明产品名称、图号、模具号后方可发放。如有的工厂以生产计划为准，提前做好准备，随后由保管人员向调度（工长）发出"模具传票"，表示此模具已具备生产条件；工长再向模具使用（安装）人员下达模具安装任务；安装工再向库内提取传票所指定的模具进行安装。这是因为在大批量生产条件下，每日复制、修理的模具较多，如果使用上不加以控制，若乱用、乱发放，可能会使几套复制模都处于修理状态而使维修和生产都处于被动，给生产带来影响。因此，需要模具管理人员有强烈的责任心和责任感，对所保管的模具，要做到心中有数，时刻掌握每套模具的技术状态情况，以保证生产的正常进行。

9.5.4　模具的保管方法

在保管模具时，要注意以下几点。

（1）储存模具的模具库，应通风良好、防止潮湿，并便于模具存放及取出。

（2）储存模具时，应分类存放并摆放整齐。

（3）对于小型模具应放在架上保管；大、中型模具应放在架底层或进口处，底面应垫以枕木并垫平。

（4）模具存放前，应擦拭干净，并在导柱顶端的贮油孔中注入润滑油后盖上纸片，以防灰尘及杂物落入导套内影响导向精度。

（5）在凸模与凹模刃口及型腔处、导套导柱接触面上涂以防锈油，以防长期存放后生锈。

（6）模具在存放时，应在上、下模之间垫以限位木块（特别是大、中型模具），以避免卸料装置长期受压而失效。

（7）模具上、下模应整体装配后存放，决不能拆开存放，以免损坏工作零件。

（8）对于长期不使用的模具，应经常检查其保存完好程度，若发现锈斑或灰尘应及时处理。

9.5.5　模具报废及易损件的管理办法

1. 模具报废的处理

（1）凡属于自然磨损而又不能修复的模具，应由技术鉴定部门写出报废单，并注明原因及尺寸磨损变化情况，经生产部门会签后办理模具报废手续。

（2）凡磨损坏的模具，应由责任者填写报废单，注明原因，经生产部门审批后办理报废手续。

（3）由图样改版或工艺改造使模具报废的，应由设计部门填写报废单，写明改版后的图号及原因，经工艺部门会签后，按自然磨损报废处理。

（4）新模具经试模后鉴定不合格而又无法修复时，应由技术部门组织工艺人员和模具设计、制造者共同进行分析，找出报废原因及改进办法后，再进行报废处理。

2. 易损件库存量的管理

模具经长期使用后，总会有工作零件及结构零件磨损及损坏，为了使损坏后的模具及时修复，恢复到原来的技术状态，应在库中制备存放一些备件，但备件存量不要太多，一般2～3个即可。

9.5.6　模具对使用现场的要求

（1）模具在使用时，一定要保持场地清洁、无杂物。

（2）模具在使用过程中，严禁敲、砸、磕、碰，以防模具遭人为破损。

（3）模具在使用过程中若被损坏，要进行现场分析，找出事故原因及解决措施。

（4）模具要及时和定期地进行技术状态鉴定，对于鉴定不合格的模具应涂以标记，不得重新使用。

（5）经鉴定的模具需要检修时，应及时修复，修复后仍需调整、试模、验收。

本章小结

生产计划管理是企业管理的首要职能。

提高工艺过程中的生产率，是降低模具产品成本，提高企业经济效益的重要措施。

企业在生产中，只有通过经常的分析、论证，才能实现科学的管理、合理地组织模具的生产工序，确保模具的质量，降低模具成本的目的。

工艺装备的选择，主要包括夹具、刀具、量具和工具电极等，它们将直接影响机床的加工精度、生产率和加工可能性，因此要按不同要求，适当选用。

在模具生产中，应根据零件的结构形状、复杂程度、加工要求和生产类型及现有设备条件编制相适应的工艺文件。

一、填空题

1. _____是工业生产中的基础工艺装备。

2. 工业企业计划，按时间长短分可分为_____、_____和_____。

3. 模具管理要做到_____、_____、_____相符，分类管理。

二、简答题

1. 生产计划管理指的是什么？

2. 简述制定生产定额的意义。

3. 简述生产定额的管理办法。

4. 模具生产过程中的技术检验包括哪些内容？

5. 简述模具实现标准化的意义。

6. 模具标准化是什么？

7. 简述模具入库和存放的注意事项。

8. 简述模具保管的注意事项。

附 录

附表 A　　　　　　　　　　热固性塑料的性能与应用

材料名称	特征		应用分类	应用情况
	优　点	缺　点		
酚醛塑料（PF）	1. 机械强度高，坚硬耐磨 2. 尺寸稳定 3. 耐热、阻燃、耐腐蚀 4. 电绝缘性能优良 5. 价格低廉	1. 脆性大 2. 色深，难于着色 3. 成形时需排气	电器、电热和机械零件	插座、接线器、开关、基板、灯头、绝缘配件、仪表壳体，手柄、滚轮、外壳、制动器块、齿轮、凸轮、支架、骨架、厨房用具、水壶把柄和勺柄等
脲甲醛塑料（UF）	1. 原料易得，成本低，用途广泛 2. 色泽呈玉色，有"电玉"之称 3. 硬度较高 4. 耐电弧性好 5. 能耐弱酸、弱碱	1. 吸湿性强 2. 耐水性较差	电器和日用品零件	旋钮、开关、插座、电话机壳、文具、计时器、瓶盖、纽扣、把手和装饰件等
环氧树脂（EP）	1. 耐磨损、韧性优异 2. 耐热、耐候性好 3. 电性能优异 4. 黏结性能极佳，黏结强度高		机械零件、黏结材料	槽、管、船体、机体、贮罐、气瓶、简易模具、汽车构件、电容器及电阻等塑封件、各种构件黏结剂和防腐材料

续表

材料名称	特征		应用分类	应用情况
	优点	缺点		
不饱和聚酯（UP）	1. 固化后硬度高，刚性大 2. 抗电弧性极优 3. 高温下力学及电性能不变 4. 可用多种方法成形，亦可在常温下成形 5. 填充玻璃纤维后，机械强度十分优异	交联剂的成分会影响其性能	交通运输设备、电器、日用品类零件、涂料等	电弧隔栅、大功率开关、电视调频器、电容器塑料封、火车座椅与卧铺床、汽车车身、燃料箱、仪表板、渔船、游艇、浮体、管道、浴盆、净化槽、化工罐、钓竿、琴弓、滑雪板、高尔夫球和涂料等
邻苯二甲酸二烯丙酯（DAP）	1. 电性能优良，高湿度下亦下降很少 2. 耐热、耐候、耐药品性优 3. 色泽鲜艳，在干湿交替的环境中仍能保持 4. 制品尺寸稳定	需加入增强剂（如玻璃纤维）才能提高强度	电器、机械和装饰零件	接线器、配电盘、印制电路板、仪表板、线圈骨架、泵叶轮、化工槽、食品柜、家具、装饰板和箱柜等

附表 B 热塑性塑料的性能与应用

材料名称	特征		应用分类	应用情况
	优点	缺点		
丙烯腈-丁二烯苯-乙烯（ABS）	1. 力学性能和热性能均好，硬度高，面易镀金属 2. 耐疲劳和抗应力开裂、冲击强度高 3. 耐酸碱等化学性腐蚀，价格较低 4. 加工成形、修饰容易	1. 耐候性差 2. 耐热性不够理想	一般结构零件	机器盖、罩、仪表壳、手电钻壳、风扇叶轮，收音机、电话和电视机等壳体，部分电器零件、汽车零件、机械及常规武器的零部件等
聚苯乙烯（PS）	1. 透明 2. 刚硬 3. 易于成形 4. 成本低	1. 易破裂 2. 易刮伤 3. 在紫外线下易老化	一般结构零件	电器及指示灯罩、盖、手柄、建筑装饰品和日用品等
有机玻璃（PMMA）	1. 光学性极好 2. 耐候性好；耐紫外线和耐日光老化	1. 比无机玻璃易划伤 2. 自熄性差	一般结构零件	仪表透明外罩、大型透明屋顶、墙板、灯罩、汽车、机器及建筑物安全玻璃、航空和航海装饰材料等

续表

材料名称	特征		应用分类	应 用 情 况
	优　点	缺　点		
高密度聚乙烯（HDPE）	1. 密度小，在-70℃下保持软质 2. 耐酸碱及有机溶剂 3. 介电性能很好 4. 成本低，成形加工方便	1. 胶结和印刷困难 2. 耐候性差	一般结构零件	机器罩、盖、手柄、机床低速导轨、滑道、工具箱、日用品及周转箱等
聚丙烯（PP）	1. 刚硬有韧性。抗弯强度高，抗疲劳、抗应力开裂 2. 质轻 3. 在高温下，仍保持其力学性能	1. 在 0℃以下易变脆 2. 耐候性差	一般结构零件	化工容器、管道、片材、泵叶轮、法兰、接头、绳索、打包带、纺织器材、电器零件和汽车配件等
尼龙 6（PA6）	1. 具有高强度和良好的冲击强度 2. 耐蠕变性好和疲劳强度高 3. 耐石油、润滑油和许多化学溶剂与试剂 4. 耐磨性优良	吸水性大，饱和吸水率在 11%左右，影响尺寸稳定，并使一些力学性能下降	耐磨传动受力零件及减磨自润滑零件	各种轴套、轴承、密封圈、垫片、联轴器和管道等
尼龙 66（PA66）	1. 强度高于一切聚酰胺品种 2. 比尼龙 6 和尼龙的屈服强度大，刚硬 3. 在较宽的温度范围内仍有较高的强度、韧性、刚性和低摩擦系数 4. 耐油和许多化学试剂和溶剂 5. 耐磨性好	1. 吸湿性高 2. 在干燥环境下冲击强度降低 3. 成形加工工艺不易控制	耐磨传动受力零件及减磨自润滑零件	各种齿轮、凸轮、蜗轮、轴套和轴瓦等耐磨零件
尼龙 610（PA610）	1. 力学性能介于尼龙 6 和尼龙 66 之间 2. 吸水性较小，尺寸稳定 3. 比尼龙 66 稍硬且韧	抗拉强度及伸长率比尼龙 6 低	耐磨传动受力零件及减磨自润滑零件	齿轮、轴套和机器零部件等
尼龙 1010（PA1010）	1. 半透明，韧而硬 2. 吸水性比尼龙 6 和尼龙 66 小 3. 力学性能与尼龙 6 相似 4. 耐磨性好 5. 耐油类性能突出	1. 完全干燥条件下不变脆 2. 受气候影响强度下降	耐磨传动受力零件及减磨自润滑零件	泵叶轮、齿轮、保持架、凸轮、蜗轮、轴套机械零件、汽车和拖拉机零件等

续表

材料名称	特　征		应用分类	应 用 情 况
	优　点	缺　点		
聚甲醛（POM）	1. 抗拉强度较一般尼龙高，耐疲劳，耐蠕变 2. 尺寸稳定性好 3. 吸水性比尼龙小 4. 介电性好 5. 可在120℃正常使用	1. 没有自熄性 2. 成形收缩率高	耐磨传动受力零件及减磨自润滑零件	各种齿轮、轴承、轴套、保持架、汽车、农机和水暖零件等
聚碳酸脂（PC）	1. 抗冲击强度高，抗蠕变性能好 2. 耐热性好，脆化温度低（−130℃）能抵制日光、雨淋和气温变化温度的影响 3. 化学性能好，透明度高 4. 介电性能好 5. 尺寸稳定性好	1. 耐溶剂性差 2. 有应力开裂现象 3. 长期浸在沸水中易于水解 4. 疲劳强度差	一般结构零件	用于温度范围宽的仪器仪表罩壳、飞机、汽车、电子工业中的零件、纺织卷丝管、汽化器、计时器部件、小模数齿轮、电器零件、安全帽、耐冲击的航空玻璃等，也常用于日用品方面
玻璃纤维增强尼龙（FRPA）	1. 机械强度成倍提高，冲击强度也相应提高 2. 线胀系数小 3. 热性能提高1倍以上 4. 吸水性小，尺寸稳定 5. 质硬而韧	表面光泽差	耐磨传动受力零件及减磨自润滑零件	泵叶轮、螺旋桨、机床零件、螺母、轴瓦、电动机风扇、手电钻壳体、齿轮、凸轮，以及要求耐高温的机械零部件
聚四氟乙烯（PTFE）	1. 在高温下，仍具有特殊的耐化学性能 2. 耐太阳光和耐候性极好 3. 耐高温到350℃能长期使用 4. 摩擦系数比任何固体材料低 5. 介电性能很好	1. 冷流性大 2. 强度低 3. 成本较高	减磨自润滑零部件	在高温下或腐蚀介质中的各种无油润滑活塞环、填料密封圈、低转速摩擦轴承
聚砜（PSU）	1. 工程性能好（包括蠕变尺寸稳定性） 2. 能在160℃条件下长期使用 3. 高温下介电性能好 4. 耐化学性好；在湿热条件下尺寸稳定性好 5. 摩擦系数小 6. 弹性极好，类似弹簧作用	耐有机溶剂欠佳	耐热塑料	电子电器零件，如断路元件、恒温容器、绝缘电刷、开关、插头、汽车零件、排气阀、加水器插管，以及高温下的结构零件

参考文献

［1］李京平. 模具现代制造技术概论. 北京：机械工业出版社，2011.

［2］于丽君. 模具新技术新工艺概论. 北京：机械工业出版社，2012.

［3］陈婷. 模具导论. 北京：航空工业出版社，2012.

［4］秦涵. 模具概论. 北京：机械工业出版社，2014.

［5］王浩，张晓岩. 模具设计与制造实训. 北京：机械工业出版社，2012.

［6］张维合. 注塑模具设计经验技巧与实例. 北京：化学工业出版社，2015.

［7］洪慎章. 实用注塑成型及模具设计（第2版）. 北京：机械工业出版社，2014.

［8］孙传. 塑料成型工艺与模具设计. 杭州：浙江大学出版社，2014.

［9］人力资源和社会保障部教材办公室等组织写. 模具设计师（冷冲模）三级. 北京：中国劳动社会保障出版社，2014.

［10］亚木·邦夫. 模具材料性能与应用. 北京：机械工业出版社，2014.

［11］李小海，王晓霞. 模具设计与制造（第2版）. 北京：电子工业出版社，2014.

［12］金龙建. 冲压模具结构设计技巧. 北京：化学工业出版社，2015.

［13］刘航. 模具价格估算（第3版）. 北京：机械工业出版社，2015.

［14］罗启全. 压铸工艺及设备模具实用手册. 北京：化学工业出版社，2013.

［15］田光辉，林红旗. 模具设计与制造（第2版）. 北京：北京大学出版社，2015.

［16］王孝培. 冲压手册，3版. 北京：机械工业出版社，2012.

［17］冯炳尧，王南根，王晓晓. 模具设计与制造简明手册（第四版）. 上海：上海科学技术出版社，2015.

［18］［德］古特·孟尼格(Menning,G.)，［德］克劳斯·斯托克赫特（Stoeckhert,K.）. 模具制造手册（原著第三版）. 北京：化学工业出版社，2016.

［19］祁红志. 模具制造工艺（第二版）. 北京：化学工业出版社，2015.

［20］李名望. 冲压模具结构设计 200 例. 北京：化学工业出版社，2014.

［21］王邦杰. 实用模具材料手册. 长沙：湖南科技出版社，2014.

［22］王静. 注塑模具设计基础. 北京：电子工业出版社，2013.

［23］申开智. 塑料成型模具（第三版）. 北京：中国轻工业出版社，2013.

［24］金荣植. 模具热处理及其常见缺陷与对策. 北京：机械工业出版社，2014.

［25］柯旭贵，张荣清. 冲压工艺与模具设计. 北京：机械工业出版社，2012.

［26］钟翔山. 冲压模具设计技巧、经验及实例（第二版）. 北京：化学工业出版社，2014.

［27］安晓燕. 复合材料制品成型模具设计. 北京：中国建材工业出版社，2014.

［28］钟翔山. 冲压模具设计 88 例精析. 北京：化学工业出版社，2014.

［29］卢险峰. 冲压工艺模具学（第 3 版）. 北京：机械工业出版社，2014.

［30］胡平. 汽车覆盖件模具设计. 北京：机械工业出版社，2012.

［31］陈炎嗣. 冲压模具设计手册（多工位级进模）. 北京：化学工业出版社，2013.

［32］赵龙志，赵明娟，付伟. 现代注塑模具设计实用技术手册. 北京：机械工业出版社，2013.

［33］许发樾. 模具常用机构设计（第 2 版）. 北京：机械工业出版社，2015.

［34］郑展. 冲模设计手册. 北京：机械工业出版社，2013.

［35］印红羽，张华诚. 粉末冶金模具设计手册，3 版. 北京：机械工业出版社，2013.

［36］吴生绪. 橡胶模具设计手册. 北京：机械工业出版社，2012.